U0291880

全国高职高专水利水电类精品规划教材

水工建筑物

主　编　汤能见　吴伟民　胡天舒

副主编　卓美燕　汪繁荣　杨　艳

　　　　何向红

主　审　陆克芬

中国水利水电出版社

www.waterpub.com.cn

内 容 提 要

本书是《全国高职高专水利水电类精品规划教材》中的一本，其内容的深度和难度按照高等职业教育的教学特点和专业需要进行设计和编写。

本书采用了我国最新的设计规范和行业标准，吸收新技术，选用新的大坝资料，针对高职高专教学的特点，从突出先进、实用、适用角度出发，着重讲授理论知识在实践中的应用，培养学生的实践能力。全书共分10章，包括：绪论，重力坝，拱坝，土石坝，水闸，河岸溢洪道，水工隧洞与坝下涵管，过坝建筑物及渠系建筑物，水利枢纽布置，水利工程管理等。

本书除用作高职高专水利水电及相关专业水工建筑物课程的教材外，也可供其他层次职业学校相关专业作为教材或教学参考书，还可供水利水电工程技术人员参考。

图书在版编目（CIP）数据

水工建筑物/汤能见，吴伟民，胡天舒主编．—北京：中国水利水电出版社，2005（2017.7重印）
全国高职高专水利水电类精品规划教材
ISBN 978-7-5084-3167-3

Ⅰ.水… Ⅱ.①汤…②吴…③胡… Ⅲ.水工建筑物-高等学校：技术学校-教材 Ⅳ.TV6

中国版本图书馆CIP数据核字（2005）第093029号

书　名	全国高职高专水利水电类精品规划教材 **水工建筑物**
作　者	主编　汤能见　吴伟民　胡天舒
出版发行	中国水利水电出版社 （北京市海淀区玉渊潭南路1号D座　100038） 网址：www.waterpub.com.cn E-mail：sales@waterpub.com.cn 电话：（010）68367658（营销中心）
经　售	北京科水图书销售中心（零售） 电话：（010）88383994、63202643、68545874 全国各地新华书店和相关出版物销售网点
排　版	中国水利水电出版社微机排版中心
印　刷	北京纪元彩艺印刷有限公司
规　格	184mm×260mm　16开本　16.5印张　391千字
版　次	2005年8月第1版　2017年7月第12次印刷
印　数	38101—41100册
定　价	**36.00**元

教育部在《2003－2007年教育振兴行动计划》中提出要实施“职业教育与创新工程”，大力发展职业教育，大量培养高素质的技能型特别是高技能人才，并强调要以就业为导向，转变办学模式，大力推动职业教育。因此，高职高专教育的人才培养模式应体现以培养技术应用能力为主线和全面推进素质教育的要求。教材是体现教学内容和教学方法的知识载体，进行教学活动的基本工具；是深化教育教学改革，保障和提高教学质量的重要支柱和基础。所以，教材建设是高职高专教育的一项基础性工程，必须适应高职高专教育改革与发展的需要。

为贯彻这一思想，在继2004年8月成功推出《全国高职高专电气类精品规划教材》之后，2004年12月，在北京，中国水利水电出版社组织全国水利水电行业高职高专院校共同研讨水利水电行业高职高专教学的目前状况、特色及发展趋势，并决定编写一批符合当前水利水电行业高职高专教学特色的教材，于是就有了《全国高职高专水利水电类精品规划教材》。

《全国高职高专水利水电类精品规划教材》是为适应高职高专教育改革与发展的需要，以培养技术应用性的高技能人才的系列教材。为了确保教材的编写质量，参与编写人员都是经过院校推荐、编委会答辩并聘任的，有着丰富的教学和实践经验，其中主编都有编写教材的经历。教材较好地贯彻了水利水电行业新的法规、规程、规范精神，反映了当前新技术、新材料、新工艺、新方法和相应的岗位资格特点，体现了培养学生的技术应用能力和推进素质教育的要求，具有创新特色。同时，结合教育部两年制高职教育的试点推行，编委会也对各门教材提出了满足这一发展需要的内容编写要求，可以说，这套教材既能够适应三年制高职高专教育的要求，也适应了两年制高职高专教育培养目标的要求。

《全国高职高专水利水电类精品规划教材》的出版，是对高职高专教材建设的一次有益探讨，因为时间仓促，教材可能存在一些不妥之处，敬请读者批评指正。

《全国高职高专水利水电类精品规划教材》编委会

2005年6月

《水工建筑物》是水利水电工程专业理论与实践紧密结合的主要必修专业课之一。本书按照教育部《关于加强高职高专教育人才培养工作的意见》和《面向21世纪教育振兴行动计划》等文件精神，并根据2004年12月在北京召开的《全国高职高专水利水电类精品规划教材》编审会的精神及全国水利水电高职教研会拟定的教材编写规划而编写的。

通过对本课程的基础知识、基本技能的学习，提高处理水利工程技术问题的能力，可为今后从事本专业的技术工作打下坚实的基础。针对高职高专教育的特点，结合教学改革的实践经验，本书在编写中，按照突出实用性、突出理论知识的应用和有利于实践能力培养的原则，并按照水利水电工程的新规范、新标准、新技术要求，对课程内容进行了较大的调整。

本书编写力求做到：基本概念准确；设计方法步骤清楚；各部分内容紧扣培养目标，相互协调，减少重复；文字简练，通俗易懂，不强调理论的系统性，努力避免贪多求全和高度浓缩的现象，以利于读者学习、实践和解决工程问题。为了开拓读者的思路，培养学生的创新能力，在阐述比较成熟的科学技术的同时，适当介绍水工结构发展的最新成果、存在问题和今后发展的方向。

本书由长江工程职业技术学院汤能见、福建水利电力职业技术学院吴伟民、湖北水利水电职业技术学院胡天舒主编，广西水利电力职业技术学院陆克芬主审。全书共分为10章，参加本书编写的有：汤能见（第1、2章）；吴伟民（第5、10章）；胡天舒（第4章）；福建水利电力职业技术学院卓美燕（第7章）；长江工程职业技术学院汪繁荣（第3章）；长江工程职业技术学院杨艳（第6、9章）；长江工程职业技术学院何向红（第8章）。汤能见承担全书的统稿和校订。

本书在编写中引用了大量的规范、专业文献和资料，恕未在书中一一注明出处。在此，对有关作者诚表感谢，并对所有热情支持和帮助本书编写的人员表示谢意。

对书中存在的缺点和疏漏，恳请广大读者批评指正。

编者

2005年6月

目录

第1章 绪 论

1.1 我国的水资源

水是生命的源泉，是生态环境中最活跃、影响最广泛的因素，它是工农业生产过程中不可替代的重要资源。水作为一种资源，主要表现在水量、水质和水能三个方面。自然界的水虽然很多，但大部分是不能直接用于生活、工业及农田灌溉的海水。从保护自然环境和维持生态平衡的角度看、一般不宜动用静态储量，而只能取用逐年可以得到恢复和更新的动态水量，即参加水循环的水量，它们是河川径流、浅薄浅层地下水和土壤水。全球陆地上的循环水量平均每年只有 $1.19\times10^{14}m^3$，人类各种耗水量只有不超过这个数量，水才能成为取之不尽，用之不竭的自然资源。随着人口的增长，经济的发展和人民生活的不断提高，水的问题日益为世界各国所重视。为了更好地满足人民生活和经济发展的需要，我国于 1988 年 1 月 21 日公布了《中华人民共和国水法》，以法律手段切实保障水资源的开发、利用、保护和管理。我国多年平均水资源总量为 $2.8\times10^{12}m^3$，其中河川多年平均年径流总量 $2.7\times10^{12}m^3$，居世界第六位。全国河流的水能理论蕴藏量总计出力为 6.76 亿 kW，居世界第一位，其中便于开发的为 3.78 亿 kW，年发电量可达 $1.9\times10^{12}kW\cdot h$。

由于我国人口众多，按人口平均计算，我国水资源并不丰富。按 1998 年底人口总数为 12.481 亿计算，我国人均年占有水量为 $2500m^3$，仅相当于世界人均占有水量的 1/4。低于多数国家，约居第 110 位，已经被联合国列为 13 个贫水国家之一。

我国幅员辽阔，自然条件相差悬殊，水资源在地区上和时间上的分配也很不均匀，降水总趋势是由东南沿海向西北内陆递减。南方水多地少，北方地多水少。例如，长江及其以南地区，耕地面积占全国的 38%，而河川径流量占全国的 83%；黄、淮、海、辽四河流域内耕地面积占全国的 42%，但河川径流量只占全国的 8%，水资源总量只占全国的 9%。降水及河川径流在季节和年际上分布不均匀的情况，北方甚于南方，枯水季节或枯水年，雨量很小，往往不能满足用水要求，而丰水季节或丰水年，雨量又很大，可能泛滥成灾。例如，清光绪三年到五年（1877～1879）晋、冀、鲁、豫连续三年大旱，仅饥饿而死者达 1300 万人。1931 年夏，长江流域普降暴雨，水灾遍及湘、鄂、浙、赣、豫、皖、苏 7 省 206 县，淹没农田 5000 余万亩，灾民 800 多万，其中被洪水夺去生命的即达 14.5 万人，死于饥饿、瘟疫者不计其数。历史的经验和 1998 年的大水告诉我们，在我国不搞水利或少搞水利，靠天吃饭是没有出路的。

由于我国的水利资源并不丰富，因此，无论是发展农业、工业，还是进行城市规划，都应首先考虑水资源的现状和开发的可能性，不能不顾水资源条件而盲目发展。水资源是国家的财富，属全民所有，不受行政区划和部门的干扰。对水资源的开发，一定要统一规划、综合治理、综合利用、综合经营，为整个国民经济的发展服务，这是兴办水利事业的基本原则。对发电、防洪、灌溉、水运、给水等方面要统筹规划，全面安排，按照各部门的需要，制定最优开发方案，尽量统一它们之间的矛盾，最大限度地照顾各方要求，使水利资源得到最有效的利用，使国民经济所得到的总效益为最大。

1.2 河流、水库

1.2.1 河流的形成与演变

河流是流水侵蚀和地质构造作用的产物。陆地从露出海面的时候起，便接受降水形成的地表径流的冲刷，起伏不平的地形提供了地表径流集中的条件。径流越集中，冲刷力越强，久而久之，小沟变大沟，不断向长、深、宽方向发展。如果冲沟一旦切入到潜水层，得到地下水的补给时，便成了终年有水的河流。继续发展，小河变大河，接受两旁的支流，形成一个大河系。河流把泥沙带到下游，沉积在河口，随着泥沙越积越多，使海洋变成陆地，形成广大的冲积平原。我国黄河入海口淤积的泥沙呈40km宽的扇形面积向前推进，1949～1951年的三年推进了10km。

水流具有挟带泥沙的能力，流速愈大，挟沙力愈大。如果来砂量等于水流挟沙能力，河床不产生冲淤变化。否则，河床将产生冲刷或淤积。由于河道水量、泥沙的变化以及各河段的地形、地质情况不同，所以，不冲不淤的平衡状态是相对的、暂时的，冲淤变形是绝对的、长期的，即河道的演变是无止境的。河流的变形甚至改道影响着河流的开发利用。

1.2.2 山区河流与平原河流的特点

河流一般可分为山区河流与平原河流两大类型。对于较大的河流，其上游段多为山区河流，而下游段多为平原河流，位于上下游之间的中游段则往往兼有山区河流与平原河流的特性。

山区河流流经地势高峻、地形复杂的山区，所以岸线极不规则，宽度变化很大，水流急，多险滩瀑布、洪水猛涨猛落。河谷断面多为V字形或U字形。河床由岩石组成，水流的切削作用进行缓慢，河道基本上是稳定的。但在岩石风化严重，植被很差的地区，暴雨时可能发生危险很大的泥石流。山区河流水力资源丰富，但对航运不利。

平原河流地形平缓，泥沙容易沉积，在两岸形成自然堤。堤岸较高，使地表径流不易流入河中，低洼地容易形成内涝。河谷较宽，水量比较丰富，对航运和灌溉提供了有利条件。但平原河流的河床土质抗冲能力小，极易产生变形、弯曲、浅滩等，使深槽位置变化不定，需要采取整治措施来稳定河床。

1.2.3 水库

水库是一种蓄水工程。它由拦河坝截断河流，形成一定容积的水库。在汛期可以拦蓄洪水，消减洪峰，减除下游洪水灾害，蓄于水库的水量可以用来满足灌溉、发电、航运、城市给水和养鱼的需要。所以，修建水库是解决来水和用水在时间上的矛盾，并能综合利用水资源的有效措施。水库的总库容由死库容、兴利库容和调洪库容三部分组成。死库容是根据发电最小水头或灌溉引水的最低水位确定的，同时考虑泥沙淤积、养殖及环境卫生等要求；兴利库容是根据灌溉、发电等需要确定的，它是确定水库效益和投资的重要依据；调洪库容是根据防洪标准由调洪演算确定的。如果能利用一部分兴利库容兼作调洪库容，则可减少水库总库容，降低工程造价。

水库的形成，使库区内造成淹没，村镇、居民、工厂及交通等设施需要迁移重建；水库水位的升降变化可能引起岸坡大范围滑坡，影响拦河大坝的安全；在地震多发区，有可能引起诱发地震；水库水质、水温的变化使库区附近的生态平衡发生变化。

水库改变了河道的径流，水库下流河道的流量产生了变化。在枯水期，如果电站和灌溉用水，下游流量增加，对航运、河道水质改善、维持生态平衡等方面均有利。如不放水，将使河道干涸，两岸地下水位降低，生态平衡受到影响。另外，下泄的清水易冲刷河床，将影响下游桥梁、护岸等工程的安全。

某些水库上游河道的入库处，容易发生淤积，使河水下泄不畅，库上游河道容易发生泛滥。

水利工作者在进行水利规划和水库设计时，应认真研究和解决这些问题，充分利用有利条件，避免或减轻不利影响。

1.3 水利工程简介

为了控制和利用天然水资源，达到兴利除害的目的，就必须采取各种措施，包括工程措施和非工程措施，而各种措施的综合就形成了国民经济中一项十分重要的事业——水利事业。水利事业的范围很广，若按其目的和采用的工程措施，可分为以下几项。

1.3.1 河道整治与防洪工程

河流是水利的源泉，也是洪水泛滥的来源。要兴水利、除水害，首要的任务就是治河防洪。

河道整治主要是通过整治建筑物和其他措施，防止河道冲蚀、改道和淤积，使河流的外形、水流形态和演变过程都能满足防洪、航运、工农业用水等方面的要求。一般防治洪水的措施是，采用“上拦下排，两岸分滞”的工程体系。

“上拦”就是在山地丘陵地区进行水土保持，拦截水土，有效地减少地面径流；在干、支流的中上游兴建水库拦蓄洪水，调节径流，控制下泄流量不超过下游河道的过流能力。上拦是一种防治洪水的治本措施，不仅有效地防治洪水，而且可以综合地开发利用水土资源。

“下排”就是疏浚河道，修筑堤防，提高河道的泄洪能力，减轻洪水威胁。这是治标的办法，不是“长治久安”之道。但是，在上游拦蓄工程没有完全控制洪水之前，筑堤防洪仍是一种重要措施，而且可以加强汛期的防护工作，确保安全。

“两岸分滞”是在沿河两岸适当地点，修建分洪闸、引洪道、滞洪区等，将超过河道安全泄量的洪峰流量，经分洪闸、引洪道分流到该河道下游或其他水系，或者蓄于低洼地区（滞洪区），以保证河道两岸保护区的安全。为了减少滞洪区的损失，必须做好通讯、交通、安全措施等工作，并且作好水文预报，只有万不得已时才运用分洪措施。

1.3.2 农田水利工程

水利是农业的命脉。为使农业稳产高产，可以通过建闸修渠，形成良好的灌、排系

统，使农田旱可灌，涝可排，实现农田水利化。农田水利工程一般包括以下几部分。

1. 取水工程

灌溉水源主要有河流、湖泊、水库和地下水等。为了从水源适时适量地取水灌溉，就需要修筑取水工程。在河流中引水灌溉时，取水工程一般包括抬高水位的拦河坝（闸），控制引水量的进水闸和防止泥沙入渠的冲沙闸、沉沙池等建筑物。河中流量大、水位高，能满足引水要求时，也可不建拦河坝。当河水位很低又不宜建坝时，可建机电排灌站提水灌溉。

2. 输水配水工程

为了将水输送并分配到每个地块，就需要修筑各级固定渠道及渠道系统上的各种建筑物，如涵洞、渡槽、交通桥、分水闸等。

3. 排水工程

包括各级排水沟（渠）及沟道上的建筑物。排水工程的作用是将田间多余水量排往容泄区（河流、湖泊、洼地等）。当容泄区的水位高于排水干沟出口的水位时，还应在干沟出口建排水闸控制河水倒灌或建抽水站用机械排水。

1.3.3 水力发电工程

水能是一种最理想的永续能源。油、气、煤源有时尽，水能绵绵无尽期。它不消耗水量，也不污染环境，所以水力发电是我国能源建设的长远战略方针。

水能利用的基本原理，是将获得巨大能量的水流通过高压管道去推动水轮机，使水能转变为机械能，水轮机再带动发电机，将机械能又转变为电能。

开发利用水能，必须对天然河流的不均匀径流和分散的落差进行调节和集中。常用的水能开发方式是拦河筑坝形成水库，它即可调节径流又能集中落差，但有一定的淹没损失，故多用于山区河段。在坡度很陡或有瀑布、急滩、河湾的河段，而其上游又不允许淹没时，可以沿河岸修建纵坡很缓的引水建筑物（渠道、隧洞等）来集中落差开发该河段的水能。

1.3.4 给水与排水工程

随着工业的发展和人民生活水平的提高，城市供水与排水日益紧迫，现在不少城市由于缺水影响生产和人民生活；水质污染问题也很严重，它不仅加剧了水资源的供需矛盾，而且恶化了环境。

城市给水对水质、水量以及供水可靠性上都有较高的要求。因此，必须将由水源引取的水量，经过沉沙、净化设施处理后，再由输水、配水管道将水送至用水部门。

排水是排除废水，污水及可能的暴雨积水。工矿企业排出的污水常含有毒的化学物质，必须通过排水沟道将污水、废水集中处理后，再回收利用或由排水闸、排水站排至容泄区（河道），以免引起水质污染。

1.3.5 航运工程

航运包括船运与筏运（木、竹浮运）。河流是人类历史上最早的交通要道。它运费低，运量大，今后必将大力发展。内河航运有天然水道（河流、湖泊等）和人工水道（运河、河网、水库及渠化河流等）两种。

利用天然河流通航时，往往需要对河流进行疏浚和整治，以改善航运条件，建立稳定的航道。如果河道枯水期水深太小不能满足航运要求时，可建拦河闸坝以抬高天然河道的水位，这叫河流渠化；或者修建水库调节径流，改善水库下游的航行条件。

运河是人工开挖的渠道，如果运河两端水位差较大，则需要用船闸等建筑物把运河分成若干个航段，使每个航段里的水位是平的。

由于航运是利用水的浮力而不消耗消量，航运事业通常是结合其他水利事业的需要，综合利用水利资源。例如，利用灌溉渠道通行船只和利用运河供给两岸农田城镇用水。

在通航的河道或渠道上建造闸坝等挡水建筑物时，应同时修建过船建筑物。如船舶不多，货运量不大时，可建立码头转运货物；如来往船舶较多，货运量较大时，则宜采用升船机、船闸、筏道等建筑物，使船只、木排直接通过。在葛洲坝水利枢纽中布置了三个船闸来满足长江航运的需要。

船闸的工作原理如图 1－1 所示。

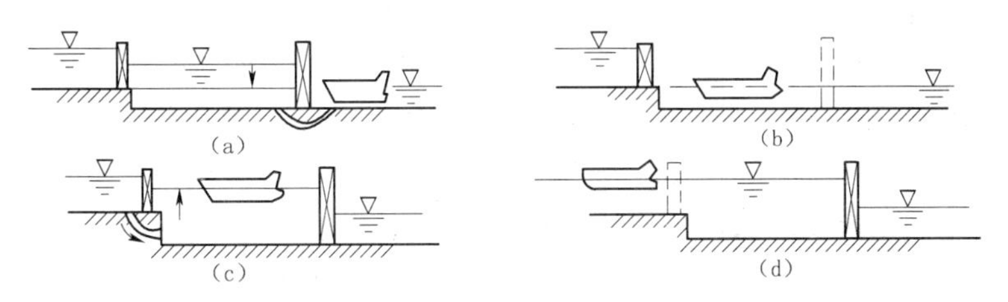

图 1－1 船闸工作原理图

1.4 水工建筑物与水利枢纽

1.4.1 水工建筑物

在水利事业中采取的工程措施称为水利工程。工程中的建筑物称为水利工程建筑物，简称水工建筑物。按照建筑物的用途，可分为一般水工建筑物和专门水工建筑物两大类。

一、一般水工建筑物

(1) 挡水建筑物：用以拦截水流、壅高水位或形成水库，如各种闸、坝和堤防等。

(2) 泄水建筑物：用以从水库或渠道中泄出多余的水量，以保证工程安全，如各种溢洪道、泄洪隧洞和泄水闸等。

(3) 输水建筑物：从水源向用水地点输送水流的建筑物，如渠道、隧洞、管道等。

(4) 取水建筑物：它是输水建筑物的首部，如深式取水口、各种进水闸等。

(5) 河道整治建筑物：为调整河道改善水流状态，防止水流对河床产生破坏作用所修建的建筑物，如护岸工程、导流堤、丁坝，顺坝等。

二、专门水工建筑物

(1) 水力发电建筑物：如水电站厂房、压力前池、调压井等。

(2) 水运建筑物：如船闸、升船机、过木道等。

(3) 农田水利建筑物：如专为农田灌溉用的沉沙池、量水设备、渠系及渠系建筑物等。

(4) 给水、排水建筑物：如专门的进水闸、抽水站、滤水池等。

（5）渔业建筑物：如鱼道、升鱼机、鱼闸、鱼池等。

水工建筑物按使用的时间长短分为永久性建筑物和临时性建筑物两类。

永久性建筑物：这种建筑物在运用期长期使用，根据其在整体工程中的重要性又分为主要建筑物和次要建筑物。主要建筑物系指该建筑物在失事以后将造成下游灾害或严重影响工程效益，如闸、坝、泄水建筑物、输水建筑物及水电站厂房等；次要建筑物系指失事后不致造成下游灾害和对工程效益影响不大且易于检修的建筑物，如挡土墙、导流墙、工作桥及护岸等。

临时建筑物：这种建筑物仅在工程施工期间使用，如围堰、导流建筑物等。

1.4.2　水利枢纽

水利工程往往是由几种不同类型的水工建筑物集合一起，构成一个完整的综合体，用来控制和支配水流，这些建筑物的综合体称为水利枢纽。

正在建造中的三峡水利枢纽是当今世界上最大的水利枢纽（见图1-2）。三峡枢纽的主要建筑物由大坝、水电站、通航建筑物三大部分组成。拦河大坝为重力坝，最大坝高181m。大坝的泄洪坝段居河床中部，共设有23个深孔和22个表孔。表孔和深孔都采用鼻坎挑流消能，全坝最大泄洪能力为11.6万m^3/s。水电站采用坝后式，分设左、右两组厂房。左、右岸分别安装水轮机组14台和12台。全电站机组均为单机容量70万kW的混流式水轮发电机组，总装机容量为1820万kW，年平均发电量为846.8kW·h。通航建筑物包括船闸和升船机。船闸为双线五级连续梯级船闸，升船机为单线一级垂直提升式。

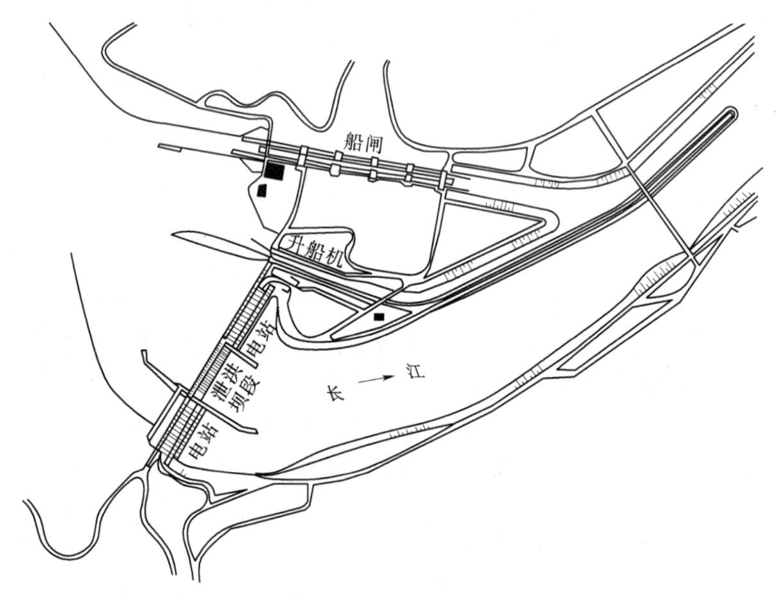

图1-2　三峡水利枢纽布置示意图

三峡枢纽建成后将有巨大效益：防洪控制流域面积可达100万km^2；水库防洪库容为221.5亿m^3，可使荆江河段防洪标准从10年一遇提高到100年一遇或更大的洪水，配合分洪、蓄洪工程的运用，防止荆江大堤溃决，减轻中下游洪灾损失和对武汉市的洪水威胁，并为洞庭湖区的根治创造条件。但是，三峡水库也存在对环境、生态等不利影响和移民、淹没损失等问题。

图1-3为一种有坝取水枢纽的布置示意图。其主要建筑物为溢流坝（闸）、进水闸、冲沙闸。溢流坝一般较低，不起调节流量的作用，仅解决天然来水与用水在高程上的矛盾。

图1-4所示为近2300年前秦朝李冰父子领导当地劳动人民修建的都江堰（四川灌县）取水枢纽。灌溉渠道的进水口位于宝瓶口，系开山而成，金刚堤是用竹笼内填卵石及木桩建筑而成，起分水导流作用，将岷江分为内江和外江。洪水期，内江的多余水量由飞沙堰泄走；枯水期，由外江闸（原为“杩槎”截流，1974年建闸）控制，保证内江引进灌溉所需水量；百丈堤的作用是引导水流，保护河岸。由于全部工程布置合理，一直沿用至今，这充分表明了我国古代人民具有很高的智慧和科学技术水平。

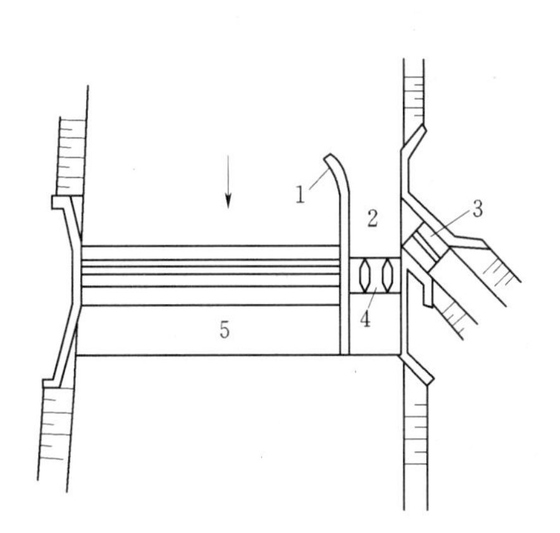

图1-3 有坝取水枢纽布置示意图

1—导水墙；2—沉沙槽；3—进水闸；4—冲沙闸；5—溢流坝

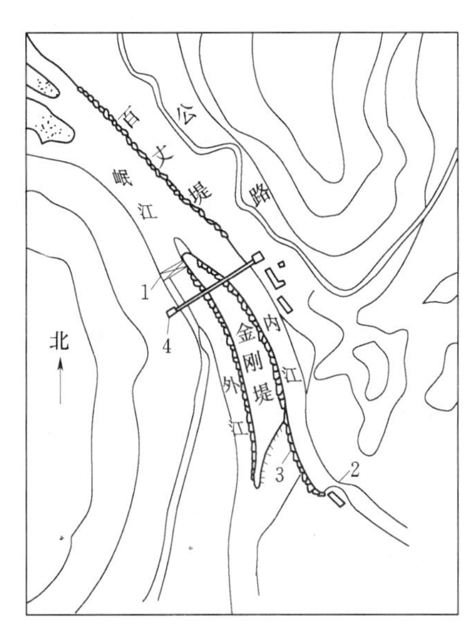

图1-4 都江堰取水枢纽布置示意图

1—外江闸；2—宝瓶口；3—飞沙堰；4—索桥

1.5 水工建筑物的特点

由于水的作用和影响，与其他建筑物相比，水工建筑物有以下特点。

1. 工作条件复杂

水工建筑物经常承受着水的作用，产生各种作用力，对其工作条件不利。挡水建筑物承受着一定的静水压力、风浪压力、地震动水压力、冰压力、浮力以及渗流产生的渗透压力，对建筑物的稳定性影响极大；水流渗入建筑物内部及地基中，还可能产生侵蚀和渗透破坏；泄水建筑物的过水部分，还承受着水流的动水压力及磨蚀作用，高速水流还可能对建筑物产生空蚀、振动以及对河床产生冲刷。由于水的某些作用力难以用计算方法确定，所以进行水工建筑物设计时，往往按理论和经验拟定建筑物的尺寸、构造和外形后，还须

借助模型试验进行验证和修改，并在实际工程上进行观测研究，以提高设计理论和控制工程运用。

2. 施工条件复杂

在河床中修筑建筑物，需要解决施工导流的问题，避免建筑物基坑及施工设施被洪水淹没。根据河道情况，在施工期还要保证航运和木材浮运不致中断。要进行很深的地基开挖和复杂的地基处理，常需水下施工。因此，水工建筑物的施工比陆地上的土木工程复杂得多。再加上工程量庞大，要在较短时间内完成，故需要采用先进的施工技术、大型施工机械和科学的施工组织与管理体制。

3. 对国民经济的影响巨大

一个综合性的大型蓄水枢纽，不仅可以免除洪水灾害，还可以发电、改良航道、变沙漠为良田、调节当地气候、美化周围环境。举世闻名的长江三峡工程建成后，将使三峡下游五省一市免受洪水灾害，将充足的电力输送致华中、华东、华北的城市和农村，并获得灌溉航运之利。但是，拦蓄巨大水量的挡水建筑物如果失事，将会给下游带来巨大的灾害，其损失远远超过建筑物本身的价值，并使以该水利枢纽为基础而建立起来的经济事业处于瘫痪状态。因此，水工建筑物的设计工作必须充分重视勘测、试验和研究分析工作，以高度负责的精神，精心设计、精心施工、加强管理，确保工程安全。

1.6　水利枢纽的分等和水工建筑物的分级

安全和经济是水利工程建设中必须妥善解决的矛盾。为使工程的安全性与其造价的经济合理性适当地统一起来，应将水利工程及其所属建筑物按工程规模、效益大小及其在国民经济中的重要性划分成不同的等级。不同的等级规定不同的设计标准，等级高的设计标准高，等级低的设计标准相应地降低。这种分等分级区别对待的方法，是国家经济政策和技术政策在设计中的重要体现。

我国《水利水电枢纽工程等级划分及设计标准》规定，水利水电枢纽工程按其规模、效益和在国民经济中的重要性划分为五等，如表1-1所示。

表1-1　　水利水电枢纽工程的分等指标

工程等级	工程规模	分等指标				
		水库总库容（亿 m^3）	防洪		灌溉面积（万亩）	水电站装机容量（万kW）
			保护城镇及工矿区	保护农田面积（万亩）		
一	大（1）型	>10	特别重要城市、工矿区	>500	>150	>75
二	大（2）型	10～1	重要城市、工矿区	500～100	150～50	75～25
三	中　型	1～0.1	中等城市、工矿区	100～30	50～5	26～2.5
四	小（1）型	0.1～0.01	一般城镇、工矿区	<30	5～0.5	2.5～0.05
五	小（2）型	0.01～0.001			<0.5	<0.05

注　1. 总库容指校核洪水位以下的水库库容。

2. 分等指标中有关防洪、灌溉两项系指防洪或灌溉工程系统中的重要骨干工程。

3. 灌溉面积系指设计灌溉面积。

对于综合利用的水利枢纽工程，根据表 1－1 分等指标分属几个不同的等别时，整个枢纽工程的等别应按其中最高的等别确定。

枢纽中的建筑物则根据所属工程的等级及其在工程中的作用和重要性分为五级，如表 1－2 所示。

按表 1－2 确定水工建筑物的级别时，如该建筑物同时具有几种用途，应按其中所属最高等别确定其级别；仅有一种用途的水工建筑物，应按该项用途所属等别确定其级别。

表 1－2　水工建筑物级别的划分

工程等级	永久性建筑物级别		临时性建筑物级别
	主要建筑物	次要建筑物	
一	1	3	4
二	2	3	4
三	3	4	5
四	4	5	5
五	5	5	

不同级别的水工建筑物，在以下四个方面应有不同的要求。

(1) 抗御洪水能力：如洪水标准、坝顶安全超高等。

(2) 强度和稳定安全度：如建筑物的强度和抗滑稳定安全系数，防止裂缝发生或限制裂缝开展的要求及限制变形的要求等。

(3) 建筑材料：如选用的品种、质量、标号及耐久性等。

(4) 运行可靠性：如建筑物各部分尺寸的裕度大小和是否设置专门设备等。

在同一级别的水工建筑物中，当采用不同型式时，其要求也有所不同。

对于 2～5 等工程，在下述情况，经过论证可提高其主要建筑物的级别。

(1) 水库的大坝，其高度超过表 1－3 中数值者，可提高一级，但洪水标准不予提高。

表 1－3　水库大坝提级的指标

坝的原级别		2	3	4	5
坝高(m)	土坝、堆石坝、干砌石坝	90	70	50	30
	混凝土坝、浆砌石坝	130	100	70	40

(2) 当水工建筑物的地质条件特别复杂或采用实践较少的新坝型、新结构时，可提高一级，但洪水标准不予提高。

(3) 综合利用的水利枢纽工程，如按库容和不同用途的分等指标，其中有两项接近同一级别的上限时，其共用的主要建筑物可提高一级。

当临时性建筑物失事，将使下游城镇、工矿区或其他国民经济部门造成严重灾害或严重影响工程施工时，视其重要性或影响程度，应提高一级或两级。对于低水头或失事后损失不大的水利水电枢纽工程，经过论证，其水工建筑物可适当降低级别。

设计永久性水工建筑物所采用的洪水标准，分为正常运用（设计）和非常运用（校核）两种情况。正常运用洪水标准，应根据工程规模、重要性和基本资料等情况，在表 1－4规定的幅度内分析确定，非常运用洪水标准，一般按不低于表 1－5 规定的数值分析确定。但对于失事后对下游将造成较大灾害的大型水库、重要的中型水库以及特别重要的小型水库的大坝，当采用土石坝时，应以可能最大洪水作为非常运用洪水标准；当采用混凝土坝、浆砌石坝时，根据工程特性、结构型式、地质条件等，其非常运用洪水标准较土

石坝可适当降低。

表 1-4　　永久性水工建筑物正常运用的洪水标准

建筑物级别	1	2	3	4	5
洪水重现期（年）	2000～500	500～100	100～50	50～30	30～20

表 1-5　　永久性水工建筑物非常运用的洪水标准

不同坝型的枢纽工程	建筑物级别				
	1	2	3	4	5
	洪水重现期（年）				
土坝、堆石坝、干砌石坝	10000	2000	1000	500	300
混凝土坝、浆砌石坝和其他水工建筑物	5000	1000	500	300	200

1.7 我国水利工程建设的发展

几千年来，我国劳动人民在防止水害和兴修水利上作出了卓越的贡献。长达 1800km 的黄河大堤，纵贯南北全长 1700km 的京杭大运河，四川都江堰分洪灌溉工程等，规模宏伟，蔚为壮观，体现了中国人民的勤劳和智慧。但是由于长期封建制度的束缚和反动统治，解放前，水资源不仅未能很好地用来为人民造福，相反，劳动人民还经常遭受水旱灾害之苦。

新中国成立后，在共产党和毛主席的领导下，我国的水利事业有了巨大的发展，建成了大批的水利工程。目前全国已有各类水库 8 万多座，总库容 $4.617\times10^{11}m^3$；灌溉面积已达 7 亿多亩，灌溉面积提供的粮食产量约占全国粮食产量的 2/3；修建和加固堤防 20 多万 km，主要江河的洪水得到了初步控制，几千年为患的黄河未再泛滥；水力发电装机容量已达 3.458×10^7kW，年发电量达 $1.184\times10^{11}kW\cdot h$，分别为解放初期的 212 倍和 167 倍；内河通航里程达 10 万多 km。水利水电事业取得的成就，对国民经济的发展和保证人民的生活安全发挥了重要的作用。

众多的工程实践，促进了水利科学技术的发展。在坝工建筑、坝基处理、高速水流泄洪消能、地下工程开挖、大流量的截流和施工导流以及大型闸门与水轮发电机组的设计、制造、安装等方面，都取得了成功的经验，有些方面已接近世界水平。例如，修筑在岩溶地区的乌江渡水电站，坝型为拱形重力坝，最大坝高 165m，帷幕灌浆最大深度达 200m；碧口水电站，拦河坝为壤土心墙土石坝，最大坝高 101m，坝基处理采用混凝土防渗墙，最大深度为 65.5m；陕西石头河水库，拦河坝为粘土心墙土石坝，最大坝高 105m，已实现全面机械化施工；目前国内坝高库容均最大的龙羊峡水电站，坝型为重力拱坝，最大坝高 177m，最大库容 247 亿 m^3，装机容量为 128 万 kW，单机容量为 32 万 kW；葛洲坝水电站是目前我国在长江上已建的最大水电站，总装机容量为 271.5 万 kW，年平均发电量 141 亿 $kW\cdot h$，成功地进行了大江截流，设计截流流量为 $7300\sim5200m^3/s$。

随着我国社会主义现代化建设的发展，用水量急剧增加，能源供应不足，来水和用水在地区上和时间上的矛盾越来越突出。因此，水利水电建设必须加快前进的步伐。根据我国的水利现状来看，首先要更有效地控制主要江河的洪水，保证城市、交通干道和人口稠密的农业生产基地的安全。随着经济建设的发展，一旦发生洪水泛滥，所造成的损失将越来越大。可以想像，万一黄河大堤决口，那么，南至淮河流域，北至海河流域的广大地区将变为泽国，许多重要建筑将被毁坏。其次，要大力发展水电，为工农业生产和人民生活提供廉价电力。我国已开发的水能资源约为可开发水能资源的5%（按年发电量计算）。水力发电成本低、积累快、不污染，是取之不尽用之不竭的再生能源，所以在电力建设中优先开发水力发电是我国的国策。第三，要继续兴建农田水利工程，扩大灌溉面积，提高抗御自然灾害的能力，使农业这个国民经济的基础更加稳固。第四，为了满足不断发展的工业和城市人民的用水需要提供水源，否则，将会在不少地方出现水源危机。

发展农田灌溉和城市给水的关键是水源问题。黄、淮、海平原地区和松辽平原，人口密集，又是工农业生产重要基地，但是水源不足，严重地阻碍着工农业生产的发展。为了从根本上解决这些地区的用水问题，除推行合理用水、减少浪费、控制污染、加强回收措施外，还应研究跨流域调水增加水源。南水北调工程（引长江水过黄河）和北水南调（引松花江水入辽河）是解决这些地区缺水的一种措施。

1.8 本课程的特点和学习方法

本课程的实践性和综合性较强。学习时应能密切联系已学的其他课程内容；掌握一般建筑物的运用条件、构造型式和特点、设计原理和基本计算方法；学会分析问题和提高解决问题的能力。

第2章 岩基上的重力坝

2.1 概　　述

重力坝是世界历史最古老的也是采用最多的坝型之一。此种坝因主要依靠自重维持稳定而得名。

2.1.1 重力坝的工作原理及特点

重力坝是用混凝土或浆砌石修筑的大体积挡水建筑物。其工作原理是在水压力及其他荷载作用下，依靠坝体自重在坝基面产生的抗滑力来抵抗水平水压力以达到稳定要求；利用坝体自重在水平截面上产生的压应力来抵消由于水压力所引起的拉应力以满足强度要求。

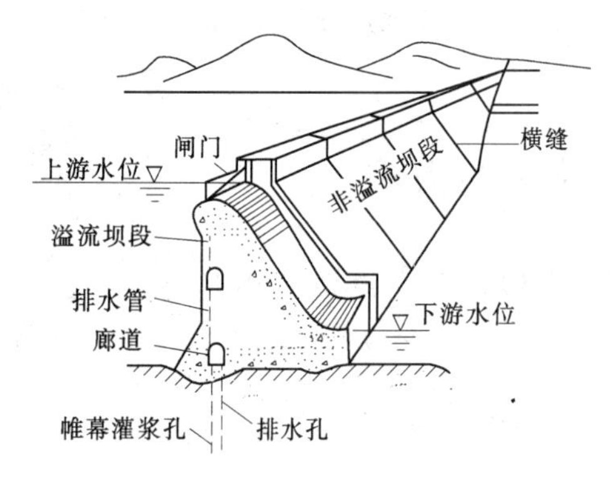

图 2-1　混凝土重力坝示意图

重力坝基本断面一般是上游面铅直或接近铅直三角形断面，见图 2-1。

重力坝体积大、用料多，材料强度不能充分利用，其所以被广泛采用的原因，主要是与其他坝型相比，具有如下优点。

(1) 对地形、地质条件适应性好。任何形状的河谷都可以修建重力坝。重力坝对地基的要求虽比土石坝高，但无重大缺陷的一般强度的岩基均可满足要求。因为重力坝在沿坝轴线方向被横缝分割成若干独立的坝段，所以能较好地适应岩石物理情况的变化和各种非均质的地基。重力坝的这一特点，是高坝选型中的一个优越条件。

(2) 枢纽泄洪及导流问题容易解决。由于筑坝材料的抗冲能力强，所以施工期可以利用较低坝块或预留底孔导流，坝体可以做成溢流式，也可以在坝内不同高程设置排水孔，重力坝一般不需另设溢洪道或泄水涵洞。在意外的情况下，即使从非溢流坝顶溢过少量洪水，一般也不会招致坝的失事，这是重力坝的一个最大优点。

(3) 重力坝结构简单、体积大，有利于机械化施工。而且由于断面尺寸大，材料强度高，耐久性能好，抵抗洪水漫顶、渗漏、地震及战争破坏能力较强，安全性较高，因此重力坝的失事率是较低的。

(4) 传力系统明确，便于分析与设计，运行期间的维护及检修工作量较少。但需采用防渗排水设施及温控措施。

但是，重力坝也存在如下一些缺点。

(1) 坝底扬压力较大。重力坝坝体与地基的接触面积大，相应的坝底扬压力也大。扬压力的作用会抵消部分坝体重量的有效压力，对坝体稳定不利，故需采用各种有效的防渗排水设施，以减小扬压力，节省工程量。

（2）材料强度一般不能充分发挥。由于重力坝的断面是根据抗滑稳定和无拉应力条件确定的，坝体内的压应力通常不大。对于中、低重力坝，即使低标号混凝土或浆砌石，其材料强度也不能得到充分利用，这是重力坝的一个主要缺点。

（3）水泥水化热较大，可能导致坝体裂缝。重力坝体积大，水泥用量大，在施工期，水泥水化热引起的温度也很大，并将引起坝体内温度和收缩应力，可能导致坝体产生裂缝。为控制温度应力，特别在高坝施工中，需要采取较复杂的温控措施。

2.1.2　重力坝的类型

重力坝按结构型式可分为实体重力坝、宽缝重力坝、空腹重力坝、预应力重力坝、装配式重力坝等，见图2-2。

实体重力坝，是最简单的型式，其优点是设计和施工均较方便，应力分布也较明确；缺点是扬压力大和材料的强度不能充分发挥，工程量较大。

宽缝重力坝，与实体坝相比，具有扬压力小、能较好利用材料强度、节省工程量和便于坝内检查及维护等优点；缺点是施工较复杂，模板用量较多。

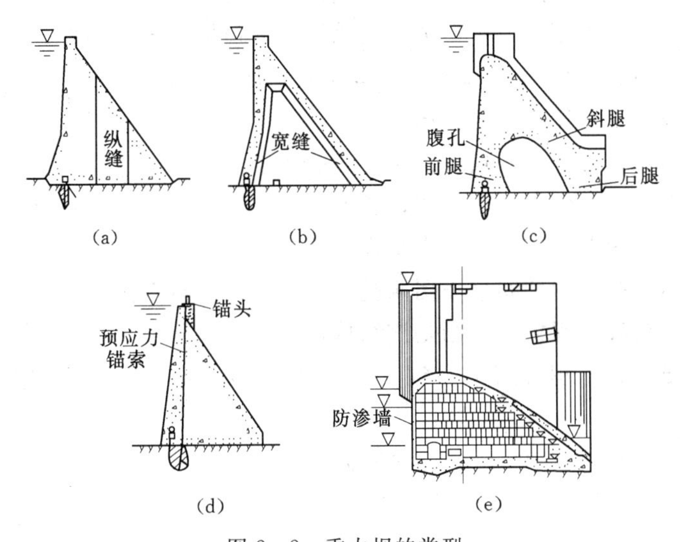

图2-2　重力坝的类型

(a) 实体重力坝；(b) 宽缝重力坝；(c) 空腹重力坝；(d) 预应力重力坝；(e) 装配式重力坝

空腹重力坝，可进一步降低扬压力，节省方量，还可利用坝内空腔布置水电站厂房，坝顶溢流宣泄洪水，以便解决在狭窄河谷中布置发电厂房和泄水建筑物的困难；缺点是腹孔附近可能存在一定的拉应力，局部需要配置钢筋较多，应力分析与施工较复杂。

预应力重力坝，特点是利用预应力措施来增加坝体上游部分的压应力，提高抗滑稳定性，从而可以削减坝体剖面。目前仅在小型工程和旧坝加固工程中使用。

装配式重力坝是采用预制块安装筑成的坝，可改善施工质量和降低坝的温度升高。但

要求施工工艺精确，以便接缝有足够的强度和防水性能。

按照重力坝的顶部是否泄放水流的条件，可分为溢流坝和非溢流坝。坝体设有深式泄水孔的坝段和溢流坝可统称为泄水重力坝。按筑坝材料还可分为混凝土重力坝和浆砌石重力坝。

2.2　重力坝上的作用及作用效应组合

2.2.1　作用

作用是指外界环境对水工建筑物（水工结构）的影响。

作用按其随时间的变异分永久作用、可变作用、偶然作用。设计基准期内量值基本不变的作用称永久作用；设计基准期内量值随时间的变化而与平均值之比不可忽略的作用称可变作用；设计基准期内只可能短暂出现（且量值很大）或可能不出现的作用称偶然作用。

永久作用包括：结构自重和永久设备自重、土压力、淤沙压力（枢纽建筑物有排沙设施时可列为可变作用）、预应力、地应力、围岩压力等。

可变作用包括：静水压力、扬压力、动水压力（包括水流离心力、水流冲击力、脉动压力等）及外水压力、浪压力、风荷载、雪荷载、冰压力、冻胀力、楼面（平台）活荷载、桥机门机荷载、温度作用、灌浆压力等。

偶然作用包括：地震作用、校核洪水位时静水压力等。

建筑物对外界作用的效应，如应力、变形、振动等，称为作用效应。

应注意的是，结构上的作用，通常是指对结构产生效应（内力、变形等）的多种原因的总称，并可分为直接作用和间接作用两类。直接作用是指直接施加在结构上的集中力或分布力，也可称为荷载；间接作用则是该结构产生外加变形或约束变形的原因，如地震、温度作用等。为便于与工程界习惯一致，故直接作用称为荷载，间接作用也可称为间接荷载。

各种作用都有变异性或随机性。随时间而变异的应按随机过程看待，但常可按定条件统计分析，也按随机变量对待。

下面着重介绍重力坝的作用（荷载）。

一、自重（包括永久设备自重）

建筑物的结构自重标准值，可按结构设计尺寸及材料重度计算确定。一般混凝土的重度为 23.0～23.5kN/m^3，其他材料的重度可查阅有关资料。

二、静水压力

垂直作用于坝体表面某点处的静水压强 p 为

$$p = \gamma H \tag{2-1}$$

式中　H——计算点处的作用水头，即计算水位与计算点之间的铅直高差，m；

γ——水的重度，一般取 9.8kN/m^3，对于多泥沙浑水情况另定。

作用于坝面的总静水压力，常分解为水平及竖向分力进行计算，见图 2-3。

水平力 $$P_1=\frac{1}{2}\gamma H_1^2 \quad P_2=\frac{1}{2}\gamma H_2^2 \tag{2-2}$$

垂直力 $$W_1=\gamma A_1 \quad W_2=\frac{1}{2}\gamma m H_2^2 \tag{2-3}$$

式中 H_1、H_2——上、下游水深，m；

m——下游坝面坡度；

A_1——上游坝面、水面和通过坝踵的垂线所围成的面积。

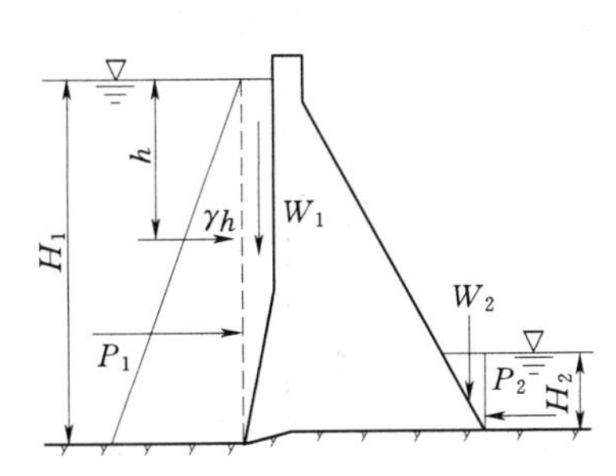

图 2-3 重力坝上静水压力分布图

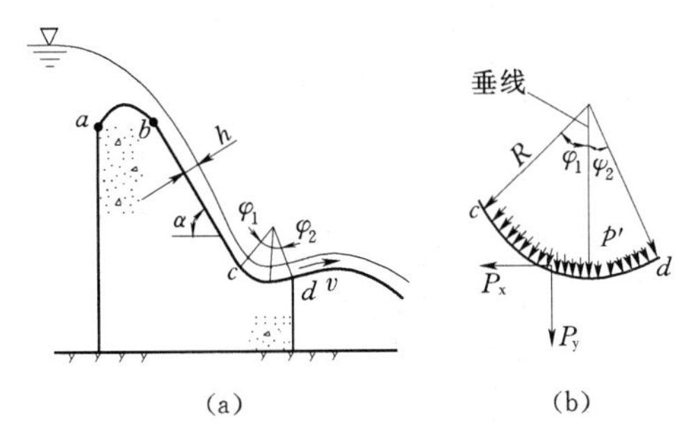

图 2-4 溢流坝面动水压强计算

三、动水压力

溢流重力坝泄水时，溢流坝反弧段 cd 上的动水压力（见图 2-4）可根据流体的动量方程求得；若假定反弧段从 c 到 d 的流速相等（实际上是变化的），并取反弧段最低点处断面的平均流速 v，则可求得反弧段上动水压力的总水平分力 P_x 和垂直分力 P_y

$$P_x=\frac{\gamma q v}{g}(\cos\varphi_2-\cos\varphi_1) \tag{2-4}$$

$$P_y=\frac{\gamma q v}{g}(\sin\varphi_2+\sin\varphi_1) \tag{2-5}$$

式中 φ_1、φ_2——图 2-4 中所示角度；

q——单宽流量，$m^3/(s \cdot m)$；

g——重力加速度，$g=9.81m/s^2$；

其余符号意义同前。

四、扬压力

混凝土和地基都有一定的透水性，在上下游水位差作用下，会形成一个稳定渗流场。在此渗流场内，如取某个计算截面以上坝体部分为对象，则该部分坝体就承受渗流场引起的扬压力。工程上习惯将扬压力近似处理为垂直指向计算截面的分布面力。

扬压力包括渗透压力和浮托力两部分。渗透压力由坝体上下游水位差引起，而浮托力是由下游水位淹没部分坝体时产生。扬压力分布图形，要根据水工结构的型式、地基地质条件和防渗排水设备，分别确定。对于在坝基下游设置有抽排系统的情况，主排水孔之前部分的合力称为主排水孔前扬压力，主排水孔后的合力称为残余扬压力。

1. 坝基面上的扬压力

坝底扬压力分布和大小的影响因素很多，水工设计中有关扬压力分布及其代表值的规定，是基于已建坝的原型观测和便于设计应用的近似处理结果。一般扬压力强度，可由水

头乘以水的重度γ得到。现将图2－5上的扬压力分布图分别加以说明。

（1）当坝基设有防渗帷幕和排水孔时，坝底面上游坝踵处扬压力作用水头为H_1，排水孔中心线处为$H_2+\alpha(H_1-H_2)$，下游坝址处为H_2，其间各段依次以直线连接，如图2－5（a）～图2－5（d）所示。

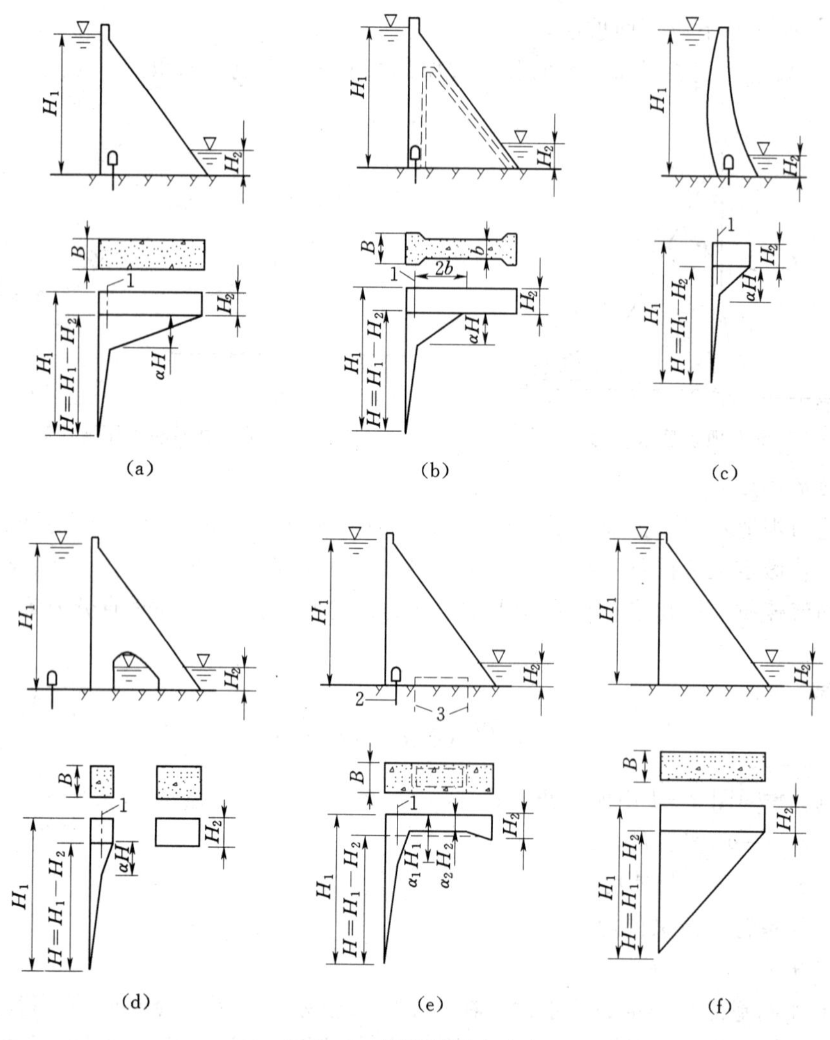

图2－5　坝底扬压力分布

（a）实体重力坝；（b）宽缝重力坝及大头支墩坝；（c）拱坝；
（d）空腹重力坝；（e）坝基设有抽排系统；（f）未设帷幕及排水孔
1—排水孔中心线；2—主排水孔；3—副排水孔

（2）当坝基设有防渗帷幕和上游主排水孔，并设有下游副排水孔及抽排系统时，坝踵处扬压力作用水头为H_1，主、副排水孔中心线处分别为$\alpha_1 H_1$、$\alpha_2 H_2$，坝趾处为H_2，其间各段依次以直线连接，如图2－5（e）所示。

上述（1）、（2）中的渗透压力强度系数α、扬压力强度系数α_1及残余扬压力强度系数α_2可参照表2－1采用。应注意，对河床坝段和岸坡段，α取值不同，后者计及三向渗流作用，α_2取值应大些。

当坝基仅设有防渗帷幕或排水设施时，渗透压力的分布要结合专门论证确定。

表 2-1　　坝底面的渗透压力和扬压力强度系数

坝型及部位		坝基处理情况		
		设置防渗帷幕及排水孔	设置防渗帷幕及主、副排水孔并抽排	
部位	坝　型	渗透压力强度系数 α	主排水孔前扬压力强度系数 α_1	残余扬压力强度系数 α_2
河床坝段	实体重力坝	0.25	0.20	0.50
	宽缝重力坝	0.20	0.15	0.50
	大头支墩坝	0.20	0.15	0.50
	空腹重力坝	0.25		
	拱　坝	0.25	0.20	0.50
岸坡坝段	实体重力坝	0.35		
	宽缝重力坝	0.30		
	大头支墩坝	0.30		
	空腹重力坝	0.35		
	拱　坝	0.35		

2. 混凝土坝体内的扬压力

为了降低坝体内的扬压力，常在坝体上游面附近 3～5m 范围内浇筑抗渗混凝土，并在紧靠该防渗层的下游面设排水管，从而构成了坝体的防渗排水系统。DL5077—1997 规定，坝体内计算截面的扬压力分布图形，可根据坝型及其坝内排水管的设置情况按图2-6确定，其中排水管线处的坝体内部，渗透压力强度系数 α_3按下列情况采用：

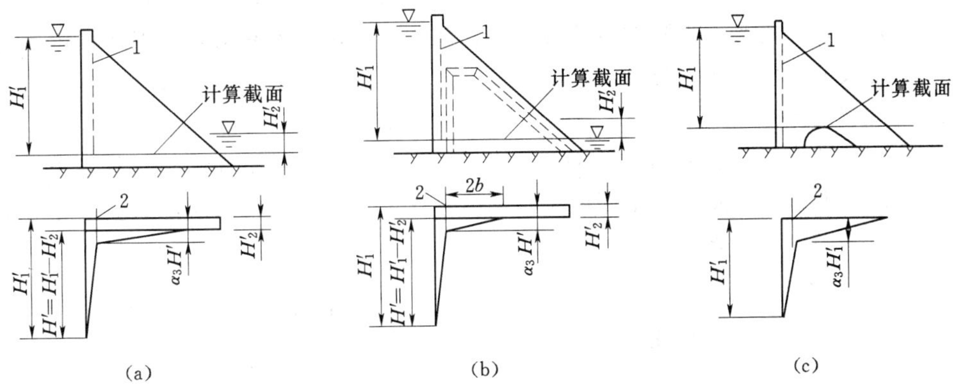

图 2-6 坝体计算截面扬压力分布

(a) 实体重力坝；(b) 宽缝重力坝；(c) 空腹重力坝

1—坝内排水管；2—排水管中心线

实体重力坝、拱坝及空腹重力坝的实体部位采用 $\alpha_3=0.2$；宽缝重力坝、大头支墩坝的宽缝部位采用 $\alpha_3=0.15$。

坝体内扬压力的作用分项系数值同前述坝底扬压力作用分项系数值的相应规定。

五、淤沙压力

淤沙压力是挡水建筑物前由于河流泥沙淤积而在淤积厚度范围内作用于坝面的一种土压力。由于淤沙压力淤积高程随时间逐年增加，因此在确定淤沙压力时，先要规定一个淤

积年限，然后再根据河流的挟沙量估算坝前淤积高程。淤积计算年限可取为50～100年，对于多泥沙河流应专门研究。

由于坝前泥沙是逐年淤高逐年固结的，淤沙重度和内摩擦角亦逐年变化，且各层不同，因而淤沙压力难以精确确定，根据朗肯主动土压力公式，作用于单位长度挡水结构上的水平淤沙压力标准值可按下式计算：

$$P_{sk} = \frac{1}{2}\gamma_{sb}h_s^2\tan^2\left(45° - \frac{\varphi_s}{2}\right) \tag{2-6}$$

$$\gamma_{sb} = \gamma_{sd} - (1-n)\gamma$$

式中 P_{sk}——淤沙压力标值，kN/m；

γ_{sb}——淤沙的浮重度，kN/m³；

γ_{sd}——淤沙的干重度，kN/m³；

γ——水的重度，kN/m³；

n——淤沙孔隙率；

φ_s——淤沙内摩擦角，(°)；

h_s——坝前泥沙淤积厚度，m。

当上游坝面倾斜时，除计算水平淤沙压力外，应计及竖向淤沙压力，其值应按淤沙浮重度与淤沙体积（即坝踵之铅直面与斜坡挡水面之间所夹的淤沙体积）之乘积求得。

六、浪压力

由于风的作用，在水库内形成波浪，它不但给闸坝等挡水建筑物直接施加浪压力，而且波峰所及高程也是决定坝高的重要依据。浪压力与波浪要素有关，波浪要素包括波浪的长度、高度及波浪中心线高出静水位的高度。

1. 波浪要素计算

波浪要素计算，一般采用以一定实测或试验资料为基准的半理论半经验方法。

平原、滨海地区水库，宜采用南京水利科学研究院在福建莆田海浪试验站经6年观测分析的公式，即莆田试验站公式：

$$\frac{gh_m}{v_0^2} = 0.13\text{th}\left[0.7\left(\frac{gH_m}{v_0^2}\right)^{0.7}\right]\text{th}\left\{\frac{0.0018\left(\frac{gD}{v_0^2}\right)^{0.45}}{0.13\text{th}\left[0.7\left(\frac{gH_m}{v_0^2}\right)^{0.7}\right]}\right\} \tag{2-7}$$

$$\frac{gT_m}{v_0} = 13.9\left(\frac{gh_m}{v_0^2}\right)^{0.5} \tag{2-8}$$

式中 h_m——平均波高，m；

v_0——计算风速，m/s，在正常运用条件下，采用相应季节50年重现期的最大风速，在非常运用条件下，采用相应洪水期多年平均最大风速；

D——风区长度（有效吹程），m，沿风向两侧水域较宽时，采用计算点至对岸的直线距离，当沿风向有局部缩窄处宽度B小于12倍计算波长时，可采用$5B$，同时不小于计算点至对岸的直线距离；

H_m ——水域平均水深，m；

T_m ——平均波周期，s。

由 H_m 和 T_m 可用理论公式算出平均波长 L_m

$$L_m = \frac{gT_m^2}{2\pi}\text{th}\frac{2\pi H_m}{L_m} \tag{2-9}$$

对于 $H_m \geqslant 0.5L_m$ 的深水波，式（2-9）还可简写成

$$L_m = \frac{gT_m^2}{2\pi} \tag{2-10}$$

内陆峡谷水库，宜用官厅水库公式计算波高和波长（用于 v_0＜20m/s，D＜20000m）

$$\frac{gh}{v_0^2} = 0.0076v_0^{-1/12}\left(\frac{gD}{v_0^2}\right)^{1/3} \tag{2-11}$$

式中　h——当 $gD/v_0^2 = 20 \sim 250$ 时，为累积频率5%的波高 $h_{5\%}$；当 $gD/v_0^2 = 250 \sim 1000$ 时，为累积频率10%的波高 $h_{10\%}$。

累积频率为 p（%）的波高 h_p 与平均波高 h_m 的比值，按表2-2查取。

$$\frac{gL_m}{v_0^2} = 0.331v_0^{-1/2.15}\left(\frac{gD}{v_0^2}\right)^{1/3.75} \tag{2-12}$$

表2-2　　累积频率为 p（%）的波高与平均波高的比值

$\frac{h_m}{H_m}$	p（%）									
	0.1	1	2	3	4	5	10	13	20	50
0	2.97	2.42	2.23	2.11	2.02	1.95	1.71	1.61	1.43	0.94
0.1	2.70	2.26	2.09	2.00	1.92	1.87	1.65	1.56	1.41	0.96
0.2	2.46	2.09	1.96	1.88	1.81	1.76	1.59	1.51	1.37	0.98
0.3	2.23	1.93	1.82	1.76	1.70	1.66	1.52	1.45	1.34	1.00
0.4	2.01	1.78	1.68	1.64	1.60	1.56	1.44	1.39	1.30	1.01
0.5	1.80	1.63	1.56	1.52	1.49	1.46	1.37	1.33	1.25	1.01

由于空气阻力大小于水的阻力，故波浪中心线高出计算静水位 h_z，如图2-7所示。该波浪要素在挡水建筑物设计时可按下式计算：

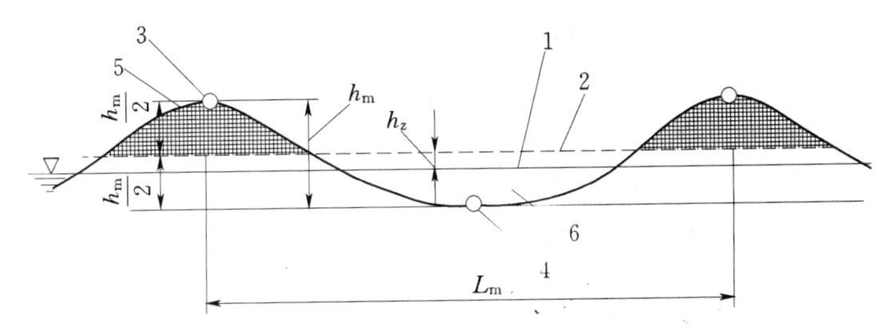

图2-7　波浪要素

1—计算水位（静水水位）；2—平均波浪线；3—波顶；4—波底；5—波峰；6—波谷

$$h_z=\frac{\pi h_{1\%}^2}{L_m}\text{cth}\frac{2\pi H}{L_m} \tag{2-13}$$

式中　H——水深，m；

$h_{1\%}$——累积频率1%的波高。

2. 直墙式挡水建筑物的浪压力

当波浪要素确定之后，便可根据挡水建筑物前不同的水深条件，判定波态以确定其上的浪压力强度分布，然后计算波浪总压力。随着水深的不同，坝前有三种可能的波浪发生，即深水波、浅水波和破碎波。不同的浪压力分布如图2-8所示。

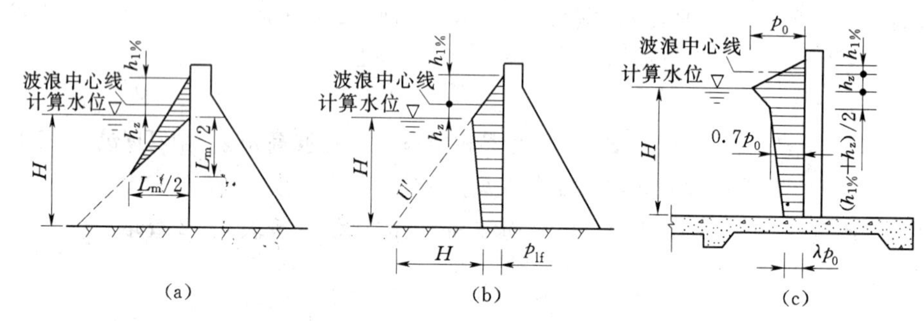

图2-8　直墙式挡水面的浪压力分布

当$H \geqslant H_{cr}$和$H \geqslant L_m/2$时，即坝前水深不小于半波长，为深水波，如图2-8（a）所示。水域的底部对波浪运动没有影响，这时铅直坝面上的浪压力分布应按立波概念确定。单位长度上浪压力标准值p_{uk}(kN/m)为

$$p_{uk}=\frac{1}{4}\gamma L_m(h_{1\%}+h_z) \tag{2-14}$$

当$H_{cr} \leqslant H < L_m/2$时，即坝前水深小于半波长，但不小于使波浪破碎的临界水深H_{cr}，如图2-8（b）所示，为浅水波，水域底部对波浪运动有影响，浪压力分布也到达底部，这时单位长度上压力标准值应按式（2-15）计算：

$$p_{uk}=\frac{1}{2}[(h_{1\%}+h_z)(\gamma H+p_{lf})+Hp_{lf}]\quad(\text{kN/m}) \tag{2-15}$$

$$p_{lf}=\gamma h_{1\%}\text{sech}\frac{2\pi H}{L_m} \tag{2-16}$$

式中　p_{lf}——坝基底面处剩余浪压力强度，kPa。

作为波态衡量指标之一的H_{cr}可由式（2-17）计算：

$$H_{cr}=\frac{L_m}{4\pi}\ln\frac{L_m+2\pi h_{\%}}{L_m-2\pi h_{1\%}} \tag{2-17}$$

当$H<H_{cr}$时，即坝前水深小于临界水深，如图2-8（c）所示，为破碎波浪压力分布，这时单位长度上浪压力标准值可按式（2-18）计算：

$$p_{uk}=\frac{1}{2}p_0[(1.5-0.5\lambda)(h_{1\%}+h_z)+(0.7+\lambda)H] \tag{2-18}$$

$$p_0=K_i\gamma(h_{1\%}+h_z) \tag{2-19}$$

式中　λ——建筑物基底处浪压力强度折减系数，当$H \leqslant 1.7(h_{1\%}+h_z)$时，$\lambda$为0.6；

p_0——计算水位处的浪压力强度，kPa；

γ——水的重度；

$h_{1\%}$——累积频率1%的波高；

K_i——底坡影响系数，可由表2-3取值，表中i为坝前一定距离库底纵坡平均值。

表2-3 底坡影响系数K_i取值

底坡i	1/10	1/20	1/30	1/40	1/50	1/60	1/80	1/100
K_i	1.89	1.61	1.48	1.41	1.36	1.33	1.29	1.25

至于斜坡挡水建筑物的浪压力计算可参照DL5077—1997规范。

七、冰压力

冰压力包括静冰压力和动冰压力。

在气候严寒地区，冬季水库表面结成冰盖，但当气温回升时（仍低于0℃），冰盖膨胀对边界（岸坡、坝面等）产生的挤压力称为静冰压力。当冰盖解冻后，冰块随水流漂移，流冰撞击坝面等建筑物上产生的撞击力，称为动冰压力。

1. 静冰压力

冰层升温膨胀时，作用于坝面或其他宽长建筑物单位长度上的静冰压力标准值F_{dk}，可按表2-4采用。

表2-4 静冰压力标准值F_{dk}

冰层厚度（m）	0.4	0.6	0.8	1.0	1.2
静冰压力标准值（kN/m）	85	180	215	245	280

注 1. 冰层厚度取多年平均年最大值。
2. 对于小型水库，应将静冰压力标准值乘以0.87；库面开阔的大型平原水库，应乘以1.25。
3. 表中值仅适用于结冰期内水库水位基本不变的情况。结冰期间水库水位变动时应作专门研究。
4. 静冰压力数值可按表列冰厚内插。

静冰压力沿冰厚方向的分布，基本上呈现上大下小的倒三角形，故可认为静冰压力的合力作用点在冰面以下冰厚的1/3处。

静冰压力的大小与建筑物形态以及冰本身的抗挤压强度有关，静冰压力强度最大值即其抗挤压强度，故对于作用在独立墩柱上的静冰压力，从偏于安全考虑宜用与冰的抗挤压强度成正比的计算式：

$$F_{p1} = mf_{ib}d_ib \tag{2-20}$$

式中 F_{p1}——作用于独立墩柱上的静冰压力，MN；

m——与墩柱水平截面形状有关的系数，由表2-5查取；

d_i——计算冰厚（取当地最大冰厚的0.7～0.8倍），m；

b——建筑物（如闸墩）在冰作用高程处的前沿宽度，m；

f_{ib}——冰的抗挤压强度，MPa，结冻初期取0.75，末期取0.45。

表2-5　　形状系数 m 值

平面形状	三角形夹角2γ(°)					矩形	多边形或圆形
	45	60	75	90	120		
m	0.54	0.59	0.64	0.69	0.77	1	0.9

按表2-4或经验公式算得的静冰压力标准值与实测值比较，误差在10%左右，故对静冰压力的作用分项系数采用1.1。

2. 动冰压力

作用于铅直坝面或其他宽长建筑物（$b/d_i \geqslant 50$）的动冰压力，与冰块抗压强度、冰块厚度、平面尺寸和运动速度有关。

动冰压力标准值，由下式计算：

$$F_{bk} \approx 0.07 v d_i \sqrt{A f_{ic}} \tag{2-21}$$

式中　F_{bk}——冰块撞击时产生的动冰压力，MN；

v——冰块流速（无实测资料时，对于河流可采用水流流速；水库取历年冰块运动期内最大风速的3%，且≤0.6m/s；过冰建筑物取流冰的行近流速），m/s；

d_i——流冰厚度，可采取当地最大冰厚的0.7～0.8倍，流冰初期取最大值；

A——冰块面积（由当地实测或调查资料确定），m^2；

f_{ic}——冰的抗压强度（对于水库，为0.3；对于河流，流冰初期为0.45，后期为0.3），MPa。

作用于前沿铅直的三角形独立墩柱上的动冰压力应按冰块可能被切入、也可能被撞击两种情况计算，并取其小值为标准值。对于前者可借用式（2-20），因为这时冰已耗用其抗挤压强度了；对于后者则可用式（2-22）计算：

$$F_{p2} = 0.04 v d_i \sqrt{m A f_{ib} \tan\gamma} \tag{2-22}$$

式中　F_{p2}——冰块撞击三角形墩柱时的动冰压力，MN；

γ——三角夹角的一半，(°)；

其他符号意义同前。

对于作用于铅直的矩形、多边形或圆形独立墩柱，仍可用式（2-20）计算动冰压力。

动冰压力的作用分项系数采用1.1。

八、地震作用

地震会引起对水工建筑物的动力作用，包括地震惯性力、地震动水压力和动土压力等。

在考虑地震作用时，常用到地震的基本烈度和设计烈度两个概念。基本烈度是指建筑物所在地区在50年期限内，一般场地条件下，可能遭遇超越概率 p_{50} 为0.10的地震烈度。设计烈度是指在基本烈度基础上确定的作为工程设防依据的地震烈度。一般采用基本烈度作为设计烈度。但对于1级挡水建筑物，根据工程的重要性和遭受的危害性，其设计烈度可比基本烈度提高1度。设计烈度在6度以下时，设计时可不考虑地震作用。对基本烈度为6度或6度以上地区、坝高超过200m或库容大于100亿m^3的大型工程，以及基本烈度为7度及7度以上的地区、坝高超过150m的大（1）型工程，其抗震设防依据应进行专门的地震危险性分析评定。

根据 SL203—97《水工建筑物抗震设计规范》规定，水工建筑物的工程抗震设防类别，应根据其重要性和工程场地基本烈度按表 2-6 的规定确定。

各类工程抗震设防类别的水工建筑物，除土石坝、水闸应按其相关规定外，抗震作用效应的计算方法，应按照表 2-7 的规定采用。

表 2-6 工程抗震设防类别

工程抗震设防类别	建筑物级别	场地基本烈度
甲	1（壅水）	≥6
乙	1（非壅水）、2（壅水）	
丙	2（非壅水）、3	≥7
丁	4、5	

表 2-7 抗震作用效应的计算方法

工程抗震设防类别	抗震作用效应的计算方法
甲	动力法
乙、丙	动力法或拟静力法
丁	拟静力法或着重采取抗震措施

1. 地震惯性力

地震惯性力可按拟静力法计算，该方法是在静力法（地震力等于建筑物的质量与设计加速度的乘积，加速度沿建筑物高度不变）的基础上，考虑到建筑物因地震产生的变形，加速度沿其高度分布是不均匀的，参照动力计算的结果，将加速度沿建筑物高度的分布用某种简化的图形（梯形或折线形）来代替。但对于 1 级、2 级水工建筑物及高度超过 150m 的坝宜用动力法来确定地震作用效应。

重力坝沿轴线方向刚度很大，地震作用力沿该方向将传到两岸，故重力坝一般只计算顺河流方向的水平向地震作用，两岸陡坡上的重力坝段尚应计入垂直河流方向的水平向地震作用，而对于设计烈度 8 度、9 度时，1 级、2 级重力坝等挡水建筑物则应同时计入水平和竖向地震作用，但对竖向地震惯性力尚需乘以 0.5 的遇合系数。

沿建筑物高度作用于质点 i 的水平向地震惯性力代表值，可统一用下式表示：

$$F_i = \frac{a_h \xi G_{E_i} a_i}{g} \tag{2-23}$$

式中 F_i——作用在质点 i 的水平向地震惯性力代表值；

a_h——水平向设计地震加速度代表值，见表 2-8；

g——重力加速度，$g=9.81\text{m/s}^2$；

ξ——地震作用的效应折减系数，一般取 0.25；

G_{E_i}——集中在质点 i 的重力作用标准值；

a_i——质点 i 的动态分布系数。

表 2-8 水平向设计地震加速度代表值

设计烈度	7	8	9
a_h	0.1g	0.2g	0.4g

注 $g=9.81\text{m/s}^2$。

对于重力坝，a_i 按式（2-24）确定。

$$a_i = 1.4 \times \frac{1+4(h_i/H)^4}{1+4\sum_{j=1}^{n}\frac{G_{E_j}}{G_E}(h_j/H)^4} \tag{2-24}$$

式中 n——坝体计算质点总数；

H——坝高，m，溢流坝的 H 应算至闸墩顶；

h_i、h_j——质点 i、j 的高度，m；

G_E——产生地震惯性力的建筑物总重力作用的标准值。

2. 地震动水压力

地震时，坝前、坝后的水随着震动，形成作用在坝面上的激荡力。采用拟静力法计算重力坝地震作用效应时水深 h 处的地震动水压强代表值可按式（2－25）计算：

$$p(h) = a_h \xi \psi(h) \rho H_1 \tag{2-25}$$

式中 $p(h)$——作用在直立迎水坝面水深 h 处的地震动水压强代表值；

$\psi(h)$——水深 h 处的地震动水压力分布系数，由表 2－9 查取；

ρ——水体质量密度标准值；

H_1——水深，m；

a_h、ξ 意义同式（2－23）。

表 2－9　地震动水压力分布系数

h/H_1	$\psi(h)$	h/H_1	$\psi(h)$	h/H_1	$\psi(h)$
0.0	0.00	0.4	0.74	0.8	0.71
0.1	0.43	0.5	0.76	0.9	0.68
0.2	0.58	0.6	0.76	1.0	0.67
0.3	0.68	0.7	0.75		

单位宽度坝面总地震动水压力作用点位于水面以下 $0.54H_1$ 处，其代表值 F_0 为

$$F_0 = 0.65 a_h \xi \rho H_1^2 \tag{2-26}$$

当迎水坝面倾斜，且与水平面夹角为 θ 时，上述动水压强代表值应乘以折减系数 η_c。

$$\eta_c = \frac{\theta}{90} \tag{2-27}$$

重力坝的地震动水压力算法也适用于除拱坝外其他坝及水闸拟静力法的抗震计算，还可以用于面板堆石坝。

2.2.2 作用（荷载）组合

结构设计状况可分为三种，即持久状况、短暂状况和偶然状况。持久状况是指在结构正常使用过程中一定出现且持续期很长，一般与结构设计基准期为同一数量级的设计状况；短暂状况是指在结构施工（安装）、检修或使用过程中短暂的设计状况；偶然状况是指结构使用过程中出现概率很小，持续期很短的设计状况。

在结构设计中，应根据不同的设计状况下可能同时出现的作用，按承载能力极限状态和正常使用极限状态分别进行作用组合。各种设计状况均应由承载力极限状态进行设计，持久状况尚应进行正常使用极限状态设计，偶然状况不应进行正常使用极限状态计算。

按承载力极限状态设计时，应考虑两种作用组合，即基本组合和偶然组合，在设计坝体断面时，应计算下列两种组合。

基本组合是在持久状况或短暂状况下，永久作用与可变作用的（效应）组合。

按承载能力极限状态作用（荷载）基本组合设计时要考虑的基本作用一般包括：

（1）坝体及其上永久设备自重。

（2）静水压力。以发电为主的水库，上游正常蓄水位和按功能运用要求建筑物泄放最

小流量的下游水位时相应的上、下游水压力；以防洪为主的水库，上游防洪高水位和相应下游水位构成的上、下游水压力。

（3）相应正常蓄水位或防洪高水位时的扬压力（坝的防渗排水设备正常工作时）。

（4）淤沙压力。

（5）相应正常蓄水位或防洪高水位的重现期 50 年一遇风速引起的浪压力。

（6）冰压力（与浪压力不并列）。

（7）相应于防洪高水位时的动水压力。

（8）大坝上、下游侧土压力。

偶然组合是在基本组合下，计入下列一个偶然作用的组合。偶然作用一般包括：

（9）校核洪水位时上、下游静水压力。

（10）相应校核洪水位时的扬压力。

（11）相应校核洪水位时的浪压力，可取多年平均最大风速引起的浪压力。

（12）相应校核洪水位时的动水压力。

（13）地震作用（包括地震惯性力和地震动水压力）。

承载力极限状态作用的基本组合和偶然组合见表 2-10。

表 2-10　作　用　组　合

设计状况	作用组合	主要考虑情况	作用类别									备注
			自重	静水压力	扬压力	淤沙压力	浪压力	冰压力	动水压力	土压力	地震作用	
持久状况	基本组合	正常蓄水位情况	1	2	3	4	5			8		以发电为主的水库土压力根据坝体外是否有填土而定（下同）
		防洪高水位情况	1	2	3	4	5		7	8		以防洪为主的水库，正常蓄水位较低
		冰冻情况	1	2	3	4		6		8		静水压力及扬压力按相应冬季库水位计算
短暂状况	基本组合	施工期临时挡水情况	1	2	3					8		
偶然状况	偶然组合	校核洪水情况	1	9	10	4	11		12	8		
		地震情况	1	2	3	4	5			8	13	静水压力、扬压力和浪压力按正常水位计算，有论证时可另作规定

注　1. 根据各种作用和同时发生的概率，选择计算中最不利的组合。

2. 根据地质和其他条件。如考虑运用时排水设备由于堵塞须经常维修时，应考虑排水失效的情况，作为偶然组合。

坝体在施工和检修情况下应按短暂状况承载能力极限状态的基本组合和正常使用极限状态的短期组合进行设计。

持久情况下正常使用极限状态设计坝体断面时，应按长期组合计入基本组合的有关作用进行计算。

2.3 重力坝的可靠度设计原理简介

水工结构设计的目的是保证结构设计满足安全性、适用性、耐久性的要求，而结构的安全性、适用性、耐久性则构成了结构的可靠性，也称为结构的基本功能要求。

2.3.1 结构设计准则的演变

水工结构上的各种作用使结构产生的位移变形、内力、应力等统称结构效应（或荷载效应），而结构本身的承载能力称为结构抗力。结构的设计任务就是将所设计的结构受作用产生的效应与该结构的相应抗力对比，即使 $R-S>0$（此处 R 为结构抗力，S 为作用效应），从而使结构能应付偶然出现的不利局面，以保持原定功能。我国水工设计规范规定处理方式有以下两种。

1. 安全系数法

这种方法是采用单一的安全系数，$S\leqslant R/K$（K 为安全系数）。无论是早期的容许应力法，还是破坏阶段法和单一安全系数表达的极限状态，都是采用定值的安全系数 K，而该系数 K 是根据经验确定的。

从“定值理论”出发，人们往往误认为只要在设计中采用了规范给定的安全系数，结构就绝对安全，这是不符合实际的，这种定值安全系数也不能用来比较不同类型的结构可靠程度。

2. 分项系数的极限状态设计表达式

这种设计表达式，由一组分项系数和设计代表值组成，反映了由各种原因产生的不定性的影响。各种分项系数都是根据可靠度分析，并与规定的目标可靠指标相对应确定的，因此设计结果反应了规定的可靠度水平。该方法具体内容见后述。

2.3.2 结构的极限状态和可靠度分析

结构的可靠性设计中，完成各项功能的标志由极限状态来衡量。

结构整个或部分超过某种状态时，结构就不能满足设计规定的某一功能的要求，这种状态称为结构的极限状态。结构的极限状态是用极限状态函数（或称功能函数）来描述的。

设有几个相互独立的随机变量 $x_i(i=1,2,\cdots,n)$，影响结构的可靠度，其功能函数为

$$Z=g(x_1,x_2,\cdots,x_n) \tag{2-28}$$

$Z=g(x_1,x_2,\cdots,x_n)=0$ 时，结构已达到极限状态，该式则称为极限状态方程。

结构设计传统的原则是结构抗力 R 不小于作用效应 S。事实上，由于抗力、作用效应总存在有不定性，可能都是随机变量，或是随机变量的函数。若只以结构的作用效应 S 和结构抗力 R 作为两个独立的基本随机变量来表达时，则功能函数表示为

$$Z = g(R, S) = R - S \tag{2-29}$$

极限状态方程为

$$Z = g(R,S) = R - S = 0 \tag{2-30}$$

因 R、S 是随机变量，则功能函数 Z 也是随机变量，显然，当 $Z>0$ 时，结构可靠；当 $Z<0$ 时，结构失效；当 $Z=0$ 时，结构处于极限状态。

极限状态又分为承载能力极限状态、正常使用极限状态两大类，对于重力坝应分别按承载能力极限状态和正常使用极限状态进行计算和验算。

结构可靠度就是结构在规定的时间内、规定条件下具有预定功能的概率。

结构的可靠度分析就是对结构可靠性进行概率度量。结构能完成预定功能的概率是"可靠概率" P_s，不能完成预定功能（$R<S$ 的概率为"失效概率" P_f，很显然，$P_s + P_f = 1$。采用适当方法求得 $P_s(P_f)$ 或相应的指标值（即可靠度指标 β 值）就可知道结构的可靠度。P_s 越接近 1，结构可靠度越大。P_s、P_f 或 β 值求解，可参见 GB50199—94《水利水电工程结构可靠度设计统一标准》。

2.3.3 分项系数极限状态设计方法

由于直接采用概率极限状态方法进行结构可靠度设计比较复杂，因此，DL5108—1999 设计规范采用分项系数极限状态设计表达式进行结构计算。

分项系数是在分项系数极限状态设计式中，考虑结构安全级别、设计状况、作用（荷载）和材料性能的变异性以及计算模式不定性与目标可靠指标相联系的系数。分项系数的设置应能保证各种水工结构设计的计算可靠指标尽可能地逼近目标可靠指标，且误差绝对值的加权平均值也为最小。混凝土重力坝分项系数极限状态表达式，有承载能力极限状态表达式和正常使用极限状态表达式两种。

一、承载能力极限状态表达式

对坝体断面、结构及坝基岩体应进行强度和抗滑稳定计算，必要时进行抗浮、抗倾验算；对需抗震设防的坝结构，尚需按 SL203—97《水工建筑物抗震设计规范》进行验算。

当结构按承载能力极限状态设计时，应对持久状况、短暂状况采用基本组合，对偶然状况采用偶然组合。

1. 基本组合

应采用下列表达式：

$$\gamma_0 \psi S(\gamma_G G_k, \gamma_Q Q_k, a_k) \leqslant \frac{1}{\gamma_{d1}} R\left(\frac{f_k}{\gamma_m}, a_k\right) \tag{2-31}$$

式中 γ_0——结构重要性系数，对应于结构安全级别为Ⅰ、Ⅱ、Ⅲ级的结构及构件，可分别取用 1.1、1.0、0.9；

ψ——设计状况系数，对应于持久、短暂、偶然状况，分别取 1.0、0.95、0.85；

$S(\cdot)$、$R(\cdot)$——作用效应函数和结构及构件抗力函数；

γ_G、γ_Q——永久和可变作用分项系数，见表 2-11；

G_k、Q_k——永久和可变作用标准值；

a_k——几何参数的标准值（可作为定值处理）；

f_k——材料性能的标准值；

γ_m——材料性能分项系数，见表2-12；

γ_{d1}——基本组合结构系数，见表2-13。

表2-11　　**作用分项系数**

序号	作用类别	分项系数
1	自重	1.0
2	水压力：(1) 静水压力 (2) 动水压力：时均值、离心力、冲击力、脉动值	1.0 1.05、1.1、1.1、1.3
3	扬压力：(1) 渗透压力 (2) 浮托力 (3) 扬压力（有抽排） (4) 残余扬压力（有抽排）	1.2（实体坝）、1.1（宽缝、空腹重力坝） 1.0 1.1（主排水孔之前） 1.2（主排水孔之后）
4	淤沙压力	1.2
5	浪压力	1.2

注　其他作用分项系数见DL5077—1997《水工建筑物荷载设计规范》。

表2-12　　**材料性能分项系数**

序号	材料性能		分项系数	备注
1	抗剪断强度			
	混凝土/基岩	摩擦系数 f'_R 粘聚力 C'_R	1.3 3.0	
	混凝土/混凝土	摩擦系数 f'_c 粘聚力 C'_c	1.3 3.0	包括常态混凝土和碾压混凝土层面
	基岩/基岩	摩擦系数 f'_d 粘聚力 C'_d	1.4 3.2	
	软弱结构面	摩擦系数 f'_d 粘聚力 C'_d	1.5 3.4	
2	混凝土强度	抗压强度 f_c	1.5	

表2-13　　**结构系数**

序号	项目	组合类型	结构系数	备注
1	抗滑稳定极限状态设计式	基本组合 偶然组合	1.2 1.2	包括建基面、层面、深层滑动面
2	混凝土抗压极限状态设计式	基本组合 偶然组合	1.8 1.8	

2. 偶然组合

应采用下列设计表达式：

$$\gamma_0 \psi S(\gamma_G G_k, \gamma_Q Q_k, A_k a_k) \leqslant \frac{1}{\gamma_{d2}} R\left(\frac{f_k}{\gamma_m}, a_k\right) \tag{2-32}$$

式中　A_k——偶然作用代表值；

γ_{d2}——偶然组合结构系数，见表2-13；

其他符号意义同前。

二、正常使用极限状态表达式

按材料力学方法进行坝体上、下断面拉应力验算，必要时进行坝体及结构变形计算；复杂地基应进行局部渗透稳定验算。

(1) 短期组合。采用下列设计表达式：

$$\gamma_0 S_s(G_k, Q_k, f_k, a_k) \leqslant C_1/\gamma_{d3} \tag{2-33}$$

(2) 长期组合。采用下列设计表达式：

$$\gamma_0 S_l(G_k, \rho Q_k, f_k, a_k) \leqslant C_2/\gamma_{d4} \tag{2-34}$$

式中　C_1、C_2——结构的功能限值；

$S_s(\cdot)$、$S_l(\cdot)$——作用效应的短期组合、长期组合时的效应函数；

γ_{d3}、γ_{d4}——正常使用极限状态短期组合、长期组合时的结构系数；

ρ——可变作用标准值长期组合系数，混凝土重力坝设计规范取 $\rho=1$；

其他符号意义同前。

2.4　重力坝的稳定计算与应力分析

重力坝的稳定计算与应力分析即在各种作用组合情况下，对初拟的断面尺寸，进行作用效应计算（应力分析）、强度校核和稳定验算，以及最终定出满足强度、稳定要求的经济断面。

2.4.1　重力坝的抗滑稳定计算

一、坝基面抗滑稳定

重力坝依靠自重等作用在坝体与基岩胶结面上产生的摩擦力与粘聚力来维持滑移稳定，见图2-9(a)。当水平力足够大时，摩擦力与粘聚力就达到其抗剪断强度，此时，该平衡将达到极限状态。该状态下的作用效应函数和抗力函数可分别表示为

作用效应函数

$$S(\cdot) = \sum P_R \tag{2-35}$$

抗力函数

$$R(\cdot) = f'_R \sum W_R + C'_R A_R \tag{2-36}$$

式中　$\sum P_R$——坝基面上全部水平力之和（向下游为正）；

$\sum W_R$——坝基面上全部竖直力之和（向下为正），包含扬压力 U 在内；

f'_R——坝基面抗剪断摩擦系数；

C'_R ——坝基面抗剪断粘结力；

A_R ——坝基面积。

若坝基岩面向上游倾斜，如图 2-9（b）所示，则抗滑稳定极限状态的作用效应函数及抗力函数可写为

$$S(\cdot) = \sum P_R \cos\alpha - \sum W_R \sin\alpha \tag{2-37}$$

$$R(\cdot) = f'_R(\sum W_R \cos\alpha - U + \sum P_R \sin\alpha) + C'_R A_R \tag{2-38}$$

式中符号意义与前类同，但注意扬压力 U 单独计入（该力总是垂直指向坝的底面），$\sum W_R$ 中不包括 U，A_R 指倾斜基面的面积，α 为接触面与水平面的夹角。

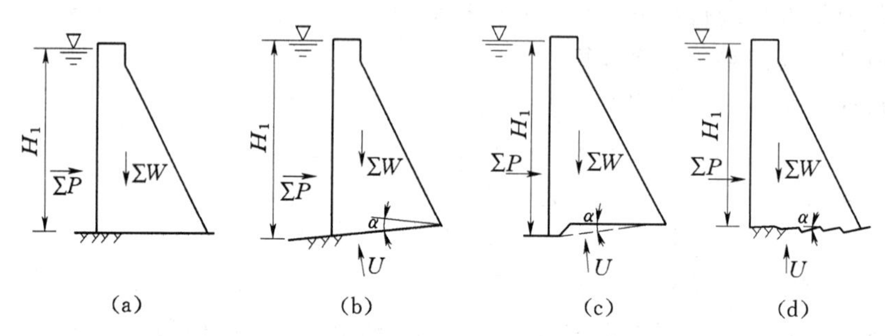

图 2-9　重力坝多种沿坝基面的抗滑稳定计算

二、坝体层面的抗滑稳定极限状态

重力坝的施工是分层浇筑，水平施工缝也是抗滑（抗剪断）相对薄弱面。因此，重力设计中也要对层面进行抗滑稳定计算。

作用效应函数

$$S(\cdot) = \sum P_c \tag{2-39}$$

抗力函数

$$R(\cdot) = f'_c \sum W_c + C'_c A_c \tag{2-40}$$

式中　$\sum P_c$ ——计算层面上全部切向作用力之和，kN；

$\sum W_c$ ——计算层面上全部法向作用力之和，kN；

f'_c ——层面抗剪断摩擦系数；

C'_c ——层面抗剪断粘结力，kPa；

A_c ——计算层面截面积，m^2。

核算坝体层面的抗滑稳定极限状态时，应按材料的标准值和作用的标准值或代表值分别计算基本组合和偶然组合。

三、坝基深层抗滑稳定极限状态

在很多情况下，重力坝的最危险滑动面往往不在坝身与地基的接触面，而是在地基内部。因为基岩内经常有各种型式的软弱面存在，坝体将带动一部分基岩沿这些软弱面滑动，即所谓的深层滑动。当深层滑动面为一简单的平面时（见图 2-10），可用前述式（2-37）及式（2-38）进行计算。

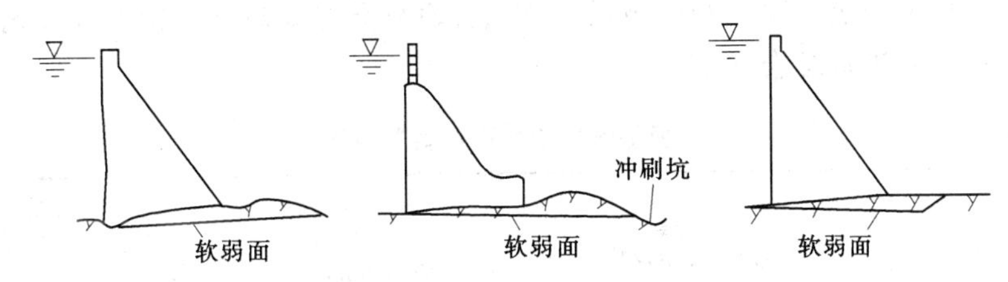

图 2-10 重力坝的深层滑动

在实际工程中，深层滑动不是一个简单的平面，而是呈复杂的形状，如由两个斜面组成。目前工程常用刚体极限平衡法来核算这种深层抗滑稳定，并认为如图 2-11 所示的双斜滑动面为控制设计的最不利滑动面组合。图 2-11 中 AB 表示缓倾角软弱层构成的主滑裂面，BC 是另一切穿地表的破碎面，后者可由基岩构造产状拟定，或按不利条件假定。核算时将滑动岩石分为 ABD 和 DBC 两块，分界线为过坝趾 D 的铅垂线 DB，并视 DBC 为阻滑体。先假定 DBC 块处于极限平衡状态，求出阻力 R（即两块相互作用力）的表达式；再将 R 施加于滑动体 ABD 上，考虑坝体连同滑动块体沿 AB 的深层抗滑稳定极限平衡，即可算出（滑动力）作用效应函数和（抗滑力）抗力函数，并进行比较，以衡量稳定与否。R、$S(\cdot)$、$R(\cdot)$ 分别为

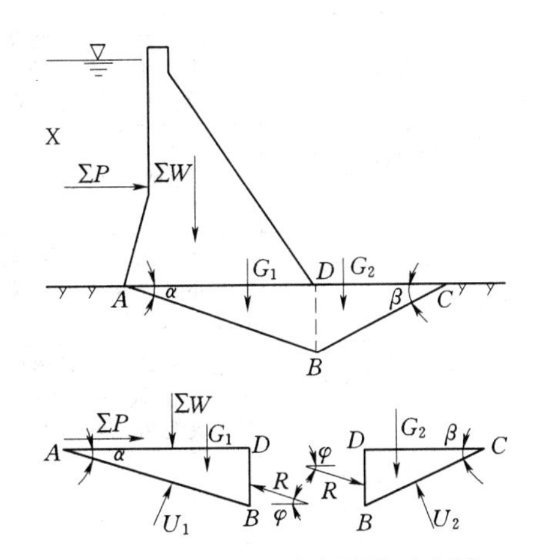

图 2-11 深层抗滑稳定计算示意图

$$R=\frac{f'_{d_2}(G_2\cos\beta-U_2)+G_2\sin\beta+C'_{d_2}A_2}{\cos(\varphi+\beta)-f'_{d_2}\sin(\varphi+\beta)} \tag{2-41}$$

$$S(\cdot)=(\sum W+G_1)\sin\alpha+\sum P\cos\alpha \tag{2-42}$$

$$R(\cdot)=f'_{d_1}[(\sum W+G_1)\cos\alpha-R\sin(\varphi-\alpha)-\sum P\sin\alpha-U_1]+R\cos(\varphi-\alpha)+C'_{d_1}A_1 \tag{2-43}$$

式中 f'_{d_1}、C'_{d_1}——AB 滑裂面上的抗剪断摩擦系数、抗剪断粘聚力；

f'_{d_2}、C'_{d_2}——BC 滑裂面上的抗剪断摩擦系数、抗剪断粘聚力；

A_1、A_2——AB、BC 的面积；

α、β——AB、BC 与水平面的夹角；

φ——相互作用的阻力 R 与水平线的夹角；

$\sum W$——坝体所受全部铅直力，但不包括扬压力；

$\sum P$——坝体所受全部水平力；

G_1、G_2——两岩体重量；

U_1、U_2——AB、BC 面上的扬压力。

关于抗滑稳定计算中参数取值可参考表 2-14～表 2-16 取标准值。各表中物理量符号有脚标“k”者即为标准值，“C”为混凝土强度等级，其余见表。

验算深层抗滑稳定，除用刚体极限平衡法计算外，必要时，可辅以有限元、地质力学模型试验法等，并进行综合评定。

表 2－14　　坝基深层结构面抗剪断参数

分类名称		成因类型及特征	定量分辨指标（%）	抗剪断参数标准值	
			<0.005mm，>2.0mm，a—粘粒，b—砂砾	f'_{dk}	C'_{dk}（MPa）
软弱结构面	粘泥型（A_1）	压扭性断层，层间错动带泥化结构面，裂隙充填物风化或次生充填物，具连续的粘泥层或全部为粘泥充填	>30，少量或者无 a>b 粘土类	0.14～0.18	0.03～0.04
	泥含粉粒碎屑型（A_2）	同 A_1 型，但粘泥中含粉粒较多	10～30，10～20 a>b 壤土类	0.19～0.25	0.043～0.064
	碎屑夹泥型（B）	压扭一张扭性断层构造岩成混杂状。层间错动泥化不完全者，夹泥断续分布或混杂	<10，20～30 a<b 砾质壤土	0.26～0.32	0.068～0.102
	碎屑碎块型（C）	层间剪切带，断层破碎带构造分带不完全由软弱构造层透镜体，碎屑、局部夹泥风化填充物	少或无，>30 a<b 砾质土或碎屑土	0.33～0.43	0.11～0.18
硬性结构面	无充填物的（D_1）	层理、片理、裂隙		0.41～0.47	0.19～0.24
	胶结的（D_2）	层面、节理、裂隙		0.47～0.53	0.24～0.33

表 2－15　　层 面 抗 剪 断 参 数

类别名称	特　　征	抗剪断参数标准值	
		f'_{ck}	C'_{ck}（MPa）
碾压混凝土（层面粘结）	贫胶凝材料配比 180d 龄期 富胶凝材料配比 180d 龄期	0.82～1.00 0.91～1.07	0.89～1.05 1.21～1.37
常态混凝土（层面粘结）	90d 龄期 C10～C20	1.08～1.25	1.16～1.45

注　胶凝材料小于 130kg/m³ 为贫胶凝材料，大于 160kg/m³ 为富胶凝材料，在 130～160kg/m³ 之间为中等胶凝材料。

表 2－16　　坝基岩体分类及岩体与接触面和岩体之间抗剪断参数

岩体工程分类	坝基岩体特性	岩体基本参数变化范围类比值		接触面抗剪断参数标准		岩体面抗剪断参数标准	
				f'_{Rk}	C'_{Rk}（MPa）	f'_{dk}	C'_{dk}（MPa）
Ⅰ	致密坚硬、裂隙不发育、新鲜完整、厚及巨厚层结构的岩体。裂隙间距一般大于 100cm，无贯穿性的软弱结构面，稳定性好 如岩性较单一的岩浆岩，深变质岩（块状片麻岩、混合岩等）、巨厚层沉积岩	具有各向同性的力学特性	R_b >100MPa v_p >5000m/s E_0 >2.0×10⁴MPa	1.25～1.08	1.05～0.91	1.35～1.16	1.75～1.40

续表

岩体工程分类	坝基岩体特性	岩体基本参数变化范围类比值		接触面抗剪断参数标准		岩体面抗剪断参数标准	
				f'_{Rk}	C'_{Rk} (MPa)	f'_{dk}	C'_{dk} (MPa)
Ⅱ	坚硬、裂隙较发育、微风化块状、厚层及次块状结构的较完整岩体；厚层砂岩、石英岩、火山碎屑岩等 除局部地段外，整体稳定性较好（包括裂隙发育，经过灌浆处理的岩体）	具有各向同性的力学特性	R_b =100～60MPa v_p =5000～4000m/s E_0 =(2.0～1.0)×10^4MPa	1.08～0.92	0.91～0.77	1.16～1.00	1.40～1.05
Ⅲ	中等坚硬、完整性较差、裂隙发育的弱风化次块状、镶嵌状岩体；中厚层状结构岩体。岩体稳定性受结构面控制 如风化的Ⅰ类岩、石灰岩、砂岩、砾岩及均一性较差的熔结凝灰岩、集块岩等（作为坝基，必须进行专门性地基处理）	显著风化、力学性不均、差异较大，明显受结构面控制	R_b =60～30MPa v_p =4000～3000m/s E_0 =(1.0～0.5)×10^4MPa	0.90～0.73	0.74～0.47	0.98～0.65	1.00～0.47
Ⅳ	完整性较差、裂隙发育、强度较低、强风化的碎裂及互层状岩体；中薄层状结构岩体、砂岩、泥灰岩、粉砂岩、凝灰岩、云母片岩、千枚岩等 岩体整体强度和稳定性较低	力学特性显著不一	R_b =30～15MPa v_p =3000～2000m/s E_0 =(0.5～0.2)×10^4MPa	0.71～0.55	0.45～0.32	0.63～0.43	0.45～0.19

注 1. 表中所列岩石名称供参考，同一岩石的分类主要由基本参数决定。
2. 岩体面抗剪断参数变异系数参考接触面抗剪断参数变异系数取值。
3. R_b 为饱和抗压强度，v_p 为声波纵波速，E_0 为变形模量。

四、提高坝体抗滑稳定的工程措施

为了提高坝体的抗滑稳定性，常采取以下工程措施。

1. 设置倾斜的上游坝面，利用坝面上水重增加稳定

当坝底面与基岩间的抗剪强度参数较小时，常将坝的上游面做成倾向上游，利用坝面上的水重来提高坝的抗滑稳定性。但应注意，上游面的坡度不宜过缓，应控制在1∶0.1～1∶0.2范围内，否则，在上游坝面容易产生拉应力，对强度不利。

2. 采用有利的开挖轮廓线

开挖坝基时，最好利用岩面的自然坡度，使坝基面倾向上游，见图2-12（a）。有时，有意将坝踵高程降低，使坝基面倾向上游，见图2-12（b），但这种做法将加大上游水压力，增加开挖量和浇筑量，故较少采用。当基岩比较固定时，可以开挖成锯齿状，形成局部倾向上游的斜面，见图2-12（c），但能否开挖成锯齿状，主要取决于基岩节理裂隙的产状。

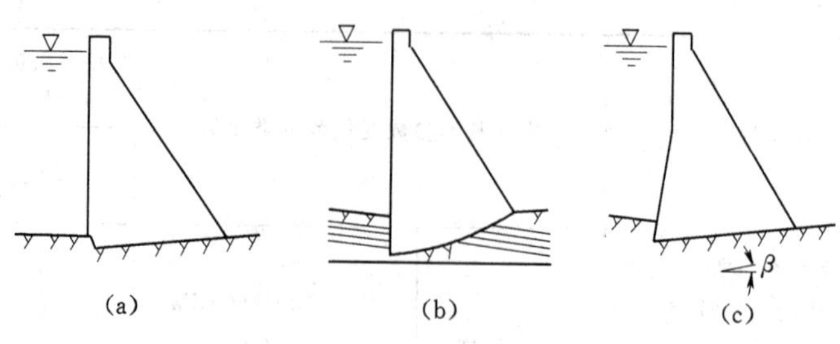

图 2-12　坝基开挖轮廓

3. 设置齿墙

如图 2-13 (a) 所示，当基岩内有倾向下游的软弱面时，可在坝踵部位设齿墙，切断较浅的软弱面，迫使可能的滑动面由 abc 成为 $a'b'c'$，这样既增大了滑动体的重量，同时也增大了抗滑体的抗力。如在坝趾部位设置齿墙，将坝趾放在较好的岩层上，见图 2-13 (b)，则可更多地发挥抗力体作用，可在一定程度上改善坝踵应力，同时由于坝趾的压应力较大，设在坝趾下齿墙的抗剪能力也会相应增加。

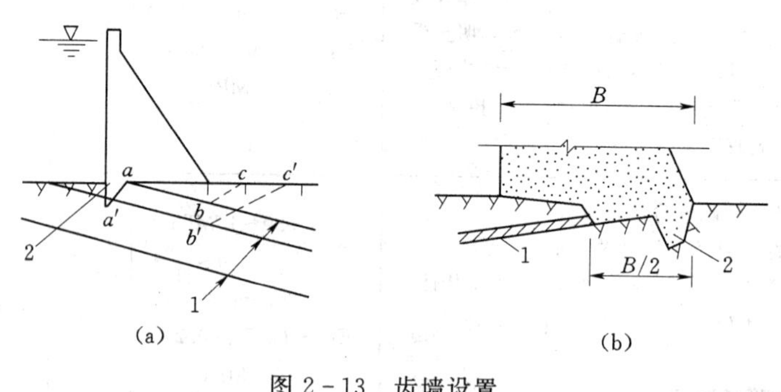

图 2-13　齿墙设置

1—泥化夹层；2—齿墙

4. 抽水降压措施

当下游水位较高，坝体承受的浮托力较大时，可考虑在坝基面设置排水系统，定时抽水以减小坝底浮托力。如我国的龚嘴工程，下游水深达 30m，采取抽水措施后，浮托力只按 10m 水深计算，节省了许多浇筑量。

5. 加固地基

包括帷幕灌浆、固结灌浆及断层、软弱夹层的处理等。

此外，还有横缝灌浆、预应力措施等，具体见其他文献。

2.4.2　重力坝的应力分析

一、应力分析的目的和方法

重力坝的应力分析的目的主要是为了检验坝体在施工期和运用期是否满足强度要求，同时，也是为了研究解决设计和施工中的某些问题，如坝体材料分区、某些部位配筋要求、坝体断面的合理验算等。

重力坝应力分析方法，可以归纳为理论计算和模型试验两大类。理论计算主要包括材料力学法、有限元法等。重力坝的应力，一般以材料力学法进行分析，以刚体极限平衡法验算稳定；对于建在地质条件复杂地区的中坝、高坝除用材料力学法计算坝体应力外，尚宜采用有限元法进行计算分析；对于高坝，必要时可采用结构模型、地质力学模型等试验验证；宽缝重力坝可用材料力学法进行坝体应力分析，对于局部区域如头部附近则可用有限元法计算，并允许在离上游面较远部位出现不超过坝体混凝土允许的拉应力；空腹重力坝可用结构力学法、材料力学法和有限元法计算坝体应力，并用模型试验验证所得应力成果，应没有特别不利的应力分布状态。

本章着重介绍较为常用的材料力学法。

二、材料力学法计算重力坝应力

用材料力学法计算坝体应力时，一般是沿坝轴线截取单位长坝体作为固定在坝基上的悬臂梁，按平面问题进行计算，并假定：坝体材料是均质连续、各向同性的弹性体；不考虑两侧坝体的影响；任意水平截面上的正应力呈直线分布。水平截面的位置一般取坝面折线的交会处、坝厚突然变化处等有特点的地方。图 2-14 表示非溢流坝横断面的计算简图，并规定，铅直外力向下为正，水平外力向上游为正；力矩以逆时针方向为正；正应力以压力为正。

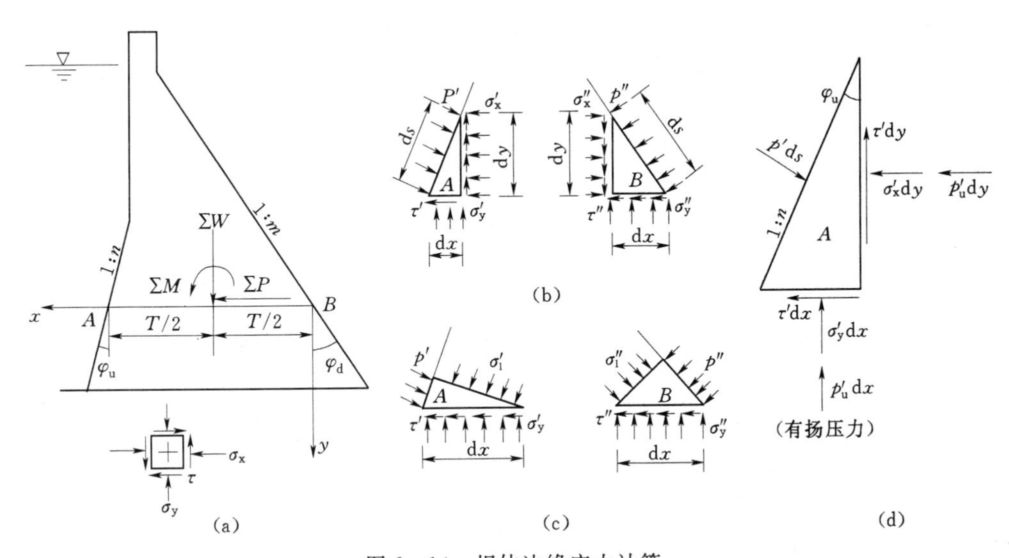

图 2-14 坝体边缘应力计算

1. 边缘应力计算

一般情况下，坝体的最大和最小主应力都出现在上下游边缘，同时要计算坝体内部应力也需要以边缘应力作为边界条件。因此，根据重力坝规范中的规定，应先校核边缘应力是否满足强度要求。

(1) 水平截面上的边缘正应力 σ'_y，σ''_y。按材料力学偏心受压公式计算。

$$\left.\begin{aligned}\sigma'_y &= \frac{\sum W}{T} + \frac{6\sum M}{T^2}\\ \sigma''_y &= \frac{\sum W}{T} - \frac{6\sum M}{T^2}\end{aligned}\right\} \tag{2-44}$$

式中 $\sum W$——作用在计算截面以上全部荷载的铅直分力总和；

$\sum M$——作用在计算截面以上全部荷载对截面形心的力矩之和；

T——计算截面沿上下游方向的宽度。

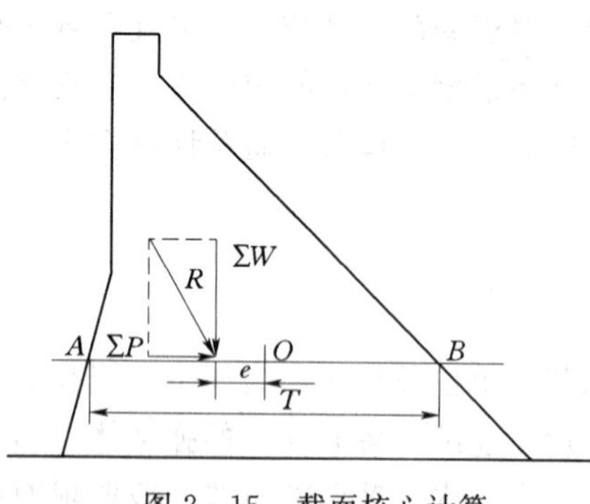

图 2-15 截面核心计算

从图 2-15 可知，$\sum M = e\sum W$，代入式 (2-44)，有

当 $e \geqslant \frac{T}{6}$ 时，$\sigma''_y \leqslant 0$；当 $e < \frac{T}{6}$ 时，$\sigma''_y > 0$；

当 $e \leqslant -\frac{T}{6}$ 时，$\sigma'_y \leqslant 0$；当 $e \geqslant -\frac{T}{6}$ 时，$\sigma'_y > 0$。

该关系式说明，水平截面的宽度 T 的中间 1/3 范围是“截面核心”。当合力 R 作用线交于“截面核心”以内时，上下游边缘的垂直正应力 σ'_y、σ''_y 均为正值，即压应力；当合力 R 作用线交于“截面核心”以外时，靠近交点一侧的边缘上垂直正应力为压应力，远离交点一侧边缘的垂直正应力为拉应力，这个概念对重力坝的设计尤为重要。

(2) 边缘剪应力 τ' 和 τ''。已知 σ'_y、σ''_y 后，可由边缘 A、B 点分别切取三角形微元体，见图 2-14 (b)，并根据力的平衡条件，即算得 τ' 和 τ''。

对于上游 A 点微元体。由 $\sum F_y = 0$ 可得

$$p'\mathrm{d}s\sin\varphi_u - \tau'\mathrm{d}y - \sigma'_y\mathrm{d}y = 0$$

$$\tau' = p'\frac{\mathrm{d}x}{\mathrm{d}y} - \sigma'_y\frac{\mathrm{d}x}{\mathrm{d}y} = (p' - \sigma'_y)n \tag{2-45}$$

同理，对下游坝面 B 点微元体 $\sum F_y = 0$，得

$$\tau'' = (\sigma''_y - p'')m \tag{2-46}$$

式中 p'、p''——计算截面上、下游坝面的水压力强度（如有泥沙压力和地震动水压力时也应计算在内）；

n、m——上、下游坝面坡率，$n=\tan\varphi_u$，$m=\tan\varphi_d$；

φ_u、φ_d——上、下游坝面与铅直面的夹角。

(3) 铅直截面上的边缘正应力 σ'_x、σ''_x。已知 τ'、τ'' 以后，可根据平衡条件 $\sum F_x = 0$，求得上下游坝面微元体上 σ'_x 及 σ''_x。

对于上游坝面 A 的微元体，取 $\sum F_x = 0$ 得

$$\sigma'_x\mathrm{d}y + \tau'\mathrm{d}x - p'\mathrm{d}s\cos\varphi_u = 0$$

$$\sigma'_x = p' - \tau'\frac{\mathrm{d}x}{\mathrm{d}y} = p' - (p' - \sigma'_y)n^2 \tag{2-47}$$

同理，对下游面 B 的微元体取 $\sum F_x = 0$，得

$$\sigma''_x = p'' + (\sigma''_y - p'')m^2 \tag{2-48}$$

(4) 边缘主应力 σ' 和 σ''。为求边缘主应力，取图 2-14 (c) 所示的三角形微元体分析，上、下游坝面仅受垂直于坝面的水压力，没有剪应力。因此，上下游坝面即为主应力面之一，而另一主应力面必然与坝面垂直。按力的平衡条件 $\sum F_y = 0$，可得

$$\sigma'_1\mathrm{d}x\cos\varphi_u\cos\varphi_u + p'\mathrm{d}x\sin^2\varphi_u - \sigma'_y\mathrm{d}x = 0$$

$$\sigma_1' = \frac{\sigma_y' - p'\sin^2\varphi_u}{\cos^2\varphi_u} = (1+n^2)\sigma_y' - p'n^2 \tag{2-49}$$

同理，由下游坝面微元体取 $\sum F_y = 0$，得

$$\sigma_1'' = (1+m^2)\sigma_y'' - p''m^2 \tag{2-50}$$

显然另一主应力即为作用在坝面上的压力强度，分别为

$$\sigma_2' = p' \tag{2-51}$$

$$\sigma_2'' = p'' \tag{2-52}$$

由式（2-49）可以看出，当上游坝面倾斜时，$n>0$ 即使 $\sigma_y' \geqslant 0$，但如 $\sigma_y' < p'\sin^2\varphi_u$，上游面主应力 σ_1' 仍会成为拉应力。因此，重力坝上游坝面坡率 n 一般很小，甚至为零，以防上游坝面出现拉应力。

（5）有扬压力时边缘应力的计算。上述应力计算公式均未计入扬压力。对于刚建成的或刚开始蓄水的坝，在坝体内或坝基中尚未形成稳定渗流场时，若要考虑坝踵和坝趾的应力情况，则可利用上述公式计算。

但当坝建成后，在长期蓄水运行的情况下通过坝体和坝基的渗透水流，已形成稳定的渗流场，此时应考虑扬压力的作用。当计入扬压力作用时，水平截面上正应力 σ_y'、σ_y'' 仍可由式（2-44）计算，只需把扬压力作为一种荷载计入 $\sum W$ 和 $\sum M$ 中即可（但必须注意到考虑扬压力所求得的正应力 σ_y 是作用在材料骨架上的有效应力，而微元面的总应力即等于有效应力加扬压力）。求出边缘正应力 σ_y' 及 σ_y'' 之后，其他边缘应力仍可根据坝面微元体的平衡条件求得。以上游边缘应力为例［图 2-14（d）］，令 p_u' 及 p_u'' 分别为上、下游边缘的扬压力强度，根据平衡条件 $\sum F_y = 0$ 和 $\sum F_x = 0$ 可得出

$$\tau' = (p' - p_u' - \sigma_y')n \tag{2-53}$$

$$\sigma_x' = (p' - p_u') - (p' - p_u' - \sigma_y')n^2 \tag{2-54}$$

$$\tau'' = (\sigma y'' + p_u'' - p'')m \tag{2-55}$$

$$\sigma_x'' = (p'' - p_u'') + (\sigma_y'' + p_u'' - p'')m^2 \tag{2-56}$$

此时，上下游边缘主应力分别为

上游边缘主应力

$$\left.\begin{aligned}\sigma_1' &= (1+n^2)\sigma_y' - (p' - p_u')n^2\\ \sigma_2' &= p' - p_u'\end{aligned}\right\} \tag{2-57}$$

下游边缘主应力

$$\left.\begin{aligned}\sigma_1'' &= (1+m^2)\sigma_y'' - (p'' - p_u'')m^2\\ \sigma_2'' &= p'' - p_u''\end{aligned}\right\} \tag{2-58}$$

当无泥沙压力和地震动水压力情况时，p'、p'' 即为作用在上、下游坝面上的静水压力强度，即等于 p_u'、p_u''，则上述公式中的（$p' - p''$）、（$p'' - p_u''$）均为零。

由式（2-57）、式（2-58）可知，最大主压应力发生在带负号的第二项为零之时。对于坝基截面，作为坝趾抗压强度承载能力极限状态作用效应式，可写为

$$S(\cdot) = \sigma_{1R}'' = (1+m^2)\sigma_{yR}'' \tag{2-59}$$

式中，σ_{yR}'' 特指坝基截面下游边缘垂直正应力，可由式（2-44）的第二式用于坝基面而得；考虑计算坝基面不一定取坝轴线方向单宽的一般情况，上式还可写为

$$S(\cdot) = \sigma''_{1R} = (1+m^2)\left[\frac{\sum W_R}{A_R} - \frac{\sum M_R T_R}{J_R}\right] \tag{2-60}$$

式中　$\sum W_R$——坝基面上法向作用力之和；

$\sum M_R$——全部作用力对坝基面形心力矩之和；

A_R、J_R、T_R——坝基截面的面积、惯性矩以及形心轴至下游边缘之距离。

对一般实体重力坝的矩形坝基面而言，T_R 即为总底宽的1/2。

2. 坝体内部应力计算

当重力坝上下游边缘应力求得后，以此作为已知条件，结合材料力学的平面假定，利用平衡微分方程的积分，就可求得坝内任一点的各应力分量。

(1) 坝内水平截面上的正应力。根据 σ_y 在水平截面上呈直线分布的假定，可得距下游坝面 x 处的 σ_y 为

$$\sigma_y = a + bx \tag{2-61}$$

式中系数 a、b 可由边界条件和偏心受压公式确定。采用的坐标 x、y 见图2-16(a)。

当 $x=0$ 时，$a = \sigma''_y = \dfrac{\sum W}{T} - 6\dfrac{\sum M}{T^2}$

当 $x=T$ 时，$b = \dfrac{\sigma'_y - \sigma''_y}{T} = \dfrac{12\sum M}{T^3}$

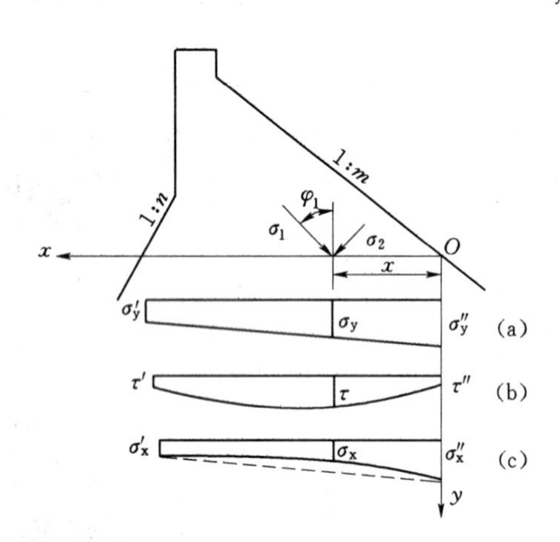

图2-16　坝内应力分布示意图

(2) 坝内剪应力 τ。由于 σ_y 呈线性分布，由平衡条件可得出水平截面上剪应力 τ_x 呈二次抛物线分布，见图2-16(b)，即

$$\tau_x = a_1 + b_1 x + c_1 x^2 \tag{2-62}$$

式中　a_1、b_1、c_1 为三个待定常数，可由下面三个条件确定：

当 $x=0$ 时，$\tau=\tau''$，即 $a_1=\tau''$；当 $x=T$ 时，$\tau=\tau'$，即 $a_1+b_1T+c_1T^2=\tau'$；整个水平截面上剪应力总和应与截面以上水平荷载总和 $\sum P$ 相平衡，即

$$\int_0^T (a_1 + b_1 x + c_1 x^2)\mathrm{d}x = -\sum P$$

得

$$a_1 T + \frac{b_1}{2}T^2 + \frac{c_1}{3}T^3 = -\sum P$$

将以上三个方程式联立求解，可以得出

$$\left.\begin{aligned} a_1 &= \tau'' \\ b_1 &= -\frac{1}{T}\left(\frac{6\sum P}{T} + 2\tau' + 4\tau''\right) \\ c_1 &= \frac{1}{T^2}\left(\frac{6\sum P}{T} + 3\tau' + 3\tau''\right) \end{aligned}\right\} \tag{2-63}$$

(3) 坝内水平正应力 σ_x。由于 τ_x 在水平截面呈二次抛物线分布，根据平衡条件可得水平正应力 σ_x 呈三次抛物线分布，如图2-16(c)所示，即

$$\sigma_x = a_2 + b_2 x + c_2 x^2 + d_2 x^3 \tag{2-64}$$

对于特定的水平截面，a_2、b_2、c_2、d_2 均为常数，可由边界条件和平衡条件求得，但计算较为复杂。实际上，σ_x 的三次曲线分布与直线相当接近。因此，对中小型工程而言，可近似地认为直线分布，而计算误差一般不超过5%，即取式（2-64）的前两项计算：

$$\sigma_x = a_3 + b_3 x \tag{2-65}$$

$$a_3 = \sigma''_x$$

$$b_3 = \frac{\sigma'_x - \sigma''_x}{T}$$

（4）坝内主应力 σ_1、σ_2。当求得坝内各点的三个应力分量 σ_y、τ 和 σ_x 后，则可利用材料力学公式求该点的主应力 σ_1、σ_2 和第一主应力的方向 φ_1。

$$\frac{\sigma_1}{\sigma_2} = \frac{\sigma_x + \sigma_y}{2} \pm \sqrt{\left(\frac{\sigma_y - \sigma_x}{2}\right)^2 + \tau^2} \tag{2-66}$$

$$\varphi_1 = \frac{1}{2}\arctan\left(-\frac{2\tau}{\sigma_y - \sigma_x}\right) \tag{2-67}$$

式中，φ_1 以顺时针方向为正，当 $\sigma_y > \sigma_x$ 时，自铅直线量取；当 $\sigma_y < \sigma_x$ 时，自水平线量取。

求出坝内各点的主应力后，即可在计算点上绘出以矢量表示其大小和作用方向的主应力图，将主应力数值相等的点连成曲线构成主应力等值线。图2-17（a）、图2-17（b）所示为坝体在满库及空库情况下的两组主应力等值线。若将这两种情况的主应力等值线合为一图，就可看出某一范围内坝体的主应力值，如图2-17（c）所示的阴影部分，即主应力在1.0～1.5MPa的范围内。按主应力方向可绘出两组互相垂直的主应力轨迹线，如图2-18所示。主应力等值线和轨迹线表示坝内应力大小和方向的变化规律，为坝体标号分区和结构布置提供依据。

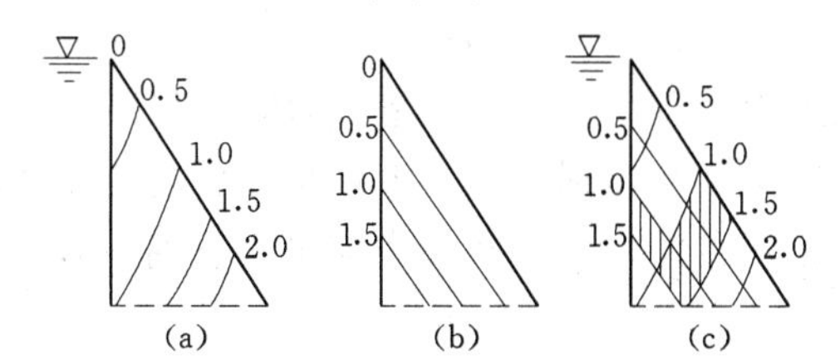

图2-17　坝内主应力等值线示意图
（单位：MPa）

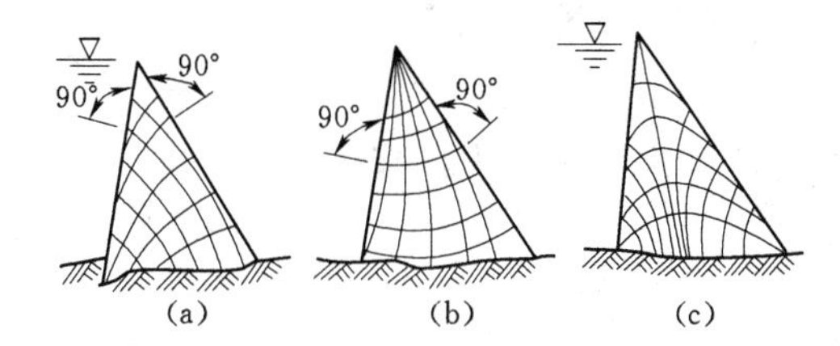

图2-18　坝内主应力轨迹线示意图
（a）满库；（b）空库；（c）主剪应力

三、强度校核

1. 承载能力极限状态强度校核

（1）坝趾抗压强度极限状态。重力坝正常运行时，下游坝趾发生最大主压应力 σ''_{1R}，故抗压强度承载能力极限状态作用效应函数为

$$S(\cdot) = \sigma''_{1R} = \left(\frac{\sum W_R}{A_R} - \frac{\sum M_R T_R}{J_R}\right)(1 + m^2) \tag{2-68}$$

抗压强度极限状态抗力函数为

$$R(\cdot) = f_c \text{ 或 } R(\cdot) = f_R \tag{2-69}$$

（2）坝体选定截面下游的抗压强度承载能力极限状态。

作用效应函数

$$S(\cdot)=\left(\frac{\sum W_c}{A_c}-\frac{\sum M_c T_c}{J_c}\right)(1+m^2) \tag{2-70}$$

抗压强度极限状态抗力函数

$$R(\cdot)=f_c \tag{2-71}$$

式中　$\sum M_R$、$\sum M_c$——全部作用分别对坝基面、计算截面形心的力矩之和；

A_R、A_c——坝基面面积、计算截面面积；

T_R、T_c——坝基面、计算截面形心轴到下游面的距离；

J_R、J_c——坝基面、计算截面分别对形心轴的惯性矩；

m——坝体下游坡度；

f_c——坝体抗压强度；

f_R——基岩抗压强度。

2. 正常使用极限状态计算

(1) 坝踵不出现拉应力，计入扬压力后，计算式为

$$S(\cdot)=\sigma'_{yR}=\frac{\sum W_R}{A_R}+\frac{\sum M_R T_R}{J_R}\geqslant 0 \tag{2-72}$$

核算坝踵应力时，应分别考虑短期组合和长期组合。

(2) 坝体上游面的垂直应力不出现拉应力，计入扬压力后，计算式为

$$S(\cdot)=\sigma'_{yc}=\frac{\sum W_c}{A_c}+\frac{\sum M_c T_c}{J_c}\geqslant 0 \tag{2-73}$$

式中　σ'_{yR}、σ'_{yc}——坝基、坝体水平截面上游边缘垂直正应力，可由偏心受压公式计算求得；

$\sum W_R$、$\sum W_c$——坝基面、坝体截面上法向作用之和；

$\sum M_R$、$\sum M_c$——坝基面、坝体截面上全部作用对截面形心力矩之和；

A_R、A_c、J_R、J_c、T_R、T_c——坝基面和坝体截面的面积、惯性矩、截面形心轴至上游边缘之距离，核算坝体上游面的垂直应力应采用长期组合进行计算。

根据《重力坝设计规范》，对于上游有倒坡的重力坝，在施工期下游面垂直拉应力应小于 0.1MPa。很明显，只有在高坝上才可能设置倒坡。

【例 2-1】　已知：正常蓄水位为 85.0m，相应下游水位为 17.0m；校核洪水位 89.0m，下游水位 17.8m；混凝土重度 24kN/m³；坝前泥沙淤积高程 26.88m；泥沙浮重度 5kN/m³；风速 20m/s，吹程 5.0km；扬压力系数 0.25；坝基属Ⅲ类岩石，其抗剪断摩擦系数为正态分布，均值 1.0，变异系数 0.22，抗剪断粘聚力为对数正态分布，均值 900kPa，变异系数 0.40。试用分项系数极限状态设计法确定其断面尺寸。

解：结构安全级别为Ⅱ级，相应结构重要性系数 $\gamma_d=1.0$。水压力、浪压力、泥沙压力及重度的分项系数均取 1.0。

抗剪断强度取其分布的 0.2 分位值作为标准值，则摩擦系数标准值 $f'_{Rk}=0.82$，粘聚力标准值 $C'_{Rk}=610$kPa。摩擦系数 f'_{Rk}、粘聚力 C'_{Rk} 的材料性能分项系数分别为 1.3、

3.0。相应的设计值为

摩擦系数 $f'_R = 0.82/1.3 = 0.631$

粘聚力 $C'_R = 610/3.0 = 203.33(\text{kPa})$

选 C10，抗压强度材料性能分项系数为 1.5，则设计值为

$$f_c = 10000/1.5 = 6666.7(\text{kPa})$$

扬压力系数 a_d 的作用分项系数为 1.4，则设计值为

$$a_d = 1.4 \times 0.25 = 0.35$$

初选断面如图 2-19 所示，上游边坡 1∶0.05，下游边坡 1∶0.70，上、下游均从正常蓄水位起坡，坝顶宽 5.0m，坝底宽 63.75m，帷幕中心线距坝踵 7.2m，坝顶超高 1.0m，坝顶高程 90.0m。

在承载能力极限状态下，进行坝体抗滑稳定极限状态和坝趾抗压强度极限状态核算时，其作用和材料性能均应以设计值代入。基本组合，以正常蓄水位对应的上、下游水位代入；偶然组合，以校核洪水位对应的上、下游水位代入。扬压力系数以设计值代入。

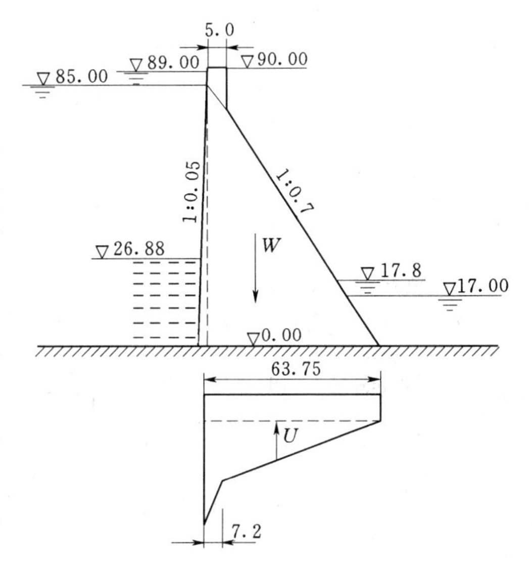

图 2-19 重力坝断面设计（单位：m）

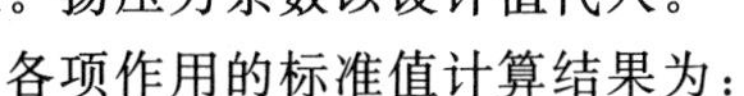

各项作用的标准值计算结果为：

按官厅水库公式计算浪压力 $P_l = 47.4\text{kN}$。水平泥沙压力 $P_n = 1806.3\text{kN}$。

计算结果见表 2-17。

表 2-17　　各种工况下的 $\sum W$ 和 $\sum M$

工　　况	承载能力极限状态		正常使用极限状态
	持久状况	偶然状况	持久状况
$\sum W$(kN)	48089.90	47375.19	50257.45
$\sum M$(kN·m)	−516214.46	−670419.86	−498386.51

1. 抗滑稳定极限状态

(1) 基本组合时，取持久状况对应的设计状况系数 $\psi = 1.0$，结构系数 $\gamma_d = 1.2$。

$$\gamma_0 \psi S(\cdot) = \gamma_0 \psi \left(\frac{1}{2}\gamma H_1^2 - \frac{1}{2}\gamma H_2^2 + P_l + P_n \right)$$

$$= 1.0 \times 1.0 \times (0.5 \times 9.81 \times 85.0^2 - 0.5 \times 9.81 \times 17.0^2 + 47.4 + 1806.3)$$

$$= 35874.78(\text{kN})$$

$$\frac{1}{\gamma_d} R(\cdot) = \frac{1}{\gamma_d}(f'_R \sum W + C'_R A)$$

$$= (0.631 \times 48089.9 + 203.33 \times 63.75)/1.2$$

$$= 36089.2(\text{kN})$$

所以

$$\gamma_0\psi S(\cdot) < \frac{1}{\gamma_d}R(\cdot)$$

即基本组合时满足设计要求。

(2) 偶然组合时，取偶然状况对应的设计状况系数 $\psi=0.85$，结构系数 $\gamma_d=1.2$。

$$\begin{aligned}\gamma_0\psi S(\cdot) &= 1.0\times0.85\times(0.5\times9.81\times89.0^2-0.5\\&\quad\times9.81\times17.8^2+47.4+1806.3)\\&=33279.29(\text{kN})\end{aligned}$$

$$\begin{aligned}\frac{1}{\gamma_d}R(\cdot) &= (0.631\times47375.19+203.33\times63.75)/1.2\\&=35713.36(\text{kN})\end{aligned}$$

所以

$$\gamma_0\psi S(\cdot) < \frac{1}{\gamma_d}R(\cdot)$$

2. 坝趾抗压强度极限状态

(1) 基本组合时。设计状况系数 $\psi=1.0$，结构系数 $\gamma_d=1.8$。

$$\begin{aligned}\gamma_0\psi S(\cdot) &= 1.0\times1.0\times\left[\frac{48089.9}{63.75}-\frac{6\times(-516214.46)}{63.75^2}\right]\times(1+0.70^2)\\&=2.26(\text{MPa})\end{aligned}$$

$$\frac{1}{\gamma_d}R(\cdot)=(1/1.8)\times6666.7=3703.7(\text{kPa})=3.704(\text{MPa})$$

所以

$$\gamma_0\psi S(\cdot) < \frac{1}{\gamma_d}R(\cdot)$$

(2) 偶然组合时。取偶然状况对应的设计状况系数 $\psi=0.85$，结构系数 $\gamma_d=1.8$。

$$\gamma_0\psi S(\cdot)=2.20\text{MPa}$$

$$\frac{1}{\gamma_d}R(\cdot)=3.704\text{MPa}$$

所以

$$\gamma_0\psi S(\cdot) < \frac{1}{\gamma_d}R(\cdot)$$

(3) 上游坝踵不出现拉应力极限状态。因上游坝踵不出现拉应力极限状态属正常使用极限状态，故设计状况系数、作用分项系数和材料性能分项系数均采用1.0，扬压力系数直接用标准值0.25代入计算。此处，结构功能的极限值 $C=0$。

$$\gamma_0 S(\cdot)=1.0\times\left[\frac{50257.45}{63.75}+\frac{6\times(-498386.5)}{63.75^2}\right]=53\text{kPa}=0.053\text{MPa}>0$$

由以上计算结果可见，所有断面全部满足设计规定的要求。

2.5 重力坝的剖面设计

2.5.1 溢流重力坝断面设计的原则

重力坝断面设计，应当在满足稳定、强度要求前提下，力求工程量小、外形轮廓简单、便于施工、运用方便等。

2.5.2 基本断面

由于作用于坝上游面的水压力呈三角形分布，与此作用相适应的坝体的基本断面必为三角形（见图 2-20）。因此，重力坝的基本断面一般是指在水压力（水位与坝顶齐平）、自重和扬压力等主要荷载作用下，满足稳定、强度要求的最小三角形断面。从满足强度要求来看，对基本三角形的要求如下。

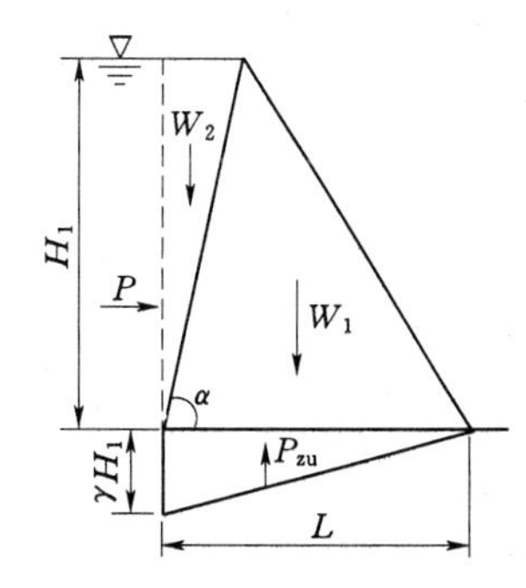

图 2-20 重力坝的基本断面

当 $\alpha > 90°$ 时，上游面为倒坡时［图 2-21（a）］，在库空的情况下，三角形重心超出底边的三分点，在下游面会产生拉应力，而且倒坡也不便施工。

当 $\alpha < 90°$ 时，可以利用上游面的水重增强稳定［图 2-21（b）］。但 α 小到一定程度，在库满时合力可能超出底边的三分点，在上游面会产生拉应力。因此，上游面坡角 α 也不宜太小。

在一般情况下，常将上游面做成铅直的［图 2-21（c）］，即 $\alpha = 90°$。当抗剪断面系数 f'_R 较低时，可适当减小 α 值，以便利用上游面的水重维持稳定。根据工程经验，重力坝基本断面的上游坡度宜采用 1∶0～1∶0.2，下游面的坡度宜采用 1∶0.6～1∶0.8，坝底宽一般为坝高的 0.7～0.9 倍。

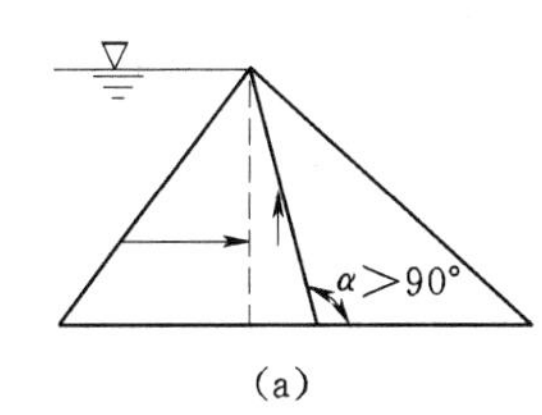

(a)

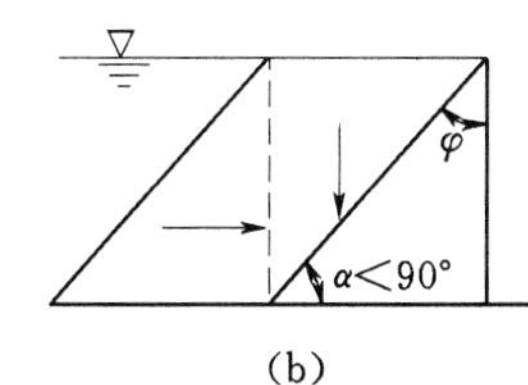

(b)

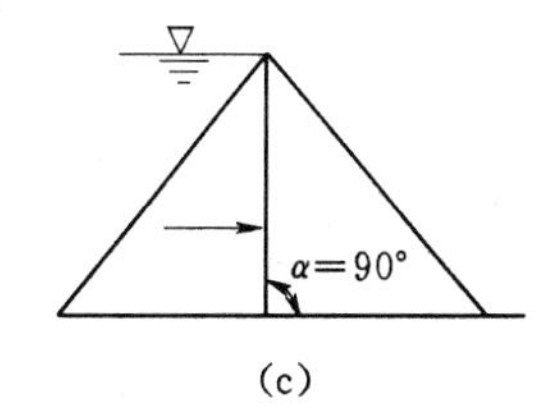

(c)

图 2-21 不同 α 角的坝体断面

2.5.3 实用断面

上述坝体基本断面是在简化条件下求得的，为了便于施工、运用，还需对基本断面进行修正，拟定出实用断面。

1. 坝顶宽度

一般根据运用和交通要求确定，若无特殊要求时，坝顶宽度可采用坝高的 8%～10%，并不小于 2m。当有交通要求时，坝顶宽度应按交通规定拟定。

当有较大的冰压力或漂浮物撞击力时，坝顶最小宽度还应满足强度要求。

2. 坝顶高程

由于三角形基本断面的顶点与上游最高水位齐平，因此，实用断面必须要有安全超高 Δh。Δh 由式（2-74）计算。

$$\Delta h = h_{1\%} + h_z + h_c \tag{2-74}$$

式中 Δh ——防浪墙顶至正常蓄水位或校核洪水位的高差，m；

$h_{1\%}$ ——波高，m；

h_z ——波浪中心线高出静水位的高度，m；

h_c——取决于坝的级别和计算情况的安全超高，按表2-18取用。

表2-18 **安全超高 h_c** 单位：m

相应水位	坝的级别		
	1	2	3
正常蓄水位	0.7	0.5	0.4
校核洪水位	0.5	0.4	0.3

对于 $h_{1\%}$、h_z 的计算，见前述。在计算 $h_{1\%}$、h_z 时，正常和校核情况应采用不同的计算风速值，坝顶高程（或坝顶上游防浪墙顶高程）按式（2-75）计算，并选用其中的较大值。

$$\left.\begin{aligned}坝顶高程&=正常蓄水位+\Delta h_{正}\\坝顶高程&=校核洪水位+\Delta h_{校}\end{aligned}\right\}\quad(2-75)$$

式中，$\Delta h_{正}$ 和 $\Delta h_{校}$ 分别按式（2-74）的要求考虑。对于1级、2级的坝，如果按照可能最大洪水校核时，坝顶高程不得低于相应静水位，防浪墙顶高程不得低于波浪顶高程。防浪墙高度一般为1.2m，应与坝体在结构上连成整体，墙身应有足够的厚度，以抵挡波浪及漂浮物的冲击。

常用的实用断面型式一般有图2-22所示的几种。

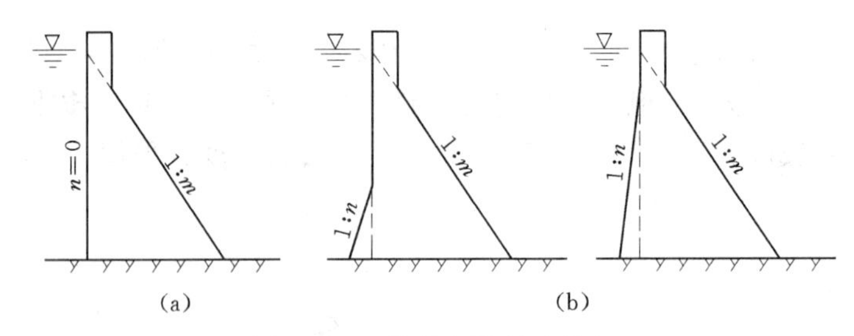

图2-22 非溢流坝断面形态

（1）上游面铅直的坝面［见图2-22（a）］，该型式适用于坝基抗剪断参数较大，由强度条件控制坝体断面的情况。同时，该断面型式便于坝内布设泄水孔或孔水管道的闸门和拦污设备等。

（2）上游面向上游倾斜［见图2-22（b）］的坝面，此型式适用于混凝土与基岩之间抗剪断参数较小的情况。倾斜的上游坝面可增加坝体自重和利用部分水重，以满足抗滑稳定要求。有时为了控制库空或低水位时下游面出现的拉应力值，常采用此种型式。上游坝面上部铅直、下部倾斜既可利用部分水重来增加坝的稳定性，又便于节省进口设备，是实际工程中经常采用的一种实用断面型式。一般起坡点在坝高的1/3～2/3附近。由于起坡点处断面突变，故应对该截面进行强度和稳定校核。

坝体断面可参照条件相近已建工程的经验，结合本工程的实际情况，先行拟定，然后根据稳定和应力分析进行必要的修正。

2.5.4 实用断面的优化设计

工程设计的基本任务就是寻找安全、适用而经济的设计方案。传统的水工设计一般采用方案比较法，即根据经验，通过必要的水力计算、结构强度、稳定性校核，拟定若干个安全、适用的可行方案，然后比较工程量、造价等经济指标，从而择优选定实用方案。这种方法受工程人员的主观因素影响较大，比较方案的个数有限，故选用的方案只能说是有限个可行方案中较优的，而未必是所有方案中最优的。因此，水工建筑物的优化设计主要是指选择结构的体形、尺寸和材料时，如何从所有安全、适用和技术上可行的方案中寻求一个经济上最合理的方案。而该方案只有通过计算机和适当的计算程序才能实现。对于重力坝而言，就是在满足现行设计规范要求和通用设计准则的前提下求出其造价最低或混凝土方量最小的断面，即最优断面。

随着数学规划和运筹学的进展，优化的方法归结为数学中的极值解法，即一方面将工程问题抽象为优化的数学模型，然后对该模型加工求解。关于具体计算方法，可参考有关书籍。

2.6 溢流重力坝

溢流重力坝既是挡水建筑物，又是泄水建筑物，它主要承担泄洪保坝、输水供水、排沙、放空水库、施工导流等任务。溢流坝除具有非溢流坝相同的工作条件外，同时又要满足泄洪要求，即溢流坝设计时既要满足稳定和强度要求，还要满足下列要求：①有足够的泄洪能力；②应使水流平顺地通过坝面，避免产生振动和空蚀；③应使下泄水流对河床不产生危及坝体安全的局部冲刷；④不影响枢纽中其他建筑物的正常运行等。

因此，溢流坝断面设计除稳定和强度计算与非溢流坝相同外，还涉及到泄流的孔口尺寸、溢流堰形态以及消能方式等的合理选定。

2.6.1 孔口设计

一、孔口型式

溢流坝孔口型式有坝顶溢流式和设有胸墙的大孔口溢流式两种，如图2-23所示。

1. 坝顶溢流式（开敞式）

这种型式的溢流孔除宣泄洪水外，还能排除冰凌和其他漂浮物。坝顶可设或不设闸门。不设闸门的堰顶高程就是水库的正常蓄水位，泄洪时，库水位雍高，淹没损失大，非溢流坝坝顶高程也要相应地提高。该孔口型式的优点是结构简单，管理方便，仅适用于淹没损失不大的中小型工程。

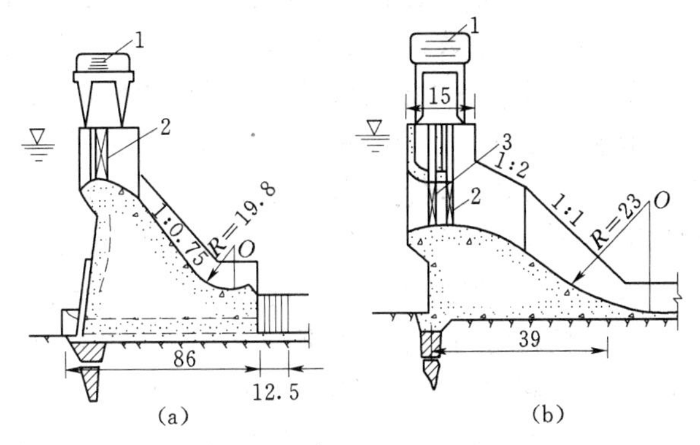

图2-23 溢流坝泄水方式示意图（单位：m）

（a）坝顶溢流式；（b）大孔口溢流式

1—移动式启闭机；2—工作闸门；3—检修闸门

设置闸门时，其闸门顶略高于正常蓄水位，堰顶高程较低。可以调节水库水位和下泄流量，减少淹没损失和非溢流坝的工程量。当闸门全开时，其泄流能力与$H^{1.5}$（H为水头）成正比，随着水库水位的升高，泄量也迅速加大，对保证枢纽安全有较大的作用。另外，闸门设在坝顶部，操作检修方便，工作安全可靠，所以大、中型水库的溢流坝孔口一般均设有闸门。

2. 大孔口溢流式

这种型式的溢流孔上部设置胸墙，堰顶较低。胸墙的作用是降低闸门高度。这种溢流

孔可根据洪水预报提前放水，腾出较多的库容蓄洪水，从而提高调洪能力。当库水位较低时，水流为堰顶溢流，随着水位升高，逐渐由堰流变为大孔口泄流。此时下泄流量与水头 $H^{0.5}$ 成正比，超泄能力不如坝顶溢流式，也不利于排泄漂浮物。

二、孔口尺寸

溢流坝孔口尺寸拟定包括过水前缘总宽度，堰顶高程，孔口的数目、尺寸等。其尺寸的拟定和布置涉及到许多因素，如：洪水设计标准、洪水过程线、洪水预报水平、水库运行方式、采用的泄水方式及枢纽地形、地质条件等。

设计时，先定泄水方式，拟定若干个孔口布置方案，然后根据洪水流量和容许的单宽流量、闸门的型式及运用要求等因素，通过水库调洪演算、水力计算和方案的经济比较加以确定。

溢流前缘总净宽（不包括闸墩的厚度）L 可表示为

$$L = \frac{Q_{溢}}{q} \tag{2-76}$$

式中 $Q_{溢}$、q——通过溢流孔的下泄流量和容许的单宽流量。

$$Q_{溢} = Q_{总} - \alpha Q_0 \tag{2-77}$$

式中 $Q_{总}$——通过调洪演算确定的枢纽总的下泄流量（坝顶溢流、泄水孔及其他建筑物下泄流量的总和）；

Q_0——通过泄水孔、水电站及其他建筑物的下泄流量；

α——系数，正常运行时取0.75～0.9，校核情况时取1.0。

单宽流量 q 是决定孔口尺寸的重要指标，q 愈大，单位宽度下泄水流所含的能量也愈大，消能愈困难，下游冲刷也愈严重，但所需溢流前缘 L 愈短，对于在狭窄山区河道上进行枢纽布置较为有利。若选择 q 过小，虽可以降低消能工的费用，但使溢流前缘增大，增加了溢流坝的造价和枢纽布置上的困难。因此，q 的选定，必须综合地质条件、下游河道的水深、枢纽布置和消能工的设计，通过技术经济比较后选定。

对一般软弱的岩石，常取 $q=25\sim50\text{m}^3/(\text{s}\cdot\text{m})$，较好岩石取 $q=50\sim70\text{m}^3/(\text{s}\cdot\text{m})$，特别坚硬完整的岩石取 $q=100\sim150\text{m}^3/(\text{s}\cdot\text{m})$ 或更大。我国的安康水电站表孔单宽流量达 $282.7\text{m}^3/(\text{s}\cdot\text{m})$，而委内瑞拉的古里坝其单宽流量已突破 $300\text{m}^3/(\text{s}\cdot\text{m})$。

设有闸门的溢流坝，当过水净宽 L 确定之后，常需用闸墩将溢流段分隔成若干个等宽的溢流孔，设孔口数为 n，每孔净宽为 b，闸墩厚度为 d。由此，可以计算出溢流前缘总宽度 L_0 为

$$L_0 = L + (n-1)d = nb + (n-1)d \tag{2-78}$$

选择 n 和 b 时，要考虑闸门的型式和制造能力、闸门跨度与高度的合理比例、运用要求和坝段分缝等因素。我国目前大、中型坝常用 $b=8\sim16\text{m}$，有排泄漂浮物要求时，可加大到18～20m，闸门宽高比为1.5～2.0，应尽量采用闸门规范中推荐的标准尺寸。

当溢流孔口宽度 b 确定后，可以确定溢流坝的堰顶高程。溢流坝净宽 L 和堰顶水头 H_W 所决定溢流能力，应与要求达到的下泄流量 $Q_{溢}$ 相当。对于采用坝顶溢流的堰顶水头 H_W，可利用下式计算

$$Q_{溢} = Cm\varepsilon\sigma_s L\sqrt{2g}H_W^{3/2}(m^3/s) \quad (2-79)$$

式中 C——上游面坡度影响系数，可查得，对于铅直的上游面 $C=1$；

m——流量系数，根据堰高、定型设计水头以及堰上作用水头，查规范可得；

ε——侧收缩系数，与闸墩形状、尺寸有关，一般 $\varepsilon=0.90\sim0.95$；

g——重力加速度，$g=9.81m/s^2$；

σ_s——淹没系数，视泄流的淹没程度而定，可查有关表格。

当堰顶水头求出后，可以根据水库洪水位确定堰顶高程。

采用有胸墙的大孔口泄流时，可按式（2-80）计算

$$Q_{溢} = \mu A\sqrt{2gH_W}(m^3/s) \quad (2-80)$$

式中 A——孔口面积；

μ——孔口流量系数，当 $H_W/D=2.0\sim2.4$ 时 $\mu=0.74\sim0.82$，D 为孔口高度；

H_W——作用水头（$H+v_0^2/2g$），自由出流时 H 为库水位与孔口中心高程之差，淹没出流时 H 为上下游水位差。

2.6.2 溢流坝断面设计

溢流坝的基本断面也是三角形。其实用断面是将三角形上部和坝体下游斜面做成溢流面，且溢流面外形应具有较大的流量系数，使泄流顺畅，坝面不发生空蚀。

一、堰面曲线

溢流坝由顶部曲线段、中间直线段和下部反弧段三部分组成。见图2-24。

1. 顶部曲线段

溢流坝顶曲线段的形状对泄流能力及流态影响很大。

当采用坝顶溢流孔口时，其坝顶溢流可以采用曲线型非真空实用剖面堰。其曲线为克—奥曲线和WES曲线（幂曲线）。我国早期多用克—奥曲线，近年来，我国许多高溢流坝设计均采用美国陆军工程师团水道试验站（Water-ways Experiment Station）基于大量试验研究所得的WES曲线。

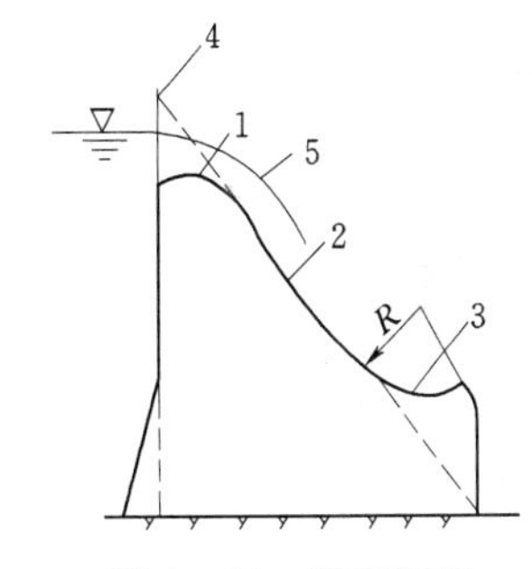

图2-24 溢流坝面

1—顶部曲线段；2—直线段；3—反弧段；4—基本断面；5—溢流水舌

该坝面曲线的主要优点是与克—奥曲线相比流量系数较大，断面较瘦，工程量较省；以设计水头运行时堰面无负压；坝面曲线用方程控制，便于设计施工，所以在国内外得到广泛应用。

WES型溢流堰堰顶曲线以堰顶为界，分上游段和下游段两部分，见图2-25（a）。

堰顶下游堰面曲线方程为

$$x^n = kH_d^{(n-1)}y \quad (2-81)$$

式中 H_d——定型设计水头，m，按堰顶最大作用水头 H_{max} 的75%～95%计算；

x、y——以溢流堰顶点为坐标原点的坐标，x 以向下游为正，y 以向下为正；

k、n——参数，可按上游堰面倾斜坡度查表2-19，表内系数含义见图2-25（b）。

表 2-19　　WES剖面曲线方程参数

上游面坡度$\left(\frac{\Delta y}{\Delta x}\right)$	k	n	R_1	a	R_2	b	型号
3∶0	2.000	1.850	$0.5H_d$	$0.175H_d$	$0.2H_d$	$0.282H_d$	Ⅰ、Ⅱ
3∶1	1.936	1.836	$0.68H_d$	$0.139H_d$	$0.21H_d$	$0.237H_d$	Ⅲ
3∶2	1.939	1.810	$0.48H_d$	$0.115H_d$	$0.22H_d$	$0.214H_d$	Ⅳ
3∶3	1.873	1.776	$0.45H_d$	$0.119H_d$	—	—	Ⅴ

上游坝面为铅直时，即为WES Ⅰ型堰。该堰用于高溢流坝，此时下游堰面曲线方程$k=2$，$n=1.85$，上游堰面曲线与堰顶之间原为两段圆弧相连，见图2-25（b）及表2-19，现改为三段弧连接，R_1、R_2、R_3各个半径具体见图2-25（c），第三段圆弧直接与铅直上游面相切。

上游坝具有倒悬堰顶时，即为WES Ⅱ型堰。实际工程常使$M \geqslant 0.6H_d$（M为悬顶高度），试验表明，此时，WES Ⅱ型曲线可完全沿用WES Ⅰ型。

对上游坝面分别具有3∶1、3∶2、3∶3的前倾斜上游面，即WES Ⅲ、Ⅳ、Ⅴ型堰，前二者属于高堰，见图2-25（d），后者既可为高堰，也可用于低堰，当用于高堰时，下游的堰面曲线仍用式（2-81），k、n值仍按表2-19取值。堰顶的上游曲线则由表2-19中各半径之圆弧与上游坡面相接。

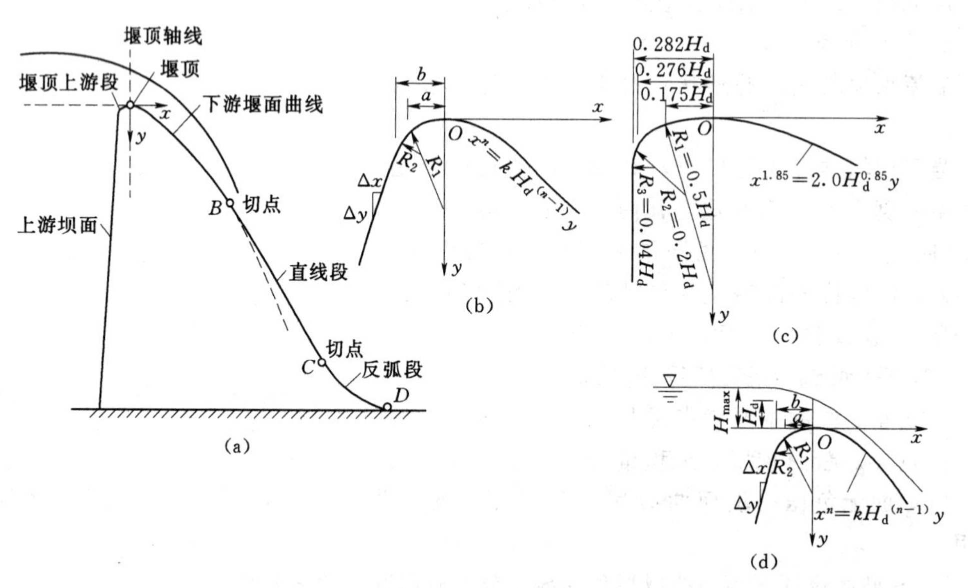

图2-25　WES堰

设有胸墙，采用大孔口泄流，当校核洪水位情况下最大作用水头H_{max}（孔口中心线上）与孔口高D的比值$H_{max}/D>1.5$时，或闸口全开时，仍属孔口泄流，其堰面曲线如图2-26所示，可按式（2-82）计算。

$$y = \frac{x^2}{4\varphi^2 H_d} \tag{2-82}$$

式中 H_d——定型设计水头，m，一般取孔口中心线至水库校核水位的水头的75%～95%；

φ——孔口收缩断面上的流速系数，一般取 $\varphi=0.96$，若孔前设有检修闸门槽时取 $\varphi=0.95$。

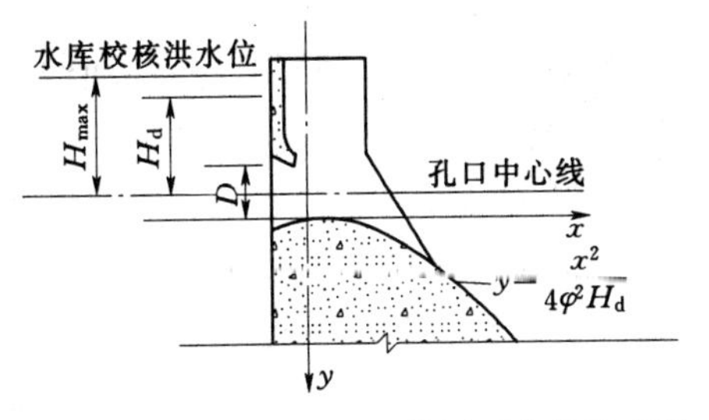

图 2-26 有胸墙溢流堰的堰面曲线示意图

当 $1.2<\frac{H_{max}}{D}<1.5$ 时，应通过试验确定。

上述两种堰面曲线是根据定型设计水头确定的，当宣泄校核洪水时，堰面出现负压值应不超过3～6m水柱高。

2. 中间直线段

中间直线段与顶部曲线段和下部反弧段相切，坡度与非溢流坝的下游坡度相同。

3. 下部反弧段

下部反弧段是使沿溢流坝面下泄的高速水流平顺地转向的工程设施，要求沿程压力分布均匀，不产生负压和不致引起有害的脉动压力。通常采用圆弧曲线，其反弧段半径应视下游消能设施而定，不同的消能设施可选用不同的半径。对于挑流消能，反弧段半径可按式（2-83）求得。

$$R=(4\sim10)h \tag{2-83}$$

式中 h——校核洪水位闸门全开时反弧段最低点处的水深，m。

R 的取值，当反弧段流速 $v<16\text{m/s}$ 时，可取下限，流速越大，反弧半径也宜选用较大值，以致取上限。

二、实用断面设计

溢流坝的实用断面是由基本断面与溢流面拟合修改而成的。上游坝面一般设计成铅直或上部铅直、下部倾向上游，见图 2-27（a）。

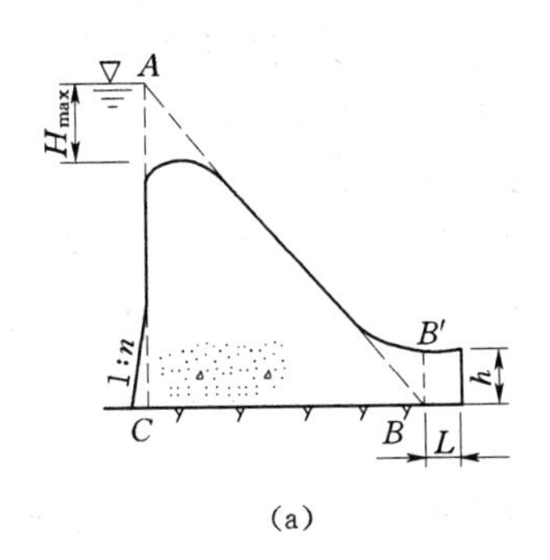

(a)

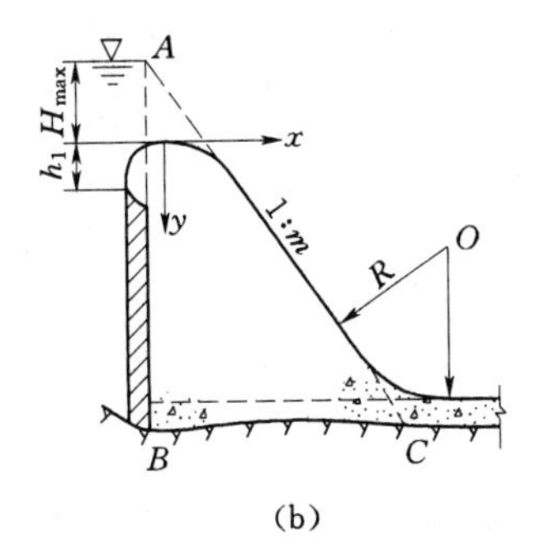

(b)

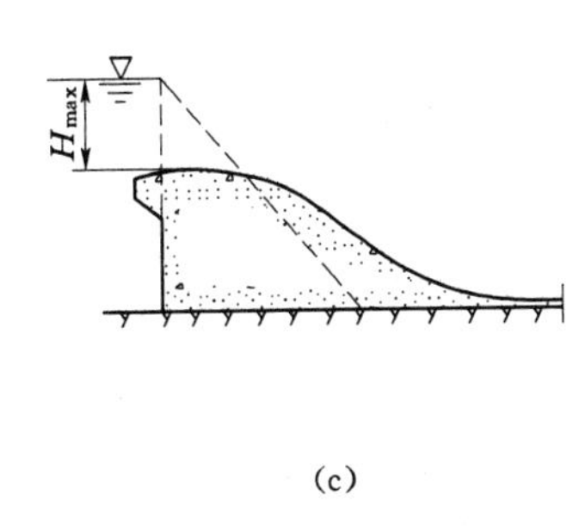

(c)

图 2-27 溢流重力坝断面

当溢流坝断面小于基本三角形时，可适当调整堰顶曲线，使其与三角形的斜边相切；对有鼻坎的溢流坝，鼻坎超过基本三角形以外，当 $L/h>0.5$，经核算 $B-B'$ 截面的拉应力较大时，可设缝将鼻坎与坝体分开，见图 2-27（a）。当溢流断面大于基本三角形时，如地基较好，为节省工程量，使下游与基本三角形一致，而将堰顶部伸向上游，将堰顶做成具有凸出的悬臂。悬臂高度 h_1 应大于 $0.5H_{max}$（H_{max}为堰上最大水头），见图2-27（b）。

若溢流坝较低，其坝面顶部曲线可直接与反弧段连接，见图2-27（c）。

2.6.3 溢流重力坝的消能方式

通过溢流坝下泄的水流，具有很大的动能，如不加处理，必将冲刷下游河床，破坏坝趾下游地基，威胁建筑物的安全或其他建筑物的正常运行。因此，必须采取妥善的消能防冲措施，确保大坝安全运行。

消能设计的原则：尽量使下泄水流的大部分动能消耗在水流内部的紊动中，以及与空气的摩擦上，且不产生危及坝体安全的河床或岸坡的局部冲刷，使下泄水流平稳；结构简单、工作可靠和工程量较少。消能设计包括了消能的水力学问题与结构问题。水力学方面是指建立某种边界条件，对下泄水流起扩散、反击和导流作用，以形成符合要求的理想的水流状态。结构方面是要研究该水流状态对固体边界的作用，较好地设计消能建筑物和防冲措施。

岩基上溢流重力坝常用的消能方式有挑流式、底流式、面流式和戽流式等，其中挑流消能应用最广，底流消能次之，而面流及戽流消能一般应用较少。本节重点介绍挑流消能。

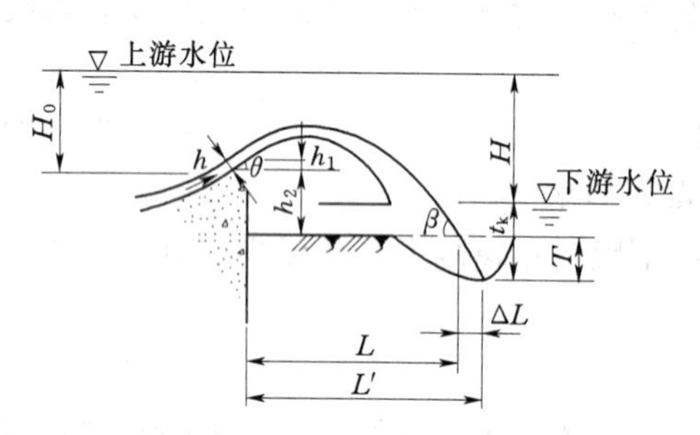

图2-28 挑流消能示意图

挑流消能是利用挑流鼻坎，将下泄的高速水流抛向空中，然后自由跌落到距坝脚较远的下游水面，与下游水流相衔接的消能方式，如图2-28所示。

能量耗散一般通过高速水流沿固体边界的摩擦（摩阻消能）、射流在空中与空气摩擦、掺气、扩散（扩散掺气消能）及射流落入下游尾水中淹没紊动扩散（淹没、扩散和紊动剪切消能）等方式消能。一般来说，前二者消能率约为20%，后者消能率为50%。挑流消能具有结构简单、工程造价低，检修及施工方便等优点，但会造成下流冲刷较严重、堆积物较多、雾化及尾水波动较大等影响。因此，挑流消能适用于坚硬岩石上的中、高坝。当坝基有延伸至下游缓倾角软弱结构面，可能被冲坑切断而形成临空面，危及坝基稳定或岸坡可能被冲塌危及坝肩稳定时，均不宜多用。

挑流消能的设计内容，主要包括确定挑流鼻坎的型式、高程、反弧半径、挑距和下游冲刷坑深度。

1. 挑流鼻坎的型式、高程及挑角的确定

挑流鼻坎的型式，一般有连续式、差动式、窄缝式和扭曲式等，其型式的选择可通过比较加以确定。这里仅对连续式、差动式鼻坎作一介绍。如图2-29所示。

差动式设置高低坎，射流挑离鼻坎时上下分散，加剧了挑射水舌在空气中的掺气和碰撞，可提高消能效果，减小冲刷坑深度。但冲刷坑最深点距坝底较近，鼻坎上流态复杂，特别在高速水流作用下易于空蚀。

差动式鼻坎的上齿坎挑角和下齿坎挑角的差值以5°～10°为宜；上齿宽度和下齿宽度之比宜大于1.0，齿高差以1.5m为宜，高坎侧宜设通气孔。

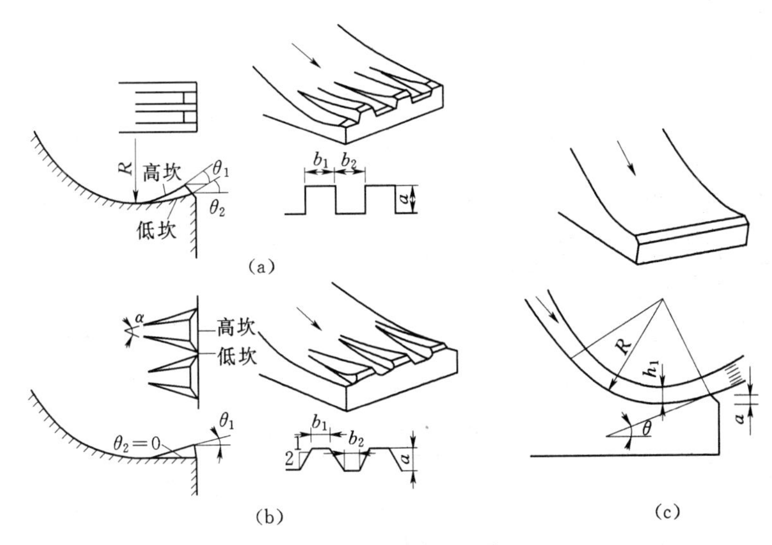

图 2-29 挑流鼻坎示意图

(a) 矩形差动式；(b) 梯形差动式；(c) 连续式

连续式鼻坎构造简单、易于施工，水流平顺，不易空蚀，水流雾化较轻，但掺气作用较差。主要适用于尾水较深，基岩较为均一、坚硬及溢流前沿较长的泄水建筑物。

在我国的工程实践中，连续式鼻坎应用较为广泛。其鼻坎的最低高程，一般应高于下游最高水位 1～2m，其挑角多采用 $\theta=20°\sim35°$。

2. 挑距估算

连续式挑流鼻坎的水舌挑射距离，可按式（2-84）估算。

$$L' = L + \Delta L \tag{2-84}$$

其中

$$L = \frac{1}{g}\left[v_1^2\sin\theta\cos\theta + v_1\cos\theta\sqrt{v_1^2\sin^2\theta + 2g(h_1+h_2)}\right] \tag{2-85}$$

$$\Delta L = T\cot\beta \tag{2-86}$$

式中 L'——冲坑最深点到坝下游垂直面的水平距离，m；

L——坝下游垂直面到挑流水舌外缘进入下游水面后与河床面交点的水平距离，m；

ΔL——水舌外缘与河床面交点到冲坑最深点的水平距离，m；

v_1——坎顶水面流速，m/s，按鼻坎处平均流速 v 的 1.1 倍计，即 $v_1=1.1v=1.1\varphi\sqrt{2gH_0}$（$H_0$ 为水库水位至坎顶的落差，m）；

θ——鼻坎的挑角，(°)；

h_1——坎顶垂直方向水深，m，$h_1=h\cos\theta$（h 为坎顶平均水深，m）；

h_2——坎顶至河床面高差，m，如冲坑已经形成，作为计算冲坑进一步发展，可算至坑底；

φ——堰面流速系数；

T——最大冲坑深度，由河床面至坑底，m；

β——水舌外缘与下游水面的夹角。

3. 冲刷坑深度

工程中常用最大冲坑水垫厚度估算公式（2－87）进行推算。

$$t_k = kq^{0.5}H^{0.25} \tag{2-87}$$

式中　t_k——水垫厚度，自水面算至坑底，m；

q——单宽流量，$m^3/(s \cdot m)$；

H——上下游水位差，m；

k——冲刷系数，其数值见表2－20。

为了确保挑流消能的安全挑距，不影响坝趾基岩稳定，要求冲坑最低点距坝趾的距离应大于2.5倍的坑深。

表2－20　基岩冲刷系数 k 值

可冲性类别		难　冲	可　冲	较易冲	易　冲
节理裂缝	间距(cm)	＞150	50～150	20～50	＜20
	发育程度	不发育，节理（裂隙）1～2组，规则	较发育，节理（裂隙）2～3组，X形，较规则	发育，节理（裂隙）3组以上，不规则，呈X形或米字形	很发育，节理（裂隙）3组以上，杂乱，岩性被切割呈碎石状
基岩构造特征	完整程度	巨块状	大块状	块（石）碎（石）状	碎石状
	结构类型	整体结构	砌体结构	镶嵌结构	碎裂结构
	裂隙性质	多为原生型或构造型，多密闭，延展不长	以构造型为主，多密闭，部分微张，少有充填，胶结好	以构造或风化型为主，大部分微张，部分为粘土充填，胶结较差	以风化或构造型为主，裂隙微张或张开，部分为粘土充填，胶结很差
k	范围	0.6～0.9	0.9～1.2	1.2～1.6	1.6～2.0
	平均	0.8	1.1	1.4	1.8

注　适用范围：水舌入水角 $30°<\beta<70°$。

2.7　重力坝材料及构造

2.7.1　混凝土重力坝的材料

水工混凝土，尤其用于筑坝的混凝土，在材料配比、性能要求、施工质量控制等方面具有不同于一般混凝土的特点，即除应有足够的强度以保护其安全承受荷载外，还应在天然环境和使用条件下具有满足抗渗、抗冻、抗磨、抗裂、抗侵蚀等耐久性的要求。

一、混凝土强度等级

混凝土强度等级是混凝土的重要性能指标，一般重力坝的混凝土其抗压强度等级采用的是C10、C15、C20、C25等级别；C7.5只用于应力很小的次要部位或作回填用；C30或更高强度等级的混凝土应尽量少用，或仅用于局部。

对于大坝常态混凝土，抗压强度龄期一般采用90d和保证率为80%的轴心抗压强度，按表2-21采用。对于大坝碾压混凝土强度的标准值可采用180d龄期，保证率为80%的轴心抗压强度，按表2-22采用。

表2-21　大坝常态混凝土强度标准值

强度种类	符号	大坝常态混凝土强度等级					
		C7.5	C10	C15	C20	C25	C30
轴心抗压（MPa）	f_{ck}	7.6	9.8	14.3	18.5	22.4	26.2

注　常态强度等级和标准值可内插使用。

表2-22　大坝碾压混凝土强度标准值

强度种类	符号	大坝碾压混凝土强度等级					
		C5	C7.5	C10	C15	C20	C25
轴心抗压（MPa）	f_{ck}	7.2	10.4	13.5	19.6	25.4	31.0

注　碾压混凝土强度和标准值可内插使用。

二、混凝土的耐久性

（1）抗渗性。对于大坝的上游面，基础层和下游水位以下的坝面均为防渗部位，其混凝土应具有抵抗压力水渗透的能力。抗渗性能通常用抗渗等级W表示。

大坝混凝土抗渗等级应根据所在部位和水力坡降，按表2-23采用。

（2）抗冻性。混凝土的抗冻性能是指混凝土在饱和状态下，经多次冻融循环而不破坏，不严重降低强度的性能。通常用抗冻等级F来表示。

抗冻等级一般应视气候分区、冻融循环次数、表面局部小气候条件、水分饱和程度、结构构件重要性和检修的难易程度，由表2-24查取。

（3）抗磨性。是指抵抗高速水流或挟沙水流的冲刷、磨损的能力。目前，尚未制定出定量的技术标准，一般而言，对于有抗磨要求的混凝土，应采用高强度混凝土或高强硅粉混凝土，其抗压强度等级不应低于C20，要求高的则不应低于C30。

（4）抗侵蚀性。是指抵抗环境水的侵蚀性能。当环境水具有侵蚀性时，应选用适宜的水泥和尽量提高混凝土的密实性，且外部水位变动区及水下混凝土的水灰比可参考表2-25减少0.05。

此外，为了提高坝体的抗裂性，除应合理分缝、分块和采取必要的温控措施以防止大体积混凝土结构产生温度裂缝外，还应选用发热量较低的水泥（如大坝水泥、矿渣水泥等），减少水泥用量，再适当掺入粉煤灰或外加剂等。

表 2-23　　大坝混凝土抗渗等级的最小允许值

项次	部　位	水力坡降	抗渗等级
1	坝体内部		W2
2	坝体其他部位按水力坡降考虑时	$i<10$	W4
		$10\leqslant i<30$	W6
		$30\leqslant i<50$	W8
		$i\geqslant 50$	W10

注　1. 表中 i 为水力坡降。

2. 承受侵蚀水作用的建筑物，其抗渗等级应进行专门的试验研究，但不得低于 W4。

3. 混凝土的抗渗等级应按 SD105—82 规定的试验方法确定。根据坝体承受水压力作用的时间也可采用 90d 龄期的试件测定抗渗等级。

表 2-24　　大坝抗冻等级

气候分区	严　寒		寒　冷		温　和
年冻融循环次数（次）	≥100	<100	≥100	<100	—
（1）受冻严重且难于检修部位：流速大于 25m/s、过冰、多沙或多推移质过坝的溢流坝、深孔或其他输水的过水面及二期混凝土	F300	F300	F300	F200	F100
（2）受冻严重但在有检修条件部位：混凝土重力坝上游面冬季水位变化区；流速小于 25m/s 的溢流坝、泄水孔的过水面	F300	F200	F200	F150	F50
（3）受冻较重部位：混凝土重力坝外露阴面	F200	F200	F150	F150	F50
（4）受冻较轻部位：混凝土重力坝外露阳面	F200	F150	F100	F100	F50
（5）重力坝下部或内部混凝土	F50	F50	F50	F50	F50

注　1. 混凝土抗冻等级应按一定的快冻试验方法确定，也可采用 90d 龄期的试件测定。

2. 气候分区按最冷月平均气温 T_1 值作如下划分：严寒 $T_1<-10℃$；寒冷 $-10℃\leqslant T_1<-3℃$；温和 $T_1>-3℃$。

3. 年冻融循环次数分别按一年内气温从 +3℃ 以上降至 −3℃ 以下期间设计预定水位的涨落次数统计，并取其中的大值。

4. 冬季水位变化区是指运行期内可能遇到的冬季最低水位以下 0.5～1.0m，冬季最高水位以上 1.0m（阳面）、2.0m（阴面）、4.0m（水电站尾水区）的区域。

5. 阳面是指冬季大多为晴天，平均每天有 4h 以上阳光照射，不受山体或建筑物遮挡的表面，否则均按阴面考虑。

6. 最冷月份平均气温低于 −25℃ 地区的混凝土抗冻等级宜根据具体情况研究确定。

7. 混凝土抗冻必须加加气剂，其水泥、掺合料、外加剂的品种和数量，水灰比、配合比及含气量应通过试验确定。

表 2-25　　最大水灰比

气候分区	大坝分区					
	Ⅰ	Ⅱ	Ⅲ	Ⅳ	Ⅴ	Ⅵ
严寒和寒冷地区	0.55	0.45	0.50	0.50	0.65	0.45
温和地区	0.65	0.50	0.55	0.55	0.65	0.45

2.7.2 坝体混凝土的分区

由于坝体各部分的工作条件不同，因而对混凝土强度等级、抗渗、抗冻、抗冲刷、抗裂等性能要求也不同。为了节省和合理使用水泥，通常将坝体不同部位按不同工作条件分区，采用不同等级的混凝土。如图 2-30 所示为重力坝的三种坝段分区情况。

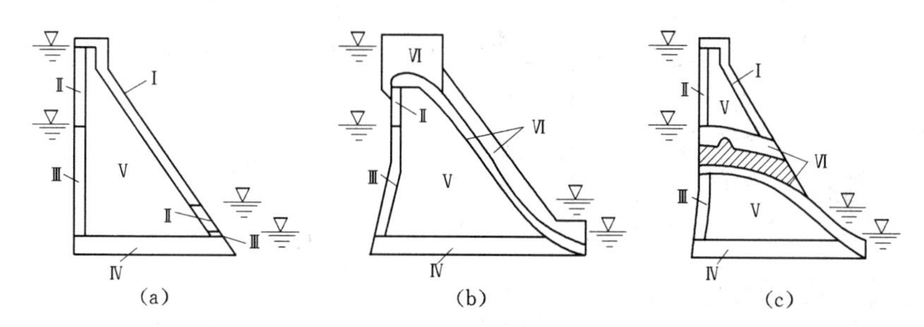

图 2-30 坝体混凝土分区示意图

(a) 非溢流坝；(b) 溢流坝；(c) 坝身泄水孔

Ⅰ区为上、下游最高水位以上坝体外部表面混凝土，Ⅱ区为上、下游水位变动区的坝体外部表面混凝土，Ⅲ区为上、下游最低水位以下坝体外部表面混凝土，Ⅳ区为坝体基础混凝土，Ⅴ区为坝体内部混凝土，Ⅵ区为抗冲刷部位（例如溢洪道溢流面、泄水孔、导墙和闸墩等）。

大坝分区特性见表 2-26。

表 2-26 大坝分区特性

分区	强度	抗渗	抗冻	抗冲刷	抗侵蚀	低热	最大水灰比	选择各分区的主要因素
Ⅰ	+	—	++	—	—	+	+	抗冻
Ⅱ	+	+	++	—	+	+	+	抗冻、抗裂
Ⅲ	++	++	+	—	+	+	+	抗渗、抗裂
Ⅳ	++	+	+	—	+	++	+	抗裂
Ⅴ	++	+	+	—	—	++	+	
Ⅵ	++	—	++	++	++	+	+	抗冲耐磨

注 表中有"++"的项目为选择各区等级的主要控制因素，有"+"的项目为需要提出要求的，有"—"的项目为不需提出要求的。

坝体为常态混凝土的强度等级不应低于 C7.5，碾压混凝土强度等级不应低于 C5。

同一浇筑块中混凝土强度等级不宜超过两种，分区厚度尺寸最少为 2～3m。

2.7.3 坝体排水

为了减少渗水对坝体的不利影响，降低坝体中的渗透压力，靠近上游坝面应设置排水管系。排水管将坝体渗水由排水管排入廊道，再由廊道汇集于集水井，经由横向排水管自流或用水泵抽排至下游。

排水管至上游坝面的距离一般不小于坝前水深的 1/10～1/12，且不小于 2m。排水管常用预制多孔混凝土管，间距 2～3m，内径 15～25cm。施工时应防止水泥漏入及其他杂物堵塞。

2.7.4　重力坝坝身廊道及泄水孔

一、坝内廊道

为了满足坝基灌浆、汇集并排除坝身及坝基的渗水、观测检查及交通等需求，必须在坝内设置各种廊道。这些廊道根据需要可沿纵向、横向及竖向进行布置，并互相连通，构成廊道系统，如图2-31所示。

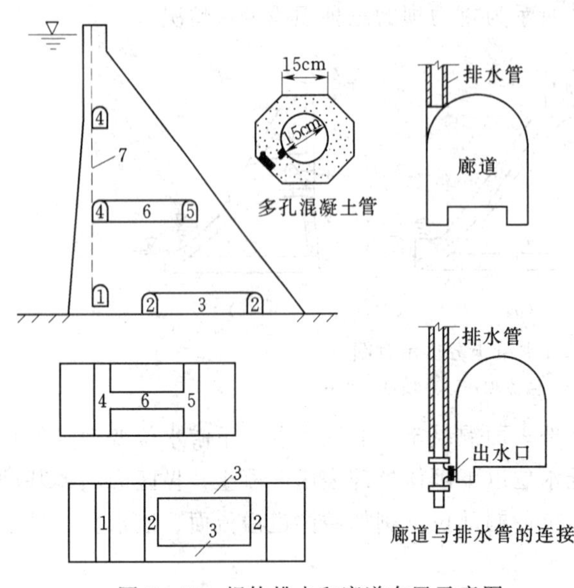

圈2-31　坝体排水和廊道布置示意图

1—基础灌浆排水廊道；2—基础纵向排水廊道；3—基础横向排水廊道；4—纵向排水检查廊道；5—纵向检查廊道；6—横向检查廊道；7—坝体排水管

坝基灌浆廊道通常沿纵向布设在坝踵附近，一般距上游的坝面不应小于0.05～0.1倍水头，且不小于4～5m，廊道底距基岩面3～5m，在两岸则沿岸坡布置。如岸坡过陡，则分层设置廊道并用竖井将它们连接。廊道尺寸要满足钻机尺寸，一般最小为2.5m×3.0m（宽×高）。

检查和观测廊道用以检查坝身工作性能，并安放观测设备，通常沿坝高每15～30m设一道。此种廊道最小尺寸为1.2m×2.2m。

交通廊道和竖井用以通行与器材设备的运输，并将有关的廊道连通起来。

坝基的排水廊道由坝基排水孔收集基岩排出的水，经过设在廊道底角的排水沟流入集水井，并排至下游。若排水廊道低于下游水位，则应用水泵将水送至下游。收集坝身渗水的排水廊道沿坝高每隔15～20m布置一道。渗水由坝身排水管进入廊道排水沟，再沿岸坡排水沟流至最低排水廊道的集水井。

坝内廊道的布置应力求一道多用，综合布置，以减少廊道的数目。一般廊道离上游的坝面不应小于2～2.5m。廊道的断面型式，一般采用城门洞形，这种断面应力条件较好。也可采用矩形断面（国外采用较多）。

二、泄水孔

在水利枢纽中为了满足泄洪、灌溉、发电、排沙、放空水库及施工导流等要求，需在重力坝坝身设置多种泄、放水的孔口。这些孔口一般都布置在设计水位以下较深的部位，故工程上称为深式泄水孔，见图2-32。泄水孔无论孔口的用途如何，按孔内水流状态分为有压或无压泄水孔两大类。发电压力输水孔为有压孔，其他用途的泄水、放水孔可以是有压或无压。有关泄水孔布置结构组成、高程及应力计算可参考其他文献。

尽管各种泄水孔口用途不同，但在技术允许的条件下，应尽可能一孔多用，如导流与泄洪孔结合，放空水库与排沙相结合，或放空水库与导流相结合，灌溉与发电相结合等。

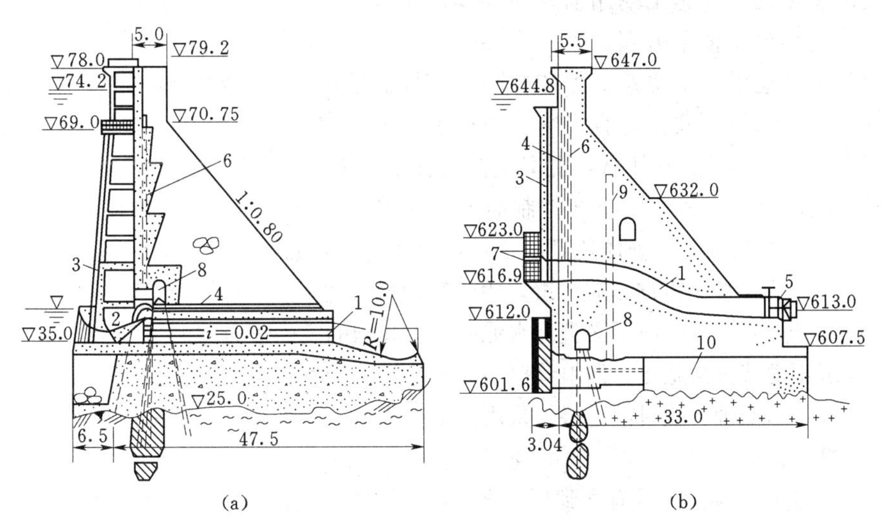

图 2-32 坝身泄水孔（单位：m）

1—泄洪孔；2—弧形门；3—检修门槽；4—通气管；5—锥形阀；6—排水管；7—拦污栅；8—廊道；9—检查井；10—导流底孔

2.7.5 坝体分缝与止水

一、坝体分缝

由于地基不均匀沉降和温度变化，施工时期的温度应力及施工浇筑能力和温度控制等原因，一般要求将重力坝坝体进行分缝分块。

按缝的作用可分为沉降缝、温度缝及工作缝。沉降缝是将坝体分成若干段，以适应地基的不均匀沉降，防止产生沉降裂缝，常设在地基岩性突变处。温度缝是将坝体分块，以减小坝体伸缩时地基对坝体的约束，以及新旧混凝土之间的约束，从而防止产生裂缝。工作缝（施工缝）主要是便于分期分块浇筑、装拆模板以及混凝土的散热而设的临时缝。

按缝的位置可分为横缝、纵缝及水平缝。

横缝是垂直于坝轴线的竖向缝（见图 2-33），可兼作沉降缝和温度缝，一般有永久性和临时性两种。永久性横缝是指从坝底至坝顶的贯通缝，将坝体分为若干独立的坝段，若缝面为平面，则不设缝槽，不进行灌浆，使各坝段独立工作。横缝间距（坝段长度）一般可为 12～20m，有时可达到 24m（温度缝）。若作沉降缝考虑间距可达 50～60m。当坝内设有泄水孔或电站引水管道时，还应考虑泄水孔和电站机组间距；对于溢流坝，可将缝设在闸墩中；地基若为坚硬的基岩也可将缝布置在闸孔中央。

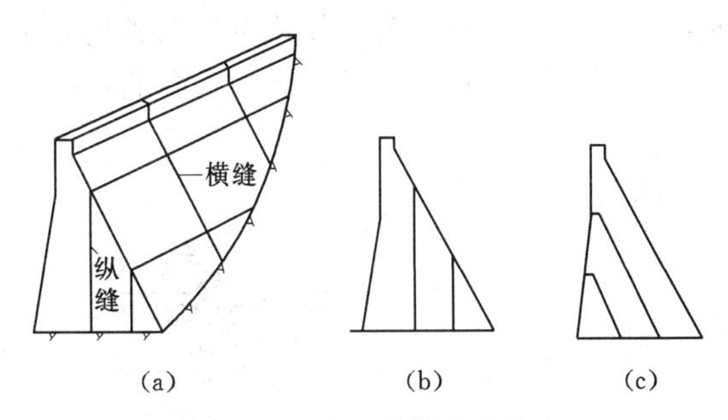

图 2-33 重力坝的横缝及纵缝

(a) 横缝及纵缝布置；(b) 竖直纵缝；(c) 斜缝

横缝也可做成临时缝。主要用于当岸坡较陡、坝基地质条件较差或强地震区，为提高

坝体的抗滑稳定性，在施工期用横缝将坝体沿轴线分段浇筑，以利于温度控制，然后对横缝进行灌浆，形成整体重力坝。

纵缝是为适应混凝土浇筑能力和减小施工期温度应力而设置的临时缝，可兼作温度缝和施工缝。纵缝布置型式有竖直纵缝、斜缝和错缝。

竖直纵缝将坝体分成柱块状，混凝土浇筑施工时干扰小，是应用最多的一种施工缝，间距视混凝土浇筑能力和施工期温度控制而定，一般为15～30m。纵缝须设在水库蓄水运行前，混凝土充分冷却收缩，坝体达到稳定温度的条件下进行灌浆填实，使坝段成为整体。

斜缝是大致沿主应力方向设置的缝，由于缝面剪应力很小，从结构的观点看，斜缝比直缝合理。斜缝张开度很小，一般不必进行水泥灌浆。我国的安砂重力坝的部分坝段和日本的丸山坝曾采用斜缝不灌浆方法施工。但斜缝对相邻坝块施工干扰较大，对施工程序要求严格，加之缝面应力传递不够明确，故目前已很少采用。错缝浇筑类似砌砖方式是采用小块分缝，交错地向上浇筑。缝的间距一般为10～15m，浇筑高度一般为3～4m，在靠近基岩面附近为1.5～2.0m。错缝浇筑是在坝段内没有通到顶的纵缝，结构整体性较强，可不进行灌浆。由于错缝在施工中各浇筑块相互干扰大，温度应力较复杂，故此法只在低坝中应用，我国用得极少。

水平工作缝是上下层新老混凝土浇筑块之间的施工接缝，是临时性的。施工时需先将下块混凝土表面的水泥乳膜及浮渣用风水枪或压力水冲洗并使表面成为干净的麻面，再铺一层2～3cm厚的水泥砂浆，然后再在上面浇混凝土。国内外普遍采用薄层浇筑，每层厚1.5～4.0m，以便通过表面散热，降低混凝土温度。

二、止水

重力坝横缝的上游面、溢流面、下游面最高尾水位以下及坝内廊道和孔洞穿过分缝处的四周等部位应设置止水设施。

止水有金属的、橡胶的、塑料的、沥青的及钢筋的。金属止水片有铜片、铝片和镀锌片，止水片厚一般为1.0～1.6mm，两端插入的深度不小于20～25cm。橡胶止水和塑料止水适应变形能力较强，在气候温和地区可用塑料止水片，在寒冷地区则可采用橡胶止水，应根据工作水头、气候条件、所在部位等选用标准型号。沥青止水置于沥青井内，井内设有蒸汽或电热设备，加热可使沥青玛琋脂融化，使其与混凝土有良好的接触。钢筋止水是把做成的钢筋塞设置在缝的上游面，塞与坝体间设有沥青油毛毡层，当受水压时，塞压紧沥青油毛毡层而起止水作用。

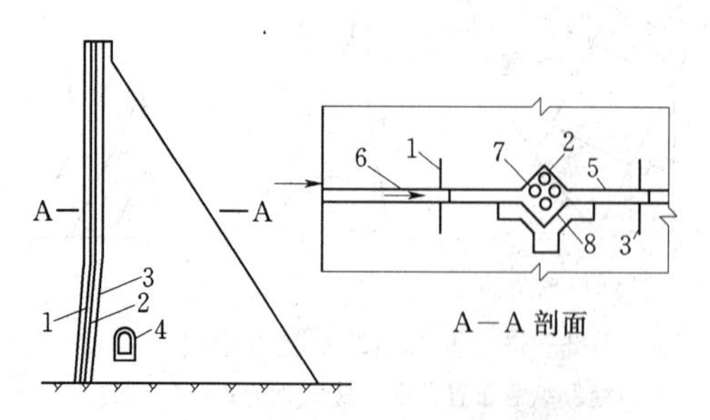

图2-34　横缝止水构造示意图
1—第一道止水铜片；2—沥青井；3—第二道止水片；4—廊道止水；5—横缝；6—沥青麻片；7—电加热器；8—预制混凝土块

对于高坝的横缝止水常采用两道金属止水片和一道防渗沥青井，如图2-34所示。当有特殊要求时，可考虑在横缝的第二道止水片与检查井之间进行灌浆作为止水的辅助设施。

对于中、低坝的横缝止水可适当简化。如中坝第二道止水片可采用橡胶或塑料片等。低坝经论证也可采用一道止水片，一般止水片距上游坝面为0.5～2.0m，以后各道止水设施之间的距离为0.5～1.0m。

在坝底，横缝止水必须与坝基岩石妥善连接。通常在基岩上挖一深30～50cm方槽，将止水片嵌入，然后用混凝土填实。

2.8 重力坝的地基处理

由于长期受地质作用，天然的坝基一般都存在风化、节理、裂隙等缺陷，有时也存在断层、破碎带和软弱夹层等，因此必须进行地基处理。地基处理的目的有三方面：渗流控制、强度控制和稳定控制。即经过处理后坝基满足下列要求：①具有足够的抗掺性，以满足渗透稳定，控制流量；②具有足够的强度，以承受坝体的压力；③具有足够的整体性和均匀性，以满足坝基的抗滑稳定和减少不均匀沉陷；④具有足够的耐久性，以防止岩体性质在水的长期作用下发生恶化。

地基处理的措施，包括开挖清理、固结灌浆、破碎带或软弱夹层的专门处理，断层防渗帷幕灌浆、钻孔排水等。

2.8.1 坝基的加固处理

坝基的加固处理有开挖、清理、固结灌浆和破碎带的处理等。

1. 坝基的开挖

坝基开挖清理的目的是将坝体坐落在稳定、坚固的地基上，坝基的开挖深度应根据坝基应力情况、岩石强度及其完整性，结合上部结构对基础的要求研究确定。

对于超过100m的高坝应建在新鲜、微风化或弱风化层下部的基岩上；对一些中、小型工程，坝高100～50m时，也可考虑建在微风化或弱风化上部至中部基岩上，对两岸较高部位的坝段，其开挖基岩的标准可比河床部位适当放宽。

坝基开挖的边坡必须保持稳定，在顺河流方向基岩尽可能略向上游倾斜，以增强坝体的抗滑稳定，必要时可挖成分段平台，两岸岸坡应开挖成台阶形以利坝块的侧向稳定。基坑开挖轮廓应尽量平顺，避免有高差悬殊的突变，以免应力集中造成坝体裂缝，当坝基中有软弱夹层存在，且用其他措施无法解决时，也可挖掉。

坝基的开挖应分层进行，避免爆破基岩被震裂，靠近底层应用小炮爆破，最后0.2～0.3m用风镐开挖，不用爆破。基岩表面应进行修整，使表面起伏不超过0.3m。

2. 坝基的固结灌浆

混凝土坝工程中，对岩石的节理裂隙采用浅孔低压灌注水泥浆的方法对坝基进行加固处理，称为固结灌浆，如图2-35所示。

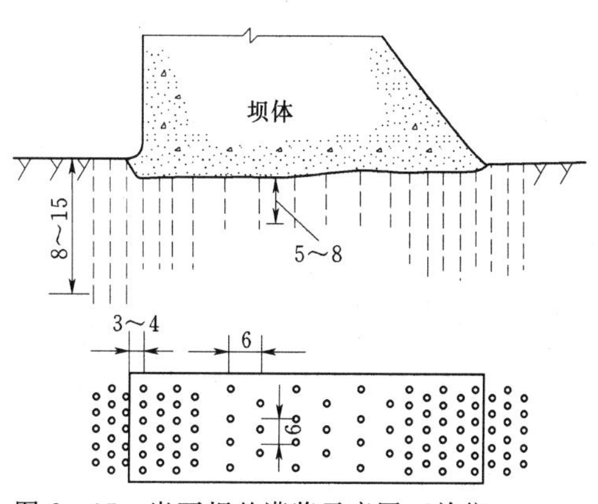

图2-35 岩石坝基灌浆示意图（单位：m）

固结灌浆的目的是提高基岩的整体性和弹性模量，减少基岩受力后的变形，并提高基岩的抗压、抗剪强度，降低坝基的渗透性，减少渗流量。在防渗帷幕范围内先进行固结灌浆可提高帷幕灌浆的压力。

固结灌浆的范围主要根据坝基的地质条件、岩石破碎程度及坝基受力情况而定。当基岩较好时，可仅在坝基上、下游应力较大的地区进行，坝基岩石普遍较差而坝又较高的情况下，则多进行坝基全面积固结灌浆。有的工程甚至在坝基以外的一定范围内，也进行固结灌浆。

灌浆孔的布置，采用梅花形的排列，孔距、排距随岩石破碎情况而定，一般为3～4m，孔深一般5～8m。局部地区及坝基应力较大的高坝基础，必要时可适当加深，帷幕上游区宜配合帷幕深度确定，一般采用8～15m。灌浆时，先用稀浆，而后逐步加大浆液的稠度，灌浆压力一般为0.2～0.4MPa，在有混凝土盖重时为0.4～0.7MPa，以不掀动岩石为限。

3. 坝基软弱破碎带的处理

当坝基中存在较大的软弱破碎带时，如断层破碎带、软弱夹层、泥化层、裂隙密集带等。对坝的受力条件和安全及稳定有很大危害，则需要专门加固处理。

对于倾角较大或与基面接近垂直的断层破碎带，需采用开挖回填混凝土的措施，如做成混凝土（塞）或混凝土拱进行加固，如图2-36所示。当软弱带的宽度小于2～3m时，混凝土塞的高度（即开挖深度）一般可采用软弱带宽度的1～1.5倍，且不小于1m，或根据计算确定。塞的两侧可挖成1∶1～1∶0.5斜坡，以便将坝体的压力经混凝土塞（拱）传到两侧完整的基岩上。如破碎带延伸至坝体上、下游边界线以外，则混凝土塞也应向外延伸，延伸长度取1.5～2倍混凝土塞的高度。若软弱层破碎带与上游水库连通，还必须做好防渗处理。

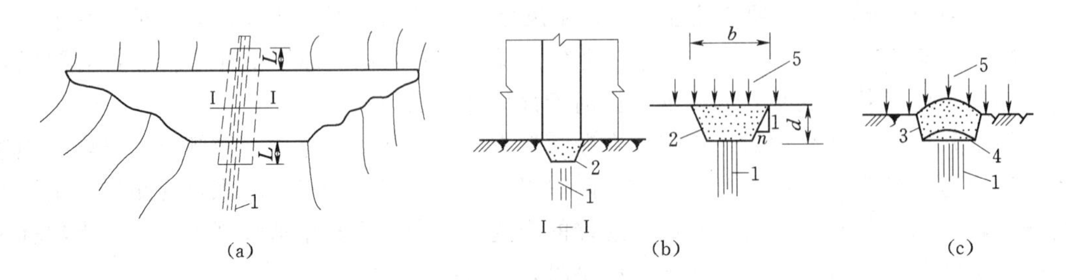

图2-36　破碎带处理示意图

1—破碎带；2—混凝土梁或混凝土塞；3—混凝土拱；
4—回填混凝土；5—坝体荷载

对于软弱的夹层，如浅埋软弱夹层要多用明挖换基的方法，将夹层挖除，回填混凝土。对埋藏较深的，应结合工程情况分别采用在坝踵部位做混凝土深齿墙，切断软弱夹层直达完整基岩，见图2-13；在夹层内设置混凝土塞，见图2-37（a）；在坝趾处建混凝土深齿墙，见图2-37（b）；在坝趾下游侧岩体内设钢筋混凝土抗滑桩，或预应力钢索加固、化学灌浆等，见图2-37（c），以提高坝体和坝基的抗滑稳定性。

2.8.2　坝基的防渗处理

防渗处理的目的是：增加渗透途径，防止渗透破坏，降低坝基面的渗透压力，以及减少坝基的渗漏量。

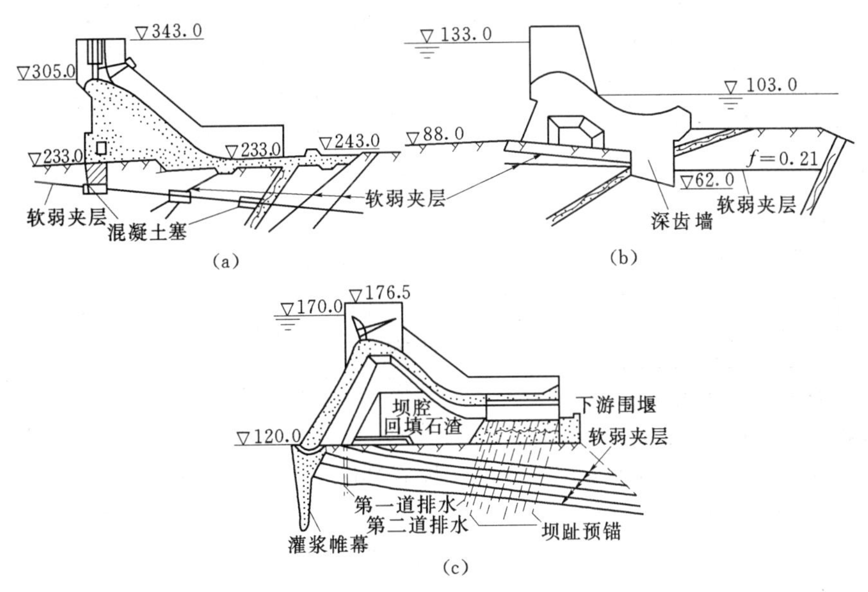

图 2-37 软弱夹层的处理（高程：m）

坝基及两岸的防渗，可采用水泥帷幕灌浆；经论证坝基也可采用混凝土齿墙、防渗墙或水平防渗铺面；两岸岸坡可采用明挖或洞挖后回填混凝土形成防渗墙。

当裂缝比较发育时，做成混凝土齿墙很有效，但深齿墙施工困难，采用很少，通常采用帷幕灌浆。如基岩表面裂隙发育，可用浅齿墙和帷幕灌浆相结合的方法。

防渗帷幕的深度应视基岩的透水性、坝体承受的水头和降低渗透压力的要求来确定。当坝基下存在可靠的相对隔水层时，防渗帷幕应伸入到该岩层内 3～5m，形成封闭的阻水幕。

当坝基下相对隔水层埋藏较深或分布无规律，可根据降低渗透压力和防止渗透变形等设计要求来确定，一般可在 0.3～0.7 倍水头范围内选择。

防渗帷幕的排数、排距及孔距，应根据工程地质条件、水文地质条件、作用水头及灌浆试验资料确定。

帷幕由一排或几排灌浆孔组成。在考虑帷幕上游区的固结灌浆对加强基础浅层的防渗作用后，坝高 100m 以下的可采用一排。若地质条件较差，岩体裂缝特别发育或可能发生渗透变形的地段可采用两排，但坝高 50m 以下的仍采用一排。

当帷幕由两排灌浆孔组成时，可将其中的一排孔钻灌到设计深度，另一排孔深可灌至设计深度的 1/2 左右。帷幕孔距为 1.5～3m，排距可略小于孔距。

帷幕灌浆必须在浇筑一定厚度的坝体混凝土作为盖重后施工，灌浆压力通常取帷幕孔顶段的 1.0～1.5 倍坝前静水头，在孔底段取 2～3 倍坝前静水头，但不得抬动岩体。水泥灌浆的水灰比适当，灌浆时浆液由稀逐渐变稠。

2.8.3 坝基排水

为了进一步降低坝体底面的扬压力，应在防渗帷幕后设置排水孔幕（包括主、副排水孔幕）。主排水孔幕可设一排，副排水孔幕视坝高可设 1～3 排（中等坝设 1～2 排，高坝

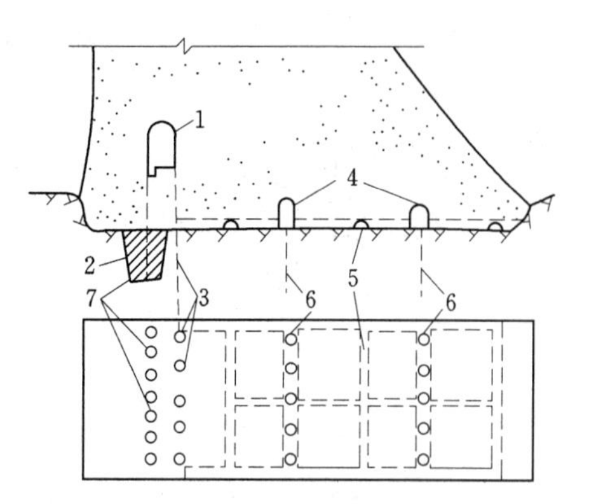

图 2-38　坝基排水系统

1—灌浆排水廊道；2—灌浆帷幕；3—主排水孔幕；4—纵向排水廊道；5—半圆混凝土管；6—辅助排水孔幕；7—灌浆孔

可设 2～3 排）。对于尾水位较高的坝，可在主排水孔幕下游坝基面上设置由纵、横廊道组成的副排水系统，采取抽排措施。当高尾水位历时较久时，尚宜在坝趾增设一道防渗帷幕，见图 2-38。

主排水孔幕一般应设在坝基面的帷幕孔下游 2m 左右。

主排水孔的孔距为 2～3m，副排水孔的孔距为 3～5m，孔径为 150～200mm。排水孔的孔深应根据帷幕和固结灌浆的深度及基础工程地质、水文地质条件确定，一般主排水孔深为帷幕深的 0.4～0.6 倍，对于坝高 50m 以上者，不宜小于 10m，副排水孔深可为 6～12m，若坝基有透水层时，排水孔应穿过透水层。

2.9　其他型式的重力坝

2.9.1　碾压混凝土重力坝

碾压混凝土重力坝是将土石坝施工中的碾压技术应用于混凝土坝，采用水泥含量少的超干硬混凝土熟料、现代施工机械和碾压设备实施运料，通仓铺填，逐层碾压固结而成的坝。与常态混凝土坝相比，其坝身构造简单、水泥用量省。碾压混凝土的单位体积胶凝材料用量一般为混凝土总重量的 5%～7%，扣除粉煤灰等活性混合材料，每立方米碾压混凝土的水泥用量仅为 60～90kg。另外，碾压混凝土模板用量省，施工速度快和工程造价低。

世界上第一座碾压混凝土坝（日本岛地川坝，坝高 89m），建于 1980 年。据不完全统计，目前已建和在建的碾压混凝土坝约 80 座。我国已建最高的碾压混凝土坝为湖南江垭大坝，最大坝高 128m。我国正在建的龙滩水电站大坝高 216.5m，是目前世界上最高的碾压混凝土坝。

碾压混凝土重力坝的断面设计、水力设计、应力和稳定分析与常态混凝土重力坝相同，但在材料与构造方面需要适应碾压混凝土的特点。

2.9.2　浆砌石重力坝

浆砌石重力坝与混凝土重力坝相比，具有就地取材、节省水泥、节省模板、不需要另设温控措施、施工技术简单易于掌握等优点，因而在中小型工程中得到广泛应用。但由于人工砌筑，砌体质量不易控制，防渗性能差，且修整、砌筑机械化程度较低，施工期较长，耗费劳动力，故在大型工程中较少采用。我国已建成的最高浆砌石重力坝为河北省朱庆水库重力坝，坝高 95m。目前，世界上最高的浆砌石坝是印度的纳加琼纳萨格坝，坝高 125m。

2.9.3　宽缝重力坝及空腹重力坝

1. 宽缝重力坝

宽缝重力坝是将坝段间的横缝部分拓宽（仅在上游端和下游端闭合）的重力坝。

与实体重力坝相比，宽缝重力坝的优点在于坝底扬压力较小，坝体混凝土方量较实体重力坝可节省10%～20%；设置宽缝后，水平截面形状接近工字形，该截面形状比实体重力坝的矩形截面具有较大的惯性矩，可改善坝体的应力条件。宽缝重力坝的主要缺点是增加了模板用量，立模也较复杂，分期导流不便。

坝体尺寸主要有坝段宽度 L，缝宽比 $2S/L$，上、下游坝坡系数 n、m，上游头部与下游尾部的厚度 t_u、t_d等。其中，L 一般选用16～24m，$2S/L=0.2\sim0.4$。$n=0.15\sim0.35$，$m=0.6\sim0.8$。t_u为坝面作用水头的0.07～0.10倍，且不得小于3m；$t_d=3\sim5$m，不宜小于2m。

宽缝重力坝的抗滑稳定分析，基本原理和实体重力坝相同，但需以一个坝段作为计算单元。

2. 空腹重力坝

在实体重力坝底部沿坝轴线方向设置大尺寸的空腔，即为空腹重力坝。

空腹重力坝与实体重力坝相比，其优点是：由于空腹下部不设底板，减小了坝底面上的扬压力；节省混凝土方量为20%～30%左右，减少了坝基的开挖量；空腹为布置水电站厂房及进行检查、灌浆和观测提供了方便。但施工复杂，用钢筋模板量大。

空腹坝的腹孔净跨度一般为坝底全宽的1/3，腹孔高一般为坝高的1/4～1/5，为便于施工，空腹坝上游边大都做成铅直的，下游边的坡率大致为0.6～0.8。空腹重力坝的坝体应力情况比较复杂，其坝体应力可采用有限元法和结构模型进行分析，材料力学法一般不适用。

第3章　拱　　坝

3.1　概　　述

3.1.1　拱坝的特点

拱坝是固接于基岩的空间壳体结构，在平面上呈凸向上游的拱形，其拱冠剖面呈竖直的或向上游凸出的曲线形，坝体结构既有拱作用又有梁作用，其所承受的水平荷载一部分通过拱的作用压向两岸、另一部分通过竖直梁的作用传到坝底基岩，如图3-1所示。

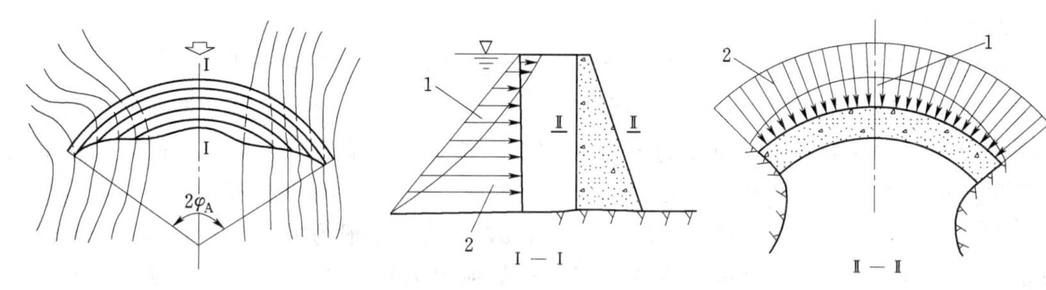

图3-1　拱坝平面及剖面图

1—拱荷载；2—梁荷载

坝体的稳定主要依靠两岸拱端的反力作用，并不全靠坝体自重来维持。由于拱是一种主要承受轴向压力的推力结构，拱内弯矩较小，应力分布较为均匀，有利于发挥材料的强度。拱的作用利用得越充分，材料抗压强度高的特点就越能充分发挥，从而坝体厚度可以减薄，节省工程量。拱坝的体积比同一高度的重力坝大约可节省1/3～2/3，从经济意义上讲，拱坝是一种很优越的坝型。

拱坝属于高次超静定结构，当外荷增大或坝的某一部位发生局部开裂时，坝体的拱和梁作用将会自行调整，使坝体应力重新分配。根据国内外拱坝结构模型试验成果表明，拱坝的超载能力可以达到设计荷载的5～11倍。拱坝坝体轻韧，弹性较好，工程实践表明，其抗震能力也是很强的。迄今为止，拱坝几乎没有因坝身问题而失事的。有极少数拱坝失事，是由于拱座抗滑失稳所致。1959年12月法国马尔巴塞拱坝溃决，是拱座失稳破坏最严重的一例。所以，在设计与施工中，除坝体强度外，还应十分重视拱座的抗滑稳定和变形。

拱坝坝身不设永久伸缩缝。温度变化和基岩变形对坝体应力的影响比较显著，设计时，必须考虑基岩变形，并将温度作用列为一项主要荷载。

实践证明，拱坝不仅可以安全溢流，而且可以在坝身设置单层或多层大孔口泄水。目前坝顶溢流或坝身孔口泄流的单宽泄量有的工程已用到200$m^3/(s \cdot m)$以上。

由于拱坝剖面较薄，坝体几何形状复杂，因此，对于施工质量、筑坝材料强度和防渗要求等都较重力坝严格。

3.1.2 拱坝坝址的地形和地质条件

一、对地形的要求

地形条件是决定拱坝结构形式、工程布置以及经济性的主要因素。理想的地形应是坝址上游较为宽阔，左右两岸对称，岸坡平顺无突变，在平面上向下游收缩的峡谷段。坝端下游侧要有足够的岩体支承，以保证坝体的稳定，如图 3-2 所示。

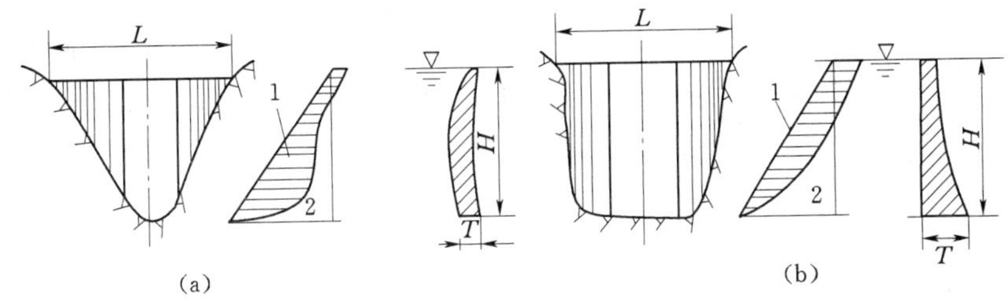

图 3-2　河谷形状对荷载分配和坝体剖面的影响

(a) V 形河谷；(b) U 形河谷

1—拱荷载；2—梁荷载

河谷的形状特征常用坝顶高程处的河谷宽度 L 与最大坝高 H 的比值，即"宽高比" L/H 来表示。拱坝的厚薄程度，常以坝底最大厚度 T 和最大坝高 H 的比值，即"厚高比" T/H 来区分。一般情况下，在 $L/H<1.5$ 的深切河谷可以修建薄拱坝，$T/H<0.2$；在 $L/H=1.5\sim3.0$ 的稍宽河谷可以修建中厚拱坝，$T/H=0.2\sim0.35$；在 $L/H>3.0\sim4.5$ 的宽河谷多修建重力拱坝，$T/H>0.35$；而在 $L/H>4.5$ 的宽浅河谷，由于拱的作用已经很小，梁的作用将成为主要的传力方式，一般认为以修建重力坝或拱形重力坝较为适合。随着近代拱坝建设技术的发展，已有一些成功的实例突破了这些界限，如：奥地利的希勒格尔斯双曲拱坝，高 130m，$L/H=5.5$，$T/H=0.25$；美国的奥本三圆心拱坝，高 210m，$L/H=6.0$，$T/H=0.29$。

不同河谷即使具有同一宽高比，其断面形状可能相差很大。图 3-2 代表两种不同类型的河谷形状，在水压荷载作用下拱梁系统的荷载分配以及对坝体剖面的影响。左右对称的 V 形河谷最适于发挥拱的作用，靠近底部水压强度最大，但拱跨短，因之底拱厚度仍可较薄；U 形河谷靠近底部拱的作用显著降低，大部分荷载由梁的作用来承担，故厚度较大；梯形河谷的情况则介于这两者之间。

根据工程经验，拱坝最好修建在对称河谷中，但在不对称河谷中也可修建，缺点是，坝体受力条件较差，设计、施工复杂。

二、对地质的要求

地质条件也是拱坝建设中的一个重要问题。河谷两岸的基岩必须能承受由拱端传来的推力，要在任何情况下都能保持稳定，不致危害坝体的安全。理想的地质条件是，基岩比较均匀、坚固完整、有足够的强度、透水性小、能抵抗水的侵蚀、耐风化、岸坡稳定、没有大断裂等。实际上很难找到没有节理、裂隙、软弱夹层或局部断裂破碎带的天然坝址，但必须查明工程的地质条件，必要时，应采取妥善的地基处理措施。

随着经验积累和地基处理技术水平的不断提高，在地质条件较差的地基上也建成了不少高拱坝，如：意大利的圣杰斯汀那拱坝，高 153m，基岩变形模量只有坝体混凝土的 1/5～1/10；葡萄牙的阿尔托·拉巴哥拱坝，高 94m，两岸岩体变形模量之比达 1∶20；我国的龙羊峡拱坝，高 178m，基岩被众多的断层和裂隙所切割，岩体破碎，且位于 9°强震区。但当地质条件复杂到难于处理，或处理工作量太大、费用过高时，则应另选其他坝型。

3.1.3　拱坝的形式

控制拱坝形式的主要参数有：拱弧的半径、中心角、圆弧中心沿高程的迹线和拱厚。

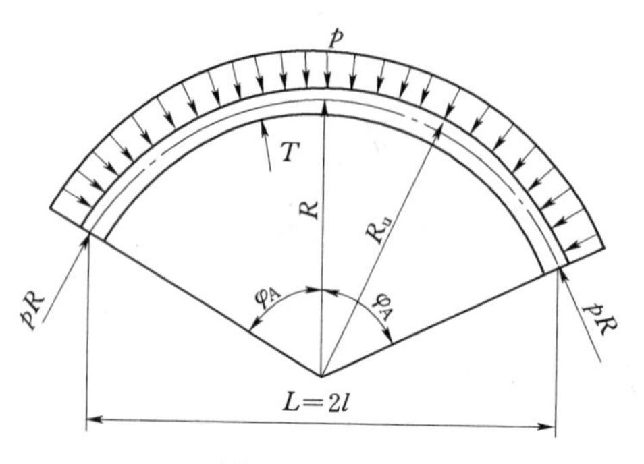

图 3-3　圆弧拱圈

河谷地形对拱坝的几何形状有很大影响。为便于说明河谷形状与坝体几何尺寸的关系，如图 3-3 所示，取单位高度的等截面圆拱，拱圈厚度为 T，中心角为 $2\varphi_A$，设沿外弧承受均匀压力 p，截面平均应力为 σ，由“圆筒公式”

$$T = \frac{pR_u}{\sigma} \tag{3-1}$$

式中　R_u——外弧半径。

可以看出，对于一定的河谷，拱中心角愈大，拱圈厚度愈小。

在接近矩形或较宽的梯形河谷，由于河谷宽度从上到下相差不大，各高程拱圈的中心角都比较接近，可以采用上游坝面拱弧半径 R_u 不变，仅需改变下游坝面拱弧半径，以适应坝厚变化需要的等外半径式拱坝。但当河谷上宽下窄变化较大时，为改善因下部拱的中心角减小，拱作用降低的情况，势必要求加大坝体下部厚度，可采用定外圆心等外半径而变内圆心内半径的形式，此时将各层拱圈自拱冠向拱端逐渐加厚。上述两种布置，上游面都是铅直的，整个坝体仅在水平面呈曲线形，也称单曲拱坝。我国响洪甸重力拱坝即属于这种类型（见图 3-4）。单曲拱坝的施工比较简便，直立的上游面也有利于布置进水口或泄水孔的控制设备。

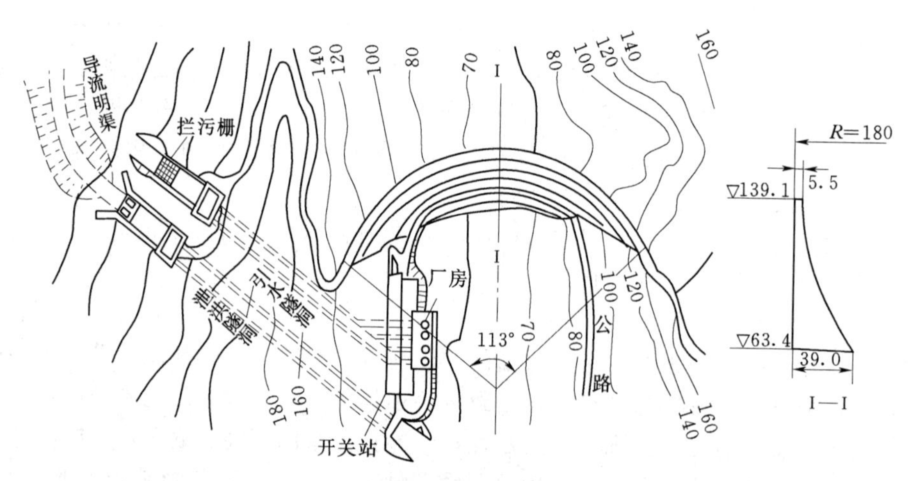

图 3-4　响洪甸重力拱坝（单位：m）

在底部狭窄的V形河谷，若仍用等半径式拱坝，势必使底部中心角过小而加大拱厚。为此，可将各层拱圈的外半径从上到下逐渐减小，以使各层拱圈的中心角尽量接近，这种布置，坝体在水平面和铅直面均呈曲线形，称为双曲拱坝。我国泉水薄拱坝即属于这种类型（见图3-5），其各层拱圈的中心角大致在80°～100°之间。双曲拱坝能适应V形、梯形及其他形式的河谷，在布置上更为灵活。与单曲拱坝相比，双曲拱坝具有明显的优点，即：由于梁系也呈弯曲的形状，兼有竖向拱作用，承受水平荷载后，在产生水平位移的同时，还有向上位移的倾向，使梁的弯矩有所减小而轴向力加大，对降低坝的拉应力有利；另一方面在水压力作用下，坝体中部的竖向梁应力是上游面受压而下游面受拉，这同坝体自重产生的梁应力正好相反。

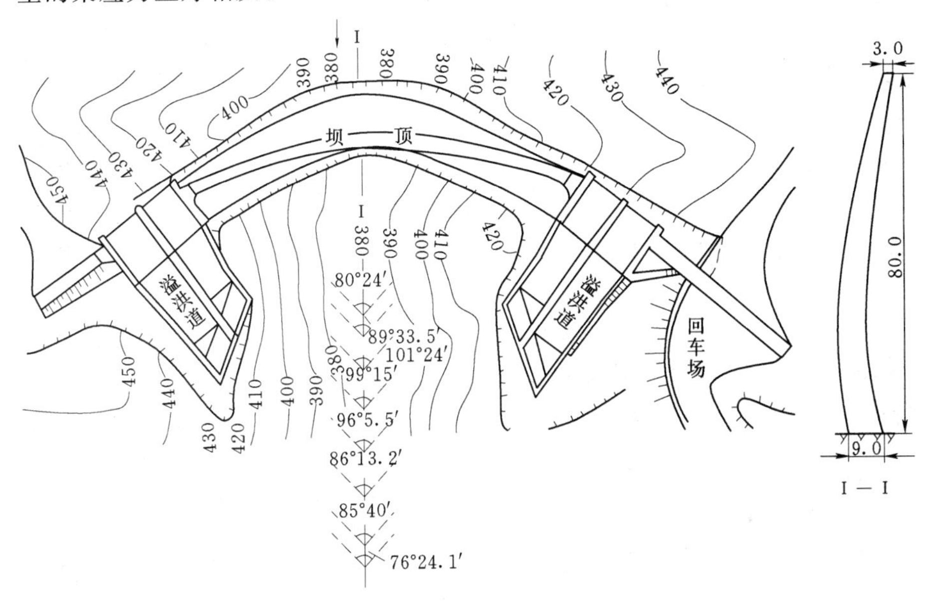

图3-5　泉水薄拱坝（单位：m）

3.1.4　拱坝的发展概况

人类修建拱坝具有悠久的历史。拱坝起源于欧洲。早在古罗马时代，于现今的法国地界内，圣·里米省南部即建造了一座鲍姆拱坝。这是迄今为止发现的世界上的第一座拱坝。14世纪，伊朗修建了一座高60m的砌石拱坝（库里特拱坝）。到20世纪初，美国开始修建较高的拱坝，如1910年建成的巴菲罗比尔拱坝，高99m。20～40年代，又建成若干拱坝，其中有高达221m的胡佛坝（Hoover Dam）。与此同时，拱坝设计理论和施工技术也有较大的进展，如应力分析的拱梁试荷载法、坝体温度计算和温度控制措施、坝体分缝和接缝灌浆、地基处理技术等。50年代以后，西欧各国和日本修建了许多双曲拱坝，在拱坝体形、复杂坝基处理、坝顶溢流和坝内开孔泄洪等重大技术上又有新的突破，从而使拱坝厚度减小，坝高加大，即使在比较宽阔的河谷上修建拱坝也能体现其经济性。进入70年代，随着计算机技术的发展，有限单元法和优化设计技术的逐步采用，使拱坝设计和计算周期大为缩短，设计方案更加经济合理。水工及结构模型试验技术、混凝土施工技术、大坝安全监控技术的不断提高，也为拱坝的工程技术发展和改进创造了条件。目前世界上已建成的最高拱坝是原苏联英古里双曲拱坝，高271.5m，坝底厚度86m，厚高比为

0.32，而且还是修建在有构造断层与多裂隙构造复杂的石灰岩的坝址上。其次是意大利的瓦依昂拱坝（Vaiont），高 261.6m，坝底厚 22.1m，厚高比为 0.084。最薄的拱坝是法国的托拉拱坝，高 88m，坝底厚 2m，厚高比为 0.023。

近 40 多年来，我国在拱坝建设上取得了很大的进展。据不完全统计，至 1988 年底，全国已建坝高 15m 以上的各种拱坝总数达 800 余座，约占全世界已建拱坝总数的 1/4。在拱坝设计理论、计算方法、结构型式、泄洪消能、施工导流、地基处理及枢纽布置等方面都有很大进展，积累了丰富的经验，目前我国已建成的最高拱坝是四川省二滩抛物线双曲拱坝（高 240m，居世界第四位），其次，台湾省德基双曲拱坝（高 180m）和青海省龙羊峡是重力拱坝（高 178m）。在已建和在建坝高 30m 以上的 335 座拱坝中（未计入台湾省），混凝土拱坝共 54 座，占 16.1%，其中 100m 以上的 13 座；砌石拱坝共 281 座，占 83.9%。最薄的拱坝是广东省的泉水双曲拱坝，高 80m，$T/H=0.112$。在砌石拱坝中，最高的是新疆石河子拱坝，高 112m；最薄的为浙江省的方坑双曲拱坝，高 76m，$T/H=0.147$。为适应不同的地质条件和布置要求，还修建了一些特殊形式的拱坝，如：湖南省的凤滩拱坝，采用了空腹形式（见图 3-6）；贵州省的窄巷口水电站，将拱坝修建在拱形支座上，以跨过河床的深厚砂砾层（见图 3-7）。表 3-1 为我国已建和在建坝高大于 100m 的拱坝，共 13 座。

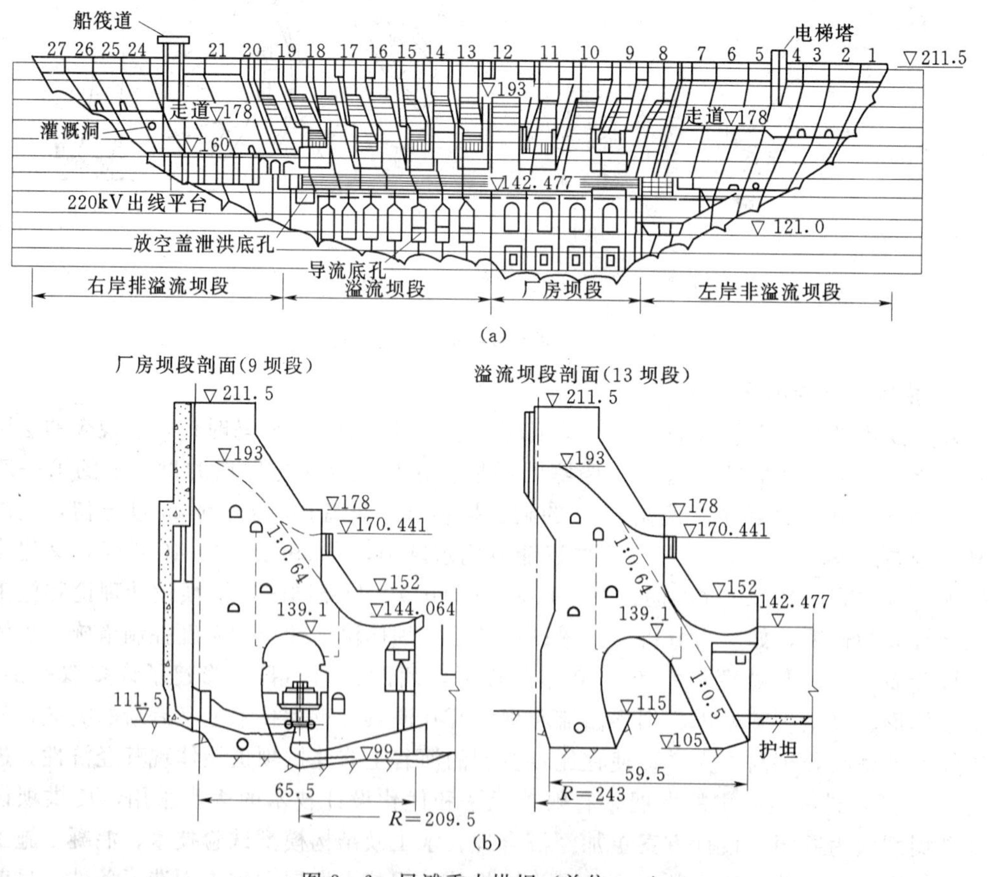

图 3-6　凤滩重力拱坝（单位：m）

（a）下游立视图；（b）剖面图

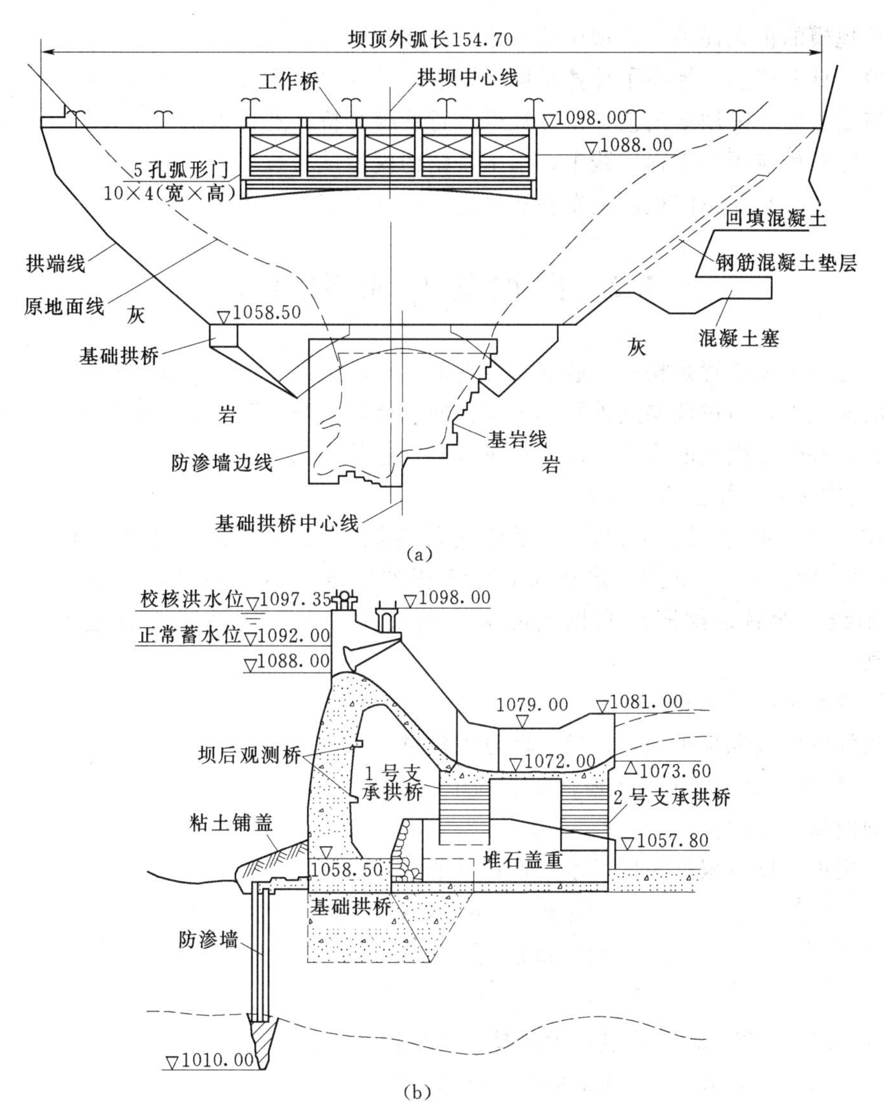

(a)

(b)

图 3-7 窄巷口拱坝（单位：m）

（a）上游展视图；（b）拱冠剖面图

表 3-1　我国已建和在建坝高大于 100m 的拱坝

序号	工程名称	所在省份	坝型	最大坝高（m）	建成年代	序号	工程名称	所在省份	坝型	最大坝高（m）	建成年代
1	二滩	四川	双曲拱坝	240.0	1999	8	乌江渡	贵州	重力拱坝	165.0	1983
2	小湾	云南	双曲拱坝	292.0	拟建	9	东江	湖南	重力拱坝	157.0	1990
3	拉西瓦	青海	双曲拱坝	250.0	拟建	10	隔河岩	湖北	重力拱坝	151.0	1995
4	溪落渡	四川	双曲拱坝	273.0	拟建	11	白山	吉林	重力拱坝	149.5	1986
5	龙羊峡	青海	重力拱坝	178.0	1989	12	紧水滩	浙江	双曲拱坝	102.0	1987
6	李家峡	贵州	双曲拱坝	165.0	1996	13	凤滩	湖南	空腹重力拱坝	112.5	1978
7	东风	贵州	重力拱坝	162.0	1994						

工程规模的扩大促进了拱坝设计理论、计算和施工技术的改进。电子计算机的快速发展，缩短了计算周期，提高了计算精度。拱坝的破坏机理和极限承载能力的研究进一步加强。在施工方面，采用新工艺，由计算机进行系统分析，选择最优施工方案。碾压混凝土施工技术已开始应用于工程实践中。水工及结构模型试验技术的不断提高，拱坝监控和反馈分析的研究，都在不同程度上发展和改进了拱坝的工程技术。

3.2　拱坝的体形和布置

拱坝的体形和布置是相互关联的。合理的体形应该是：在满足枢纽布置、运用和施工等要求的前提下，通过调整其外形和尺寸，使坝体材料强度得以充分发挥，不出现不利的应力状态，并保证拱座的稳定，而工程量最省，造价最低。

3.2.1　坝体尺寸的初步拟定

坝体尺寸主要是指：拱圈的平面形式及各层拱圈轴线的半径和中心角；拱冠梁（中央铅直剖面）上，下游面形式及其沿高程的厚度。当坝高已定，首先要拟定的就是顶拱轴线，然后是拱冠梁和拱圈的形式及尺寸。有关顶拱轴线的选定，见后面的拱坝布置。

一、拱冠梁的形式和尺寸

在拱坝的轴线和顶拱确定以后，即可拟定拱冠梁的尺寸。

在U形河谷中，可采用上游面铅直的单曲拱坝，在V形和接近V形河谷中，多采用具有竖向曲率的双曲拱坝。

拱冠梁的厚度可根据我国《水工设计手册》建议的公式初步拟定。

$$T_C = 2\varphi_C R_{轴}(3R_f/2E)^{1/2}/\pi \tag{3-2}$$

$$T_B = 0.7\overline{L}H/[\sigma] \tag{3-3}$$

$$T_{0.45H} = 0.385HL_{0.45H}/[\sigma] \tag{3-4}$$

式中　T_C、T_B、$T_{0.45H}$——拱冠梁顶厚、底厚和0.45H高度处的厚度，m；

φ_C——顶拱的半中心角，(°)；

$R_{轴}$——顶拱中心线的半径，m；

R_f——混凝土的极限抗压强度，kPa；

E——混凝土的弹性模量，kPa；

$\overline{L}$——两岸可利用基岩面间河谷宽度沿坝高的平均值，m；

H——拱冠梁的高度，m；

$[\sigma]$——坝体混凝土的容许压应力，kPa；

$L_{0.45H}$——拱冠梁0.45H高度处两岸可利用基岩面间的河谷宽度，m。

美国垦务局建议的公式为

$$T_C = 0.01(H + 1.2L_1) \tag{3-5}$$

$$T_B = \sqrt[3]{0.0012HL_1L_2\left(\frac{H}{122}\right)^{H/122}} \tag{3-6}$$

式中　L_1——坝顶高程处拱端可利用基岩面间的河谷宽度，m；

L_2——坝底以上 0.15H 处拱端可利用基岩面间的河谷宽度，m。

前一组公式是根据混凝土强度确定的，后一组则是根据拱坝设计资料总结出来的，可以互为参考。在选择拱冠梁的顶部厚度时，还应考虑工程规模和运用要求，如无交通规定，一般为 3～5m，不宜小于 3m。坝顶厚度体现了顶部拱圈的刚度。顶拱刚度不仅对坝体上部应力有影响，而且对拱冠梁附近的梁底应力也有较大的影响。当河谷上部较宽时，适当加大坝顶厚度将有利于降低梁底上游面的拉应力。

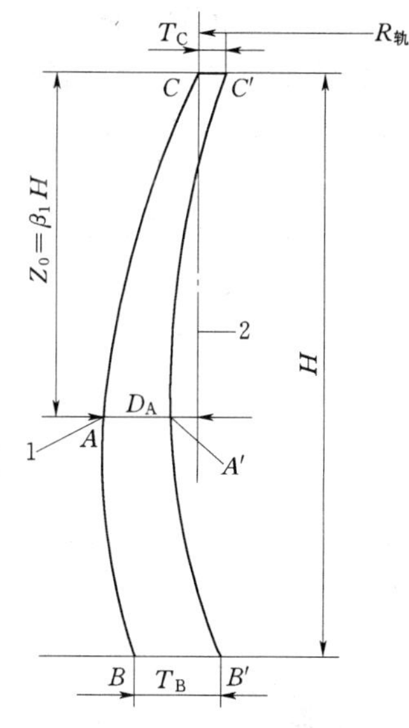

图 3-8 拱冠梁剖面尺寸示意图

1—凸点 A；2—坝轴线

对于双曲拱坝，拱冠梁的上游面曲线可用凸点与坝顶的高差 $Z_0=\beta_1 H$，凸度 $\beta_2=D_A/H$ 和最大倒悬度 S（A、B 两点之间的水平距离与其高差之比）来描述，见图 3-8。拟定这些参数的原则是：控制悬臂梁的自重拉应力不超过 0.3～0.5MPa，对高坝还可适当加大，并使坝体在正常荷载组合情况下具有良好的应力状态。坝的下部向上游倒悬，由于自重在坝踵产生的竖向压应力，可抵消一部分由水压力产生的竖向拉应力，但倒悬度不宜太大，一般不超过 0.3。根据我国对东风、拉西瓦等 11 座拱坝的 β_1、β_2 和 S 值的敏感性计算分析，其适合范围是：$\beta_1=0.6\sim0.7$，$\beta_2=0.15\sim0.2$，$S=0.15\sim0.3$。对基岩变形模量较高或宽高比较大的河谷，β_1、β_2 取小值、S 取大值。定出 A、B、C 三点位置后，可由圆弧线或几段不同圆心和半径圆弧组成的曲线、二次抛物线，通过三点定出上游面曲线。对于下游面，可根据拟定的 T_A、T_B、T_C 定出相应的三个点 A'、B'、C'，然后采用与上游面相同的方法定出下游面曲线。对于单曲拱坝，拱冠梁上游面是铅直线，下游面是倾斜直线或几段折线。

二、水平拱圈的形式选择

水平拱圈以圆弧拱最为常用。由式（3-1）可知，加大中心角，可减小拱圈厚度，改善坝体应力。但从稳定条件考虑，过大的中心角将使拱轴线与河岸基岩等高线间的交角过小，以致拱端推力过于趋向岸边，不利于拱座的稳定。现代拱坝，顶拱中心角多为 90°～110°；对向下游缩窄的河谷，可采用 110°～120°；当坝址下游基岩内有软弱带或坝肩支承在比较单薄的山嘴时，则应适当减小拱的中心角，使拱端椎力转向岩体内侧，以加强坝肩稳定，如：日本的矢作拱坝最大中心角为 76°，菊花拱坝为 74°。

由于拱坝的最大应力常在坝高 1/3～1/2 处，所以，大部分拱坝工程在坝的（0.4～0.7H）范围内采用较大的中心角，由此向上向下中心角都减小，如：我国的泉水拱坝（图 3-5），最大中心角为 101°24′，约在 2/5 坝高处；伊朗的卡雷迪拱坝，最大中心角为 117°，位于坝的中下部。

合理的拱圈形式应当是压力线接近拱轴线，使拱截面内的压应力分布趋于均匀。在河谷狭窄而对称的坝址，水压荷载的大部分靠拱的作用传到两岸，采用圆弧拱圈，在设计和施工上都比较方便。但从水压荷载在拱梁系统的分配情况看，拱所分担的水荷载并不是沿

拱圈均匀分布，而是从拱冠向拱端逐渐减小，见图3-1。近年来，对建在较宽河谷中的拱坝，为使拱圈中间部分接近于均匀受压，并改善拱座的抗滑稳定条件，拱圈形式已由早期的单心圆拱向三心圆拱、椭圆拱、抛物线拱和对数螺旋线拱等多种形式（见图3-9）发展。因此，最合理的拱圈形式应当是变曲率、变厚度、扁平的。

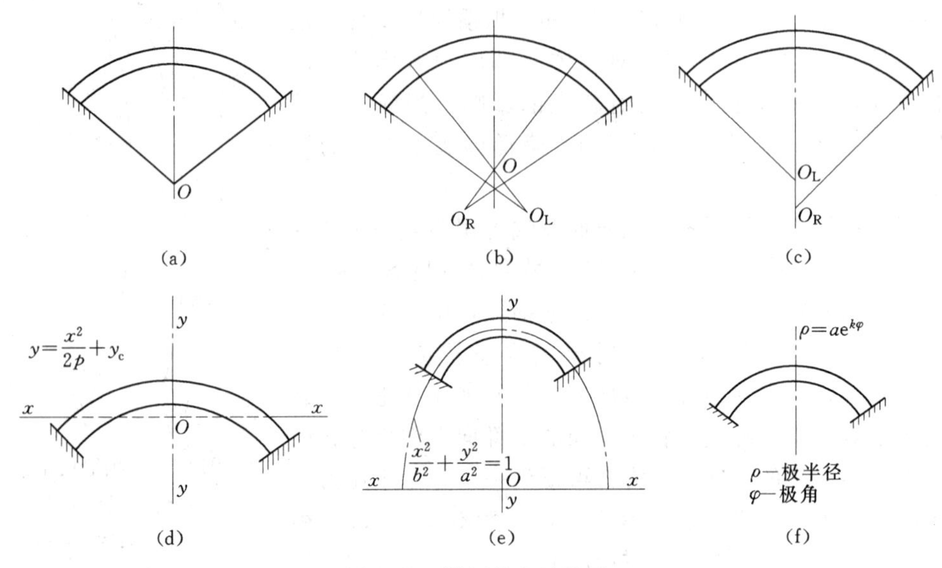

图3-9 拱坝的水平拱圈

(a) 圆拱；(b) 三心拱；(c) 二心拱；(d) 抛物线拱；(e) 椭圆拱；(f) 对数螺旋线拱

三心圆拱由三段圆弧组成，通常是两侧弧段的半径比中间的大（见图3-10），从而可以减小中间弧段的弯矩，使压应力分布趋于均匀，改善拱端与两岸的连接条件，更有利于坝肩的岩体稳定。如美国、葡萄牙、西班牙等国采用三心圆拱坝较多，我国的白山拱坝、紧水滩拱坝和李家峡拱坝都是采用的三圆心拱坝。

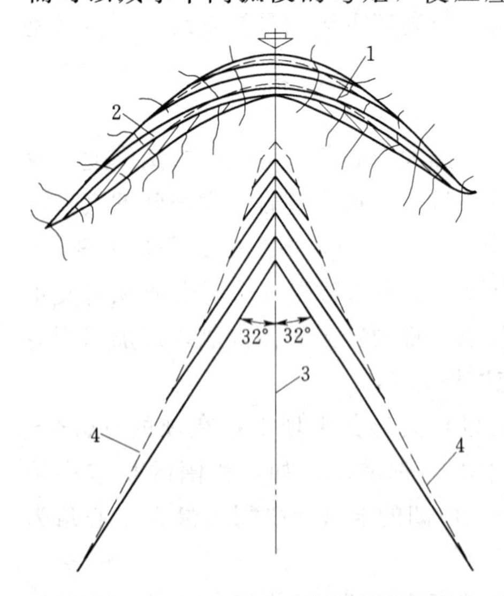

图3-10 三圆心双曲拱坝平面图

1—坝轴线；2—坝顶；3—内侧圆心线；4—外侧圆心线

椭圆拱、抛物线拱和对数螺旋线拱均为变曲率拱，拱圈中段的曲率较大，向两侧逐渐减小，使拱圈中的压力线接近中心线，拱端推力方向与岸坡线的夹角增大，有利于拱座的抗滑稳定。如，瑞士1965年建成的康脱拉双曲拱坝是当前最高的椭圆拱坝，高220m；日本的集览寺拱坝，高82m，两岸山头单薄，采用了顶拱中心角为75°的抛物线拱，拱座稳定得到了改善。日本、意大利等国采用抛物线形拱坝较多，我国已建的二滩、东风水电站也是采用的抛物线形拱坝。

当河谷地形不对称时，可采用人工措施使坝体尽可能接近对称，如：①在较陡的一岸向深处开挖；②在较缓的一岸建造重力墩或推力墩；③设置垫座及周边缝等。在有的情况下也可采用不对称的双心圆拱布置，见图 3-11。

3.2.2 拱坝布置

拱坝布置的原则是，根据坝址地形、地质、水文等自然条件以及枢纽综合利用要求统筹布置，在满足稳定和建筑物运用的要求下，通过调整拱坝的外形尺寸，使坝体材料的强度得到充分发挥，控制拉应力在允许范围之内，而坝的工程量最省。

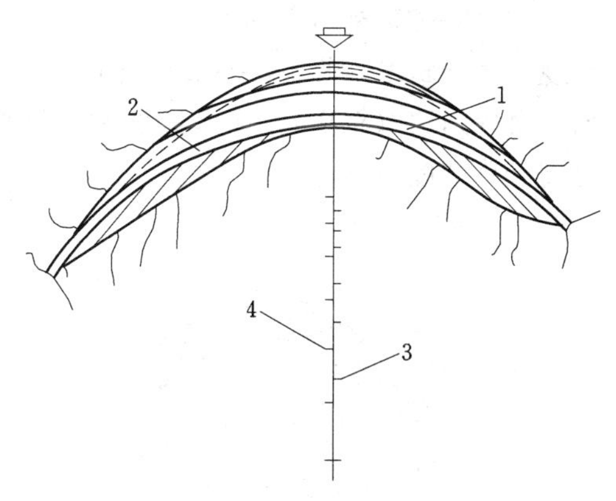

图 3-11 双圆心拱坝平面图

1—坝轴线；2—坝顶；3—左侧圆心；4—右侧圆心

由于拱坝体形比较复杂，剖面形状又随地形、地质情况而变化，因此，拱坝的布置并无一成不变的固定程序，而是一个从粗到细反复调整和修改的过程。根据经验，大致可以归纳为以下几个步骤。

(1) 根据坝址地形图、地质图和地质查勘资料，定出开挖深度，画出可利用基岩面等高线地形图。

(2) 在可利用基岩面等高线地形图上，试定顶拱轴线的位置。在实际工程中常以顶拱外弧作为拱坝的轴线。顶拱轴线的半径可用 $R_{轴} = 0.6L_1$，L_1 的含义见式 (3-1) 或参考其他类似工程初步拟定。将顶拱抽线绘在透明纸上，以便在地形图上移动、调整位置，尽量使拱轴线与基岩等高线在拱端处的夹角不小于 30°，并使两端夹角大致相近。按选定的半径、中心角及顶拱厚度画出顶拱内外缘弧线。

(3) 初拟拱冠梁剖面尺寸，布置其他高程拱圈。自坝顶往下，一般选取 5～10 道拱圈，绘制各层拱圈平面图，布置原则与顶拱相同。各层拱圈的圆心联线在平面上最好能对称于河谷可利用岩面的等高线，在竖直面上圆心联线应能形成光滑的曲线。

(4) 切取若干铅直剖面，检查其轮廓线是否光滑连续，有无倒悬现象，确定倒悬度是否太大。为了便于检查，可将各层拱圈的半径、圆心位置以及中心角分别按高程点绘，连成上、下游面圆心线和中心角线。必要时，可修改不连续或变化急剧的部位，以求沿高程各点连线达到平顺光滑为止。

(5) 进行应力计算和拱座抗滑稳定校核。如不符合要求，应修改坝体布置和尺寸，重复以上的工作程序，直至满足要求为止。

(6) 将坝体沿拱轴线展开，绘成坝的立视图，显示基岩面的起伏变化，对突变处应采取削平或填塞措施。

(7) 计算坝体工程量，作为不同方案比较的依据。

归纳起来，拱坝布置的基本原则是：坝体轮廓力求简单，基岩面、坝面变化平顺，避免有任何突变，如图 3-12 所示。

规范规定：拱坝体形设计应进行优化，在满足坝体应力、拱座稳定的条件下，选择最优体形。拱坝体形优化问题的数学模型可以归纳为

$$
\left.
\begin{array}{ll}
\text{极小化} & V(x) \rightarrow \min \\
\text{约束条件} & G_i(x) \leqslant 1, i = 1, 2, \cdots, p
\end{array}
\right\} \quad (3-7)
$$

式（3-7）是一个高度非线性的数学规划问题，求解方法很多。国外目前采用序列线性规划法（SLP）求解，一般要迭代 12～20 次。国内采用的方法主要有：罚函数法，序列二次规划法（SQP），罚函数法和准则法相结合的方法等，上述方法可减少迭代次数，提高计算精度。

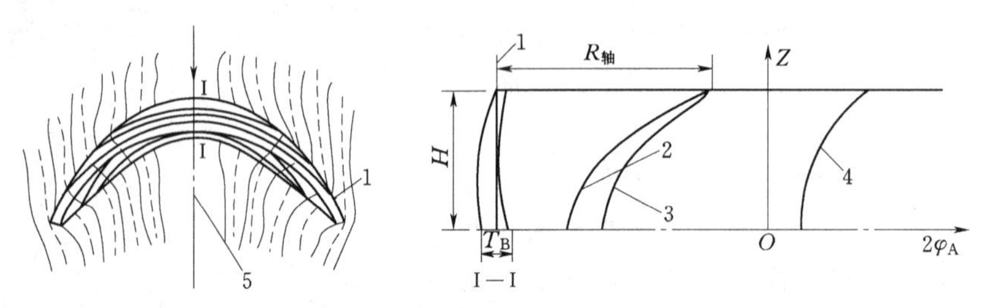

图 3-12 双曲拱坝布置示意图

1—坝轴线；2—下游面圆心线；3—上游面圆心线；4—拱圈中心角线；5—基准面

3.2.3 拱端的布置原则

拱坝两端与基岩的连接也是拱坝布置的一个重要方面。拱端应嵌入开挖后的坚实基岩内。拱端与基岩的接触面原则上应做成全半径向的，以使拱端推力接近垂直于拱座面。但在坝体下部，当按全半径向开挖将使上游面可利用岩体开挖过多时，允许自坝顶往下由全半径向拱座渐变为 1/2 半径向拱座，如图 3-13（a）所示。此时，靠上游边的 1/2 拱座面与基准面的交角应大于 10°。如果用全半径向拱座将使下游面基岩开挖太多时，也可改用中心角大于半径向中心角的非径向拱座，如图 3-13（b）所示，此时，拱座面与基准面的夹角，根据经验应不大于 80°。

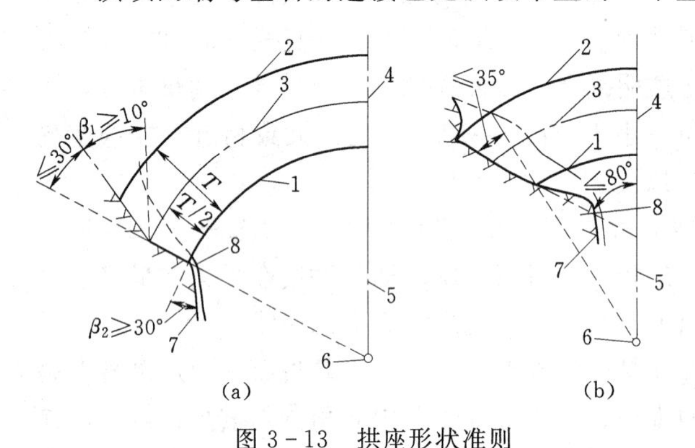

图 3-13 拱座形状准则

（a）1/2 径向拱座；（b）非径向拱座

1—内弧面；2—外弧面；3—拱轴线；4—拱冠；5—基准面；6—坝轴线圆心；7—可利用岩面线；8—原地面线

3.2.4 坝面倒悬的处理

由于上、下层拱圈半径及中心角的变化，坝体上游面不能保持直立。如上层坝面突出于下层坝面，就形成了坝面的倒悬，这种上、下层的错动距离与其间高差之比称之为倒悬度。在双曲拱坝中，很容易出现坝面倒悬现象。这种倒悬不仅增加了施工上的困难，而且未封拱前，由于自重作用很可能在与其倒悬相对的另一侧坝面产生拉应力甚至开裂。对于倒悬的处理，如图 3-14 所示。

大致可归纳为以下几种方式：

（1）使靠近岸边的坝体上游面维持直立，这样，河床中部坝体将俯向下游，见图 3-14（a）。

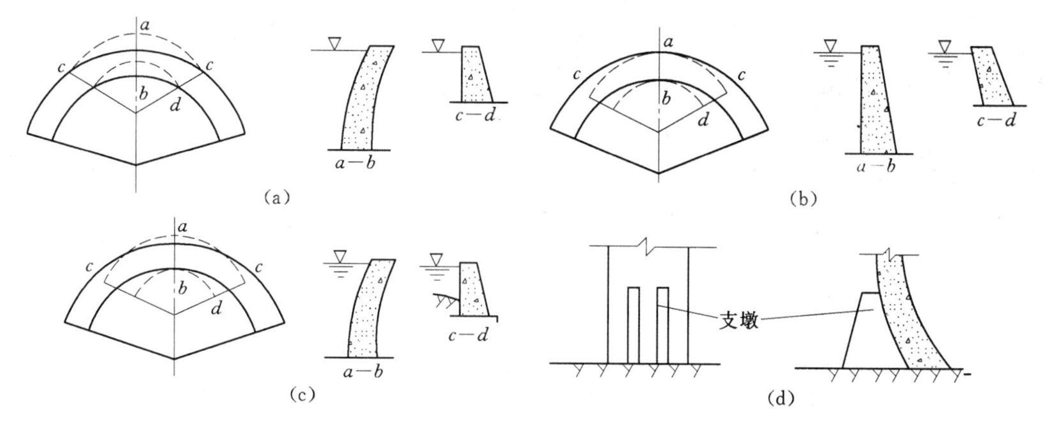

图 3-14 拱坝倒悬的处理

（2）使河床中间的坝体上游面维持直立，而岸边坝体向上游倒悬，见图 3-14（b）。

（3）协调前两种方案，使河床段坝体稍俯向下游，岸坡段坝体稍向上游倒悬；见图3-14（c）。

设计时宜采用第三种折中处理方式，以减小坝面的倒悬度。按 SL282—2003《混凝土拱坝设计规范》（以下简称“规范”）：混凝土拱坝在满足施工期自重应力控制标准及坝表孔布置的要求下，可选取较大的下游面倒悬度；悬臂梁的上游面倒悬度不宜大于 0.3∶1。对向上游倒悬的岸边段坝体，在其下游面可能产生过大的拉应力，必要时需在上游坝脚加设支墩，或在开挖基岩时留下部分基坑岩壁作为支撑。对俯向下游的河床段坝体，在俯向下游部分需加速冷却，采用重复灌浆，使伸缩缝随浇随灌。现代的双曲拱坝，一般都在坝体下部 1/3 左右坝高范围内向上游倒悬，再向上就逐渐俯向下游。这样，不仅改善了坝体应力情况，而且有助于解决岸边坝段的倒悬问题。

3.3 拱坝的荷载和应力分析

3.3.1 拱坝的设计荷载

拱坝的设计荷载包括：静水压力、动水压力、自重、扬压力、泥沙压力、冰压力、浪压力、温度作用以及地震荷载等，基本上与重力坝相同。但由于拱坝本身的结构特点，有些荷载的计算及其对坝体应力的影响与重力坝不尽相同。本节只介绍这些荷载的不同特点。

一、一般荷载的特点

（1）水平径向荷载。水平径向荷载包括：静水压力、泥沙压力、浪压力及冰压力。其中，静水压力是坝体上的最主要荷载，应由拱和梁共同承担，可通过拱梁分载法来确定拱系和梁系上的荷载分配。

（2）自重。混凝土拱坝在施工时常采用分段浇筑，最后进行灌浆封拱，形成整体。这样，由自重产生的变位在施工过程中已经完成，全部自重应由悬臂梁承担，悬臂梁的最终应力是由拱梁分载法算出的应力加上由于自重而产生的应力。在实际工程中，如遇：①需要提前蓄水，要求坝体浇筑到某一高程后提前封拱；②对具有显著竖向曲率的双曲拱坝，

为保持坝块稳定，需要在其冷却后先行灌浆封拱；③为了度汛，要求分期灌浆等情况：灌浆前的自重作用应由梁系单独承担，灌浆后浇筑的混凝土自重参加拱梁分载法中的变位调整。有时为了简化计算，也常假定自重全由梁系承担。

由于拱坝各坝块的水平截面都呈扇形，如图 3-15 所示，截面 A_1 与 A_2 间的坝块自重 G 可按辛普森公式计算

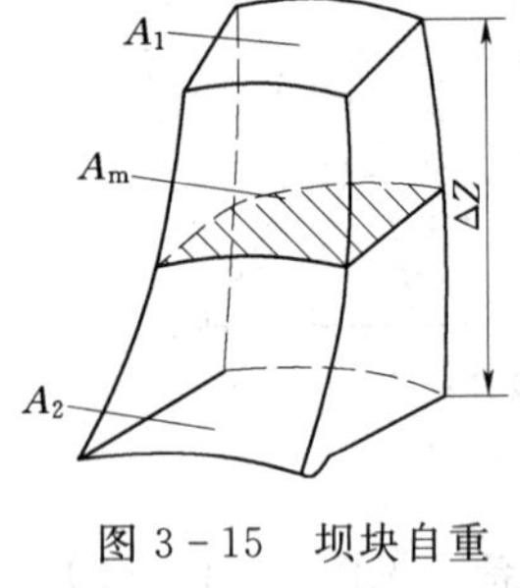

图 3-15　坝块自重计算图

$$G=\frac{1}{6}\gamma_C\,\Delta Z(A_1+4A_m+A_2)(\mathrm{kN}) \tag{3-8}$$

式中　γ_C——混凝土容重，kN/m^3；

ΔZ——计算坝块的高度，m；

A_1、A_2、A_m——上、下两端和中间截面的面积，m^2。

或简单地按式（3-9）计算

$$G=\frac{1}{2}\gamma_C\,\Delta Z(A_1+A_2)(\mathrm{kN}) \tag{3-9}$$

岩体自重在计算坝肩稳定、变形和应力时需计入。岩石容重应通过试验测定。

（3）扬压力。从近年美国对一座中等高度拱坝坝内渗透压力所作的分析表明，由扬压力引起的应力在总应力中约占 5%。由于所占比重很小，设计中对于薄拱坝可以忽略不计；对于重力拱坝和中厚拱坝则宜予以考虑，在对坝基及拱座进行抗滑稳定分析时，必须计入扬压力或渗透压力的不利影响。

实践证明，岩体是赋存于一定的地应力环境中，对修建在高地应力区的高拱坝，应当考虑地应力对坝基开挖、坝体施工、蓄水过程中的坝体应力以及拱座抗滑稳定的影响。

二、温度作用

温度作用是拱坝设计中的一项主要荷载。实测资料分析表明，在由水压力和温度变化共同引起的径向总变位中，后者约占 1/3～1/2，在靠近坝顶部分，温度变化的影响就更为显著。拱坝系分块浇筑，经充分冷却，待温度趋于相对稳定后，再灌浆封拱，形成整体。封拱前，根据坝体稳定温度场（图 3-16），可定出沿不同高程各灌浆分区的封拱温度。封拱温度低，有利于降低坝内拉应力，一般选在年平均气温或略低时进行封拱。封拱温度即作为坝体温升和温降的计算基准，以后坝体温度随外界温度作周期性变化，产生了相对于上述稳定温度的改变值。由于拱座嵌固在基岩中，限制坝体随温度变化而自由伸缩，于是就在坝体内产生了温度应力。上述温度改变值，即为温度作用，也就是通常所称的温度荷载。

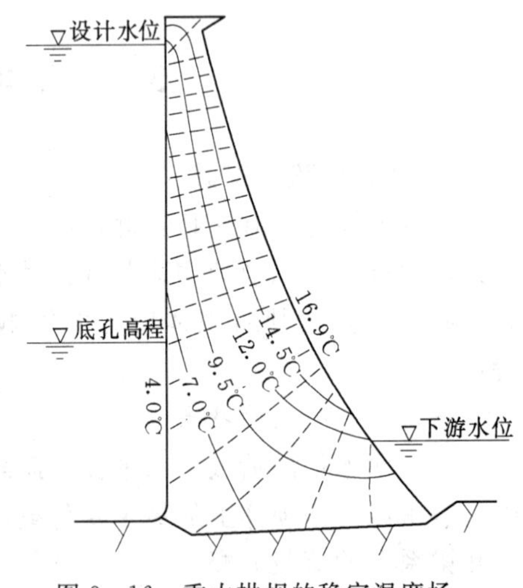

图 3-16　重力拱坝的稳定温度场

坝体温度受外界温度及其变幅、周期，封拱温度，坝体厚度及材料的热学特性等因素制

约，同一高程沿坝厚呈曲线分布。设坝内任一水平截面在某一时刻的温度分布如图 3-17 (a) 所示。为便于计算，可将其与封拱温度的差值，即温差视为三部分的叠加，见图 3-17 (b)。

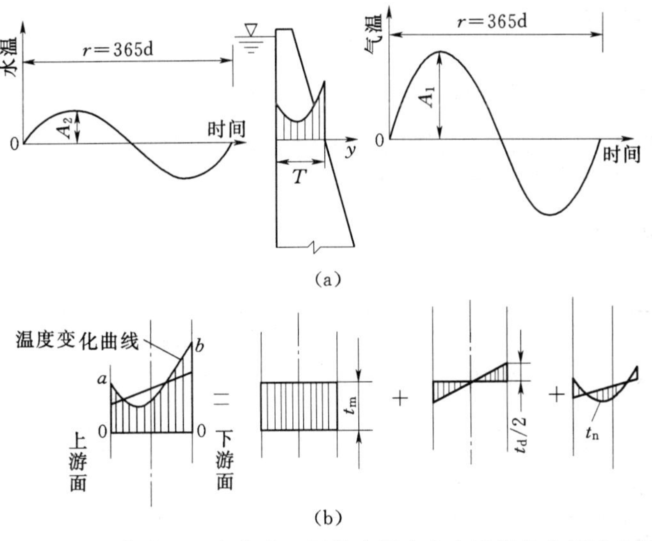

图 3-17 坝体外界温度变化、坝体内温度分布及温差分解示意图

(a) 上、下游水温、气温变化及坝体温度分布；(b) 温差分解示意

(1) 均匀温度变化 t_m 。即温差的均值，这是温度荷载的主要部分。它对拱圈轴向力和力矩、悬臂梁力矩等都有很大影响。

(2) 等效线性温差 t_d。等效线性化后，上、下游坝面的温度差值，用以表示水库蓄水后，由于水温变幅小于下游气温变幅沿坝厚的温度梯度 t_d/T。它对拱圈力矩的影响较大，而对拱圈轴向力和悬臂梁力矩的影响很小。

(3) 非线性温差变化 t_n。它是从坝体温度变化曲线 $t(y)$ 扣去以上两部分后剩余的部分，是局部性的，只产生局部应力，不影响整体变形，在拱坝设计中一般可略去不计。

当坝体温度低于封拱温度（称为“温降”）时，坝轴线收缩，使坝体向下游变位，见图 3-18 (a)，由此产生的弯矩和剪力的方向与水压力作用所产生的相同，但轴力方向相反。当坝体温度高于封拱温度（称为“温升”）时，坝轴线伸长，使坝体向上游变位，见图 3-18 (b)，由此产生的弯矩和剪力的方向与水压力产生的相反，但轴力方向则相同。因此，在一般情况下，温降对坝体应力不利；温升将使拱端推力加大，对拱座稳定不利。

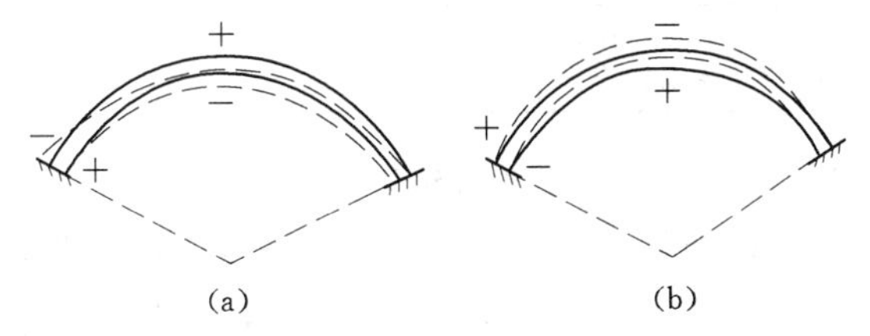

图 3-18 坝体由温度变化产生的变形示意图

(a) 温降；(b) 温升

“+”—压应力；“−”—拉应力

过去曾用过的美国垦务局的经验公式 $t_m=\dfrac{57.57}{T+2.44}$ (℃) 或经修订的 $t_m=\dfrac{47}{T+3.39}$ (℃)，由于忽略了许多影响因素，如：当地的气温条件、水温沿水深的变化、等效线性温差等，致使所得结果在坝顶部分偏小，中、下部偏大，在气温变化较大的大陆性气候带，不宜套用。

三、地震荷载

地震荷载包括地震惯性力和地震动水压力。其计算可参照SL203—97《水工建筑物抗震设计规范》的规定执行。

3.3.2 荷载组合

混凝土拱坝设计荷载组合可分为基本组合和特殊组合两类。基本组合由基本荷载组成，特殊组合除相应的基本荷载外，还应包括某些特殊荷载。荷载组合应按表3-2的规定确定。

拱坝的荷载组合应根据各种荷载同时作用的实际可能性，选择最不利情况，作为分析坝体应力和拱座抗滑稳定的依据。

表3-2 荷载组合

荷载组合	主要考虑情况		荷载类别									
			自重	静水压力	温度荷载		扬压力	泥沙压力	浪压力	冰压力	动水压力	地震荷载
					设计正常温降	设计正常温升						
基本组合	1. 正常蓄水位情况		√	√	√		√	√	√	√		
	2. 正常蓄水位情况		√	√		√	√	√	√			
	3. 设计洪水位情况		√	√		√	√	√	√			
	4. 死水位（或运行最低水位）情况		√	√		√	√	√	√			
	5. 其他常遇的不利荷载组合											
特殊组合	1. 校核洪水位情况		√	√		√	√	√	√		√	
	2. 地震情况	(1) 基本组合1+地震荷载	√	√	√		√	√	√	√		√
		(2) 基本组合2+地震荷载	√	√		√	√	√	√			√
		(3) 常遇低水位情况+地震荷载	√	√		√	√	√	√			√
	3. 施工期情况	(1) 未灌浆	√									
		(2) 未灌浆遭遇施工洪水	√	√								
		(3) 灌浆	√		√							
		(4) 灌浆遭遇施工洪水	√	√		√						
	4. 其他稀遇的不利荷载组合											

3.3.3 应力分析方法综述

拱坝是一个变厚度、变曲率而边界条件又很复杂的空间壳体结构，要进行严格的理论计算是有困难的。在实际工程中，通常需要做一些必要的假定和简化。拱坝应力分析方法可归纳为如下几种。

一、纯拱法

纯拱法假定坝体由若干层独立的水平拱圈叠合而成，每层拱圈可作为弹性固端拱进行计算。和一般弹性拱相比：①由于拱坝厚度较大，拱圈的剪力也较大，当拱厚T与拱圈平均半径R之比$T/R>1/5$时，忽略剪力对内力计算成果将带来较大的误差；②拱坝的轴力很大，不能忽略轴向变位；③基岩变形影响显著，不能忽略。由于纯拱法没有反映拱圈之间的相互作用，假定荷载全部由水平拱承担，不符合拱坝的实际受力状况，因而求出的应力一般偏大，尤其对重力拱坝，误差更大。但对于狭窄河谷中的薄拱坝，仍不失为一个简单实用的计算方法；另外，按拱梁分载法计算时，纯拱法也是其中的一个重要组成部分。

二、拱梁分载法

拱梁分载法是将拱坝视为由若干水平拱圈和竖直悬臂梁组成的空间结构，坝体承受的荷载一部分由拱系承担，一部分由梁系承担，拱和梁的荷载分配由拱系和梁系在各交点处变位一致的条件来确定。荷载分配以后，梁是静定结构，应力不难计算；拱的应力可按纯拱法计算。荷载分配从20世纪30年代开始采用试载法，先将总的荷载试分配由拱系和梁系承担，然后分别计算拱、梁变位。第一次试分配的荷载不会恰好使拱和梁共轭点的变位一致，必须再调整荷载分配，继续试算，直到变位接近一致为止。近代由于电子计算机的出现，可以通过求解结点变位一致的代数方程组来求得拱系和梁系的荷载分配，避免了繁琐的计算。拱梁分载法是目前国内外广泛采用的一种拱坝应力分析方法，它把复杂的弹性壳体问题简化为结构力学的杆件计算，概念清晰，易于掌握。

拱冠梁法是一种简化了的拱梁分载法。它是以拱冠处的一根悬臂梁为代表与若干水平拱作为计算单元进行荷载分配，然后计算拱冠梁及各个拱圈的应力，计算工作量比多拱梁分载法节省很多。拱冠梁法可用于大体对称、比较狭窄河谷中的拱坝的初步应力分析。对于中、低拱坝也可用于可行性研究阶段的坝体应力分析。

三、有限元法

将拱坝视为空间壳体或三维连续体，根据坝体体形，选用不同的单元模型。薄拱坝可选用薄壳单元，中厚拱坝可选用厚壳单元，对厚度较大，外形复杂的坝体和坝基多用三维等参单元，如图3-19所示。

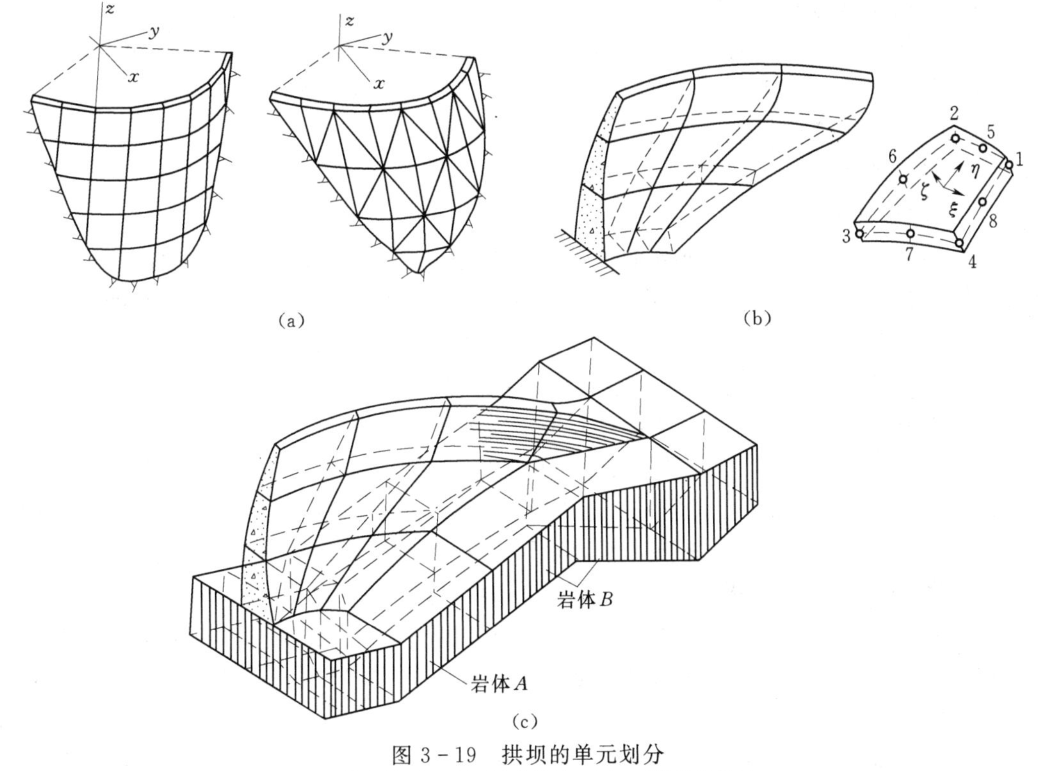

图3-19 拱坝的单元划分

(a) 薄壳单元；(b) 厚壳单元；(c) 三维等参单元

有限单元法适用性强，可用于解算体形复杂、坝内有较大的中孔或底孔、设有垫座或重力墩以及坝基内有断层、裂隙、软弱夹层的拱坝在各种荷载作用下的应力和变形。还可以求解地震对坝体-坝基-库水相互作用的动力反应，是拱坝应力分析的一种有效方法。

四、壳体理论计界方法

早在 20 世纪 30 年代，F. 托尔克就提出了用薄壳理论计算拱坝应力的近似方法。由于拱坝体形和边界条件十分复杂，使这种计算方法在工程中应用受到了很大的限制；近年来由于电子计算机的发展，壳体理论计算方法也取得了新的进展，网格法就是应用有限差分解算壳体方程的一种计算方法，适用于薄拱坝。我国泉水双曲薄拱坝采用网格法进行应力计算，收到了较好的效果。

五、结构模型试验

结构模型试验也是研究解决拱坝应力问题的有效方法。它不仅能研究坝体、坝基在正常运行情况下的应力和变形，而且还可进行破坏试验。在有的国家如葡萄牙、意大利，甚至以模型试验成果作为拱坝设计的主要依据，认为试验是最可靠的手段。当前在模型试验中需要研究解决的问题有：寻求新的模型材料，施加自重、渗透压力及温度荷载的实验技术等。

拱坝应力分析一般以拱梁分载法或有限元法计算成果作为衡量强度安全的主要标准。但对 1 级、2 级拱坝和高拱坝或情况比较复杂的拱坝（如坝内设有较大的中孔或底孔以及坝基地质条件复杂等情况），除用拱梁分载法计算外，还应采用有限元法计算。必要时，应进行结构模型试验加以验证。

目前拱坝应力分析的电算程序较多，但由于每个程序均有其适用范围和对一些具体问题不同的处理方法，因而计算成果也有所差异。近年来我国学者围绕提高计算精度、扩展程序功能，对拱梁分载法的计算模型、计算方法等方面进行了开拓与改进，使拱梁分载法更趋完善与合理。

3.3.4　拱坝设计的应力指标

应力指标涉及到筑坝材料强度的极限值和有关安全系数的取值。容许应力为坝体材料强度的极限强度与安全系数的比值，是控制坝体尺寸、保证工程安全和经济性的一项重要指标。材料强度的极限值需由试验确定，混凝土的极限抗压强度，一般是指 90d 龄期 15cm立方体的强度，保证率为 80%。应力指标取值与计算方法有关。规范规定：拱坝应力分析一般以拱梁分载法或有限元法计算成果作为衡量强度安全的主要标准。

用拱梁分载法计算时，坝体的主压应力和主拉应力，应符合下列应力控制指标的规定。

（1）容许压应力。混凝土的容许压应力等于混凝土的极限抗压强度除以安全系数。对于基本荷载组合，1 级、2 级拱坝的安全系数采用 4.0，3 级拱坝的安全系数采用 3.5；对于非地震情况特殊荷载组合，1 级、2 级拱坝的安全系数采用 3.5，3 级拱坝的安全系数采用 3.0。

（2）容许拉应力。在保持拱座稳定的条件下，通过调整坝的体形来减少坝体拉应力的作用范围和数值。对于基本荷载组合，拉应力不得大于 1.2MPa；对于非地震情况特殊荷载组合，拉应力不得大于 1.5MPa。

用有限元法计算时，应补充计算“有限元等效应力”。按“有限元等效应力”求得的坝体主拉应力和主压应力，应符合下列应力控制指标的规定：

（1）容许压应力。按拱梁分载法的规定执行。

（2）容许拉应力。对于基本荷载组合，拉应力不得大于 1.5MPa；对于非地震情况特殊荷载组合，拉应力不得大于 2.0MPa。超过上述指标时，应调整坝的体形减少坝体拉应力的作用范围和数值。

3.4 拱座稳定分析

拱座稳定是拱坝安全的根本保证。拱座稳定分析主要研究岩体的可能滑动问题，但在拱座下游附近如存在较大的软弱带或断层有可能引起较大的变形时，即使拱座抗滑稳定能够满足要求，也应对拱座变形问题进行专门研究。必要时，需采取适当的加固措施。

拱座抗滑稳定的数值计算方法以刚体极限平衡法为主。1 级、2 级拱坝或地质情况复杂的拱坝还应辅以有限元法或其他方法进行分析。

3.4.1 稳定分析方法

目前国内外评价拱座稳定的方法，归纳起来有三种：

一、刚体极限平衡法

在实际工程设计中，用作判断拱座稳定性的常用方法是刚体极限平衡法，其基本假定是：①将滑移体视为刚体，不考虑其中各部分之间的相对位移；②只考虑滑移体上力的平衡，不考虑力矩的平衡，认为后者可由力的分布自行调整满足，因此，在拱端作用的力系中不考虑弯矩的影响；③忽略拱坝的内力重分布作用，认为作用在岩体上的力系为定值；④达到极限平衡状态时，滑裂面上的剪力方向将与滑移的方向平行，指向相反，数值达到极限值。

刚体极限平衡法是半经验性的计算方法，因其具有长期的工程实践经验，采用的抗剪强度指标和安全系数是配套的，与目前勘探试验所得到的原始数据的精度相匹配，方法简便易行。所以，目前国内外仍沿用它作为判断拱座稳定的主要手段。对于大型工程或当地基情况复杂时，可辅以结构模型试验和有限元分析。

规范规定：拱座抗滑稳定分析应按空间问题计算可能滑动体抗滑稳定安全系数。拱座无特定的滑裂面或作初步计算时，可简化为平面问题进行核算。

二、有限元法

规范规定：拱座抗滑稳定的计算方法应以刚体极限平衡法为主，对于大型或坝基地质情况复杂的工程，可辅以有限元法或其他方法进行分析论证。实际上，岩体并非刚体，其应力应变关系有着显著的非线性特性。岩体的破坏过程十分复杂，一般要经过硬化、软化、剪胀阶段，并伴随有裂隙的扩展过程。这样复杂的本构关系，刚体极限平衡滑移破坏的假定并不能真实反映拱座的失稳机理。有限元法，特别是三维非线性有限元分析，为复核和论证拱座稳定条件提供了较为合理的途径。

有限元法可用于进行平面或空间拱座稳定分析。对单元的物理力学特性，可以采用线弹性模型，也可以采用非线性模型。对于平面问题，可取单高拱圈或单宽悬臂梁剖面划分单元；对于空间问题，则按整体划分单元，见图 3-20。计算模型的边界范围应根据地质和荷载条件选定，一般为 1.0～1.5 倍坝高。详细论述可参阅有关文献。

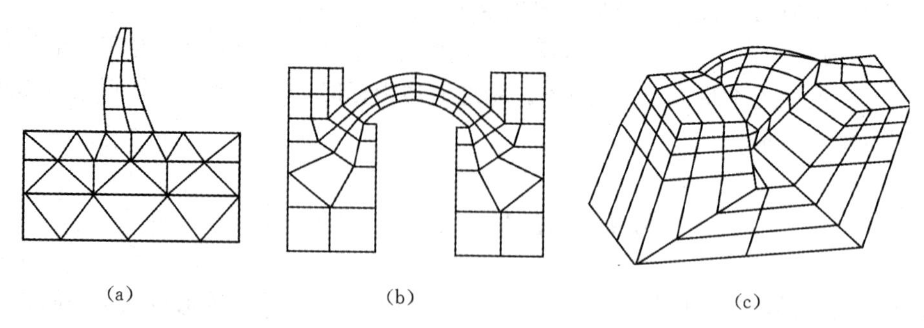

图 3-20　拱坝坝肩岩体抗滑稳定有限元计算图形

(a) 单宽悬臂梁；(b) 单高拱圈；(c) 整体模型

三、地质力学模型试验

20 世纪 70 年代发展起来的地质力学模型试验是研究拱座稳定的有效途径。这种方法能模拟不连续岩体的自然条件：岩体结构（软弱结构面、断层破碎带等）及其物理力学特性（岩体自重、变形模量、抗剪强度指标等）。国内多采用石膏加重晶石粉、甘油、淀粉等作为模型材料，其特性是容重高，强度和变形模量低。采用小块体叠砌或用大模块拼装成型。量测系统主要是位移量测和应变量测。通过试验可以了解复杂地基上拱坝和拱座相互作用下的变形特性、超载能力、破坏过程和破坏机理、拱推力在拱座内的影响范围、裂缝的分布规律、各部位的相对位移和需要加固的薄弱部位以及地基处理后的效果等，是一种很有发展前途的研究方法。但由于地质构造复杂，模型不易做到与实际一致，一些参数难以准确测定，温度作用和渗透压力难以模拟，因而试验成果也带有一定的近似性；另外，试验工作量大，费用高。就试验本身讲，还需要进一步研究模型材料，改进测试手段和加载方法等，以提高试验精度。

3.4.2　渗透水压力对拱座稳定的影响

规范规定：在拱坝拱座稳定计算中，应当考虑下列荷载：坝体传来的作用力、岩体的自重、渗透水压力和地震荷载，其中，渗透水压力是控制拱座稳定的重要因素之一。如：1959 年法国马尔巴塞拱坝，见图 3-21。

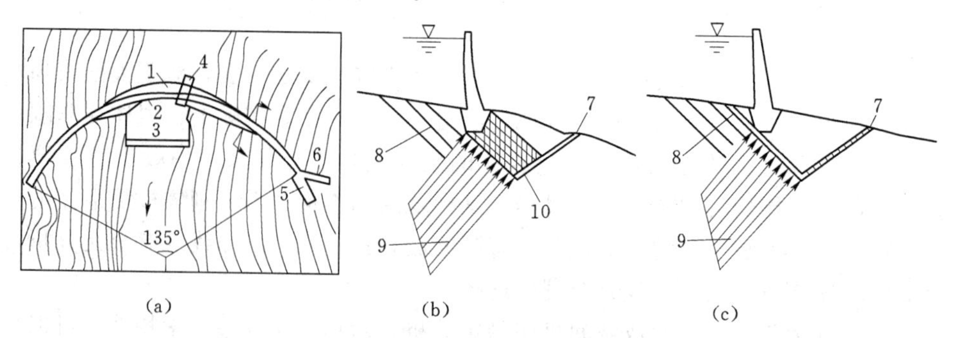

图 3-21　马尔巴塞拱坝平面布置及事故分析示意图

(a) 平面布置；(b) Bellier 和 Londe 分析剖面图；(c) Wittke 分析剖面图

1—坝；2—溢流段；3—护坦；4—泄水底孔；5—推力墩；6—翼墙；

7—断层；8—层面；9—渗透水压力；10—带状片麻岩

在初次蓄水不久即全坝溃决，其原因是渗透压力增大而导致岩体失稳。1962年我国梅山连拱坝右坝端发生错动，其原因也是由于库水渗入陡倾角裂隙，渗透压力加大（高达库水静压力的82%），致使岩体沿另一组缓倾角裂隙面向河床方向滑动。还有许多岩体滑坡事故都与渗透压力直接有关。这就充分说明在拱座稳定分析中渗透压力的重要作用，它不仅能在岩体中形成相当大的渗透压力推动岩体滑动，而且会改变岩体的力学性质（降低抗压强度和抗剪强度）。

表3-3　拱座抗滑稳定安全系数

荷载组合		建筑物级别		
		1	2	3
按式(3-10)	基本	3.50	3.25	3.0
	特殊（非地震）	3.00	2.75	2.50
按式(3-11)	基本	—	—	1.30
	特殊（非地震）	—	—	1.10

3.4.3　拱座稳定的控制指标

规范规定：拱座抗滑稳定计算，以刚体极限平衡法为主。对1级、2级拱坝及高拱坝采用抗剪断公式计算；其他则可采用抗剪断或抗剪强度公式计算。

$$K_1 = \frac{\sum (f_1 N + c_1 A)}{\sum Q} \tag{3-10}$$

$$K_2 = \frac{\sum f_2 N}{\sum Q} \tag{3-11}$$

式中　N——滑动面上的法向力；

Q——滑动面上的滑动力；

K_1、K_2——抗滑稳定安全系数；

A——计算滑裂面的面积；

f_1、f_2、c_1——滑裂面的抗剪断摩擦系数、抗剪摩擦系数和粘聚力。

规范规定，采用式（3-10）和式（3-11）计算时，相应安全系数应满足表3-3规定的要求。

3.5　拱坝泄洪

规范规定：拱坝泄洪方式的选择，应根据泄洪量的大小，结合工程具体情况确定。除有明显合适的岸边溢洪道外，宜首先研究采用拱坝坝身泄洪的可行性。但由于拱坝在平面上呈拱形，坝体较薄，下泄水流有向心集中的特点，使水流入水处单宽流量增大，加剧下游消能防冲的困难。如与呈直线布置的溢流重力坝相比，更应重视消能设计。

3.5.1　拱坝坝身泄水方式

常用的拱坝泄流方式有：坝顶泄流（自由跌流式、鼻坎挑流式）、坝身孔口泄流、坝面泄流、坝肩滑雪道泄流、坝后厂顶溢流（厂前挑流）等。

一、自由跌流式

对于比较薄的双曲拱坝或小型拱坝，常采用坝顶自由跌流的方式，如图3-22所示。溢流头部通常采用非真空的标准堰型。这种型式适用于基岩良好，单宽泄洪量较小的情况。由于下落水舌距坝脚较近，坝下必须设有防护设施，堰顶设或不设闸门，视水库淹没损失和运用条件而定。

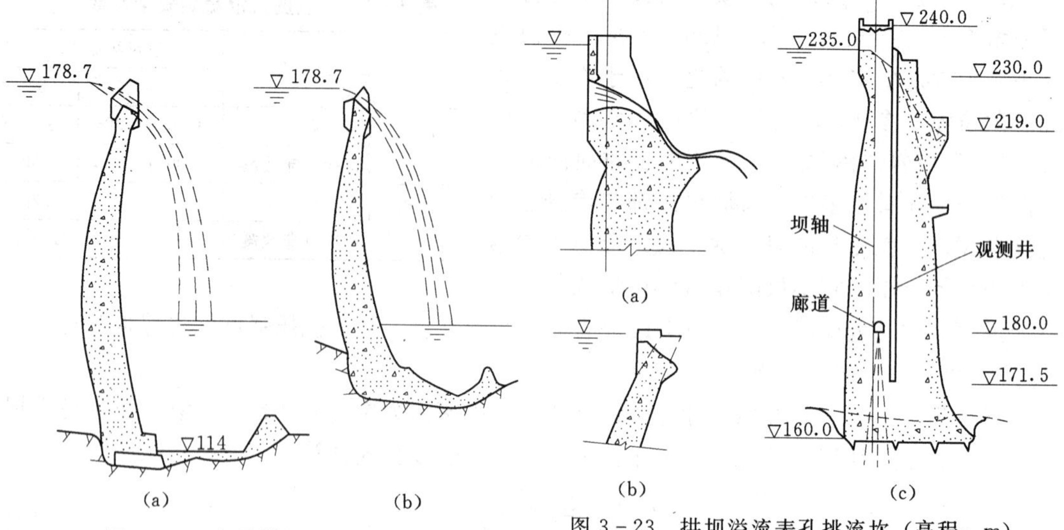

图3-22 布桑拱坝的自由跌流与护坦布置（高程：m）

图3-23 拱坝溢流表孔挑流坎（高程：m）
(a) 带胸墙的坝顶表孔挑流坎；(b) 坝顶表孔挑流坎；(c) 流溪河拱坝溢流表孔

二、鼻坎挑流式

为了使泄水跌落点远离坝脚，常在溢流堰顶曲线末端以反弧段连接成为挑流鼻坎，如图3-23所示。

挑流鼻坎多采用连续式结构，挑坎末端与堰顶之间的高差一般不大于6～8m，约为堰顶设计水头H_d的1.5倍左右；坎的挑角$10° \leqslant \alpha \leqslant 25°$；反弧半径$R$与$H_d$大致接近，最后应由水工模型试验来确定。差动式齿坎可促使水流在空中扩散，增加与空气的摩擦，减小单位面积的入水量；但在构造与施工上都较复杂，又易受空蚀破坏。溢流段的布置，有的工程是沿全坝顶，有的只布置在坝顶中部。溢流堰顶高程，有的同高，有的中间低，两侧稍高，小流量时由中间过水，大流量时中部流量大于两岸，以利于消能。堰顶可设闸门或者不设。

我国二滩双曲拱坝，坝高240m，采用了大差动跌坎加分流齿（见图3-24）。水工模型试验表明：在各种工况下泄流时，水垫塘底板的最大冲击动压为115kPa，小于150kPa的控制允许值。它为高拱坝、大泄量表孔溢洪提供了一种综合式的新型消能工。

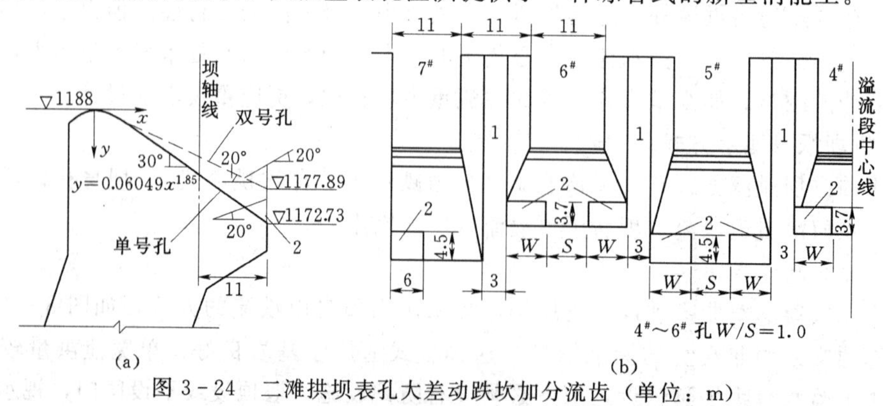

图3-24 二滩拱坝表孔大差动跌坎加分流齿（单位：m）
(a) 堰顶剖面；(b) 下游立视
1—闸墩；2—分流齿

对于单宽流量较大的重力拱坝，可采用水流沿坝面下泄，经鼻坎挑流或底流水跃的消能方式。图 3-25 为我国白山单曲三心圆重力拱坝下游立视、溢流坝段和泄洪中孔坝段的剖面图，最大坝高 149.5m，在坝顶中部设 4 个表孔，每孔宽 12m，采用挑流消能，最大单宽泄流量 $140m^3/(s \cdot m)$。

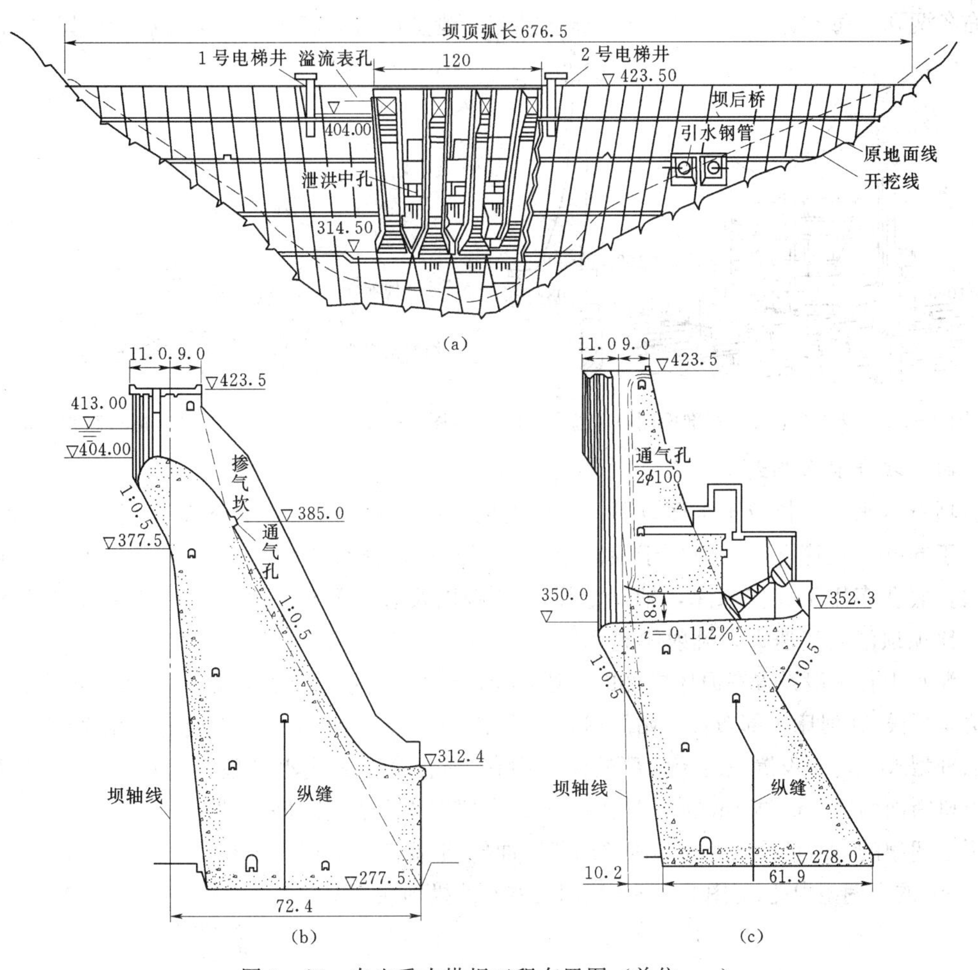

图 3-25　白山重力拱坝工程布置图（单位：m）

(a) 下游立视图；(b) 溢流坝段剖面；(c) 泄洪中孔坝段剖面

三、滑雪道式

滑雪道式泄洪是拱坝特有的一种泄洪方式，其溢流面由溢流坝顶和与之相连接的泄槽组成，而泄槽为坝体轮廓以外的结构部分。水流过坝以后，流经泄槽，由槽尾端的挑流鼻坎挑出，使水流在空中扩散，下落到距坝较远的地点。挑流坎一般都比堰顶低很多，落差较大，因而挑距较远，是其优点。但滑雪道各部分的形状、尺寸必须适应水流条件，否则容易产生空蚀破坏。所以，滑雪道溢流面的曲线形状，反弧半径和鼻坎尺寸等都需经过试验研究来确定。滑雪道的底板可设置于水电站厂房的顶部或专门的支承结构上，前者的溢流段和水电站厂房等主要建筑物集中布置，对于溢洪量大而河谷狭窄的枢纽是比较有利的。滑雪道也可设在岸边，一般多采用两岸对称布置，也有只布置在一岸的。滑雪道式适用于泄洪量大、较薄的拱坝。

我国猫跳河三级修文水电站拱坝（见图3-26），坝高49m，采用厂房顶滑雪道式泄洪。猫跳河四级窄巷口拱坝（见图3-7），坝高54.77m，由于河床覆盖层很厚，为了不使溢流冲刷危及坝身安全，采用了拱桥支承的滑雪道，经过多年运用，证明设计和施工是成功的。我国泉水双曲薄拱坝采用岸坡滑雪道（见图3-5及图3-27），左右岸对称布置，对冲消能。左右各两孔，每孔宽9m，高6.5m，鼻坎挑流，泄洪量约1500m³/s，落水点距坝脚约110m。

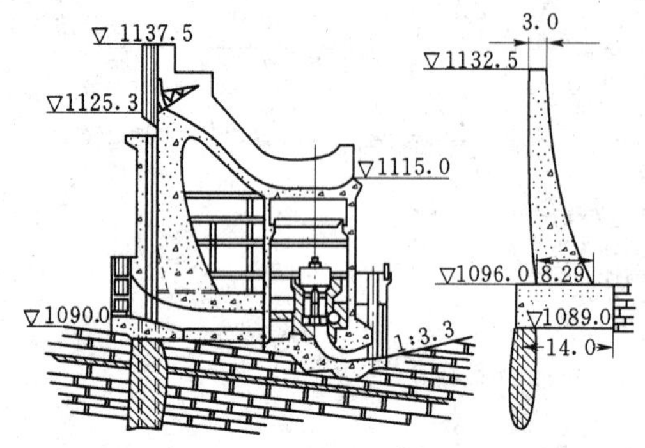

图3-26 修文水电站拱坝剖面图（单位：m）

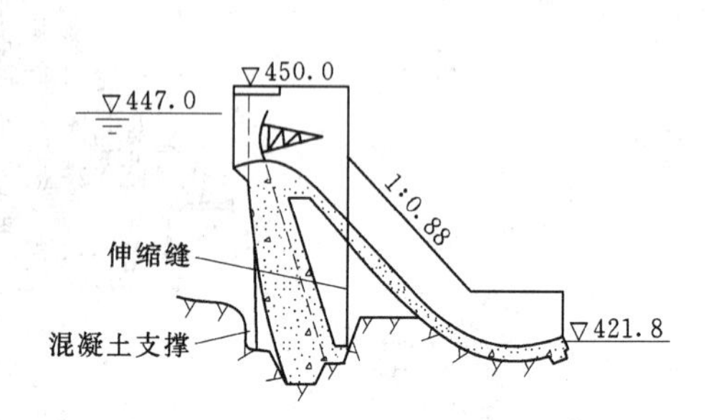

图3-27 泉水拱坝表孔滑雪道（高程：m）

四、坝身泄水孔式

坝身泄水孔是指位于水面以下一定深度的中孔（大致位于坝体中部高程，进水口水头不大于60m）或底孔（大致位于坝体中、下部高程，进水口水头大于60m），中孔多用于泄洪；底孔多用于放空水库，辅助泄洪和排沙以及施工导流。坝身泄水孔一般都是压力流，比坝顶溢流流速大，挑射距离远。

泄水中孔一般设置在河床中部的坝段，以便于消能与防冲。也有的工程将泄水中孔分设在两岸坝段，在河床中部布置电站厂房。泄水中孔孔身一般可做成水平或近乎水平、上翘和下弯三种型式。对于设置在河床中部的泄水中孔，通常多布置成水平型的，如：白山拱坝共有3个出口断面为宽6m，高7m的泄水中孔，分别布置在4个表孔之间，见图3-25(a)、(c)，但也有采用上翘型的，如：莫桑比克的卡博拉巴萨双曲拱坝，高164m，坝身设有8个出口断面为宽6m，高7.8m的上翘型中孔，见图3-28。我国二滩双曲拱坝坝身设有6个上翘型中孔，见图3-29。

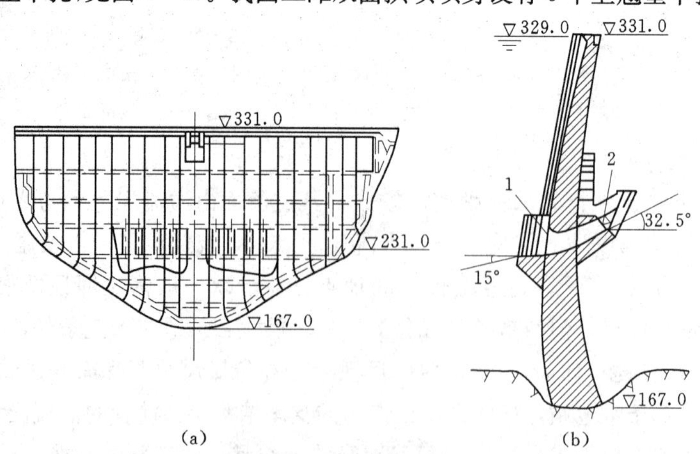

图3-28 卡博拉巴萨双曲拱坝（高程：m）
(a) 下游立视；(b) 中孔坝段剖面
1—检修闸门槽；2—弧形闸门

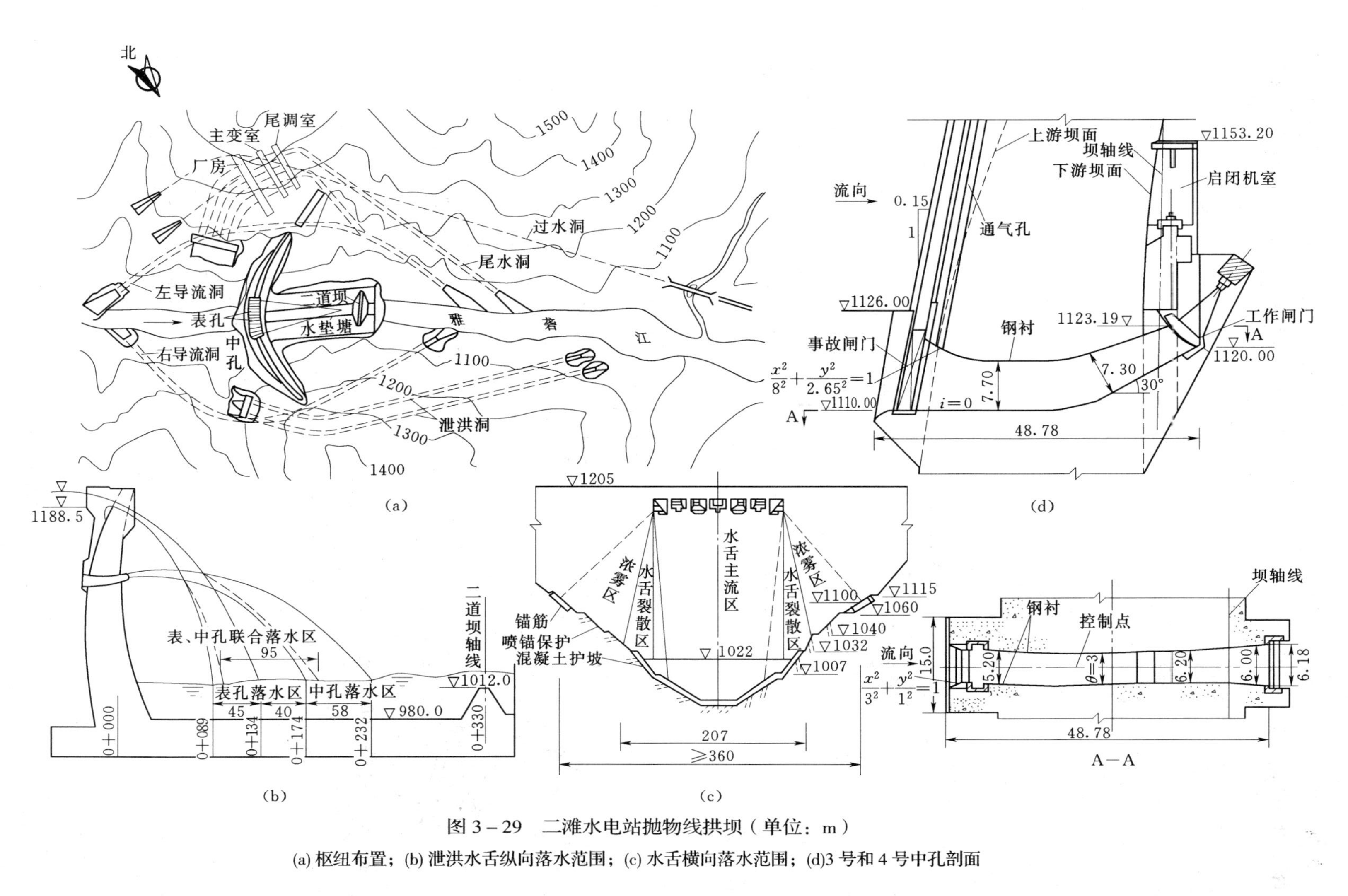

图3-29 二滩水电站抛物线拱坝（单位：m）

(a) 枢纽布置；(b) 泄洪水舌纵向落水范围；(c) 水舌横向落水范围；(d)3号和4号中孔剖面

对重力拱坝，一般采用下弯型式，如：俄罗斯的萨扬舒申斯克重力拱坝，高242m，坝身设有11个出口断面为宽5m，高6m的下弯式中孔及两层导流孔（最后用混凝土封堵），见图3-30。

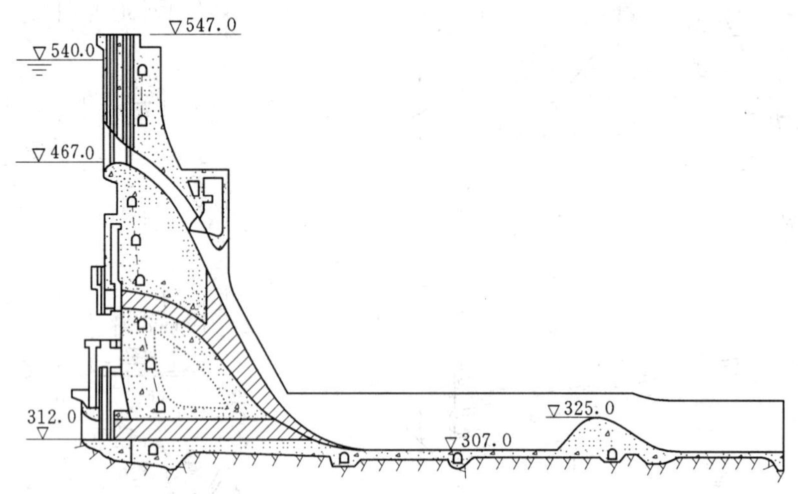

图3-30 萨扬舒申斯克重力拱坝泄洪中孔（高程：m）

对于设置在两岸坝段的泄水中孔，通常也采用下弯型式，与重力拱坝下弯型式不同之处，在于出口后与滑雪道的泄槽相衔接。我国紧水滩双曲拱坝，高102m，左、右岸对称设置了中、浅孔各1个，见图3-31。东江、泉水双曲拱坝也采用了这种形式。

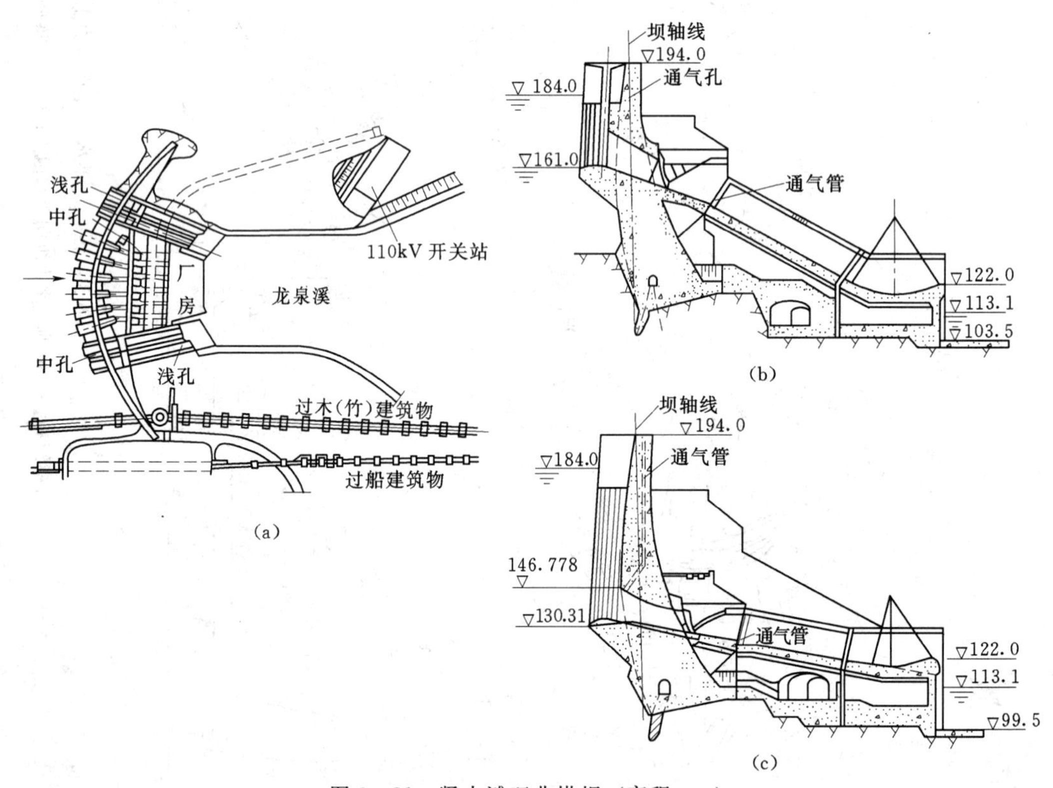

图3-31 紧水滩双曲拱坝（高程：m）
(a) 枢纽布置；(b) 浅孔剖面；(c) 中孔剖面

泄水孔的工作闸门大都采用弧形闸门，布置在出口，进口设事故检修闸门。这样不仅便于布置闸门的提升设备，而且结构模型试验成果表明，在泄水孔口末端设置闸墩及挑流坎后，由于局部加厚了孔口附近的坝体，可显著地改善孔口周边的应力状态，对于孔底的拱应力也有所改善。实践证明，孔口对坝体应力的影响是局部的，拉应力可能使孔口边缘开裂，但只限于孔口附近，不致危及坝的整体安全。对于局部应力的影响，可在孔口周围布置钢筋。

由于拱坝较薄，中孔断面一般采用矩形。为使孔口泄流保持压力流，避免发生负压，应将出口断面缩小，出口高约为孔身高度的 70%～80%。为使水流平顺，提高泄水能力，进口及沿程体形宜做成曲线形。对大、中型工程还应通过水工模型试验研究确定。

底孔处于水下更深处，孔口尺寸往往限于高压闸门的制作和操作条件而不能太大。目前深孔闸门的作用水头已达 154m。在薄拱坝内，多采用矩形断面。对重力拱坝等较厚的坝体，可以采用圆形断面，以渐变段与闸门段的矩形断面相连接。

拱坝的坝身泄水还可将上述各种型式结合使用，如坝顶溢流可以同时设置坝身泄水孔。当泄洪流量大，坝身泄水不能满足要求时，还可布置泄洪隧洞或岸边溢洪道。

3.5.2 拱坝的消能与防冲

拱坝的消能方式主要有以下几种。

1. 跌流消能

水流从坝顶表孔直接跌落到下游河床，利用下游水垫消能。跌流消能最为简单，但由于水舌入水点距坝趾较近，需要采取相应的防冲措施，如法国的乌格朗拱坝，利用下游施工围堰做成二道坝，抬高下游水位（见图 3-32）；美国的卡尔德伍德拱坝，在跌流的落水处建戽斗，并在其下游设置了二道坝，运用情况良好，见图 3-33。

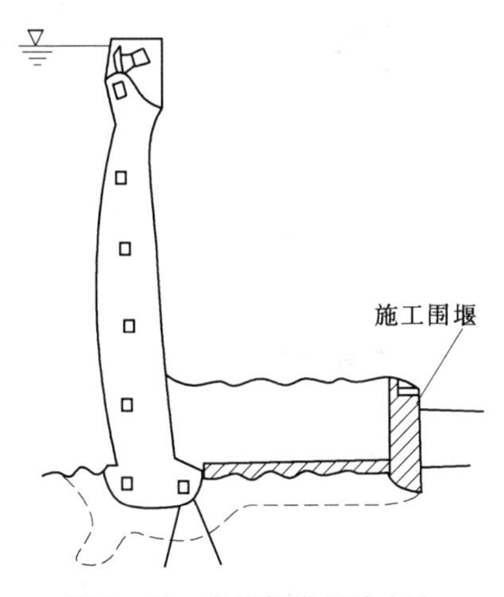

图 3-32 乌格朗拱坝消力池

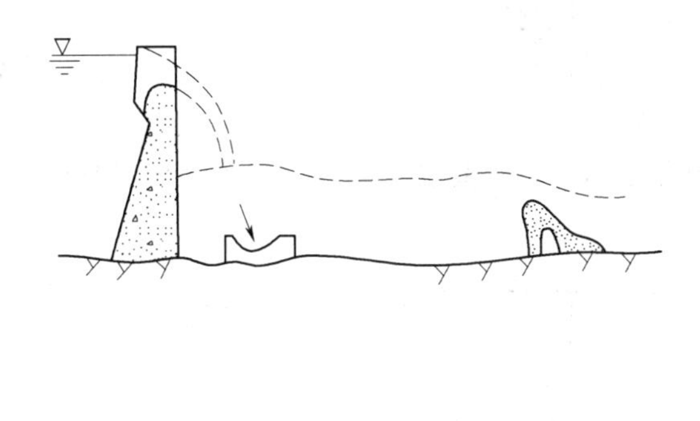

图 3-33 卡尔德伍德拱坝消力池

2. 挑流消能

鼻坎挑流式、滑雪式和坝身泄水孔式大都采用各种不同形式的鼻坎，使水流扩

散、冲撞或改变方向，在空中消减部分能量后再跌入水中，以减轻对下游河床的冲刷。

泄流过坝后向心集中是拱坝泄水的一个特点。对于中、高拱坝，可利用这个特点，在拱冠两侧各布置一组溢流表孔或泄水孔，使两侧挑射水流在空中对冲，并沿河槽纵向扩散，从而消耗大量的能量，减轻对下游河床的冲刷。但应注意必须使两侧闸门同步开启，否则射流将直冲对岸，危害更甚。我国泉水双曲拱坝是岸坡滑雪道式对冲消能的一例，见图 3－5，在中孔泄洪布置上，如：卡博拉巴萨拱坝（见图 3－28），将 8 个上翘型中孔分为两组，对称布置于拱冠两侧，每一组孔口自相平行，两组孔的轴线在平面上以 8°角相交，水舌在空中对撞，消能效果良好。

近年来，不少中、高拱坝，特别是在大泄量情况下，采用高低坎大差动形式，形成水股上下对撞消能。这种消能形式不仅把集中的水流分散成多股水流，而且由于通气充分，有利于减免空蚀破坏。但上述对撞水流造成的“雾化”程度更甚于其他的挑流方式，必须加以控制，必要时采取一定的防护措施。

3. 底流消能

对重力拱坝，有的也可采用底流消能，如前所述的萨扬舒申斯克重力拱坝，高 242m，采用下弯型中孔，泄流沿下游坝面流入设有二道坝的收缩式消力池，池的上游端宽 123m，下游端宽 97m，长约 130m，二道坝下游护坦长 235m，末端设有齿墙，单宽流量为 $139m^3/(s \cdot m)$，运用情况良好。

其他如窄缝式挑坎消能，反向防冲堰消能工等曾在有些工程中采用，也取得了良好效果。拱坝河谷一般比较狭窄，不仅要防止过坝水流冲刷岸坡，而且要注意当泄流量集中在河床中部时，避免两侧形成强力回流，淘刷岸坡，以保证坝体稳定。

泄水拱坝的下游一般都需采取防冲加固措施，如：护坦、护坡、二道坝等。护坦、护坡的长度、范围以及二道坝的位置和高度等，应由水工模型试验确定。

3.6　拱坝的构造和地基处理

3.6.1　拱坝分缝与接缝处理

拱坝是整体结构，为便于施工期间混凝土散热和降低收缩应力，防止混凝土产生裂缝，需要分段浇筑，各段之间设有收缩缝，在坝体混凝土冷却到年平均气温左右，混凝土充分收缩后，再灌浆封填，以保证坝的整体性。

收缩缝有横缝和纵缝两类，如图 3－34 所示。

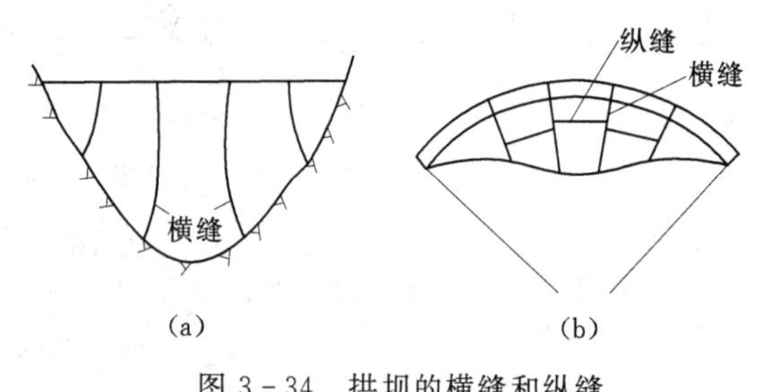

图 3－34　拱坝的横缝和纵缝

横缝是半径向的，间距一般取 15～20m。在变半径的拱坝中，为了使横缝与半径向一致，必然会形成一个扭曲面。有时为了简化施工；对不太高的拱坝也可以中间高程处的径向为准，仍用铅直平面来分缝。横缝底部缝面与地基面的夹角不得小于 60°，并应尽可能接近正交。缝内设铅直向的梯形键槽，以提高坝体的抗剪强度。拱坝厚度较薄，一般可不设纵缝，对厚度大于 40m 的拱坝，经分析论证，可考虑设置纵缝。相邻坝块间的纵缝应错开，纵缝的间距约为 20～40m。为方便施工，一般采用铅直纵缝，到缝顶附近应缓转与下游坝面正交，避免浇筑块出现尖角。

收缩缝是两个相邻坝段收缩后自然形成的冷缝，缝的表面作成键槽，预埋灌浆管与出浆盒，在坝体冷却后进行压力灌浆。收缩缝的灌浆工艺和重力坝相同。

横缝上游侧应设置止水片。止水片可与上游止浆片结合。止水的材料和做法与重力坝相同。

3.6.2 坝顶

拱坝坝顶的结构型式和尺寸应按使用要求来决定。当无交通要求时，非溢流坝的顶宽不宜小于 3m。溢流坝段坝顶工作桥、交通桥的尺寸和布置必须能满足泄洪、闸门启闭、设备安装、运行操作、交通、检修和观测等的要求。地震区的坝顶工作桥、交通桥等结构应尽量减轻自重，以提高结构的抗震性能。

3.6.3 廊道与排水

坝内应设置基础灌浆廊道，对于中、低高度的薄拱坝，也可不设廊道，而将检查、观测、交通和坝缝灌浆等工作移到坝后桥上进行，桥宽一般为 1.2～1.5m，上下层间隔 20～40m，在与坝体横缝对应处留有伸缩缝，缝宽约 1～3cm。

无冰冻地区的薄拱坝其坝身可不设排水管。对较厚的或建在寒冷地区的薄拱坝，则要求和重力坝一样布置排水管，一般间距为 2.5～3.5m，管内径为 15～20cm。图 3－35 为我国响洪甸重力拱坝最大剖面的廊道及排水管布置图。

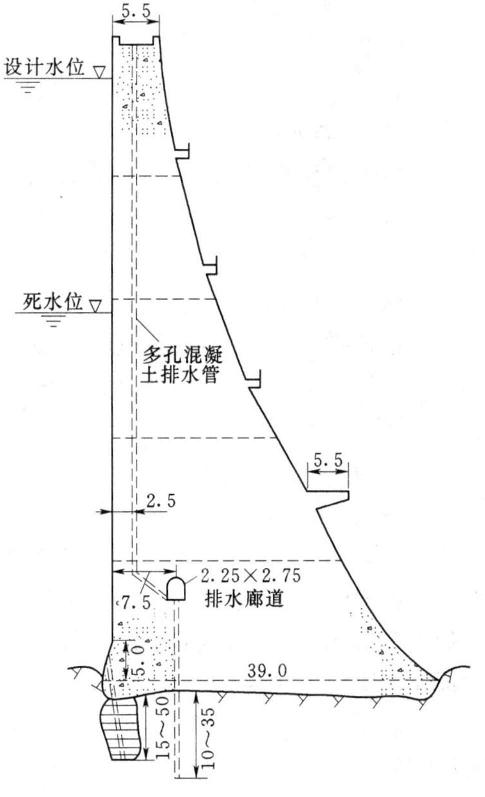

图 3－35 重力拱坝的廊道与排水管布置（单位：m）

3.6.4 重力墩

重力墩是拱坝坝端的人工支座，可用于：河谷形状不规则，为减小宽高比，避免岸坡的大量开挖；河谷有一岸较平缓，用重力墩与其他坝段（如重力坝或土坝）或岸边溢洪道相连接等情况。图 3－36 是我国龙羊峡水电站的枢纽布置图，在其左、右坝肩设置重力墩后，坝体可基本上保持对称。通过重力墩可将坝体传来的作用力传到基岩。

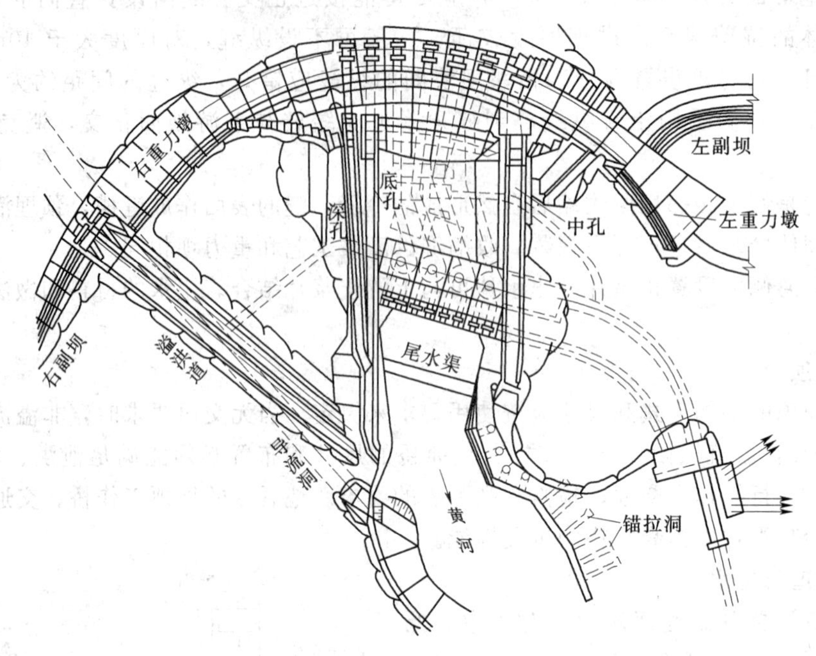

图3-36 龙羊峡水电站枢纽布置

3.6.5 拱坝的地基处理

拱坝的地基处理和岩基上的重力坝基本相同，但要求更为严格，特别是对两岸坝肩的处理尤为重要。

1. 坝基开挖

根据坝址具体地质情况，结合坝高，选择新鲜、微风化或弱风化中下部的基岩作为建基面。在开挖过程中还应注意以下几点：拱端开挖应注意前述拱端布置原则，见图3-13。河床段利用岩面的上、下游高差不应过大，宜略向上游倾斜。整个坝基利用岩面的纵坡应平顺，无突变。

2. 固结灌浆和接触灌浆

拱坝坝基的固结灌浆孔一般按全坝段布置。对于比较坚硬完整的基岩，也可以只在坝基的上游侧和下游侧设置数排固结灌浆孔。对节理、裂隙发育的基岩，为了减小地基变形，增加岩体的抗滑稳定性，还需在坝基外的上、下游侧扩大固结灌浆的范围。对于坝体与陡于50°～60°的岸坡间和上游侧的坝基接触面以及基岩中所有槽、井、洞等回填混凝土的顶部，均需进行接触灌浆，以提高接触面的强度，减少渗漏。

帷幕线的位置与拱座及坝基应力情况有关，一般布置在压应力区，且靠近上游坝面。防渗帷幕还应深入两岸山坡内，深入长度与方向应根据工程地质、水文地质、地形条件、拱座的稳定情况和防渗要求等来确定，并与河床部位的帷幕保持连续性。

防渗帷幕一般采用水泥灌浆。在水泥灌浆达不到防渗要求时，可采用化学材料补充灌浆，但应注意防止污染环境。帷幕灌浆一般在廊道中进行，两岸山坡内的帷幕灌浆，可在岩体内开挖的平洞中进行，如图3-37所示。

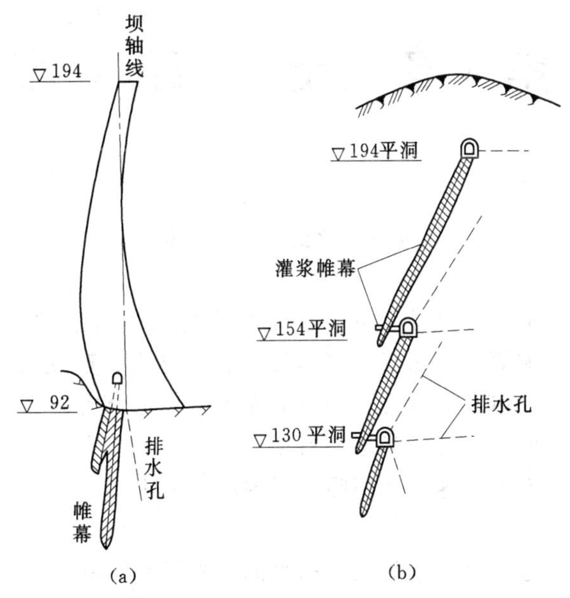

图 3-37 拱坝基岩帷幕灌浆与排水孔布置（高程单位：m）

(a) 坝体剖面；(b) 坝肩（基岸）剖视

3. 坝基排水

在防渗帷幕的下游侧应布置坝基排水，设1排主排水孔，必要时加设1～3排辅助排水孔。在裂隙较大的岩层中，防渗帷幕可有效地减小渗透压力，减少渗水量。但在弱透水性的微裂隙岩体中，防渗帷幕降低渗压的效果就不甚明显，而排水孔则可显著地降低渗压，因此，对坝基排水应予重视。

4. 断层破碎带或软弱夹层的处理

对于坝基范围内的断层破碎带或软弱夹层，应根据其产状、宽度、充填物性质、所在部位和有关的试验资料，分析研究其对坝体和地基的应力、变形、稳定与渗漏的影响，并结合施工条件，采用适当的方法进行处理。

第4章 土 石 坝

4.1 概 述

用土石材料为主建造的坝叫土石坝。一般由支持坝体稳定的坝主体、防渗体以及反滤、排水、过渡层、护坡等部分组成。筑坝材料有粘性土、砾质土、砂、砂砾石、堆石、块石和碎石等天然材料，以及混凝土、沥青混凝土、土工合成材料等人工制备的料物。由于材料主要来自坝区，所以也称为当地材料坝。

土石坝历史悠久，发展迅速，在国际、国内广泛采用。

土石坝的优点有：

(1) 可以就地、就近取材，节省大量的水泥、木材和钢材，减少运输费用。

(2) 能适合各种不同的地形、地质和气候条件，有丰富的建造经验。

(3) 岩石力学理论、试验手段和计算技术的发展，提高了大坝设计的安全可靠性。

(4) 大容量、高效率的施工机械的发展，降低了建坝的造价，提高了土石坝的施工质量。

(5) 高边坡、地下工程结构、高速水流消能防冲等工程设计和施工技术的综合发展，促进了土石坝，尤其是高土石坝的建设和推广。

(6) 结构简单，便于维修和加高扩建等。

土石坝的缺点有：

(1) 坝身一般不能溢流，必须另外修建泄水建筑物。

(2) 施工导流条件差，不如混凝土坝便利。

(3) 粘性土料施工受气候影响等。

4.1.1 土石坝的工作特点和设计要求

一、工作特点

(1) 稳定方面。土石坝的填筑材料（土石料）为散粒体结构，抗剪强度低，上下游坝坡平缓，坝体体积和重量都较大，在水平水压力的作用下不会沿坝基面整体滑动。其失稳形式主要是坝坡滑动或连同部分地基一起滑动。

(2) 渗流方面。土石坝挡水后，在上下游水位差作用下经坝体和坝基（包括两岸）向下游渗透。渗流会使水库损失水量，产生渗透压力，引起管涌、流土等渗透变形。渗流在坝内的自由水面称为浸润面，浸润面与垂直于坝轴线剖面的交线称为浸润线。如图 4-1 所示。

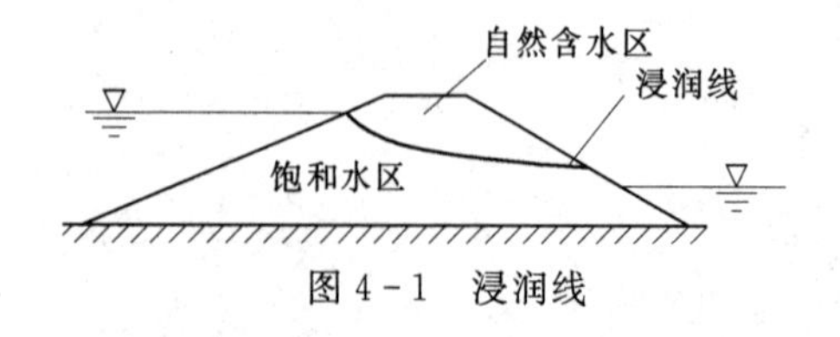

图 4-1 浸润线

(3) 冲刷方面。颗粒间粘结力小，因此土石坝抗冲能力较低。

(4) 沉降方面。颗粒间存在较大的孔隙，在自重及其他荷载的作用下产生沉陷，分为均匀沉降和不均匀沉降。均匀沉陷使顶部高程不足，不均匀沉陷还会产生裂缝。

(5) 其他方面。严寒地区水库水面冬季结冰膨胀对坝坡产生很大的推力，导致护坡的破坏；地震地区的地震惯性力也会增加滑坡和液化的可能性。

二、设计要求

为使土石坝能安全有效地工作，在设计方面的一般要求：

(1) 坝身、坝顶不能泄洪。

(2) 需有适宜的坝坡维持坝坡及坝基的稳定性。

(3) 设置良好的防渗和排水措施，控制渗流及防止渗透变形。

(4) 根据现场的土料条件，选择好土料的填筑标准，防止过大的沉陷。

(5) 采取适当的构造措施，保护坝顶、坝坡免受自然现象的破坏，提高坝运行的可靠性、耐久性。

(6) 提高土石坝的机械化施工的水平。

4.1.2 土石坝的类型

一、按坝高分类

土石坝按坝高可分为：低坝、中坝和高坝。我国SL274—2002《碾压式土石坝设计规范》规定：高度在30m以下的为低坝，高度在30～70m之间的为中坝，高度超过70m的为高坝。土石坝的坝高应从坝体防渗体（不含混凝土防渗墙、灌浆帷幕、截水墙等坝基防渗设施）底部或坝轴线部位的建基面算至坝顶（不含防浪墙），取其大者。

二、按施工方法分类

按其施工方法可分为：

1. 碾压式土石坝

碾压式土石坝是分层铺填土石料、分层压实填筑的，坝体质量良好，目前最为常用。世界上现有的高土石坝都是碾压式的。本章主要讲述碾压式土石坝。

按照土料在坝身内的配置和防渗体所用的材料种类，碾压式土石坝可分为以下几种主要类型：

(1) 均质坝[见图4-2(a)]。均质坝坝体断面不分防渗体和坝壳，坝体基本上是由均一的粘性土料（壤土、砂壤土）筑成，整个坝体用以防渗并保持自身的稳定。由于粘性土抗剪强度较低，对坝坡稳定不利，坝坡较缓，体积庞大，使用的土料多，铺土厚度薄，填筑速度慢，易受降雨和冰冻的影响，故多用于低、中坝，且坝址处除土料外，缺乏其他材料的情况下才采用。

(2) 土质心墙坝[见图4-2(b)]。用透水性较好的砂或砂砾石做坝壳，以防渗性较好的粘性土作为防渗体设在坝的剖面中心位置。优点：坡陡，坝剖面较均质坝小，工程量少，心墙占总方量比重不大，因此施工受季节影响相对较小；缺点：要求心墙与坝壳大体同时填筑，干扰大，一旦建成，难修补。

(3) 土质斜墙坝[见图4-2(c)]。粘土防渗体置于坝剖面的上游侧。优点：斜墙与坝壳之间的施工干扰相对较小，在调配劳动力和缩短工期方面比心墙坝有利；缺点：上游坡较缓，粘土量及总工程量较心墙坝大，抗震性及对不均匀沉降的适应性不如心墙坝。

当粘土防渗体位于坝中心而略微倾向上游时叫斜心墙坝［见图4－2（i）］。

（4）多种土质坝［见图4－2（d）、图4－2（e）］。坝址附近有多种土料用来填筑的坝。

（5）人工材料心墙坝［见图4－2（j）］。坝主体由强度高的粗粒料组成，用沥青混凝土、混凝土等做成防渗心墙。

（6）人工材料面板坝［见图4－2（k）、图4－2（l）］。防渗体为钢筋混凝土、沥青混凝土、钢板、木板等人工制备的材料建成的上游坝面。

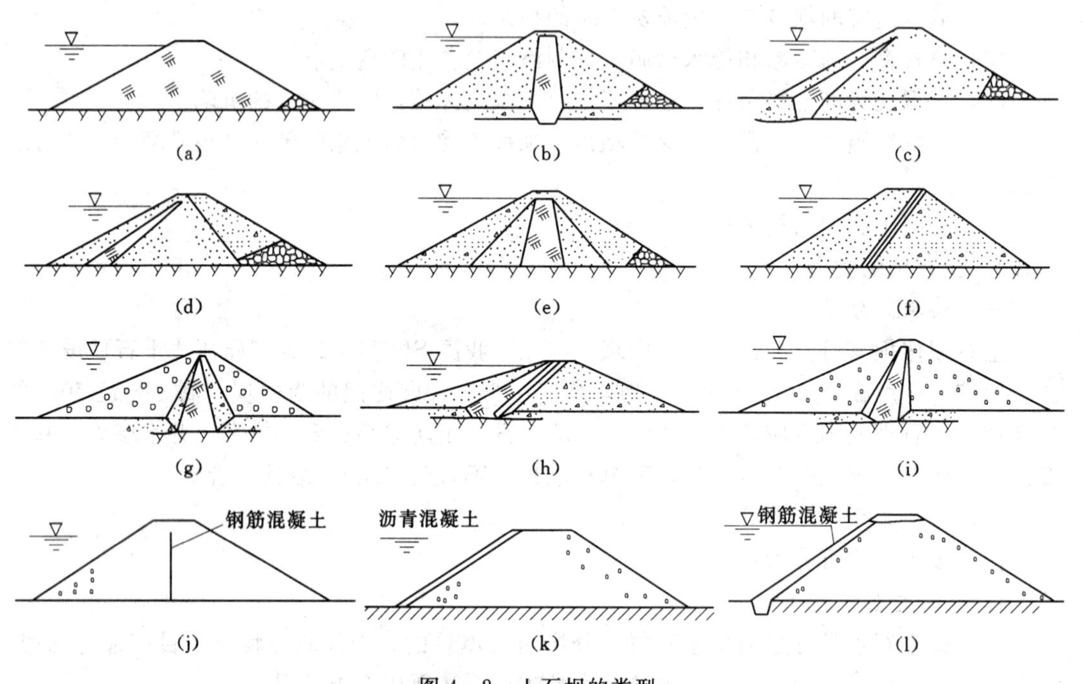

图4－2 土石坝的类型

（a）均质坝；（b）粘土心墙；（c）粘土斜墙坝；（d）多种土质坝；（e）多种土质坝；（f）土石混合坝；（g）粘土心墙土石混合坝；（h）粘土斜墙土石混合坝；（i）粘土斜心墙土石混合坝；（j）沥青混凝土心墙坝；（k）沥青混凝土斜墙坝；（l）钢筋混凝土斜墙坝

均质坝、心墙坝、斜墙坝和面板坝是土石坝的四种基本类型。

2. 水力冲填坝

水力冲填坝是以水力为动力完成土料的开采、运输和填筑全班工序而建成的坝。其施工方法是用机械抽水到高出坝顶的土场，以水冲击土料形成泥浆，然后通过泥浆泵将泥浆送到坝址，再经过沉淀和排水固结而筑成坝体。这种坝因筑坝质量难以保证，目前在国内外很少采用。

3. 水中填土坝

用易于崩解的土料，一层一层倒入由许多小土堤分隔围成的静水中填筑而成的坝。这种施工方法无须机械压实，而是靠土的重量进行压实和排水固结。该法施工受雨季影响小，工效较高，且不用专门碾压设备，但由于坝体填土干容重低，抗剪强度小，要求坝坡缓，工程量大等原因，仅在我国华北黄土地区、广东含砾风化粘性土地区曾用此法建造过一些坝，并未得到广泛的应用。

4. 定向爆破堆石坝

定向爆破堆石坝是按预定要求埋设炸药，使爆出的大部分岩石抛填到预定的地点而形成的坝。这种坝增筑防渗部分比较困难。

上述四种坝中应用最为广泛的是碾压式土石坝。

三、按坝体材料所占比例分类

土石坝按坝体材料所占比例可以分成三种：

(1) 土坝。土坝的坝体材料以土和砂砾为主。

(2) 土石混合坝 [见图 4-2 (f)、图 4-2 (g)、图 4-2 (h)]。当两类材料均占相当比例时，称为土石混合坝。

(3) 堆石坝。以石渣、卵石、爆破石料为主，除防渗体外，坝体的绝大部分或全部由石料堆筑起来的坝称为堆石坝。

4.2 土石坝剖面的基本尺寸

土石坝的剖面尺寸是根据坝高和坝等级、筑坝材料、坝型、坝基情况及施工、运行等条件，参照工程经验初步拟定坝顶高程、坝顶宽度和坝坡，然后通过渗流、稳定分析，最终确定的合理的剖面形状。

4.2.1 坝顶高程

坝顶高程等于水库静水位与坝顶超高之和，应按以下运用条件计算，取其大值：

(1) 设计洪水位加正常运用条件的坝顶超高。

(2) 正常蓄水位加正常运用条件的坝顶超高。

(3) 校核洪水位加非常运用条件的坝顶超高。

(4) 正常蓄水位加非常运用条件的坝顶超高，再加地震安全加高（地震区）。

如图 4-3 所示：

$$y = R + e + A \tag{4-1}$$

式中 y——坝顶超高，m；

R——波浪在坝坡上的最大爬高，m；

e——最大风壅水面高度，m；

A——安全加高，m。

波浪爬高 R，是指波浪沿建筑物坡面爬升的垂直高度（由风壅水面算起），如图中的 R。它与坝前的波浪要素（波高和波长）、坝坡坡度、坡面糙率、坝前水深、风速等因素有关。具体方法见 SL274—2001《碾压式土石坝设计规范》（附录 A 波浪和护坡计算），现简介如下。

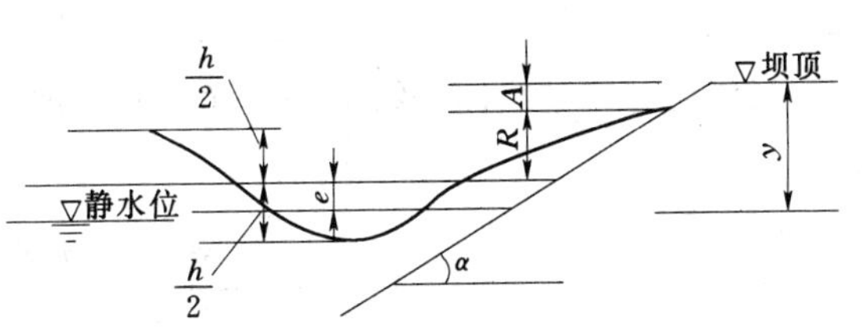

图 4-3 坝顶超高计算

(1) 平均爬高 R_m。当坝坡系数 $m = 1.5 \sim 5.0$ 时

$$R_m = \frac{K_\triangle K_W}{\sqrt{1+m^2}}\sqrt{h_m L_m} \tag{4-2}$$

当 $m \leqslant 1.25$ 时

$$R_m = K_\triangle K_W R_0 h_m \tag{4-3}$$

式中　R_0——无风情况下，平均波高 $h_m = 1.0$m，$K_\triangle = 1$ 时的爬高值，可查表 4-1；

$K_\triangle$——斜坡的糙率渗透性系数，根据护面的类型查表 4-2；

m——单坡的坡度系数，若单坡坡角为 α，则 $m = \mathrm{ctg}\alpha$；

K_W——经验系数，按表 4-3 确定；

h_m、L_m——平均波高和波长，m，采用莆田试验站公式计算。

当 $1.25 < m < 1.5$ 时，可由 $m = 1.25$ 和 1.5 的值按直线内插求得。

表 4-1　R_0 值

m	0	0.5	1.0	1.25
R_0	1.24	1.45	2.20	2.50

表 4-2　糙率渗透性系数 $K_\triangle$

护面类型	$K_\triangle$	护面类型	$K_\triangle$
光滑不透水护面（沥青混凝土）	1.0	砌石护面	0.75～0.80
混凝土板护面	0.9	抛填两层块石（不透水基础）	0.60～0.65
草皮护面	0.85～0.9	抛填两层块石（透水基础）	0.50～0.55

表 4-3　经验系数 K_W

$\frac{v_0}{\sqrt{gH}}$	≤1	1.5	2.0	2.5	3.0	3.5	4.0	>5.0
K_W	1	1.02	1.08	1.16	1.22	1.25	1.28	1.33

注　H 为坝迎水面前水深。

（2）设计爬高 R。不同累计频率的爬高 R_P 与 R_m 的比，可根据爬高统计分布表（见表 4-4）确定。设计爬高值按建筑物级别而定，对 1、2、3 级土石坝取累计频率 $P=1\%$ 的爬高值 $R_{1\%}$；对 4、5 级坝取 $P=5\%$的 $R_{5\%}$。

表 4-4　爬高统计分布（R_P/R_m）

h_m/H	P（%）									
	0.1	1	2	4	5	10	14	20	30	50
<0.1	2.66	2.23	2.07	1.90	1.84	1.64	1.53	1.39	1.22	0.96
0.1～0.3	2.44	2.08	1.94	1.80	1.75	1.57	1.48	1.36	1.21	0.97
>0.3	2.13	1.86	1.76	1.65	1.61	1.48	1.39	1.31	1.19	0.99

当风向与坝轴线的法线成一夹角 β 时，波浪爬高应乘以折减系数 k_β，k_β 值可由表 4-5 确定。

表 4-5　斜向坡折减系数 k_β

β（°）	0	10	20	30	40	50	60
k_β	1	0.98	0.96	0.92	0.87	0.82	0.76

风壅水面高度 e 可按式（4－4）计算。

$$e = \frac{KV^2 D}{2gH_m}\cos\beta \tag{4-4}$$

式中　D——风区长度，m，取值方法见重力坝；

H_m——坝前水域平均水深，m；

K——综合摩阻系数，一般取 $K=3.6\times10^{-6}$；

β——风向与水域中线（或坝轴线法线）的夹角（°）；

V——计算风速，m/s，正常运用情况下的1级、2级坝，采用多年平均最大风速的1.5～2.0倍；正常运用条件下的3级、4级和5级坝，采用多年平均最大风速的1.5倍；非常运用条件下，采用多年平均最大风速。

安全加高 A 可按表4－6确定。

表4－6　　安全加高 A　　单位：m

运用情况		坝的级别			
		1	2	3	4、5
设计		1.50	1.00	0.70	0.50
校核	山区、丘陵区	0.70	0.50	0.40	0.30
	平原、滨海区	1.00	0.70	0.50	0.30

坝顶设防浪墙时，超高值 y 是指静水位与墙顶的高差。要求在正常运用条件下，坝顶应高出静水位0.5m，在非常运用情况下，坝顶不应低于静水位。

坝顶应预留竣工后沉降超高。沉降超高值按规范规定确定。各坝段的预留沉降超高应根据相应坝段的坝高而变化。预留沉降超高不应计入坝的计算高度。

4.2.2　坝顶宽度

坝顶宽度应根据构造、施工、运行和抗震等因素确定。如无特殊要求，高坝可选用10～15m，中、低坝可选用5～10m。

4.2.3　坝坡

坝坡应根据坝型、坝高、坝的等级、坝体和坝基材料的性质、坝所承受的荷载以及施工和运用条件等因素，经技术经济比较确定。

均质坝、土质防渗体分区坝、沥青混凝土面板或心墙坝及土工膜心墙或斜墙坝坝坡，可参照已建成坝的经验或近似方法初步拟定，最终应经稳定计算确定。

一般情况下，确定坝坡可参考如下规律。

（1）在满足稳定要求的前提下，应可能采用较陡的坝坡，以减少工程量。

（2）从坝体上部到下部，坝坡逐步放缓，以满足抗渗稳定和结构稳定性的要求。

（3）均质坝的上下游坡度比心墙坝的坝坡缓。

（4）心墙坝：两侧坝壳采用非粘性土料，土体颗粒的内摩擦角较大，透水性大，上下游坝坡可陡些，坝体剖面较小，但施工干扰大。

（5）粘土斜墙坝的上游坡比心墙的坝坡缓，而下游坝坡可比心墙坝陡些，施工干扰小，斜墙易断裂。

（6）土料相同时上游坡缓于下游坡，原因是上游坝坡经常浸在水中，土的抗剪强度低，库水位下降时易发生渗流破坏。

（7）粘性土料坝的坝坡与坝高有关，坝高越大则坝坡越缓；而砂或砂砾料坝体的坝坡与坝高关系甚微。通常用粘性土料筑的土坝作成几级，从上而下逐级变缓坝坡，相邻坡率差值为0.25～0.5。砂或砂砾料坝体可不变坡，但一般也常采用变坡形式。

（8）碾压式堆石坝的坝坡比土坝陡。

（9）在碾压式土石坝中用砂或壤土筑成的坝坡，其平均坡度一般在1∶2～1∶4左右，当坝基为软弱的土质时还需适当放缓。

初选土石坝坝坡，可参照工程实践经验，见表4－7。

表4－7　　坝坡经验值

类型			上游坝坡	下游坝坡
土坝（坝高）（m）	<10		1∶2.00～1∶2.50	1∶1.50～1∶2.00
	10～20		1∶2.25～1∶2.75	1∶2.00～1∶2.50
	20～30		1∶2.50～1∶3.00	1∶2.25～1∶2.75
	>30		1∶3.00～1∶3.50	1∶2.50～1∶3.00
分区坝	心墙坝	堆石（坝壳）	1∶1.70～1∶2.70	1∶1.50～1∶2.50
		土料（坝壳）	1∶2.50～1∶3.50	1∶2.00～1∶3.00
	斜墙坝		石质比心墙坝缓0.2；土质比心墙坝缓0.5	取值比心墙坝可适当偏陡
人工材料面板坝			1∶1.40～1∶1.70	1∶1.30～1∶1.40（堆石） 1∶1.50～1∶1.60（卵石）
沥青混凝土面板坝			不陡于1∶1.7	

上、下游坝坡马道的设置应根据坝面排水、检修、观测、道路、增加护坡和坝基稳定等不同需要确定。土质防渗体分区坝和均质坝上游坡宜少设马道。非土质防渗体材料面板坝上游不宜设马道。根据施工交通需要，下游坝坡可设置斜马道，其坡度、宽度、转弯半径、弯道加宽和超高等，应满足施工车辆行驶要求。斜马道之间的实际坝坡可局部变陡，但平均坡度应不陡于设计坝坡。马道宽度应根据用途确定，但最小宽度不宜小于1.50m。

若坝基土或筑坝土石料沿坝轴线方向不相同时，应分坝段进行稳定计算，确定相应的坝坡。当各坝段采用不同坡度的断面时，每一坝段的坝坡应根据坝段中最大断面来选择。坝坡不同的相邻坝段，中间应设渐变段。

4.3 土石坝的构造

土石坝的构造主要包括坝顶、护坡、防渗体和排水设施等部分。

4.3.1 坝顶

坝顶护面材料应根据当地材料情况及坝顶用途确定，宜采用密实的砂砾石、碎石、单层砌石或沥青混凝土等柔性材料。其不足之处在于洪水漫过防浪墙后，会冲蚀坝顶材料使防浪墙掏脚而被推倒，造成洪水漫顶失事。如坝顶使用一些耐冲的材料，如混凝土、沥青、砌石等，对防汛有一定的好处，但厚层混凝土刚度较大，可能不与坝体变形同步，会使土与混凝土之间出现间隙，坝体裂缝也不易发现，这是不足之处。

坝顶面可向上、下游侧或下游侧放坡。坡度宜根据降雨强度，在2%～3%之间选择，并做好向下游的排水系统。坝顶上游侧宜设防浪墙，墙顶应高于坝顶1.00～1.20m。防浪墙必须与防渗体紧密结合。防浪墙应坚固不透水，其结构尺寸应根据稳定、强度计算确定，并应设置伸缩缝，做好止水，见图4-4、图4-5。

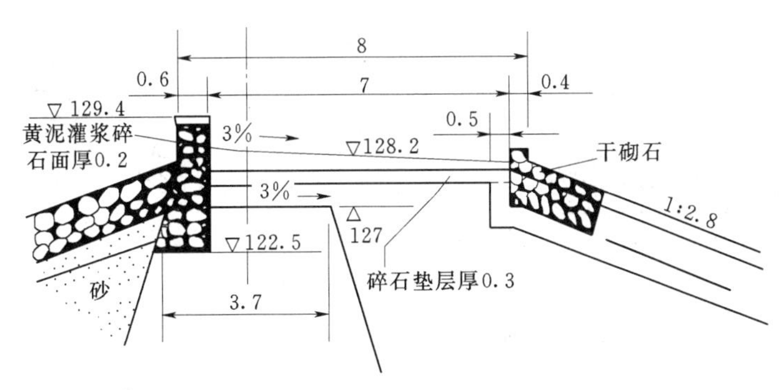

图4-4　南弯土石坝坝顶构造（单位：m）

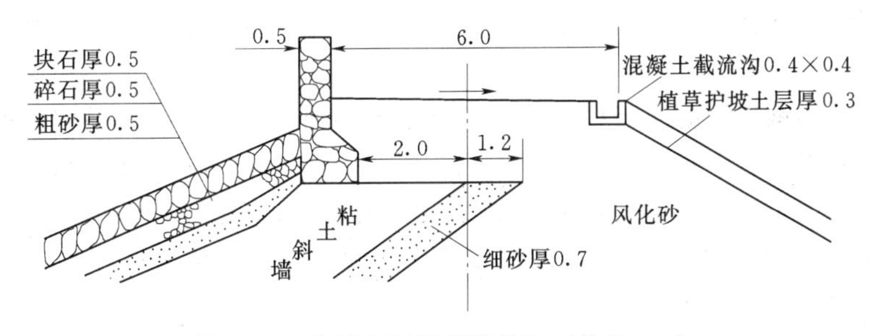

图4-5　临城土石坝坝顶构造（单位：m）

4.3.2　护坡

坝表面为土、砂、砂砾石等材料时应设专门护坡，堆石坝可采用堆石材料中的粗颗粒料或超径石做护坡。

护坡的形式、厚度及材料粒径应根据坝的等级、运用条件和当地材料情况，根据以下因素进行技术经济比较确定。上游护坡应考虑：波浪淘刷；顺坝水流冲刷；漂浮物和冰层的撞击及冻冰的挤压。下游护坡应考虑：冻胀、干裂及蚁、鼠等动物的破坏；雨水、大风、水下部位的风浪、冰层和水流的作用。

一、上游护坡

上游护坡的形式有：堆石（抛石）；干砌石；浆砌石；预制或现浇的混凝土或钢筋混凝土板（或块）；沥青混凝土；其他形式（如水泥土）。

护坡的范围为：上部自坝顶起，如设防浪墙时应与防浪墙连接；下部至死水位以下不宜小于2.50m，4级、5级坝可减至1.50m，最低水位不确定时应护至坝脚。

（1）抛石（堆石）护坡。它是将适当级配的石块倾倒在坝面垫层上的一种护坡。其优点是施工进度快、节省人力，但工程量比砌石护坡大。堆石厚度一般认为至少要包括2～

3层块石，这样便于在波浪作用下自动调整，不致因垫层暴露而遭到破坏。当坝壳为粘性小的细粒土料时，往往需要两层垫层，靠近坝壳的一层垫层最小厚度为15cm。

(2) 砌石护坡。是用人工将块石铺砌在碎石或砾石垫层上，有干砌石和浆砌石两种。要求石料比较坚硬并耐风化。

干砌块石应力求嵌紧，石块大小及护坡厚度应根据风浪大小经过计算决定，通常厚度为20～60cm。有时根据需要用2～3层的垫层，它也起反滤作用。砌石护坡构造见图4-6。

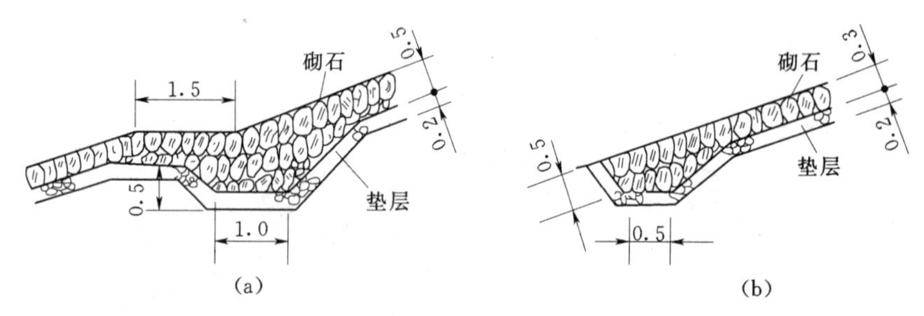

图4-6　砌石护坡构造

(a) 马道；(b) 护坡坡角

浆砌块石护坡能承受较大的风浪，也有较好的抗冰层推力的性能。但水泥用量大，造价较高。若坝体为粘性土，则要有足够厚度的非粘性土防冻垫层，同时要留有一定缝隙以便排水通畅。

(3) 混凝土和钢筋混凝土板护坡。当筑坝地区缺乏石料时可考虑采用此种型式。预制板的尺寸一般采用：方形板为1.5m×2.5m、2m×2m或3m×3m，厚为0.15～0.20m。预制板底部设砂砾石或碎石垫层。现场浇筑的尺寸可大些，可采用5m×5m、10m×10m甚至20m×20m。严寒地区冰推力对护坡危害很大，因此也有用混凝土板做护坡的，但其垫层厚度要超过冻深，见图4-7。

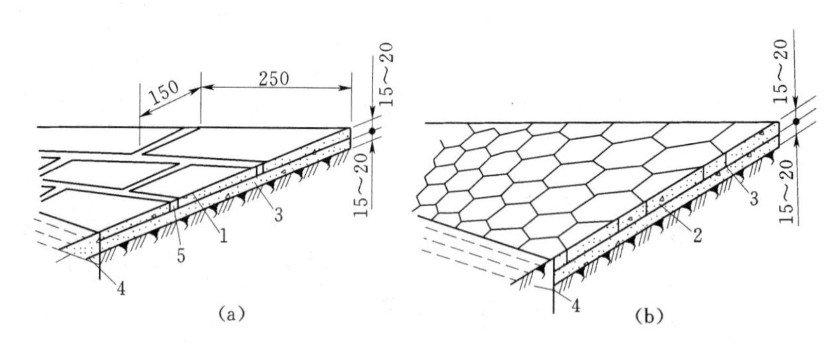

图4-7　混凝土板护坡

(a) 矩形板；(b) 六角形板

1—矩形混凝土板；2—六角形混凝土板；3—碎石或砾石；4—木挡柱；5—结合缝

(4) 渣油混凝土护坡。在坝面上先铺一层厚3cm的渣油混凝土（夯实后的厚度），上铺10cm的卵石做排水层（不夯），第三层铺8～10cm的渣油混凝土，夯实后在第三层表面倾倒温度为130～140℃的渣油砂浆，并立即将0.5m×1.0m×0.15m的混凝土板平铺其上，板缝间用渣油砂浆灌满。这种护坡在冰冻区试用成功，见图4-8。

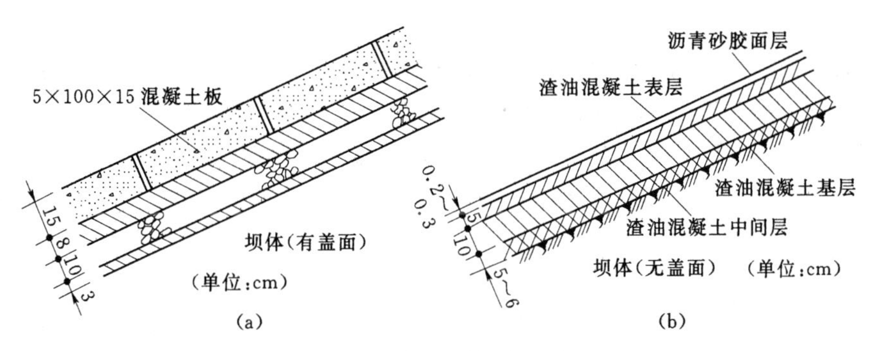

图 4-8 渣油混凝土护坡

(5) 水泥土护坡。将粗砂、中砂、细砂掺上7%~12%的水泥(重量比),分层填筑于坝面作为护坡,叫水泥土护坡。它是随着土石坝逐层填筑压实的,每层压实后的厚度不超过15cm。这种护坡厚度0.6~0.8m,相应水平宽度2~3m,见图4-9。

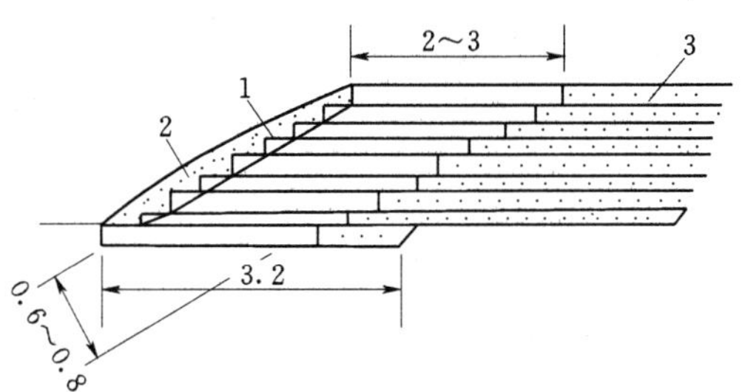

图 4-9 水泥土护坡
1—土壤水泥护坡;2—潮湿土壤保护层;3—压实的透水土料

这种护坡经过几个坝的实际应用,在最大浪高1.8m并经过十数年的冻融情况下,只有少量裂缝,护坡没有破坏。寒冷地区护坡在水库冰冻范围内,水泥含量应增加一些,常用8%~14%。

以上各种护坡的垫层按反滤层要求确定。垫层厚度一般对砂土可用15~30cm以上,卵砾石或碎石可用30~60cm以上。

二、下游护坡

下游护坡形式有:干砌石;堆石、卵石或碎石;草皮;钢筋混凝土框格填石;其他形式(如土工合成材料)。

护坡的范围为:应由坝顶护至排水棱体,无排水棱体时应护至坝脚。

草皮护坡是常用的形式,只要结合做好坡面排水,护坡效果良好,厚约5~10cm。碎石或卵砾石护坡,一般直接铺在坝坡上,厚约10~15cm。在下游坡面上需设置沟、槽等坝面排水系统,以汇集坡面流水,见图4-10。

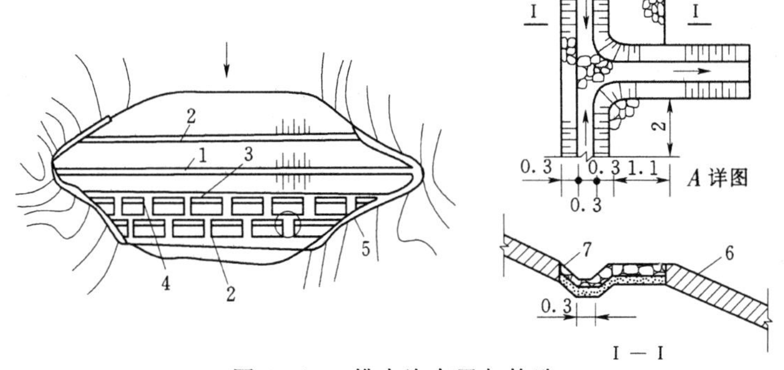

图 4-10 排水沟布置与构造
1—坝顶;2—马道;3—纵向排水沟;4—横向排水沟;5—岸坡排水沟;6—草皮护坡;7—浆砌石排水沟

4.3.3　防渗体

设置防渗设施的目的是：减少通过坝体和坝基的渗流量；降低浸润线，增加下游坝坡的稳定性；降低渗透坡降，防止渗透变形。土坝的防渗措施应包括坝体防渗、坝基防渗及坝身与坝基、岸坡及其他连接建筑物连接处的防渗。防渗体主要是心墙、斜墙、铺盖、截水墙等，它的结构尺寸应能满足防渗、构造、施工和管理方面的要求。

一、分区坝的防渗体

1. 塑性心墙

位于坝体中央或稍微偏向上游，由粘土、重壤土等粘性土料筑成。顶部高程高于设计洪水位 0.3～0.6m，且不低于校核洪水位。顶部的水平宽度应考虑机械化施工的需要，不应小于3m。底部厚度不宜小于水头的 1/4。如顶部设有防浪墙并与心墙紧密结合时，心墙顶部高程不受上述要求限制，但也不得低于设计洪水位。

为防止冰冻和干裂，顶部应设砂砾料保护层，其厚度应大于冰冻深度或干燥深度且不小于1.0m。心墙与坝壳间必须设置反滤层，见图 4－11 所示。心墙与地基、岸坡和其他建筑物连接时，必须有可靠的结合，以防止漏水和产生集中渗流。

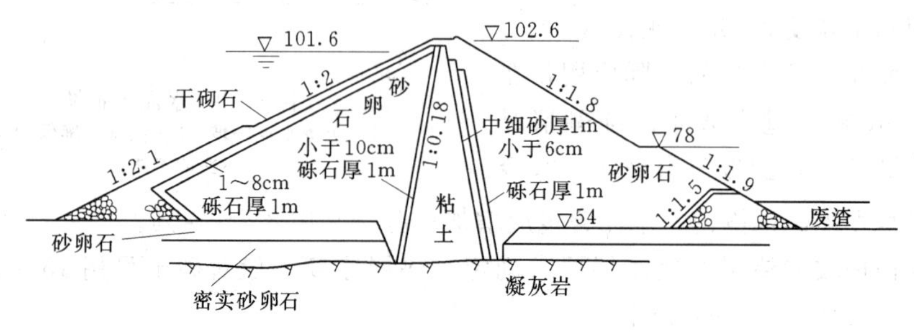

图 4－11　某水库粘土心墙土石坝

2. 塑性斜墙

位于坝体上游面，对土料的要求与心墙相同。顶部水平宽度不小于3m。底部厚度不宜小于水头的 1/5。顶部高程高于设计洪水位 0.6～0.8m且不低于校核洪水位。如顶部设有稳定、坚固、不透水且与斜墙紧密结合的防浪墙时，顶部高程要求与设防浪墙的心墙相同。

斜墙上游必须设保护层以防冰冻和干裂，厚度包括护坡垫层在内应不小于该地区的冻结深度或干燥深度。斜墙下游与坝壳之间按反滤层原则设置垫层。斜墙与保护层的坡度取决于稳定计算成果，一般内坡不陡于 1∶2.0，外坡常在 1∶2.5 以上，以维持斜墙填筑前的坝体稳定，见图 4－12。

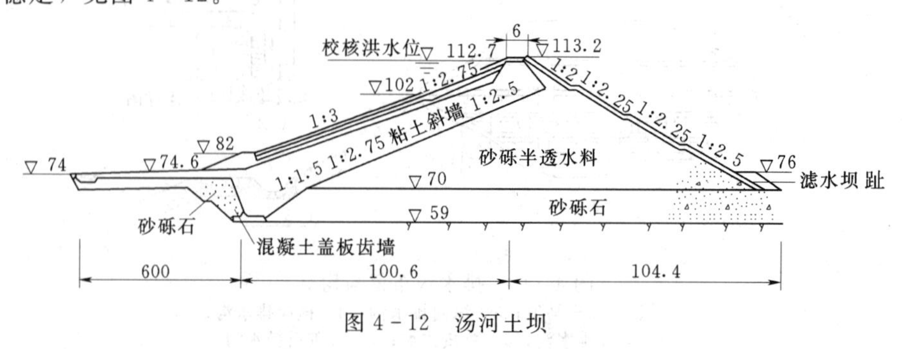

图 4－12　汤河土坝

二、人工材料防渗体

1. 沥青混凝土防渗体

沥青具有良好的粘结性，适于做砂卵石级配材料的胶结料。沥青混凝土作为土石坝的防渗体具有较好的抗渗性、耐久性和适应变形的性能，较之普通混凝土等刚性材料具有较大的优越性。沥青混凝土是由一定级配的碎石（或卵石）、砂、石粉和沥青按比例配合，然后加热拌和成均匀的混合物，经摊铺、碾压达到一定的密实度。

沥青混凝土防渗体有两种形式：沥青混凝土心墙和沥青混凝土面板。

(1) 沥青混凝土心墙。由于沥青混凝土渗透系数很小（$10^{-9}\sim10^{-10}$cm/s），所以断面很薄，一般采用底部厚、顶部窄的变厚心墙。对于中、低坝其底部厚度采用坝高的1/60～1/40，但不小于40cm；顶部厚度可以减小但不得小于30cm。心墙的上下游面铺设过渡层，过渡层用砂砾石或碎石填筑，作成柔性的以调节坝体变形，厚度不要小于50cm以免心墙中的沥青在水压力作用下被挤出。由于心墙位于坝内不受气候影响，不易受机械损伤，故其施工较沥青混凝土面板简单，但检查维修的条件较斜墙差。见图 4-13。

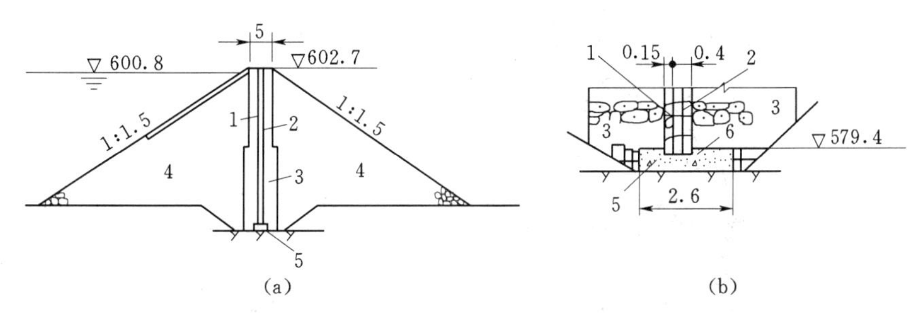

图 4-13 吉林白水堆石坝（单位：m）

(a) 坝断面；(b) 心墙与基础的连接

1—渣油沥青混凝土心墙，顶厚 10cm；2—渣油砂浆砌块石；3—干砌石；4—堆石；5—水泥混凝土垫座；6—渣油砂浆

(2) 沥青混凝土面板。常见的有两种型式，一为设有排水层的复式断面；另一为无排水层的简式断面。前者由碎石垫层、整平胶结层、防渗底层、排水层、防渗面层和封闭涂层组成；后者由碎石（或干砌石）垫层、防渗层和封闭涂层组成。垫层一般为碎石或砾石厚约 1～3m。有排水层的面板是在防渗层之下或两层防渗层之间，设置由粗粒级配沥青混凝土铺成的排水层，其厚度约 20cm 左右，分层铺压每一铺压层厚 3～6cm 左右。许多工程的运用实践表明，无排水层的面板几乎不渗水，因此近年来倾向不设排水层。

在防渗层的迎水面涂一层沥青胶砂保护层，以减轻沥青混凝土的老化，增强防渗效果，见图 4-14。

2. 混凝土和钢筋混凝土防渗体

图 4-15 为钢筋混凝土斜墙坝剖面图，斜墙铺在碎石或砌石垫层上，垫层将斜墙承受的水压力均匀传到堆石体上，一定程度上减少了堆石沉陷对斜墙的影响。垫层顶部厚度约 1.5～3.0m 向下逐渐加厚。石块要求填筑密实，孔隙率不超过 0.25～0.30。

(1) 整体式。钢筋混凝土斜墙直接浇在砌石层面上，只设竖向伸缩缝不设水平向沉陷降缝，双向钢筋通过施工缝。多在坝体完成后才修建。对沉降适应性差，见图 4-15。

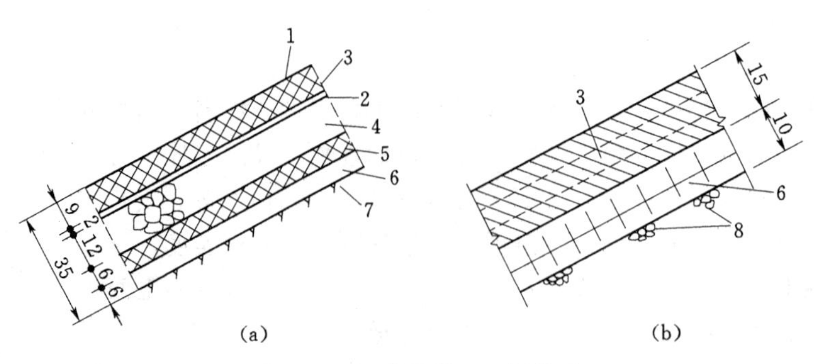

图 4-14　沥青混凝土面板构造

(a) 具有中间排水层的（正凯罗坝）；(b) 无中间排水层的（半城子坝）
1—沥青砂胶；2—沥青砂浆；3—沥青混凝土（分 3 层浇筑）；4—排水层；
5—沥青混凝土（分 2 层浇筑）；6—整平层；7—砂浆；8—碎石垫层

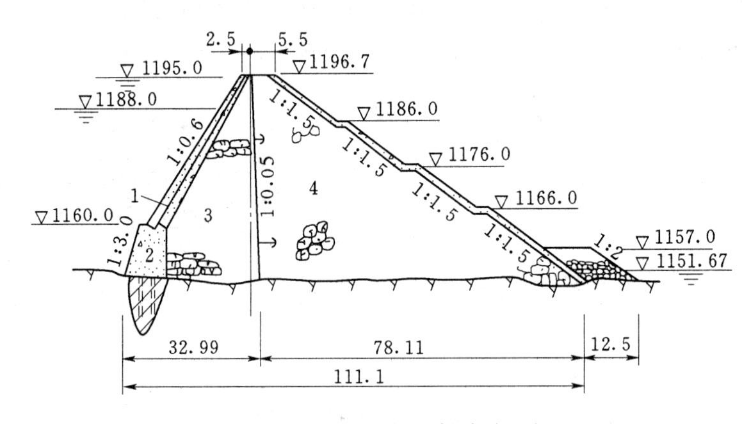

图 4-15　钢筋混凝土斜墙堆石坝

1—钢筋混凝土斜墙；2—块石混凝土垫座；3—中间干砌块石；4—下游堆石

(2) 分块式。将钢筋混凝土斜墙分成 10～20m 的正方块或长方块，块间的钢筋不连通，缝间设止水。斜墙与岸边连接处设有双条周边缝，以防斜墙因变形而开裂。典型布置如图 4-16。

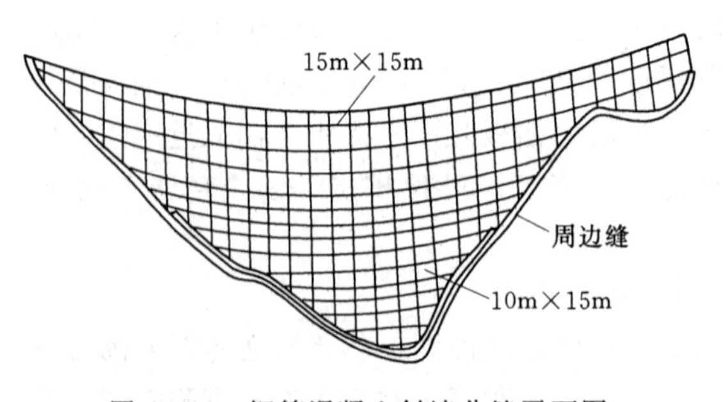

图 4-16　钢筋混凝土斜墙分缝平面图

(3) 滑动式。在砌石面上浇筑一层厚几厘米的无筋混凝土垫层，在垫层上敷以沥青等涂料，然后再建钢筋混凝土斜墙。这样可使坝壳的沉降对斜墙的影响较小，滑动式斜墙的钢筋穿过接缝。

(4) 多层式。由多层钢筋混凝土板组成。板间涂以沥青或夹沥青混凝土板或夹油浸沥青麻片，以减小板间摩阻力并增加斜墙的不透水性。每层板均分成3～9m的正方形。相邻层间的缝应错开以免形成渗流通道。如图4-17。

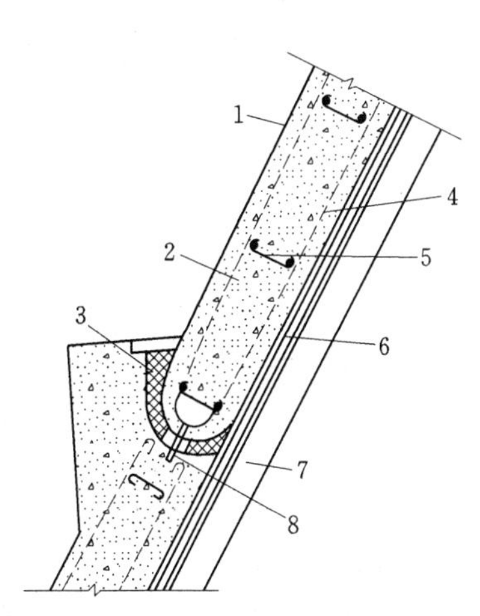

图4-17 多层式钢筋混凝土面板构造图

1—喷涂环氧树脂和沥青；2—水平向钢筋；3—止水填料；4—顺破主筋（一律焊接）；5—架立筋（按梅花形排列）；6—沥青、麻片、沥青、麻片、沥青；7—素混凝土；8—止水铜片

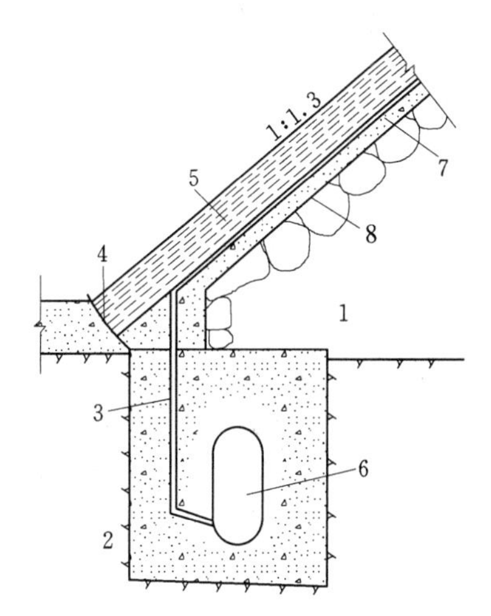

图4-18 雷姆司坝的分层喷混凝土面板构造图

1—干砌石；2—基岩；3—排水管；4—周边缝；5—底部10层、顶部5层的喷混凝土斜墙，钢筋ϕ8mm，间距15cm，周边处间距12cm；6—检查廊道；7—无砂透水混凝土，厚20cm；8—氯丁乙烯橡胶布

(5) 分层喷混凝土式。它与多层式不同之处是分层间喷混凝土紧密结合成整体。每喷层厚7cm，共5～10层。每层间均设有直径8mm，间距15cm的钢筋网。它较钢筋混凝土斜墙更接近均质弹性体材料，因而具有较高的抗弯强度。如图4-18。

钢筋混凝土斜墙厚度必须满足抗渗、抗裂要求，顶部厚度不小于0.30m。混凝土标号不低于C20、S8、D150，配筋率按构造要求不低于0.4%。为防止面板开裂，一般需设置垂直坝轴线的沉降缝和与地基连接的周边缝，缝内设有可靠的柔性止水结构。考虑到坝面的不均匀沉降，在平行坝轴线方向也需设置水平沉降缝。

4.3.4 排水设备

由于在土石坝中渗流不可避免，所以土石坝应设置坝体排水，用以降低浸润线，改变渗流方向，防止渗流逸出处产生渗透变形，保护坝坡土不产生冻胀破坏。坝体排水必须满足以下要求：能自由的向坝外排出全部渗水；应按反滤要求设计；便于观测和检修。坝体排水设备型式与下列因素有关：坝型、坝体填土和坝基土性质，以及坝基的工程地质和水文地质条件；下游水位及泥沙淤积影响；施工情况及排水设备的材料；筑坝地区的气候条件等。

常用的坝体排水有以下几种型式。

一、坝体内排水

1. 竖式排水

见图4-19，包括直立排水、上昂式排水、下昂式排水等；设置竖式排水的目的是使透过坝体的水通过其排至下游，保持坝体干燥，有效地降低坝体的浸润线，并防止渗透水

在坝坡出逸。一般竖式排水的顶部通到坝顶附近，底部与坝底水平排水层连接，通过水平排水层排至下游。竖式排水也可以向上游或下游倾斜的形式，这是近年来控制渗流的有效形式。特别是对均质坝，更宜提倡这种形式。

2. 水平排水

见图4-19，包括坝体不同高程的水平排水层、褥垫式排水（坝底部水平排水层）、网状排水带、排水管等。

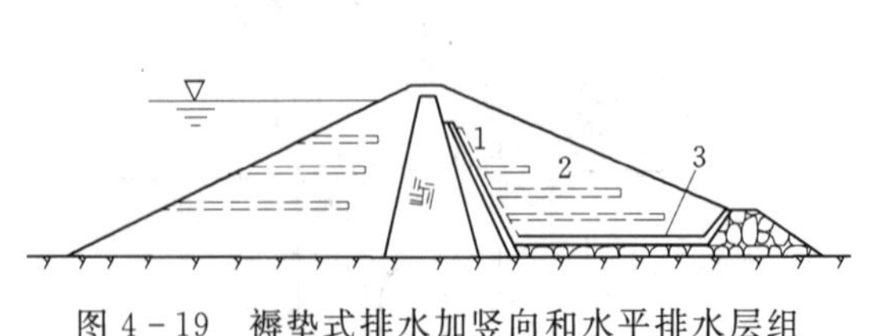

图4-19　褥垫式排水加竖向和水平排水层组

1—竖向排水；2—水平排水层组；3—褥垫排水

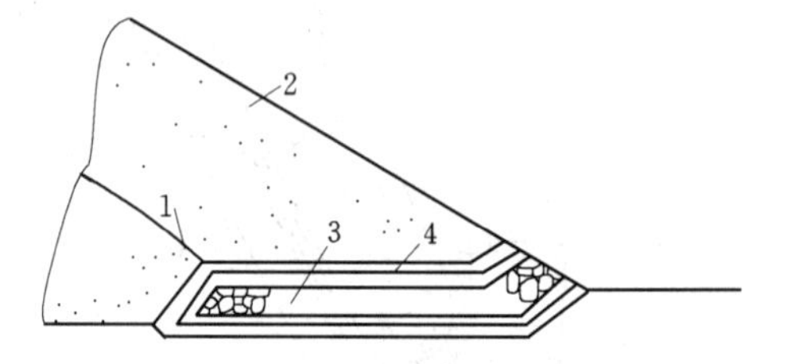

图4-20　褥垫排水

1—浸润线；2—坝坡；3—褥垫排水；4—反滤层

3. 褥垫式排水

见图4-20，可以降低坝体浸润线，防止土体的渗透破坏和坝坡土的冻胀，增加坝基的渗透稳定。造价也较低。在下游无水时还是一种较好的排水设备，缺点是不易检修。坝内水平排水伸进坝体的极限尺寸，对于粘性土均质坝为坝底宽的1/2，砂性土均质坝为坝底宽的1/3；对于土质防渗体分区坝，宜与防渗体下游的反滤层相连接。

二、棱体排水体（滤水坝趾）

见图4-21，可以降低坝体浸润线，防止坝坡土的渗透破坏和冻胀，在下游有水条件下可防止波浪淘刷。还可与坝基排水相结合，在坝基强度较大时，可以增加坝坡的稳定性，是一种均质坝常用的排水设备。但需要的块石较多，造价较高，且与坝体施上有干扰，检修较困难。

棱体排水设计应遵守下列规定：顶部高程应超出下游最高水位，超过的高度，1级、2级坝应不小于1.0m，3级、4级和5级坝应不小于0.5m，并大于波浪沿坡面的爬高；顶部高程应使坝体浸润线距坝面的距离大于该地区的冻结深度；顶部宽度应根据施工条件及检查观测需要确定但不宜小于1.0m；应避免在棱体上游坡脚处出现锐角。

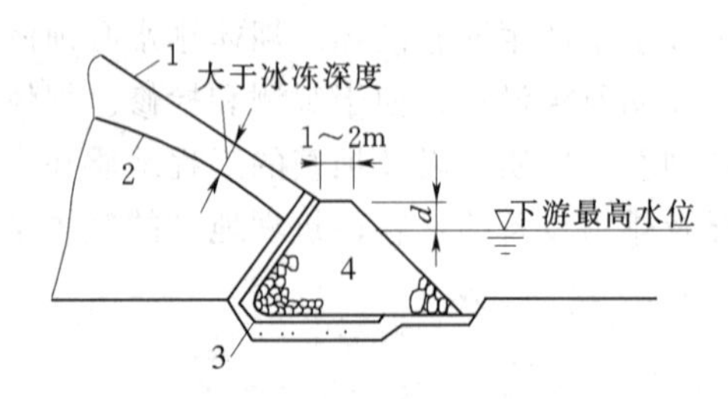

图4-21　棱体排水

1—坝坡；2—浸润线；3—反滤层；4—堆石棱体

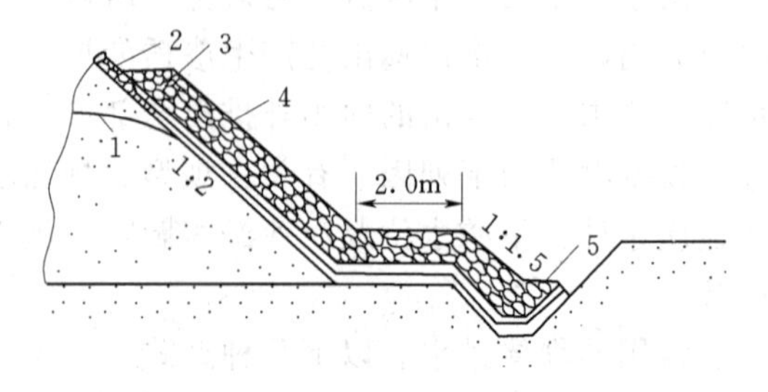

图4-22　贴坡排水

1—浸润线；2—护坡；3—反滤层；4—排水；5—排水沟

三、贴坡排水体

见图4-22，可以防止坝坡土发生渗透破坏，保护坝坡免受下游波浪淘刷，与坝体施工干扰较小，易于检修，但不能有效地降低浸润线。要防止坝坡冻胀，必须将反滤层加厚到超过冻结深度。土质防渗体分区坝常用这种排水体。

贴坡排水设计应遵守下列规定：顶部高程应高于坝体浸润线出逸点，超过的高度应使坝体浸润线在该地区的冻结深度以下，1 级、2 级坝不小于 2.0m，3 级、4 级和 5 级坝不小于 1.5m，并应超过波浪沿坡面的爬高；底部应设置排水沟或排水体；材料应满足防浪护坡的要求。

四、综合排水

为发挥各种排水型式的优点，在实际工程中常根据具体情况采用几种排水型式组合在一起的综合排水，例如若下游高水位持续时间不长，为节省石料可考虑在下游正常水位以上采用贴坡式排水，以下采用棱体排水。还可用褥垫式与棱体排水组合；贴坡、棱体与褥垫式排水等综合排水，见图 4－23。

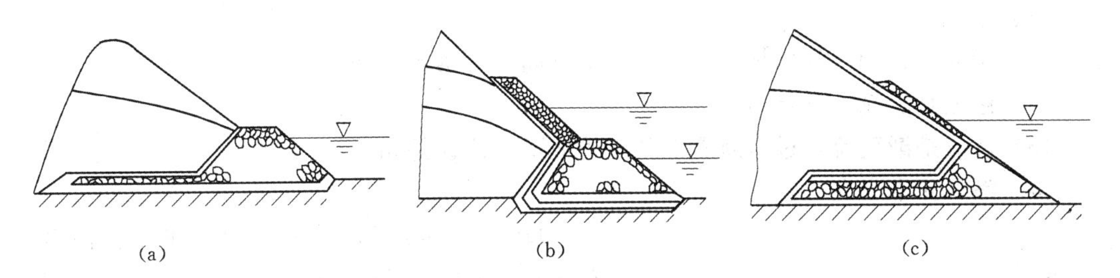

图 4－23 综合排水

(a) 褥垫＋棱体；(b) 贴坡＋棱体；(c) 贴坡＋褥垫＋棱体

4.4 土石坝的渗流分析

4.4.1 概述

一、渗流分析内容

(1) 确定坝体浸润线及其下游出逸点的位置，绘制坝体及坝基内的等势线分布图或流网图。

(2) 确定坝体与坝基的渗流量。

(3) 确定坝坡出逸段与下游坝基表面的出逸比降，以及不同土层之间的渗透比降。

(4) 确定库水位降落时上游坝坡内的浸润线位置或孔隙压力。

(5) 确定坝肩的等势线、渗流量和渗透比降。

二、渗流分析方法

土石坝渗流分析通常是把一个实际比较复杂的空间问题近似转化为平面问题。土石坝的渗流分析方法主要有解析法、手绘流网法、实验法和数值法四种。

解析法分为流体力学法和水力学法。前者理论严谨，只能解决某些边界条件较为简单的情况；水力学法计算简单，精度可满足工程要求，并在工程实践中得到了广泛的验证。本节主要介绍水力学法。

手绘流网法是一种图解流网，绘制方便，当坝体和坝基中的渗流场不十分复杂时，其

精度能满足工程要求，但在渗流场内具有不同土质，且其渗透系数差别较大的情况下较难应用。

遇到复杂地基或多种土质坝，可用电模拟实验法，它能解决三维问题，但需一定的设备。近年来由于计算机和有限元等数值分析法的发展，数值法在土石坝渗流分析中得到了广泛的应用，对 1 级、2 级坝及高坝，规范提出用数值法求解。

三、渗流分析的计算情况

(1) 上游正常蓄水位与下游相应的最低水位。

(2) 上游设计洪水位与下游相应的水位。

(3) 上游校核洪水位与下游相应的水位。

(4) 库水位降落时上游坝坡稳定最不利的情况。

4.4.2　渗流分析的水力学法

一、基本假定

(1) 坝体土是均质的，坝内各点在各个方向的渗透系数相同。

(2) 渗流是层流，符合达西定律，$v=KJ$。

(3) 渗流是渐变流，过水断面上各点的坡降和流速是相等的。

二、渗流基本公式

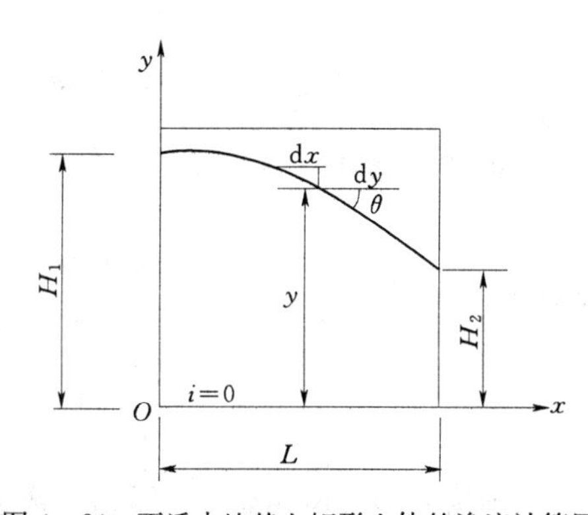

图 4-24　不透水地基上矩形土体的渗流计算图

如图 4-24 所示，矩形土体内的渗流满足上述假定，建立坐标轴 XOY。

应用达西定律，并假定任一铅直过水断面内各点的渗透坡降相等，对不透水地基上的矩形土体，流过断面上的平均流速为

$$v=-K\frac{dy}{dx}=-KJ \tag{4-5}$$

单宽流量

$$q=vy=-Ky\frac{dy}{dx} \tag{4-6}$$

自上游向下游积分

$$q=\frac{K}{2L}({H_1}^2-{H_2}^2) \tag{4-7}$$

自上游向区域中某点 (x, y) 积分，得浸润线方程

$$y=\sqrt{{H_1}^2-\frac{2q}{K}x} \tag{4-8}$$

三、不透水地基上渗流计算

1. 均质坝

(1) 下游有水而无排水设备或设有贴坡式排水的情况。过 B' 点作铅垂线将坝体分为两部分；用虚拟矩形 $AEOF$ 代替三角形 AMF。

$$\Delta L=\frac{m_1H_1}{2m_1+1} \tag{4-9}$$

1) 上游坝体段计算。

按式（4－7）通过上游段的渗流量为

$$q_1 = K\frac{H_1{}^2 - (H_2 + a_0)^2}{2L'} \tag{4-10}$$

式中 a_0——浸润线出逸点在下游水面以上的高度；

K——坝身土料渗透系数；

H_1——上游水深；

H_2——下游水深；

L'见图4－25。

2）下游段坝体段计算，如图4－26所示。

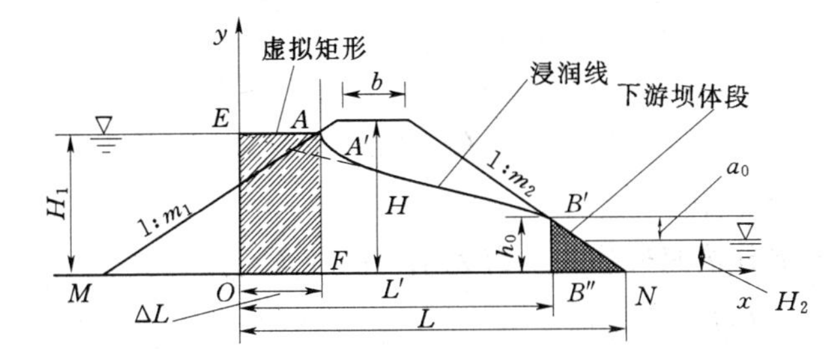

图4－25 不透水地基上均质土坝的渗流计算图

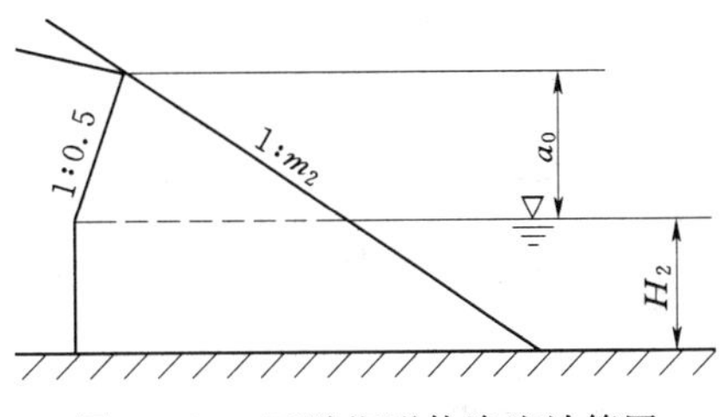

图4－26 下游楔形体渗流计算图

下游水位以上部分单宽渗流量

$$q_2' = K\frac{a_0}{m_2 + 0.5} \tag{4-11}$$

下游水位以下部分单宽渗流量

$$q_2'' = K\frac{a_0 H_2}{(m_2 + 0.5)a_0 + \dfrac{m_2 H_2}{1 + 2m_2}} \tag{4-12}$$

通过下游坝体总单宽流量

$$q_2 = q_2' + q_2'' = K\frac{a_0}{m_2 + 0.5}\left(1 + \frac{H_2}{a_0 + a_m H_2}\right) \tag{4-13}$$

$$a_m = \frac{m_2}{2(m_2 + 0.5)^2} \tag{4-14}$$

根据水流连续性条件： $q_1 = q_2 = q$ （4－15）

可求：q及a_0；由式（4－8）可确定浸润线。上游坝面附近的浸润线需作适当的修正：自A点作与坝坡AM正交的平滑曲线，曲线下端与计算求得的浸润线相切于A'点。

当下游无水时，以上各式中的$H_2=0$。

下游有贴坡式排水时，因贴坡式排水基本上不影响坝体浸润线的位置，所以计算方法与下游不设排水时相同。

（2）下游有褥垫排水，如图4－27所示。

浸润线为抛物线，其方程为

$$L' = \frac{y^2 - h_0{}^2}{2h_0} + x \tag{4-16}$$

$$h_0 = \sqrt{L'^2 + H_1^2} - L' \tag{4-17}$$

通过坝身的单宽渗流量

$$q = \frac{K(H_1^2 - h_0^2)}{2L'} \tag{4-18}$$

（3）下游有棱体排水，如图 4－28 所示。

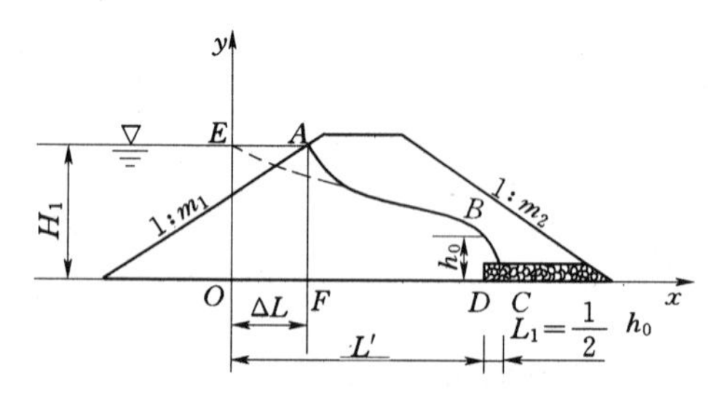

图 4－27　有褥垫排水时渗流计算图

图 4－28　有棱体排水时渗流计算图

1）下游无水情况，按上述褥垫排水情况计算。

2）下游有水情况，将下游水面以上部分按照褥垫式下游无水情况处理，即：

$$h_0 = \sqrt{L'^2 + (H_1 - H_2)^2} - L' \tag{4-19}$$

单宽渗流量

$$q = \frac{K}{2L'}[H_1^2 - (H_2 + h_0)^2] \tag{4-20}$$

浸润线按式（4－8）计算。

2. 心墙坝

一般心墙土料的渗透系数很小，比坝壳小 1 万倍以上。因此，在进行计算时可不考虑上游坝壳降落水头的作用。下游坝壳的浸润线也比较平缓，水头损失主要在心墙部位，单下游有排水设备时，见图 4－29，可近似认为浸润线的逸出点为下游水位与堆石内坡的交点，将心墙壁简化成厚度为 δ 的等厚矩形，则

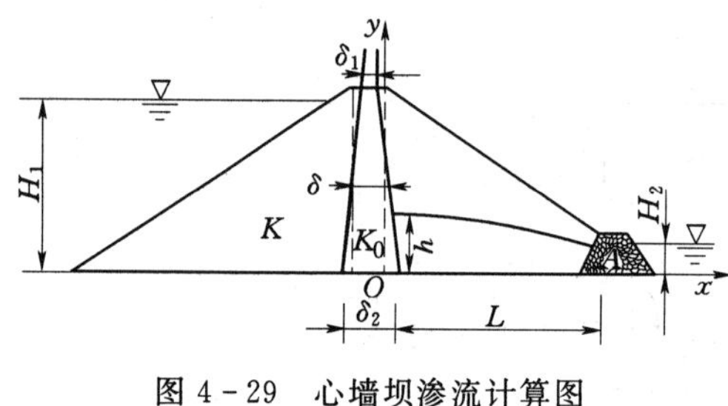

图 4－29　心墙坝渗流计算图

$$\delta = \frac{1}{2}(\delta_1 + \delta_2)$$

通过心墙的单宽流量为

$$q_1 = \frac{K_0(H_1^2 - h^2)}{2\delta} \tag{4-21}$$

通过下游坝壳的单宽流量为

$$q_2 = \frac{K(h^2 - H_2^2)}{2L} \tag{4-22}$$

由 $q = q_1 = q_2$ 得心墙后浸润线高度 h 和渗流量 q。下游坝壳浸润线仍用式（4－8），只需将公式中得 H_1 换成 h。

3. 斜墙坝（见图 4－30）

将斜墙壁简化成厚度为 δ 的等厚斜墙，则

$$\delta = \frac{1}{2}(\delta_1 + \delta_2)$$

通过斜墙的单宽流量为

$$q_1 = \frac{K_0(H_1{}^2 - h^2)}{2\delta\sin\theta} \tag{4-23}$$

斜墙后坝壳的单宽流量为

$$q_2 = \frac{K(h^2 - H_2{}^2)}{2L} \tag{4-24}$$

由 $q=q_1=q_2$ 得斜墙后浸润线高度 h 和渗流量 q。下游坝壳浸润线仍用式（4－8），只需将公式中得 H_1 换成 h。

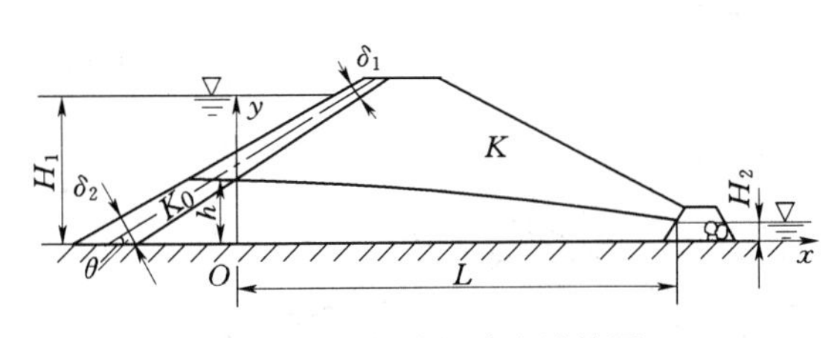

图 4－30　斜墙坝渗流计算图

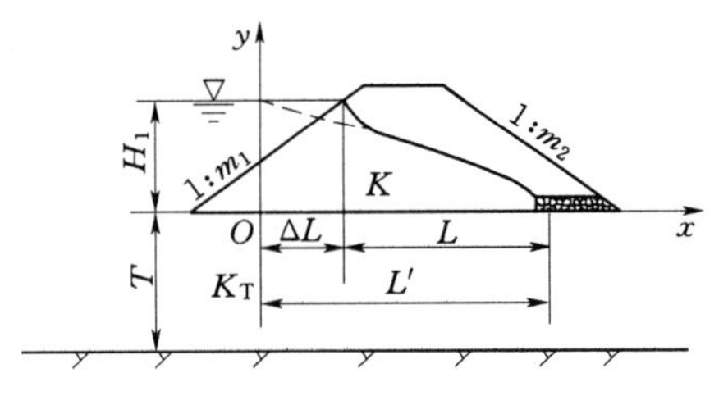

图 4－31　透水地基渗流计算图

四、有限深透水地基上渗流计算

1. 均质坝（见图 4－31）

（1）坝体浸润线可不考虑坝基渗透的影响，仍用地基不透水情况算出的结果。

（2）坝体与坝基渗透系数相近。

1）假定坝基不透水，计算坝体渗流量。

2）假定坝体不透水，计算坝基渗流量。

3）前两者相加，可近似得到坝体坝基渗流量。

（3）当坝体渗透系数是坝基的百分之一时，认为坝体不透水，反之相同。

考虑坝基透水的影响，上游面的等效矩形宽度应按下式计算：

$$\Delta L = \frac{\beta_1\beta_2 + \beta_3\dfrac{K_T}{K}}{\beta_1 + \dfrac{K_T}{K}} \tag{4-25}$$

$$\beta_1 = \frac{2m_1H_1}{T} + \frac{0.44}{m_1} - 0.12,\ \beta_2 = \frac{m_1H_1}{1+2m_1},\ \beta_3 = m_1H_1 + 0.44T$$

式中　T——透水地基厚度；

K_T——透水地基的渗透系数。

下游无水时，通过坝体和坝基的单宽渗流量：

$$q = q_1 + q_2 = K\frac{H_1^2}{2L'} + K_T\frac{TH_1}{L' + 0.44T} \tag{4-26}$$

下游有水时，通过坝体和坝基的单宽渗流量：

$$q = K\frac{H_1{}^2 - H_2{}^2}{2L'} + K_T\frac{H_1 - H_2}{L' + 0.44T}T \tag{4-27}$$

2. 心墙坝（见图 4-32）

（1）一般 K_0 比 K 小很多，近似认为上游坝壳中无水头损失。

（2）通过心墙、截水墙段的单宽渗流量：

$$q_1 = K_0\frac{(H_1 + T)^2 - (h + T)^2}{2\delta} \tag{4-28}$$

（3）通过下游坝壳和坝基段的单宽渗流量：

$$q_2 = K\frac{h^2}{2L} + K_T T\frac{h}{L + 0.44T} \tag{4-29}$$

（4）由 $q_1 = q_2 = q$，得 h 和 q 。

（5）浸润线近似按式（4-30）近似计算：

$$y = \sqrt{h^2 - \frac{h^2}{L}x} \tag{4-30}$$

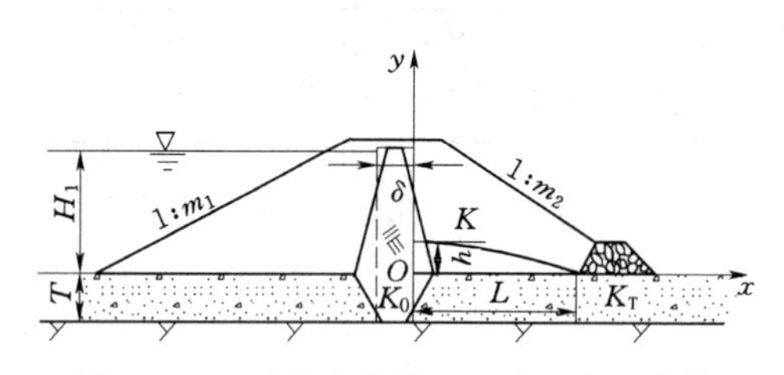

图 4-32 透水地基粘土心墙坝渗流计算

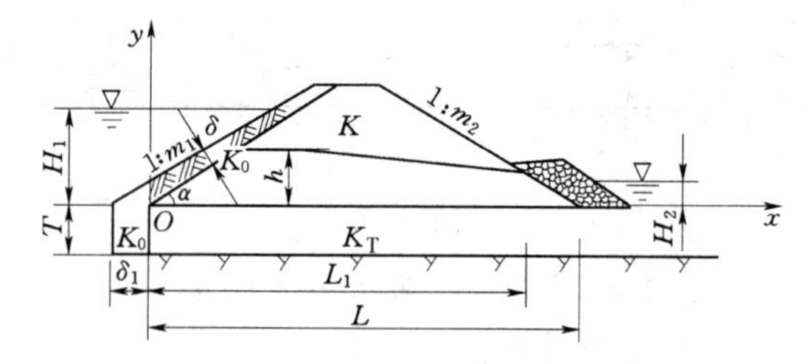

图 4-33 斜墙+截水墙渗流计算图

3. 斜墙坝

有限深透水地基上的斜墙土坝，一般同时设有截水墙或铺盖。前者用于地基透水层较薄时截断透水地基渗流；后者用于透水地基较厚时延长渗径，减小渗透坡降，防止渗透变形。

（1）有截水墙情况，如图 4-33，与心墙情况类似。

1）通过斜墙、截水墙段的单宽渗流量：

$$q_1 = \frac{K_0(H_1{}^2 - h^2)}{2\delta\sin\alpha} + \frac{K_0(H_1 - h)}{\delta_1}T \tag{4-31}$$

2）通过下游坝壳和坝基段的单宽渗流量：

$$q_2 = K\frac{(h^2 - H_2{}^2)}{2(L - m_2H_2)} + K_T T\frac{(h - H_2)}{L + 0.44T} \tag{4-32}$$

3）由 $q_1 = q_2 = q$，得 h 和 q。

4）斜墙后坝体浸润线方程：

$$y = \sqrt{\frac{L_1}{L_1 - m_1h}h^2 - \frac{h^2}{L_1 - m_1h}x} \tag{4-33}$$

（2）有铺盖情况，见图 4-34，近似认为铺盖与斜墙是不透水的，并以铺盖末端为分界线，将渗流区分为两段进行计算。

1）通过铺盖下坝基段的单宽渗流量：

$$q_1 = K_T \frac{H_1 - h}{L_n + 0.44T} T \tag{4-34}$$

2）通过下游坝壳和坝基段的单宽渗流量仍用式（4-32）计算：

$$q_2 = K \frac{(h^2 - H_2{}^2)}{2(L - m_2 H_2)} + K_T T \frac{(h - H_2)}{L + 0.44T}$$

3）由 $q_1 = q_2 = q$，得 h 和 q。

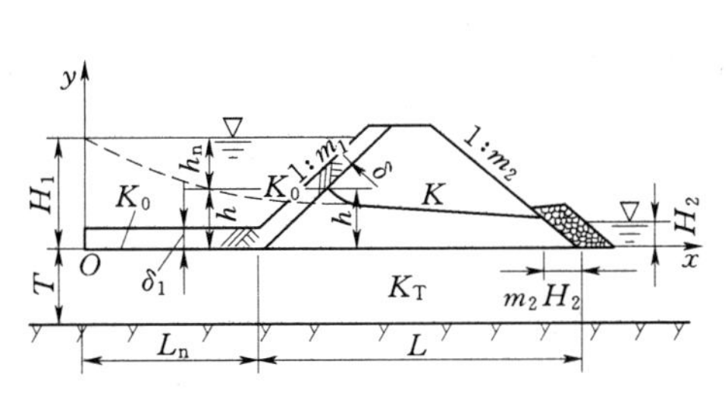

图 4-34　斜墙+铺盖渗流计算图

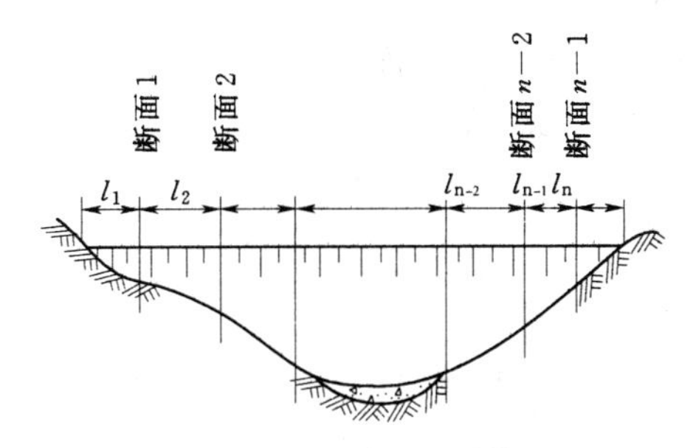

图 4-35　总渗流量计算图

五、总渗流量计算（见图 4-35）

计算总渗流量时，应根据地形、地质、防渗排水的变化情况，将土石坝沿坝轴线分为若干段，然后分别计算选取断面的单宽渗流量，再按式（4-35）计算总渗流量。

$$Q = \frac{1}{2}[q_1 l_1 + (q_1 + q_2) l_2 + \cdots + (q_{n-2} + q_{n-1}) l_{n-1} + q_{n-1} l_n] \tag{4-35}$$

式中　$l_1, l_2, \cdots, l_n$——各段坝长；

$q_1, q_2, \cdots, q_{n-1}$——断面 1，断面 2，…，断面 $n-1$ 处的单宽渗流量。

4.4.3　土石坝的渗透变形及其防止措施

一、渗透变形分类与特点

渗流对土体的作用：从宏观上看：影响坝的应力和变形；从微观上看：使土体颗粒失去原有的平衡，而产生渗透变形。渗透变形是土体在渗透水流作用下的破坏变形，它与土料性质、土粒级配、水流条件以及防渗排水设施有关，一般有以下几种型式。

（1）管涌。指坝体和坝基土体中部分细颗粒被渗流水带走的现象。细颗粒被带走后，孔隙扩大，管涌还将进一步发展。一般将管涌区分为内部管涌与外部管涌两种情况，前者颗粒移动只发生于坝体内部，后者颗粒可被带出坝体之外。管涌只发生于无粘性土中。其产生条件为：内因是非粘性土颗粒不均匀，间断级配；外因是渗透流速达到一定值。管涌类型有机械管涌、化学管涌等。

（2）流土。指在渗流作用下，粘性土及均匀无粘性土体被浮动的现象。其产生条件是渗透动水压力大于土体保持稳定的力。流土发生在粘性土及均匀非粘性土中，其发生部位常见于渗流从坝下游逸出处。

（3）接触冲刷。在细颗粒土与粗颗粒土的交接面上（包括建筑物与地基的接触面），渗流方向与交接面平行，细颗粒土被渗流水带走而发生破坏。一般发生于非粘性土中。

（4）接触流土。渗流垂直于渗透系数相差较大的两相邻土层流动时，将渗透系数较小的土层的细颗粒带入渗透系数较大的土层现象。一般发生于粘土心墙与坝壳之间、坝体与坝基或坝体与坝体排水之间。

二、非粘性土管涌与流土的判别

试验研究表明，土壤中的细颗粒含量是影响土体渗透性能和渗透变形的主要因素。

南京水利科学研究院进行大量研究，结论是粒径在2mm以下的细颗粒含量 $P_g>35\%$时，孔隙填充饱满，易产生流土；$P_g<20\%$时，孔隙填充不足，易产生管涌；$25\%<P_g<35\%$时，可能产生管涌或流土。并提出产生管涌或流土的细颗粒临界含量与孔隙关系为

$$P_g = \alpha \frac{\sqrt{n}}{1+\sqrt{n}} \tag{4-36}$$

式中　P_g——粒径等于或小于2mm的细颗粒临界含量；

α——修正系数，取0.95～1.0；

n——土壤孔隙率（%）。

（1）当土体细颗粒含量大于 P_g 时，可能产生流土。

（2）当土体细颗粒含量小于或等于 P_g 时，则可能产生管涌。

三、渗透变形的临界坡降与允许坡降

1. 产生管涌的临界坡降 J_c和容许坡降

当渗流自下而上，根据土粒在渗流作用下的平衡条件，在非粘性土中产生管涌的临界坡降 J_c，可按下式计算（南京水利科学研究院经验公式），适用于中小型工程及初步设计。

$$J_c = \frac{42d_3}{\sqrt{\frac{K}{n^3}}} \tag{4-37}$$

式中　d_3——相应于粒径曲线上含量为3%的粒径，cm；

K——渗透系数，cm/s；

n——土壤孔隙率，%。

对于大中型工程，应进行管涌试验，求出实际产生管涌的临界坡降。

容许渗透坡降计算式：

$$[J] = \frac{J_c}{K} \tag{4-38}$$

式中　K——安全系数，一般为2～3。

2. 产生流土的临界坡降 J_B 和容许坡降

当渗流自下而上，根据由极限平衡条件得到的太沙基公式计算：

$$J_B = (G-1)(1-n) \tag{4-39}$$

式中　G——土粒比重；

n——土的孔隙率；

J_B——一般在0.8～1.2之间变化。

南科院建议把式（4－39）乘以1.17。容许渗透坡降［J_B］也要采用一定的安全系数，对于粘性土，可用1.5；对于非粘性土，可用2.0～2.5。

四、防止渗透变形的工程措施

为防止渗透变形，常采用的工程措施有：全面截阻渗流，延长渗径；设置排水设施；设置反滤层；设排渗减压井。

反滤层作用是滤土排水，它是提高抗渗破坏能力、防止各类渗透变形，特别是防止管涌的有效措施。在任何渗流流入排水设施处都要设置反滤层。

砂石反滤层结构见图4－36。

砂石反滤层设计原则：被保护土壤的颗粒不得穿过反滤层；相邻两层反滤层间，颗粒小的不得穿过较粗的孔隙；各层内土壤不得发生相对移动；反滤层不得被堵塞；应保持耐久、稳定。

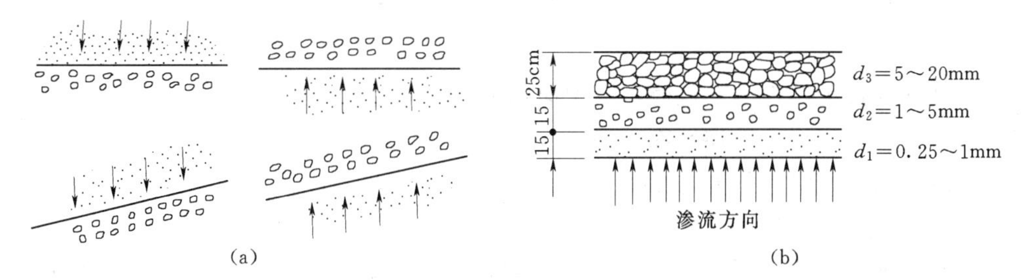

图4－36　反滤层布置图

（a）渗流方向与反滤层层次的排列形式；（b）反滤层的厚度与粒径大小举例

砂石反滤层材料：质地坚硬，抗水性和抗风化能满足工程条件要求；具有要求的级配；具有要求的透水性；粒径小于0.075mm的粒径含量应不超过5%。

土工织物已广泛应用于坝体排水反滤以及作为坝体和渠道的防渗材料。在土坝坝体底部或在靠下游边坡的坝体内部沿水平方向铺设土工织物，可提高土体抗剪强度，增加边坡稳定性，详见《土工合成材料应用技术规范》。

4.5　土石坝的稳定分析

4.5.1　概述

稳定分析是确定坝体设计剖面经济安全的主要依据。由于土石坝体积大、坝体重，不可能产生水平滑动，其失稳形式主要是坝坡滑动或坝坡与坝基一起滑动。

土石坝稳定计算的目的是保证土石坝在自重、孔隙压力、外荷载的作用下，具有足够的稳定性，不致发生通过坝体或坝基的整体或局部剪切破坏。

坝坡稳定计算时，应先确定滑动面的形状，土石坝滑坡的型式与坝体结构、土料和地基的性质以及坝的工作条件等密切相关。图4－37表示了各种可能的滑裂面型式。

1. 圆弧滑裂面

当滑裂面通过粘性土部位时，其形状常是近似上陡下缓的曲面，实际计算时用圆弧表

示，如图4－37（a）、图4－37（b）。

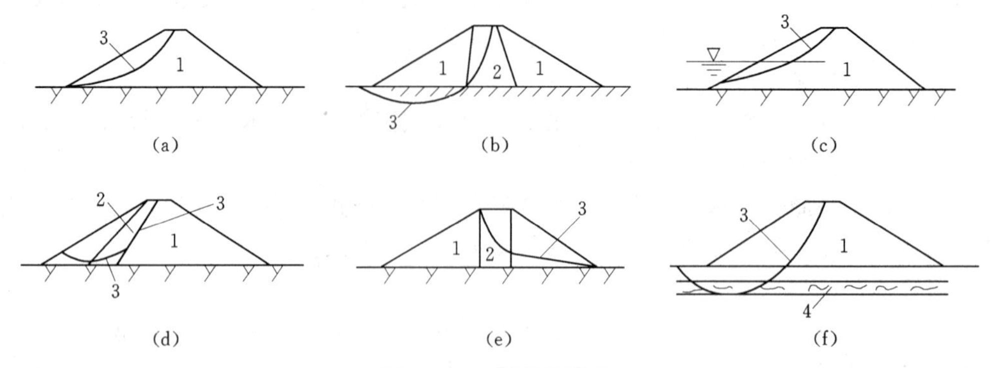

图4－37　滑裂面型式

（a）、（b）圆弧滑裂面；（c）、（d）折线滑裂面；（e）、（f）复合滑裂面

1—坝壳；2—防渗体；3—滑裂面；4—软弱层

2. 直线或折线滑裂面

当滑裂面通过无粘性土部位时，滑裂面的形状可能是直线或折线形。当坝坡干燥或全部浸入水中时呈直线形；当坝坡部分浸入水中时呈折线形，如图4－37（c）。斜墙坝的上游坡失稳时，通常是沿着斜墙与坝体交界面滑动，如图4－37（d）。

3. 复合滑裂面

当滑裂面通过性质不同的几种土料时，可能是由直线和曲线组成的复合形状的滑裂面。如图4－37（e）、图4－37（f）。

4.5.2　土壤抗剪强度指标的选取

土料抗剪强度指标（内摩擦角 φ、粘聚力 C）的选用影响到坝体的工程量和安全。《碾压土石坝设计规范》还提出了不同情况下确定抗剪强度指标的方法，见表4－8。

表4－8　抗剪强度指标的测定和应用

控制稳定时期	强度计算方法	土类		使用仪器	试验方法与代号	强度指标	试验起始状态
施工期	有效应力法	无粘性土		直剪仪	慢剪（S）	C'、φ'	填土用填筑含水率和填筑重度的土，坝基用原状土
				三轴仪	固结排水剪（CD）		
		无粘性土	饱和度小于80%	直剪仪	慢剪（S）		
				三轴仪	不排水剪测孔隙压力（UU）		
			饱和度大于80%	直剪仪	慢剪（S）		
				三轴仪	固结不排水剪测孔隙压力（CU）		
	总应力法	粘性土	渗透系数小于10^{-7}cm/s	直剪仪	快剪（Q）	C_u、φ_u	
			任何渗透系数	三轴仪	不排水剪测孔隙压力（UU）		

续表

控制稳定时期	强度计算方法	土类		使用仪器	试验方法与代号	强度指标	试验起始状态
稳定渗流区	有效应力法	无粘性土		直剪仪	慢剪（S）	C'、φ'	填土用填筑含水率和填筑重度的土，坝基用原状土，但要预先饱和，而浸润线以上的土不需饱和
				三轴仪	固结排水剪（CD）		
		粘性土		直剪仪	慢剪（S）		
				三轴仪	固结不排水剪测孔隙压力（CU）或固结排水剪（CD）		
水库水位降落区	总应力法	粘性土	渗透系数小于 10^{-7}cm/s	直剪仪	固结快剪（R）	C_{cu}、φ_{cu}	
			任何渗透系数	三轴仪	固结不排水剪测孔隙压力（CU）		

注　表内施工期总应力抗剪强度为坝体填土非饱和土，对于坝基饱和土，抗剪强度指标应改为 C_{cu}、φ_{cu}。

4.5.3　稳定计算情况和安全系数的采用

一、稳定计算情况

1. 正常运用情况

（1）上游为正常蓄水位，下游为最低水位，或上游为设计洪水位，下游为相应最高水位，坝内形成稳定渗流时，上下游坝坡稳定验算。

（2）水库水位处于正常和设计水位之间范围内的正常性降落，上游坝坡稳定验算。

2. 非常运用情况Ⅰ

（1）施工期，考虑孔隙压力时的上下游坝坡稳定验算。

（2）水库水位非常降落，如自校核洪水降落至死水位以下，以及大流量快速泄空等情况下的上游坝坡稳定验算。

（3）校核洪水位下有可能形成稳定渗流时的下游坝坡稳定验算。

3. 非常运用情况Ⅱ

正常运用情况遇到地震时上下游坝坡稳定验算。

二、安全系数的采用

采用计入条块间作用力计算方法时，坝坡的抗滑稳定安全系数应不小于表 4-9 所规定的数值。采用不计条块间作用力时瑞典圆弧法计算坝坡稳定时，对 1 级坝，正常应用情况下最小稳定安全系数应不小于 1.30，其他情况应比上表中规定降低 8%。

表 4-9　容许最小抗滑稳定安全系数

运用条件	工程等级			
	1	2	3	4、5
正常运用	1.50	1.35	1.30	1.25
非常运用Ⅰ	1.30	1.25	1.20	1.15
非常运用Ⅱ	1.20	1.15	1.15	1.10

4.5.4　坝坡稳定分析方法

一、圆弧滑动面稳定计算

1. 瑞典圆弧法（见图 4-38）

瑞典圆弧法是不计条块间作用力的方法，计算简单，已积累了丰富的经验，但理论上有缺陷，且当孔隙压力较大和地基软弱时误差较大。其基本原理是将滑动土体分为若干铅

直土条，不考虑条块间的作用力，求出各条土条对滑动圆心的抗滑力矩和滑动力矩，并求其总和，根据公式：

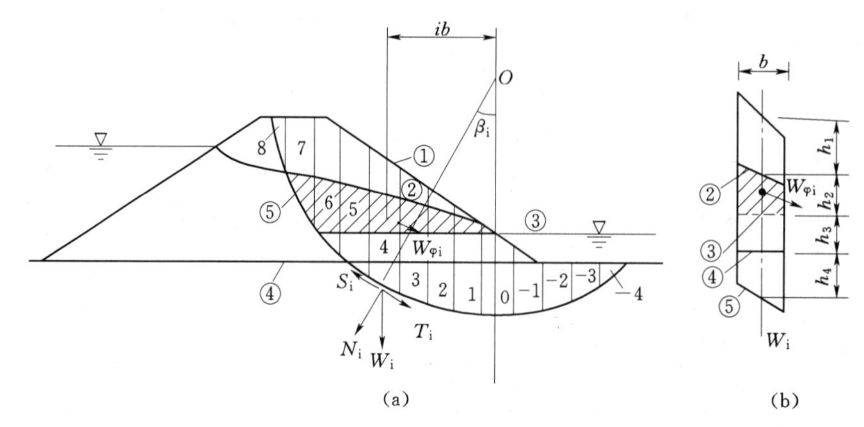

图 4-38　圆弧滑动计算简图

①—坝坡线；②—浸润线；③—下游水面；④—地基面；⑤—滑裂面

$$K=\frac{\sum M_r}{\sum M_s}=\frac{\text{抗滑力矩总和}}{\text{滑动力矩总和}} \tag{4-40}$$

即求得稳定安全系数。

计算步骤：

(1) 确定圆心、半径，绘制滑弧。

(2) 将土体分条编号。为便于计算，土条宽取 $b=0.1R$（圆弧半径），圆心以下的为 0 号土条：向上游为 1，2，3，…向下游为 -1，-2，-3，…如图 4-38 所示。

(3) 计算土条重量。计算抗滑力时，浸润线以上部分用湿容重，浸润线以下部分用浮容重；计算滑动力时，下游水面以上部分用湿容重，下游水面以下部分用饱和容重。

(4) 计算安全系数。计算公式为

$$K=\frac{\sum\{[(W_i\pm V)\cos\beta_i-ub\sec\beta_i-Q\sin\beta_i]\tan\varphi_i'+C_i'b\sec\beta_i\}}{\sum[(W_i\pm V)\sin\beta_i+M_C/R]} \tag{4-41}$$

式中　W_i——土条重量；

Q、V——水平和垂直地震惯性力（向上为负，向下为正）；

u——作用于土条底面的孔隙压力；

β_i——条块重力线与通过此条块底面中点的半径之间的夹角；

b——土条宽度；

C_i'、φ_i'——土条底面的有效应力抗剪强度指标；

M_C——水平地震惯性力对圆心的力矩；

R——圆弧半径。

用总应力法分析坝体稳定时，略去公式含孔隙压力 u 的项，并将 C'_i、φ_i' 换成总应力强度指标。

2. 简化的毕肖普法（见图 4-39）

简化毕肖普圆弧法或其他计及条块间作用力的方法，由于“计及条块间作用力”，能反映土体滑动土条之间的客观状况，但计算比瑞典圆弧法复杂。由于计算机的广泛应用，使得计及条块间作用力方法的计算变得比较简单，容易实现。近十几年来已积累了很多经验。

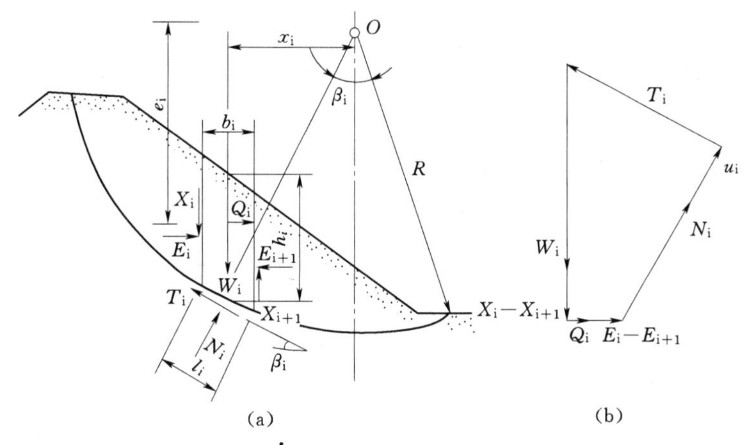

图 4-39 简化的毕肖普法

计算公式为：

$$K=\frac{\sum\{[(W_i\pm V)\sec\beta_i-ub\sec\beta_i]\tan\varphi_i'+C_i'b\sec\beta_i\}[1/(1+\tan\beta_i\tan\varphi_i'/K)]}{\sum[(W_i\pm V)\sin\beta_i+M_C/R]} \tag{4-42}$$

式中符号意义同前。

二、非圆弧滑动稳定计算

非粘性土坝坡，例如心墙的上、下游坡和斜墙坝的下游坝坡，以及斜墙坝的上游保护层和保护层连同斜墙一起滑动时，常形成折线滑动面。

折线法常采用两种假定：滑楔间作用力为水平时，采用与圆弧法相同的安全系数；滑楔间作用力平行滑动面，采用与毕肖普法相同的安全系数。

1. 非粘性土坝坡部分浸水的稳定计算（见图 4-40）

图中 ADC 为一滑裂面，折点 D 在上游水位处；用铅直线 DE 将滑动土体分为两块，重为 W_1、W_2；假设条块间的作用力为 P_1，方向平行于 DC；两块土体底面的抗剪强度指标分为 $\tan\varphi_1$、$\tan\varphi_2$。

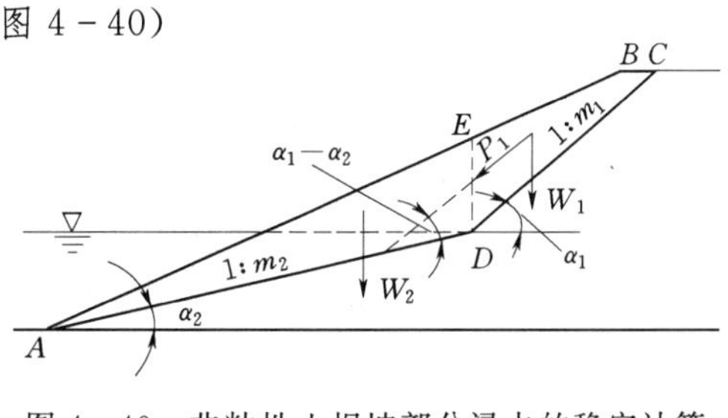

图 4-40 非粘性土坝坡部分浸水的稳定计算

土块 $BCDE$ 沿 CD 滑动面的力平衡式为

$$P_1-W_1\sin\alpha_1+\frac{1}{K}W_1\cos\alpha_1\tan\varphi_1=0 \tag{4-43}$$

土块 ADE 沿 AD 滑动面的力平衡式为

$$\frac{1}{K}[W_2\cos\alpha_2+P_1\sin(\alpha_1-\alpha_2)]\tan\varphi_2-W_2\sin\alpha_2-P_1\cos(\alpha_1-\alpha_2) \tag{4-44}$$

将以上两式联解求得安全系数 K。

坝坡的最危险滑动面的安全系数：先假定 α_2 和上游水位不便的情况下，一般至少假设三个 α_1 才能求出最危险的 α_1，同理求最危险的水位和 α_2。最危险的水位和 α_1、α_2 对应的滑动面的安全系数即为最小稳定安全系数。

2. 斜墙坝坝坡的稳定计算

斜墙上游坝坡的稳定计算，包括保护层沿斜墙和保护层连同斜墙沿坝体滑动两种情况，因为斜墙同保护层和斜墙同坝体的接触面是两种不同的土料填筑的，接触面处往往强度低，有可能斜墙和保护层共同沿斜墙底面折线滑动，如图 4－41 所示，对厚斜墙还应计算圆弧滑动稳定。

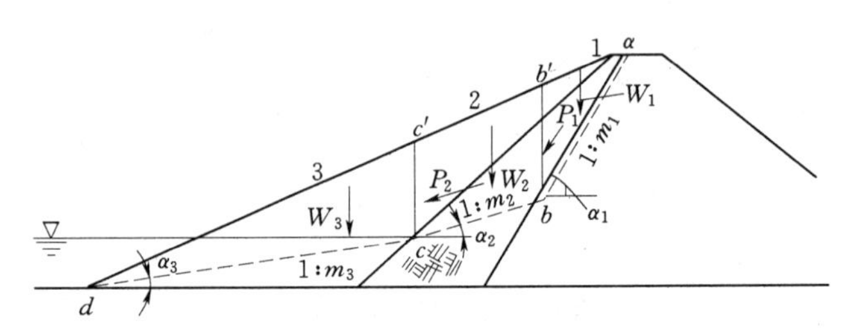

图 4－41 斜墙同保护层一起滑动的稳定计算

设试算滑动面 $abcd$，将土体分成三块。土体重量分别为 W_1、W_2、W_3，滑面折线与水平面的夹角分别为 α_1、α_2、α_3，P_1、P_2 分别假定沿着 α_1、α_2 的方向。分别对三块土体沿滑动面方向建立力平衡方程：

$$P_1 - W_1\sin\alpha_1 + \frac{1}{K}W_1\cos\alpha_1\tan\varphi_1 = 0$$

$$P_2 - P_1\cos(\alpha_1 - \alpha_2) - W_2\sin\alpha_2 + \frac{1}{K}\{[W_2\cos\alpha_2 + P_1\sin(\alpha_1 - \alpha_2)]\tan\varphi_2 + C_2 l_2\} = 0$$

$$P_2\cos(\alpha_2 - \alpha_3) - W_3\sin\alpha_3 - \frac{1}{K}[W_3\cos\alpha_3 + P_2\sin(\alpha_2 - \alpha_3)]\tan\varphi_3 = 0$$

求最危险滑动面方法原理同上。

三、复合滑动面

当滑动面通过不同土料时，常有直线与圆弧组合的型式。例如图 4－42 所示，一厚心墙坝的滑动面，通过砂性土部分为直线，通过粘性土部分为圆弧。当坝基下不深处存在软弱夹层时，滑动面也可能通过软弱夹层形成复合滑动面。

计算时，可将滑动土体分为 3 个区，在左侧有主动土压力 P_a，右侧有被动土压力 P_p，并假定它们的方向均水平，中间土体的重量 G，同时在 BC 面上有抗滑力 $S = G\tan\varphi + CL$，则安全系数为

$$K = \frac{P_p + S}{P_a} \tag{4-45}$$

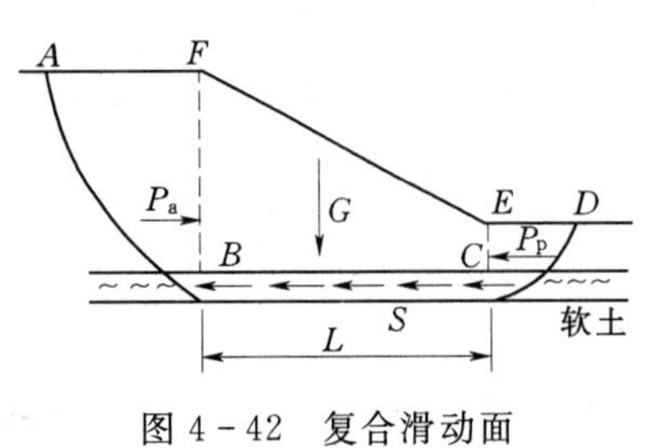

图 4－42 复合滑动面

经过多次试算，才能求出沿这种滑动面的最小稳定安全系数。

四、最危险滑裂面确定

任意选定的滑动圆弧，所求得的安全系数一般不是最小的。为了求得最小的安全系数，需要经过多次试算，常用B.B.方捷耶夫法、费兰纽斯法这两种方法确定。

4.6 土料选择与填土标准确定

筑坝土石料选择应遵守下列原则：

(1) 具有或经加工处理后具有与其使用目的相适应的工程性质，并具有长期稳定性；

(2) 就地、就近取材，减少弃料，少占或不占农田，并优先考虑枢纽建筑物开挖料的利用；

(3) 便于开采、运输和压实。

4.6.1 坝体不同部位对土石料要求

坝体不同部分由于任务和工作条件不同，对材料的要求也有所不同。

1. 防渗体土料

防渗土料应满足下列要求：①渗透系数：均质坝不大于1×10^{-4}cm/s，心墙和斜墙不大于1×10^{-5}cm/s；②水溶盐含量（指易溶盐和中溶盐，按质量计）不大于3%；③有机质含量（按质量计）：均质坝不大于5%，心墙和斜墙不大于2%，超过此规定需进行论证；④有较好的塑性和渗透稳定性；⑤浸水与失水时体积变化小。

以下几种粘性土不宜作为坝的防渗体填筑料，必须采用时，应根据其特性采取相应的措施。①塑性指数大于20和液限大于40%的冲积粘土；②膨胀土；③开挖、压实困难的干硬粘土；④冻土；⑤分散性粘土。

目前，国内外对于土石坝材料的要求有逐步放宽的趋势。具体内容参照有关规范及设计资料。

2. 坝壳土石料

料场开采和建筑物开挖的无粘性土（包括砂、砾石、卵石、漂石等）、石料和风化料、砾石土均可作为坝壳料，并应根据材料性质用于坝壳的不同部位。均匀中、细砂及粉砂可用于中、低坝坝壳的干燥区。但地震区不宜采用。采用风化石料和软岩填筑坝壳时，应按压实后的级配研究确定材料的物理力学指标，并应考虑浸水后抗剪强度的降低、压缩性增加等不利情况。对软化系数低、不能压碎成砾石的风化石料和软岩宜填筑在干燥区。下游坝壳水下部位和上游坝壳水位变动区应采用透水料填筑。

3. 对排水体、护坡石料的要求

反滤料、过渡层料和排水体料应符合下列要求：质地致密。抗水性和抗风化性能满足工程运用条件的要求；具有要求的级配；具有要求的透水性；反滤料和排水体料中粒径小于0.075mm的颗粒含量应不超过5%。

反滤料可利用天然或经过筛选的砂砾石料，也可采用块石、砾石轧制，或天然和轧制的掺合料。3级低坝经过论证可采用土工织物作为反滤层。

护坡石料应采用质地致密、抗水性和抗风化性能满足工程运用条件要求的硬岩石料。

4.6.2 土料填筑标准的确定

坝体填土的压实是为了提高填土的密实度和均匀性，使填土具有足够的抗剪强度、抗渗性和抗压缩性、但压得越密实，越需要较大的压实功能，耗费越多的人力、才力和时间，有时反而不够经济合理。因此，设计时必须对选用的材料，确定合理的填筑方法和恰当的填筑标准，以取得既安全又经济的设计效果。

为了保证土石料的填筑质量，必须规定一定的标准。我国《碾压土石坝设计规范》对填筑标准做了如下规定。

1. 粘性土的压实标准

含砾和不含砾的粘性土的填筑标准应以压实度和最优含水率作为设计控制指标。设计干重度应以击实最大干重度乘以压实度求得。

$$\gamma_d = P\gamma_{dmax} \tag{4-46}$$

式中 γ_d——设计干重度；

P——压实度；

γ_{dmax}——标准击实试验平均最大干重度。

1 级、2 级坝和高坝的压实度应为 98%～100%，3 级中、低坝及 3 级以下的中坝压实度应为 96%～98%；设计地震烈度为 8 度、9 度的地区，宜取上述规定的大值；有特殊用途和性质特殊的土料的压实度宜另行确定。

2. 非粘性土料的压实标准

砂砾石和砂的填筑标准应以相对密度为设计控制指标，并应符合下列要求：①砂砾石的相对密度不应低于 0.75，砂的相对密度不应低于 0.70，反滤料宜为 0.70；②砂砾石中粗粒料含量小于 50%时，应保证细料（小于 5mm 的颗粒）的相对密度也符合上述要求；③地震区的相对密度设计标准应符合 SL203—97《水工建筑物抗震设计规范》的规定。

堆石的填筑标准宜用孔隙率为设计控制指标，并应符合下列要求：①土质防渗体分区坝和沥青混凝土心墙坝的堆石料，孔隙率宜为 20%～28%。②沥青混凝土面板坝堆石料的孔隙率宜在混凝土面板堆石坝和土质防渗体分区坝的孔隙率之间选择。③采用软岩、风化岩石筑坝时，孔隙率宜根据坝体变形、应力及抗剪强度等要求确定。④设计地震烈度为 8 度、9 度的地区，可取上述孔隙率的小值。

4.7 土石坝的地基处理

土石坝对地基的要求比混凝土坝低，可不必挖除地表透水土壤和砂砾石等，但地基性质对土石坝的构造和尺寸仍有很大的影响。据资料统计，土石坝约有 40%的失事是由地基问题所引起。

土石坝地基处理的任务是：

(1) 控制渗流，减小渗流坡降，避免管涌等有害的渗透变形，控制渗流量。

(2) 保持坝体和坝基的静力和动力稳定，不产生过大的有害变形，不发生明显的均匀沉降，竣工后，坝基和坝体的总沉降量一般不宜大于坝高的 1%。

(3) 在保证坝安全运行的条件下节省投资。

4.7.1 砂卵石地基处理

砂砾石地基处理的主要问题：地基透水性大。处理的目的是减少地基的渗流量并保证地基和坝体的抗渗稳定。处理方法是“上防下排”。

1. 垂直防渗设施

垂直防渗设施能比较可靠且有效地截断坝基渗流，是一种比较彻底的方法。

(1) 粘土截水墙。平行坝轴线方向，在坝体防渗体底部挖槽至不透水层，回填粘土，适用于透水层深度较小的情况，见图4-43。

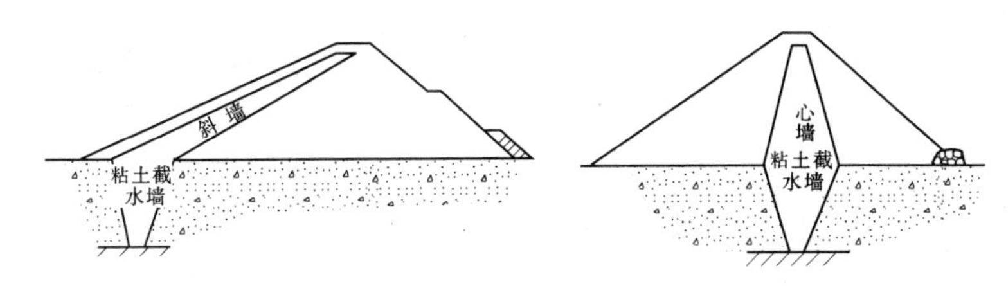

图4-43 透水地基截水墙

(2) 混凝土防渗墙。沿坝轴线方向分段建造槽形孔，孔中浇混凝土成墙，适用于透水层深度大于50m，见图4-44。

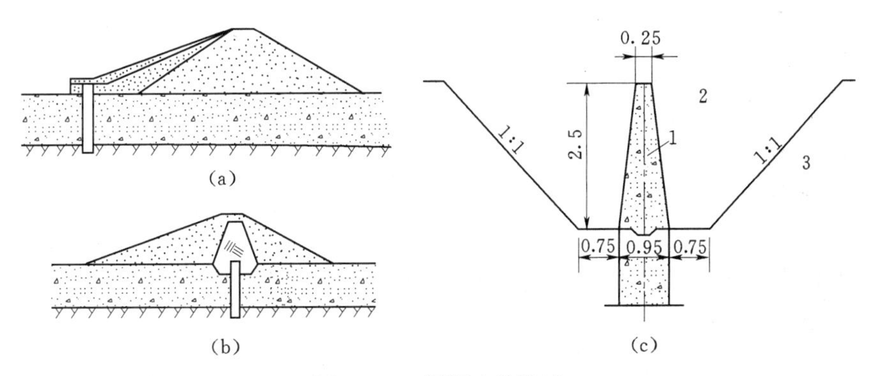

图4-44 混凝土防渗墙

(3) 帷幕灌浆。采用高压定向喷射灌浆技术，通过喷嘴的高压气流切割地层成缝槽，在缝槽中灌压水泥砂浆，凝结后形成防渗板墙。其特点是可以处理较深的砂砾石地基，但对地层的可灌性要求高，地层的可灌性：①$M<5$，不可灌；②$M=5\sim10$，可灌性差；③$M>10\sim15$，可灌水泥粘土砂浆或水泥砂浆。

$$M=\frac{D_{15}}{d_{85}}$$

式中 D_{15}——受灌地层中小于该粒径的土占总土重的15%，mm。

d_{85}——灌注材料中小于该粒径的土占总土重的85%，mm。

帷幕的厚度：
$$T=\frac{H}{J}$$

式中 H——最大设计水头，m；

J——帷幕的允许比降，对一般水泥粘土浆，可采用3～4。

2. 上游水平防渗铺盖

铺盖是一种由粘土做成的防渗设施，是斜墙、心墙或均质坝坝体向上游的延伸部分，一般应与下游排水设施联合作用。其不能阻截渗流，能延长渗径，结构简单，造价低，但防渗效果不如垂直防渗体。

3. 下游排水措施

坝基中的渗透水流有可能引起坝下游地层的渗透变形或沼泽化；或使坝体浸润线过高时，宜设置坝基排水设施。常用的减压排水设施有排水沟、减压井、透水盖重等。常用的基本措施有：

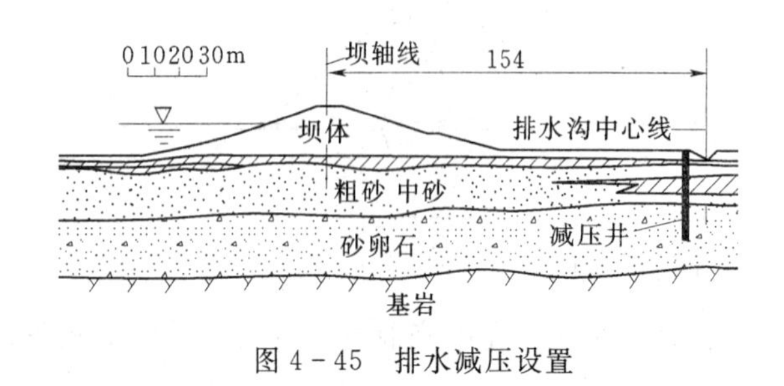

图4-45 排水减压设置

（1）透水性均匀的单层结构坝基以及上层渗透系数大于下层的双层结构坝基，可采用水平排水垫层，也可在坝脚处结合贴坡排水体做反滤排水沟。

（2）双层结构透水坝基，当表层为不太厚的弱透水层，且其下的透水层较浅，渗透性较均匀时，宜将坝底表层挖穿做反滤排水暗沟，并与坝底的水平排水垫层相连，将水导出。此外，也可在下游坝脚处做反滤排水沟。

（3）对于表层弱透水层太厚，或透水层成层性较显著时，宜采用减压井深入强透水层，见图4-45、图4-46。

4.7.2 细砂与淤泥地基处理

1. 细砂地基

细砂地基的主要问题是液化。液化是在震动荷载作用下，土坝内孔隙水来不及排出，土体内孔隙压力上升，使土体颗粒间的连接强度降低，而处于流动状态。

常用的处理措施为：①打板桩封闭；②浅层土，可采用表面振动加密；③深层土，采用震冲、强夯的方式加固。

2. 淤泥地基

淤泥地基的主要问题是天然含水量高，抗剪强度低，承载能力低。

常用的处理措施为：①挖除；②设置砂井加速排水；③坝脚压重，以保持地基的稳定性。

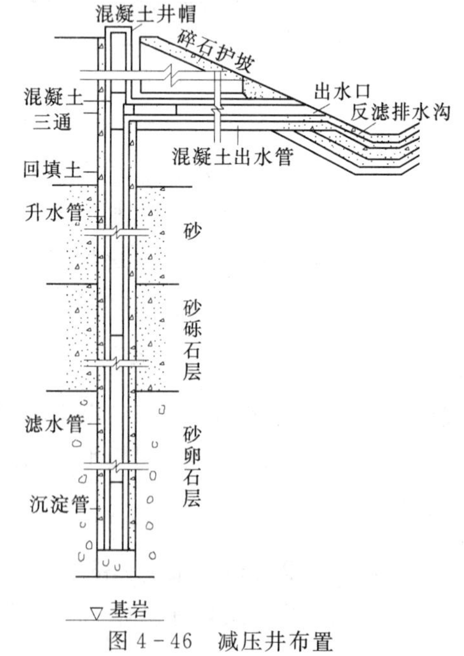

图4-46 减压井布置

4.7.3 软粘土和黄土地基处理

软粘土抗剪强度低，压缩性高，在这种地基上筑坝，会遇到下列问题。

（1）天然地基承载力很低，高度超过3～6m的坝就足以使地基发生局部破坏。

(2) 土的透水性很小，排水固结速率缓慢，地基强度增长不快，沉降变形持续时间很长，在建筑物竣工后仍将发生较大的沉降，地基长期处于软弱状态。

(3) 由于灵敏度较高，在施工中不宜采用振动或挤压措施，否则易扰动土的结构，使土的强度迅速降低造成局部破坏和较大变形。

对软粘土，一般宜尽可能将其挖除。当厚度较大或分布较广，难以挖除时，可以通过排水固结或其他化学、物理方法，以提高地基土的抗剪强度，改善土的变形特性。常用的方法是：利用砂井加速排水，使大部分沉降在施工期内完成，并调整施工进度，结合坝脚镇压层，使地基土强度的增长与填土重量的增长相适应，以保持地基稳定。

4.7.4 岩石地基的防渗处理

岩石地基的强度大，变形小，其主要问题是渗流。处理目的主要是解决渗流问题，方法同重力坝地基处理。

4.8 土石坝与地基、岸坡及其他建筑物的连接

土石坝与坝基、岸坡及混凝土建筑物的连接是土石坝设计中的一个重要问题。应当重视防渗体与坝基、岸坡等相接触的结合面的妥善处理，使其结合紧密，避免产生集中渗流；保证坝体与河床及岸坡结合面的质量，不使其形成影响坝体稳定的软弱层面；并不至因岸坡形状或坡度不当引起的坝体不均匀沉降而产生裂缝。

4.8.1 坝体与土质地基及岸坡的连接

坝体与土质坝基及岸坡的连接必须遵守下列规定：

(1) 坝断面范围内必须清除坝基与岸坡上的草皮、树根、含有植物的表土、蛮石、垃圾及其他废料，并将清理后的坝基表面土层压实。

(2) 坝体断面范围内的低强度，高压缩性软土及地震时易液化的土层，应清除或处理。

(3) 土质防渗体应坐落在相对不透水土基上，或经过防渗处理的坝基上。

(4) 坝基覆盖层与下游坝壳粗粒料（如堆石等）接触处，应符合反滤要求，如不符合应设置反滤层。

4.8.2 坝体与岩石地基及岸坡的连接（见图 4－47）

坝体与岩石坝基和岸坡的连接应遵守下列原则：

(1) 坝断面范围内的岩石地基与岸坡，应清除其表面松动石块、凹处积土和突出的岩石。

(2) 土质防渗体和反滤层宜与坚硬、不冲蚀和可灌浆的岩石连接。若风化层较深时，高坝宜开挖到弱风化层上部，中、低坝可开挖到强风化层下部。在开挖的基础上对基岩再进行灌浆等处理。在开挖完毕后，宜用风水枪冲洗干净，对断层、张开节理裂隙应逐条开挖清理，并用混凝土或砂浆封堵。坝基岩面上宜设混凝土盖板、喷混凝土或喷水泥砂浆。

(3) 对失水很快风化的软岩（如页岩、泥岩等），开挖时宜预留保护层，待开始回填时，随挖除，随回填，或开挖后用喷水泥砂浆或喷混凝土保护。

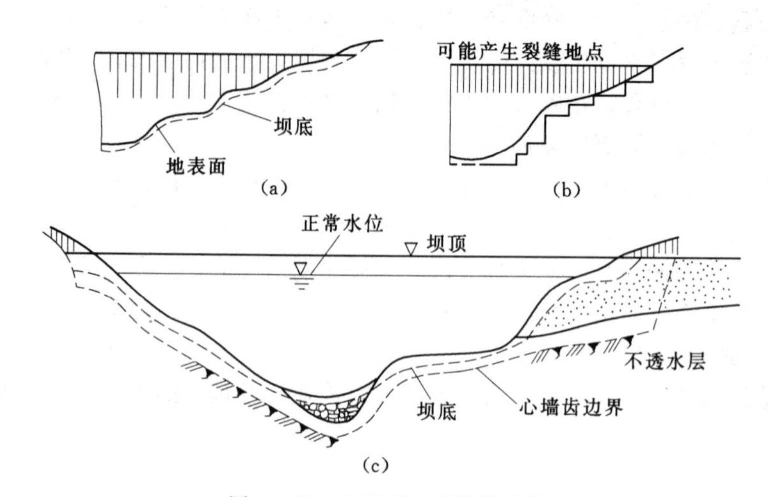

图4-47 土石坝与岸坡的连接

(a) 正确的削坡；(b) 不正确的台阶形削坡；(c) 心墙落在不透水层上

(4) 土质防渗体与岩石接触处，在邻近接触面0.5～1.0m范围内，防渗体应为粘土。如防渗料为砾石土，应改为粘土，粘土应控制在略高于最优含水率情况下填筑。在填土前应用粘土浆抹面。

4.8.3 坝体与混凝土建筑物的连接

坝体与混凝土坝、溢洪道、船闸、涵管等建筑物的连接，必须防止接触面的集中渗流，因不均匀沉降而产生的裂缝，以及水流对上、下游坝坡和坡脚的冲刷等因素的有害影响。图4-48为土石坝与溢洪道的连接。

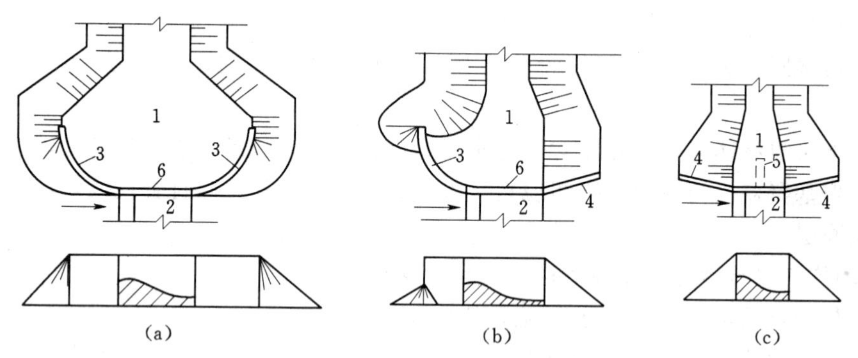

图4-48 土石坝与溢洪道的连接

(a) 上、下游圆弧式翼墙；(b) 上游圆弧式，下游斜降式反翼墙；

(c) 上、下游斜降式反翼墙

1—土石坝；2—溢流重力坝；3—圆弧式翼墙；4—斜降式翼墙；5—刺墙；6—边墩

坝体与混凝土坝的连接，可采用侧墙式（重力墩式或翼墙式等）、插入式或经过论证的其他形式，如图4-49。土石坝与船闸、溢洪道等建筑物的连接应采用侧墙式。土质防渗体与混凝土建筑物的连接面应有足够的渗径长度。

坝体与混凝土建筑物采用侧墙式连接时，土质防渗体与混凝土面结合的坡度不宜陡于1∶0.25，下游侧接触面与土石坝轴线的水平夹角宜在85°～90°之间。连接段的防渗体宜适当加大断面，或选用高塑性粘土填筑并充分压实，且在接合面附近加强防渗体下游反滤层等。严寒地区应符合防冻要求。

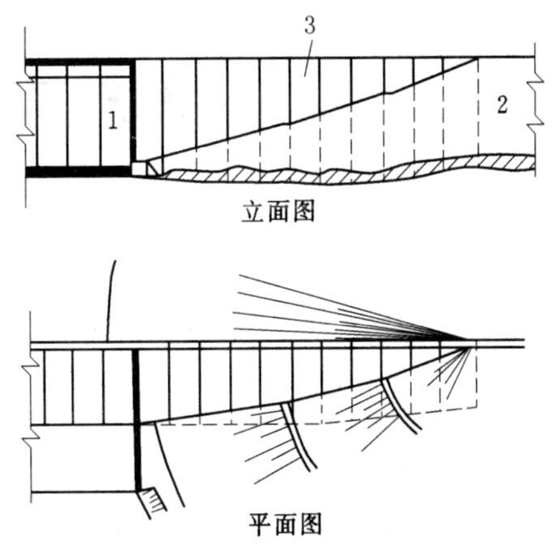

图 4-49 插入式连接

1—溢流重力坝；2—土坝；3—插入段

坝下埋设涵管应符合下列要求：①土质防渗体坝下涵管连接处，应扩大防渗体断面；②涵管本身设置永久伸缩缝和沉降缝时，必须做好止水，并在接缝处设反滤层；③防渗体下游面与坝下涵管接触处，应做好反滤层，将涵管包围起来。

为灌浆、观测、检修和排水等方面的需要设置的廊道，可布置在坝底基岩上，并宜将廊道全部或部分埋入基岩内。地震区的土石坝与岸坡和混凝土建筑物的连接还应遵照 SL203—97《水工建筑物抗震设计规范》有关规定执行。

第5章　水　　闸

5.1　概　　述

水闸是一种控制水位和调节流量的低水头水工建筑物，具有挡水和泄水的双重作用。

5.1.1　水闸的类型

一、按水闸所承担的任务分类

（1）进水闸（取水闸）。建在天然河道、水库、湖泊的岸边及渠道的首部，用于引水，并控制引水流量，以满足发电或供水的需要。

（2）节制闸。灌溉渠系中的节制闸一般建于干、支、斗渠分水口的下游。拦河而建的节制闸也叫拦河闸，用于在枯水期抬高水位，以满足上游取水或航运的需要；在洪水期提闸泄水，控制下泄流量。

（3）冲沙闸（排沙闸）。多建在多泥沙河流上的引水枢纽或渠系中布置有节制闸的分水枢纽处及沉沙池的末端，用于排除泥沙。一般与节制闸并排布置。

（4）分洪闸。建造在天然河道的一侧。用于将超过下游河道安全泄量的洪水泄入湖泊、洼地等滞洪区，以削减洪峰保证下游河道的安全。

（5）排水闸。在江河沿岸排水渠的出口处建造，排除其附近低洼地区的积水，当外河水位高时关闸以防河水倒灌。其具有闸底板高程较低，且受双向水头作用的特点。

（6）挡潮闸。建在入海河口附近，涨潮时关闸，防止海水倒灌；退潮时开闸放水。挡潮闸也具有双向承受水头作用的特点，且操作频繁。

上述各水闸的布置示意图见图5-1。

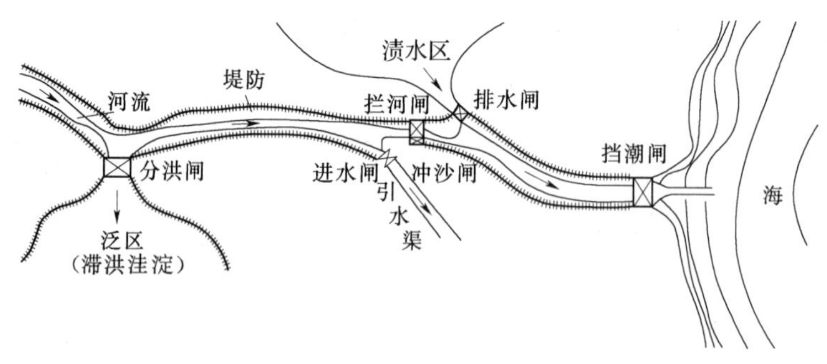

图5-1　水闸的布置示意图

二、按闸室结构的型式分类

（1）开敞式。开敞式水闸闸室是露天的，可分为无胸墙和有胸墙两种型式，见图5-2（a）、（b）。当上游水位变幅较大而过闸流量不大时，采用胸墙式，既可降低闸门高度，又能减少启闭力；当有泄洪、通航、排冰、过木等要求时，宜采用无胸墙的开敞式水闸。

（2）涵洞式。水闸修建在河、渠堤之下时，便成为涵洞式水闸，见图5-2（c）。根据水力条件的不同，可分为有压式和无压式两类，其适用情况基本同胸墙式水闸。

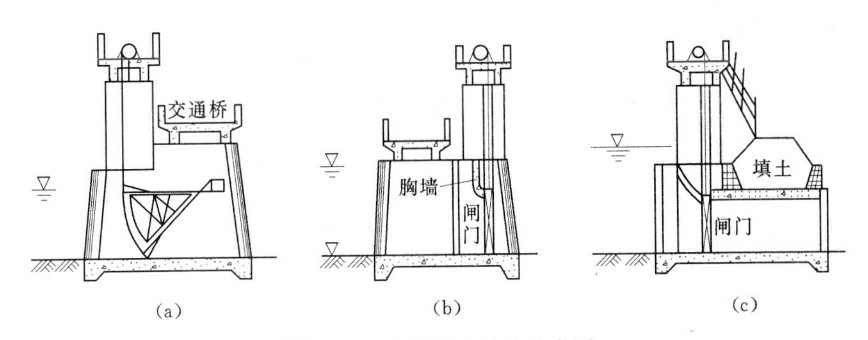

图5-2　水闸闸室结构分类图
（a）无胸墙的开敞式；（b）胸墙式；（c）涵洞式

5.1.2　水闸的工作特点和设计要求

水闸是一种既挡水又泄水的低水头水工建筑物，且多修建在土质地基上，因而它在抗滑稳定、防渗、消能防冲及沉陷等方面具有以下工作特点和设计要求。

（1）当水闸建完时，可能因较大的垂直荷载，使基底压力超过地基容许承载力，导致闸基土深层滑动失稳。因此，水闸必须具有适当的基础（底板）面积，以满足应力要求。

（2）当水闸挡水时，上、下游水位差形成的水平水压力，可能使水闸产生滑动。同时，这种水位差还会引起闸基及两岸的渗流，渗流不仅将对水闸底部施加向上的渗透压力，降低水闸的抗滑稳定性，而且还可能在闸基及两岸土壤中产生渗透变形。因此，水闸必须具有足够的重量以维持自身的稳定，且应妥善设计防渗设施，并在渗流逸出处设反滤层等设施以保证不发生渗透变形。

（3）当水闸泄水时，一方面水闸需满足有足够的过流能力；另一方面，过闸水流具有较大动能，且流态较复杂，易在下游河床及两岸产生有害冲刷。因此，设计水闸时，应合理确定水闸孔口尺寸，同时要采取有效的消能防冲措施，确保泄流安全。

（4）当闸基为软土地基时，由于地基的抗剪强度低，压缩性比较大，水闸在重力和外荷载作用下，可能产生较大沉陷，尤其是不均匀沉陷，导致水闸倾斜，甚至断裂，影响水闸正常使用。因此，设计时必须合理选择闸型和构造，排好施工程序及采取必要的地基处理措施等，以减小地基沉陷。

5.1.3　水闸的组成

水闸一般由上游连接段、闸室段及下游连接段三部分组成，见图5-3。

（1）闸室段，它是水闸的主体部分，起挡水和调节水流作用。包括底板、闸墩、闸门、胸墙、工作桥和交通桥等。底板是水闸闸室基础，承受闸室全部荷载并较均匀地传给地基，兼起防渗和防冲作用，同时闸室的稳定主要由底板与地基间的摩擦力来维持；闸墩的主要作用是分隔闸孔，支撑闸门，承受和传递上部结构荷载；闸门则用于控制水位和调节流量；工作桥和交通桥，用于安装启闭设备、操作闸门和联系两岸交通。

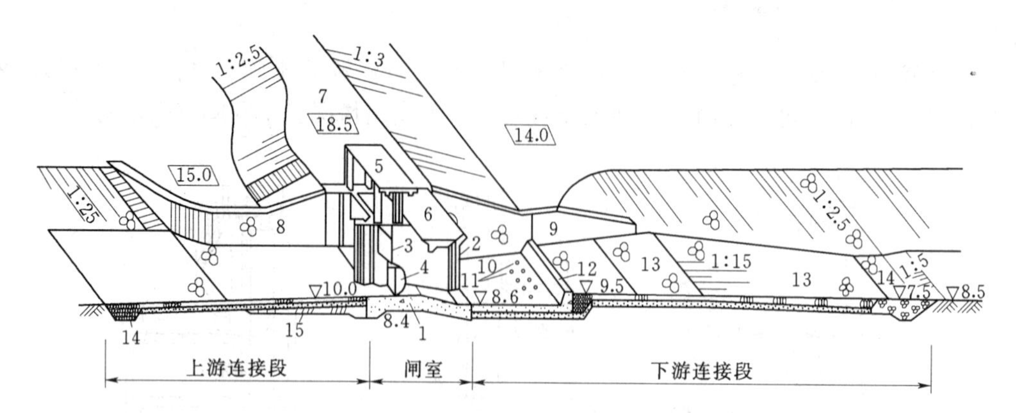

图5-3　开敞式水闸组成示意图

1—闸室底板；2—闸墩；3—胸墙；4—闸门；5—工作桥；6—交通桥；7—堤顶；8—上游翼墙；9—下游翼墙；10—护坦；11—排水孔；12—消力坎；13—海漫；14—防冲槽；15—上游铺盖

(2) 上游连接段。主要是引导水流平顺、均匀地进入闸室，同时起防冲、防渗和挡土作用。一般由上游防冲槽、护底、铺盖、上游护坡和翼墙等部分组成。

(3) 下游连接段。主要用来引导水流均匀扩散，消能、防冲及安全排出流经闸基和两岸的渗流。一般包括消力池、海漫、下游防冲槽、下游翼墙及两岸护坡等。

5.1.4　水闸的等级划分和洪水标准

(1) 平原区水闸枢纽工程，其工程等别按水闸最大过闸流量及其防护对象的重要性划分成五等，如表5-1所示。枢纽中的水工建筑物级别和洪水标准仍根据国家现行的SL252—2000《水利水电工程等级划分及洪水标准》的规定确定，详见绪论。

山区、丘陵区水利水电枢纽工程，其工程等别、水闸级别及洪水标准的确定方法，详见绪论。

表5-1　　平原区水闸枢纽工程分等指标

工　程　等　别	Ⅰ	Ⅱ	Ⅲ	Ⅳ	Ⅴ
规　　模	大(1)型	大(2)型	中型	小(1)型	小(2)型
最大过闸流量(m^3/s)	≥5000	5000～1000	1000～100	100～20	<20
防护对象的重要性	特别重要	重要	中等	一般	一般

(2) 灌排渠系上的水闸，其级别可按现行的GB50288—99《灌溉与排水工程设计规范》的规定确定，见表5-2，其洪水标准见表5-3。

表5-2　　灌排渠系建筑物级别划分

建筑物级别	1	2	3	4	5
过闸流量(m^3/s)	≥300	300～100	100～20	20～5	≤5

(3) 位于防洪（挡潮）堤上的水闸，其级别和防洪标准不得低于防洪（挡潮）堤的级别和防洪标准。

(4) 平原区水闸闸下消能防冲的洪水标准应与该水闸洪水标准一致，并应考虑泄放小于消能防冲设计洪水标准的流量时可能出现的不利情况。山区、丘陵区水闸闸下消能防冲设计洪水标准，见表 5-4。当泄放超过消能防冲设计洪水标准的流量时，允许消能防冲设施出现局部破坏，但必须不危及水闸闸室安全，且易于修复，不致长期影响工程运行。

表 5-3　　灌排渠系水闸的设计洪水标准

水闸级别	1	2	3	4	5
设计洪水重现期 (a)	100～50	50～30	30～20	20～10	10

表 5-4　　山区、丘陵区水闸闸下消能防冲设计洪水标准

水闸级别	1	2	3	4	5
闸下消能防冲设计洪水重现期 (a)	100	50	30	20	10

5.2 水闸的孔口尺寸确定

水闸的孔口尺寸可根据已知的设计流量、上下游水位、初步选定的闸孔及底板型式和底板高程，参考单宽流量数值，利用水力学公式计算闸孔总宽，拟定孔数及单孔尺寸。

5.2.1 闸孔和底板型式选择

闸孔型式有开敞式和涵洞式两大类，其选用条件已在水闸类型中说明。

闸底板型式有宽顶堰和低实用堰两种。

(1) 平底板宽顶堰具有结构简单、施工方便、有利于排沙冲淤、泄流能力比较稳定等优点；其缺点是自由泄流时流量系数较小，闸后比较容易产生波状水跃。

(2) 低实用堰有 WES 低堰、梯形堰和驼峰堰等型式，见图 5-4。其优点是自由泄流时流量系数较大，可缩短闸孔宽度和减小闸门高度，并能拦截泥沙入渠；缺点是泄流能力受下游水位变化的影响显著，当淹没度增加时（$h_s > 0.6H$），泄流能力急剧下降。当上游水位较高而又需限制过闸单宽流量时，或由于地基表层松软需降低闸底高程又要避免闸门高度过大时，以及在多泥沙河道上有拦沙要求时，常选用这种型式。

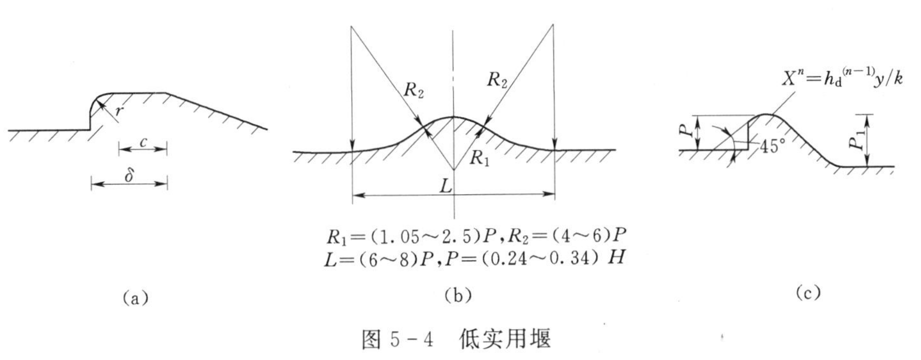

图 5-4　低实用堰

(a) 梯形堰；(b) 驼峰堰；(c) WES 低堰

5.2.2 设计流量和上、下游水位确定

水闸的设计流量和上下游水位，应根据其所担负的任务不同，分别进行确定。

(1) 拦河闸。拦河闸的设计流量可采用设计洪水标准或校核洪水标准所相应的洪峰流量。下游水位可由通过设计流量时，河道的水位流量关系曲线中查得；上游水位按下游水位加0.1～0.3m落差求得，同时还应综合考虑上下游用水要求及上游回水淹没损失情况，经方案比较后确定。

(2) 进水闸。进水闸的设计流量为渠道的设计取用流量。下游水位一般由供水区域高程控制要求和渠道通过设计流量时的水位流量关系曲线求得；上游水位可按下游水位加0.1～0.3m落差确定。

(3) 排水闸。排水闸的排水设计流量可由设计暴雨、汇水面积及排水时间来确定，当有其他来水汇入时，应增加相应的排水量。上游水位为渍水区内或排水渠末端相应于排水设计流量的水位；排水闸一般在外河水位稍低时就开闸抢排，故通常选择低于上游水位0.05～0.1m的外河水位作为排水闸的下游设计水位。

5.2.3 闸底板高程的选定

闸底板高程的选定关系到闸孔型式和尺寸的确定，直接影响整个水闸的工程量和造价。闸底板高程的确定应依据河（渠）底高程、水流、泥沙、闸址地形、地质等条件，并结合水闸规模、所选用的堰型、门型，经技术经济比较确定。对于小型水闸，由于两岸连接建筑物在整个工程量中所占比重较大，将闸底板高程定得高些，可能是经济的。在大、中型水闸中，适当降低闸底板高程，常常是有利的。

一般情况下，节制闸、泄洪闸、进水闸或冲沙闸的闸底板高程宜与河（渠）底齐平，以便多泄（引）水，多冲沙；多泥沙河流上的进水闸、分水闸及分洪闸，在满足引水、分水或泄水的条件下，闸底板高程可比河（渠）底略高一些；排水闸（排涝闸）、泄水闸或挡潮闸（常常兼有排涝闸的作用），闸底板高程应尽量定得低些，以保证将涝水或渠系集水面积内的洪水迅速排走，一般略低于或齐平闸前排水渠的渠底。

5.2.4 过闸单宽流量的确定

过闸单宽流量的选用主要取决于河床或渠道的地质条件，同时还要考虑水闸上、下游水位差，下游尾水深度等因素影响，兼顾泄洪能力和下游消能防冲两个方面。根据我国的经验，对粘土地基可取15～25$m^3/(s \cdot m)$；壤土地基可取15～20$m^3/(s \cdot m)$；砂壤土地基可取10～15$m^3/(s \cdot m)$；粉砂、细砂、粉土和淤泥地基可取5～10$m^3/(s \cdot m)$。

5.2.5 闸孔宽度的确定

根据已确定的过闸流量、上下游水位、底板高程、闸孔型式和堰型，即可用水力学公式计算水闸的闸孔尺寸。

一、闸孔总净宽度的确定

水闸最常用的闸槛型式是平底板宽顶堰型，因此，本书只列出该堰型闸孔总净宽的计算公式。对于设有低堰或其他堰型的水闸闸孔总净宽计算，可参考有关水力学计算手册。

(1) 当为堰流时，闸孔总净宽 B_0 可按式（5－1）进行计算，计算示意图见图5－5（a）。

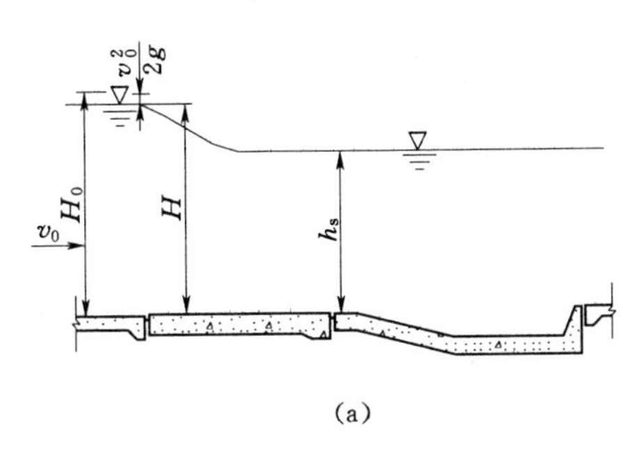

(a)

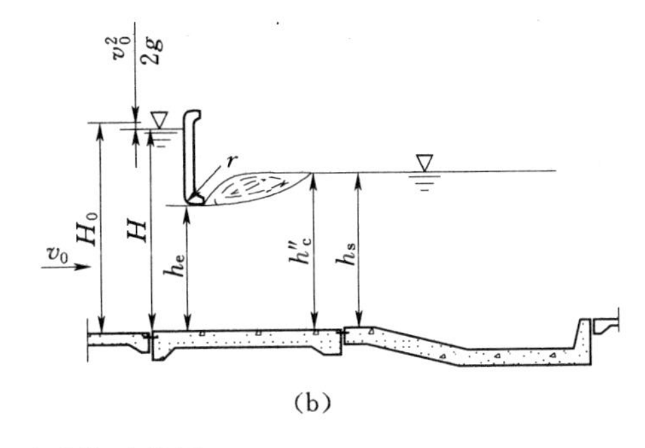

(b)

图 5-5 闸孔尺寸计算示意图

(a) 堰流计算示意图；(b) 孔流计算示意图

$$B_0 = \frac{Q}{\sigma\varepsilon m\sqrt{2gH_0{}^3}} \tag{5-1}$$

单孔闸：

$$\varepsilon = 1 - 0.171\left(1-\frac{b_0}{b_s}\right)\sqrt[4]{\frac{b_0}{b_s}} \tag{5-2}$$

多孔闸，闸墩墩头为圆弧形时：$\varepsilon = \dfrac{\varepsilon_z(N-1)+\varepsilon_b}{N}$ (5-3)

$$\varepsilon_z = 1 - 0.171\left(1-\frac{b_0}{b_s+d_z}\right)\sqrt[4]{\frac{b_0}{b_s+d_z}} \tag{5-4}$$

$$\varepsilon_b = 1 - 0.171\left[1-\frac{b_0}{b_0+\frac{d_z}{2}+b_b}\right]\sqrt[4]{\frac{b_0}{b_0+d_z/2+b_b}} \tag{5-5}$$

$$\sigma = 2.31\frac{h_s}{H_0}\left(1-\frac{h_s}{H_0}\right)^{0.4} \tag{5-6}$$

式中 B_0——闸孔总净宽，m；

Q——过闸流量，m^3/s；

H_0——计入行近流速水头的堰上水深，m；

ε——堰流侧收缩系数，单孔闸按式（5-2）计算，多孔闸可按式（5-3）计算；

m——堰流流量系数，可采用 0.385；

b_0——每孔净宽，m；

b_s——上游河道一半水深处的宽度，m；

ε_z——中闸孔侧收缩系数，可按式（5-4）计算；

ε_b——边闸孔侧收缩系数，可按式（5-5）计算；

σ——堰流淹没系数，可按式（5-6）计算；

g——重力加速度，可采用 $9.81m/s^2$；

N——闸孔数；

d_z——中闸墩厚度，m；

b_b——边闸墩顺水流向边缘至上游河道水边线之间的距离，m；

h_s——由堰顶算起的下游水深，m。

当堰顶处于高淹没度（$h_s/H_0 \geqslant 0.9$）时，B_0 也可按式（5-7）计算。

$$B_0 = \frac{Q}{\mu_0 h_s \sqrt{2g(H_0 - h_s)}} \tag{5-7}$$

$$\mu_0 = 0.887 + \left(\frac{h_s}{H_0} - 0.65\right)^2 \tag{5-8}$$

式中　μ_0——淹没堰流的综合流量系数，可按式（5-8）计算。

（2）当为孔流时（闸门开启度或胸墙下孔口高度 h_e 与堰上水头 H 的比值 $h_e/H \leqslant 0.65$），闸孔总净宽 B_0 可按式（5-9）计算，计算示意图见图5-5（b）。

$$B_0 = \frac{Q}{\sigma' \mu h_e \sqrt{2gH_0}} \tag{5-9}$$

$$\mu = \varphi \varepsilon' \sqrt{1 - \frac{\varepsilon' h_e}{H}} \tag{5-10}$$

$$\varepsilon' = \frac{1}{1 + \sqrt{\lambda\left[1 - \left(\frac{h_e}{H}\right)^2\right]}} \tag{5-11}$$

$$\lambda = \frac{0.4}{2.718^{16\frac{r}{h_e}}} \tag{5-12}$$

式中　h_e——孔口高度，m；

μ——孔流流量系数，可按式（5-10）计算；

φ——孔流流速系数，可采用0.95～1.0；

ε'——孔流垂直收缩系数，可由式（5-11）计算求得；

λ——计算系数，可由式（5-12）计算求得，该公式适用于 $0 < r/h_e < 0.25$ 范围；

r——胸墙底圆弧半径，m；

σ'——孔流淹没系数，可由表5-5查得，表中 h_c'' 为跃后水深，m。

表5-5　　　　σ'　值

$\frac{h_s - h_c''}{H - h_c''}$	≤0	0.1	0.2	0.3	0.4	0.5	0.6	0.7	0.8	0.9	0.92	0.94	0.96	0.98	0.99	0.995
σ'	1.00	0.86	0.78	0.71	0.66	0.59	0.52	0.45	0.36	0.23	0.19	0.16	0.12	0.07	0.04	0.02

二、闸室总宽度的确定

闸孔总净宽求出后，即可根据水闸的使用要求、闸门型式、启闭机容量等因素，参照闸门系列尺寸，选定闸孔单孔宽度。大中型水闸的单孔宽度一般采用8～12m；小型水闸的单孔宽度一般为3～5m。孔宽 b 确定后，孔数 $n = B_0/b$，设计中 n 值应取略大于计算值的整数。孔数少于6孔时，宜采用单数。

闸室总宽度 $B = nb + \sum d_z$，其中 d_z 为闸墩厚度。闸室总宽度拟定后，考虑闸墩形状等因素影响，应进一步验算水闸在设计和校核水位下的过水能力，计算的过水能力与设计流量的差值不得超过±5%。

从过水能力和消能防冲两方面考虑，闸室总宽度 B 值还应与上、下游河道或渠道宽度相适应。一般闸室总宽度应等于或大于0.6～0.85倍的河（渠）道宽度。

5.3 水闸的消能防冲设计

5.3.1 过闸水流的特点及闸下游发生冲刷的原因

(1) 当水闸初始泄流时，闸下游水深较浅，随着闸门开度的增加而逐渐加深，在这个过程中，出闸水流从孔流到堰流，从自由出流到淹没出流都会发生。当闸下不能形成淹没水跃或水跃淹没度过大时，以致垂直扩散不良，急流沿底部推进，形成严重的脉动现象。

(2) 当水闸的上下游水位差较小，相应的佛劳德数 Fr 较低（$1.0<Fr<1.7$）时，会出现波状水跃，消能效果较差，对下游河床或渠道产生较大的冲刷。

(3) 出闸水流是由窄向宽流出，如果水闸下游翼墙布置不当，水流扩散不良或水闸在运用时开启孔数过少及闸孔开启不对称，都易产生左冲右撞、淘刷河床及河岸的折冲水流。

5.3.2 消能防冲设计的水力条件

一、闸下水流的消能方式

水闸的消能方式一般采用底流式，平原地区水闸尤其如此。当水闸承受较高水头，且闸下河床及岸坡为坚硬岩体时，可采用挑流式消能。当水闸闸下尾水深度较大，且变化较小，河床及岸坡抗冲能力较强时，可采用面流式消能。在挟有较大砾石的多泥沙河流上的水闸，不宜设消力池，可采用抗冲耐磨的斜坡护坦与下游河道连接，末端应设防冲墙。在高速水流部位，应采取抗冲磨与抗空蚀的措施。

二、消能防冲设计的水力条件选择

水闸在泄流（或引水）过程中，随着闸门开启度不同，闸下水深、流态和过闸流量也随之变化，设计条件较难确定。一般是以上游最高水位、下游始流水位为可能出现的最低水位、闸门部分开启、单宽流量大为控制条件。设计时应以闸门的开启程序、开启孔数和开启高度进行多种组合计算，通过分析比较确定。

三、底流式消能设计

底流式消能的作用是增加下游水深，以保证产生淹没式水跃，防止土基冲刷破坏，保证闸室安全。底流式消能防冲设施由消力池、海漫、防冲槽等部分组成。

1. 消力池

(1) 消力池型式的选用。底流式消能有下挖式消力池、突槛式消力池和综合式消力池等型式。当闸下尾水深度小于跃后水深时，可采用下挖式消力池消能；当闸下尾水深度略小于跃后水深时，可采用突槛式消力池消能；当闸下尾水深度远小于跃后水深，且计算消力池深度又较深时，可采用下挖式消力池与突槛式消力池相结合的综合式消力池消能。当水闸上、下游水位差较大，且尾水深度较浅时，宜采用二级或多级消力池消能。对于大型多孔闸，可根据需要设置隔墩或导墙进行分区消能防冲布置。

(2) 消力池的尺寸确定。消力池的深度可按式（5－13）计算，计算示意图见图5－6。

$$d=\sigma_0 h_c''-h_s'-\Delta Z \tag{5-13}$$

$$h_c'' = \frac{h_c}{2}\left[\sqrt{1+\frac{8\alpha q^2}{gh_c^3}}-1\right]\left(\frac{b_1}{b_2}\right)^{0.25} \tag{5-14}$$

$$h_c^3 - T_0 h_c^2 + \frac{\alpha q^2}{2g\varphi^2} = 0 \tag{5-15}$$

$$\Delta Z = \frac{\alpha q^2}{2g\varphi^2 h_s'^2} - \frac{\alpha q^2}{2gh_c''^2} \tag{5-16}$$

式中　d——消力池深度，m；

σ_0——水跃淹没系数，可采用 1.05～1.10；

h_c''——跃后水深，m；

h_c——收缩水深，m；

α——水流动能校正系数，可采用 1.0～1.05；

q——过闸单宽流量，$m^3/(s \cdot m)$；

b_1——消力池首端宽度，m；

b_2——消力池末端宽度，m；

h_s'——出池河床水深，m；

T_0——由消力池底板顶面算起的总势能，m；

ΔZ——出池落差，m。

消力池的长度可按式（5-17）、式（5-18）计算，计算示意图见图 5-6。

$$L_{sj} = L_s + \beta L_j \tag{5-17}$$

$$L_j = 6.9(h_c'' - h_c) \tag{5-18}$$

式中　L_{sj}——消力池长度，m；

L_s——消力池斜坡段水平投影长度，m；

β——水跃长度校正系数，可采用 0.7～0.8；

L_j——水跃长度，m。

消力池底板厚度可根据抗冲和抗浮要求确定，一般大中型水闸为 0.5～1.0m，长消力池可自上而下逐渐减薄，末端厚度可采用 $t/2$，但不宜小于 0.5m。小型水闸底板厚度不宜小于 0.3m。

（3）消力池的构造。消力池的材料一般选用 C15 或 C20 的混凝土浇筑而成，并配置 φ10～12 的温度钢筋，间距 20～30cm。大型水闸消力池底板的顶、底面均需配筋，中、小型水闸可只在顶面配筋。为了减小渗透压力的影响，按防渗设计要求，在底板上布设排水孔，孔径一般 50～250mm，间距为 1.0～3.0m，呈梅花形布置在消力池的中后部，并在排水孔下设反滤层。为适应地基的不均匀沉陷，消力池与闸底板、翼墙、海漫之间以及消力池本身顺水方向均应分缝，缝距为 10～20m，地基差时为 8～12m。垂直水流方向通常不设缝，以保证其整体性。缝的位置如在闸基防渗范围以内，缝中应设止水；否则，不用设止水，但一般都铺设沥青油毛毡。

2. 辅助消能工

消力池内除设置尾槛外，也常设置消力墩、消力齿等辅助消能工，见图 5-7。其目的是使水流受阻，促使水流撞击，形成涡流，加强紊动扩散，稳定水跃，减小消力池尺寸，提高消能效果，节省工程量。

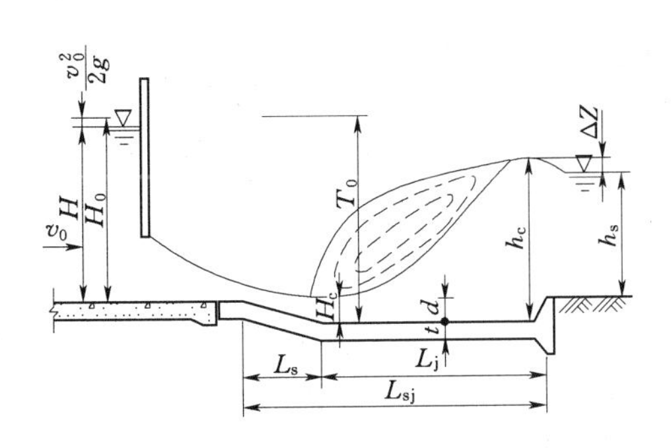

图 5-6 消力池池长、池深计算示意图

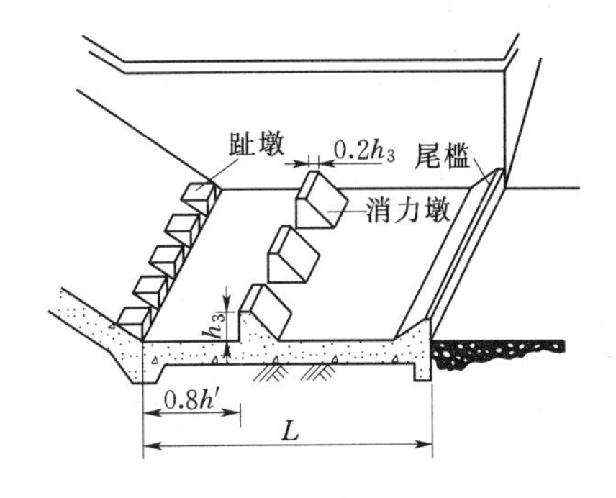

图 5-7 USBRⅢ型消力池布置

3. 波状水跃及折冲水流的防止措施

(1) 波状水跃的防止措施。对于平底板水闸，可在消力池斜坡段的顶部预留一段0.5～1.0m宽的平台，在其末端设置一道小槛，见图 5-8 (a)，迫使水流越槛入池，促成底流式水跃。槛高 C 约为第一共扼水深的 1/4，迎水面做成斜坡，以减弱水流的冲击作用，槛底设排水孔。若将上述小槛做成分流墩、分流齿形，见图 5-8 (b)，则消除波状水跃的效果更好。如水闸底板为低实用堰型，有助于消除波状水跃的产生。

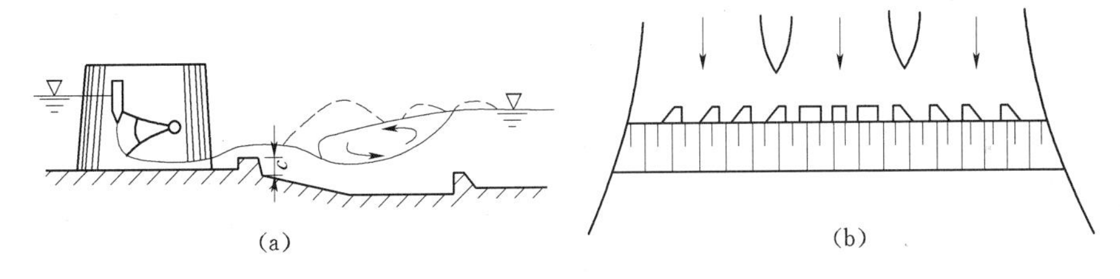

图 5-8 波状水跃的防止措施

(a) 在出流平台上设置小槛；(b) 将小槛做成分流墩、分流齿形

(2) 折冲水流的防止措施。防止折冲水流产生主要应从以下三方面入手：①在平面布置上，应尽量使上游引河具有较长的直线段，并能在上游两岸对称布置翼墙，出闸水流与原河床主流的位置和方向一致，并控制下游翼墙的扩散角度，一般采用 1∶8～1∶15，池中设有辅助消能工时可用偏大值；②在消力池前端设置散流墩，对防止折冲水流有明显效果；③应制定合理的闸门开启程序，如在低流量时可隔孔交替开启，使水流均匀出闸，或开闸时先开中间孔，再开两侧邻孔至同一高度，直到全部开至所需高度，闭门与启门相反，由两侧孔向中间孔依次对称地操作。

4. 海漫及防冲槽

过闸水流经过消力池已消除绝大部分能量，但仍有剩余能量，底部流速较大，对河床和岸坡仍具有一定的冲刷能力，故紧接护坦后还要采取海漫等防冲加固措施，以使水流均匀扩散，并将流速分布逐步调整到接近天然河道的水流形态。见图 5-9。

(1) 海漫长度计算。海漫的长度取决于消力池末端的单宽流量、上下游水位差、下游

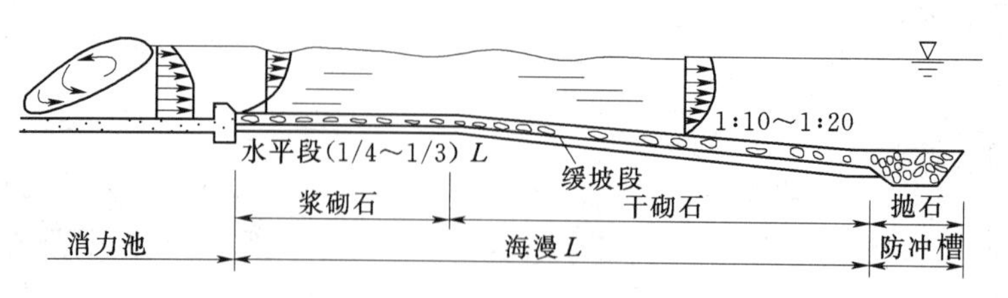

图5-9 防冲加固措施

水深、河床土质抗冲能力、闸孔与河道宽度的比值以及海漫结构型式等。SL265—2001《水闸设计规范》建议采用下式计算：

$$L_p = k_s \sqrt{q \sqrt{\Delta H'}} \tag{5-19}$$

式中 L_p——海漫长度，m；

$\Delta H'$——闸孔泄水时的上、下游水位差，m；

k_s——计算系数，当河床为粉砂、细砂时，取14～13；当为中砂、粗砂、砂质壤土时，取12～11；为粉质粘土时，取10～9；为坚硬粘土时，取8～7；

q——消力池末端单宽流量，m^3/s。

上式的适用范围是 $\sqrt{q \sqrt{\Delta H'}} = 1 \sim 9$，且消能扩散良好的情况。

(2) 海漫的布置及构造。海漫应具有一定的柔性，以适应下游河床可能的冲刷变形；应具有一定的透水性，以便使渗水自由排出，降低扬压力；应具有一定的表面粗糙性，以进一步消除余能；应具有与水流流速相适应的抗冲能力，以保证海漫本身不致被水流冲动，从而达到保护河床的目的。

海漫一般采用整体向下游倾斜的型式或将前5～10m做成水平段，其顶面高程可与护坦齐平或在消力池尾槛顶以下0.5m，水平段后宜做成等于或缓于1∶10的斜坡，同时沿水流方向在平面上向两侧逐渐扩散，以便使水流均匀扩散，调整流速分布，保护河床不受冲刷。

(3) 海漫结构型式。常用的有以下几种。

干砌石海漫。常用在海漫的中后段，一般由粒径大于30cm的块石砌成，厚度为0.3～0.6m，下面铺设碎石、粗砂垫层，每层厚度为10～15cm。抗冲流速约为3～4m/s。

浆砌石海漫。一般用于海漫前部5～10m范围内，常以粒径大于30cm的块石，用强度等级M5或M8的水泥砂浆砌筑而成，厚度为0.4～0.6m，砌石设排水孔，下面铺设反滤层或垫层。其抗冲流速可达3～6m/s，但柔性和透水性较差。

混凝土和钢筋混凝土海漫。整个海漫由边长为2～5m，厚度为0.1～0.2m的板块拼铺而成，板中有排水孔，下面铺设反滤层或垫层。其抗冲流速可达6～10m/s。通常采用斜面式或垛式拼铺而成，以增加表面糙率。铺设时应注意顺水流流向不宜有通缝。

(4) 防冲槽。水流经过海漫后，多余能量得到进一步消除，但海漫末端处仍有冲刷现象。为保护海漫，常在海漫末端设置防冲槽或其他加固措施。工程上多采用宽浅式梯形断面防冲槽，槽深约为1.5～2.0m，槽底宽一般为槽深的2～3倍，上游坡率 $m=2\sim3$，下游坡率 $m=3$。

5. 上游河床和上下游岸坡的防护

为了避免水流对上游河床及上下游岸坡的冲刷，需要对上游河床和上下游岸坡用浆砌石或干砌石进行防护。上游护坡一般自铺盖始端再向上游延伸 3～5 倍的水头。下游除消力池、海漫、防冲槽和下游翼墙外，在防冲槽以下的岸坡还应护砌 4～6 倍的水头。

近年来，水闸工程中也采用土工织物进行护岸和防冲。防护用土工合成材料主要有无纺土工织物、织造土工织物、土工模袋、土工膜、土工格室、三维植被网等，有时也用土工格栅、土工网等加筋。具体设计和使用见 SLM25—1998《水利水电工程土工合成材料应用技术规范》

5.4 水闸的防渗排水设计

5.4.1 闸基防渗长度及地下轮廓线布置

防渗排水设计的任务是经济合理地确定水闸地下轮廓线的形式与尺寸，并采取必要、可靠的防渗排水措施，以减小或消除渗流的不利影响，保证水闸安全。

水闸防渗排水设计的一般步骤是：①初拟地下轮廓线和防渗排水设施的布置。②验算地基土的抗渗稳定性，确定闸底渗透压力。③若满足稳定和抗渗要求，则初拟的地下轮廓线即可采用，反之，需修改设计直至满足要求。

一、闸基防渗长度的确定

在上下游水位差的作用下，上游水从河床入渗，绕过上游铺盖、板桩、闸底板经过反滤层由排水孔排至下游。其中铺盖、板桩和闸底板等不透水部分与地基的接触线，即图 5-10 中 0—1—2—3—…—16 的折线是闸基渗流的第一根流线，称为地下轮廓线。其长度即为闸基防渗长度（又称渗径长度）。该长度可按式（5-20）初步拟定。

$$L = CH \tag{5-20}$$

式中 L——闸基防渗长度，即闸基轮廓线防渗部分水平段和垂直段长度的总和，m；

C——允许渗径系数值，见表 5-6。当闸基设板桩时，可采用表中规定值的小值；

H——上下游水位差，m。

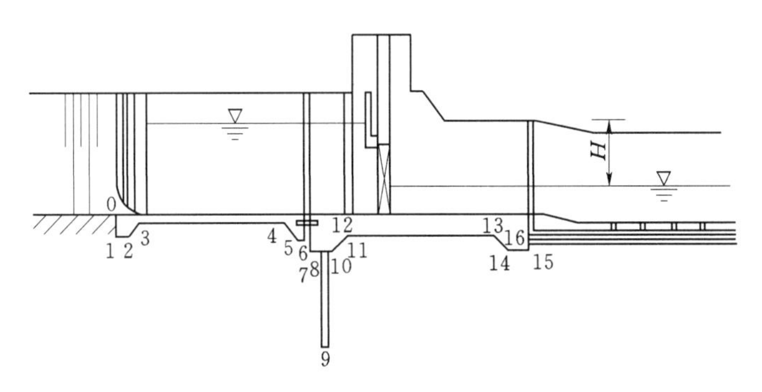

图 5-10 水闸地下轮廓线

表 5-6 中对壤土和粘土以外的地基，只列出了有反滤层时的渗径系数，因为在这些地基上建闸，不允许不设反滤层。

表5-6 渗径系数C值

排水条件	地基类别									
	粉砂	细砂	中砂	粗砂	中砾 细砾	粗砾 夹砾石	轻粉质 砂壤土	轻砂 壤土	壤土	粘土
有反滤层	13～9	9～7	7～5	5～4	4～3	3～2.5	11～7	9～5	5～3	3～2
无反滤层	—	—	—	—	—	—	—	—	7～4	4～3

二、闸基防渗排水布置

闸基防渗排水布置总的原则是"高防低排"。"高防"就是在闸底板上游一侧布置铺盖、板桩、齿墙、混凝土防渗墙及灌浆帷幕等防渗设施，以延长渗径，减小作用在底板上的渗透压力，降低闸基渗流的平均坡降。"低排"就是在闸底板下游一侧布置面层排水、排水孔（或排水井）、反滤层等设施，使地基渗水尽快排出。不同地基对地下轮廓线的要求不同，现分述如下。

(1) 粘性土地基。粘土地基不易发生管涌，但摩擦力较小。故防渗布置应以降低闸基渗透压力、提高闸室的抗滑稳定性为主要目的。粘土地基不打入板桩，以免破坏粘土的天然结构，造成集中渗流，因此，防渗设施多采用不设板桩的平铺式布置。排水设施一般紧邻闸底板布置，必要时可移到闸底板下，以降低底板上的渗透压力，加速地基土固结。见图5-11 (a)。

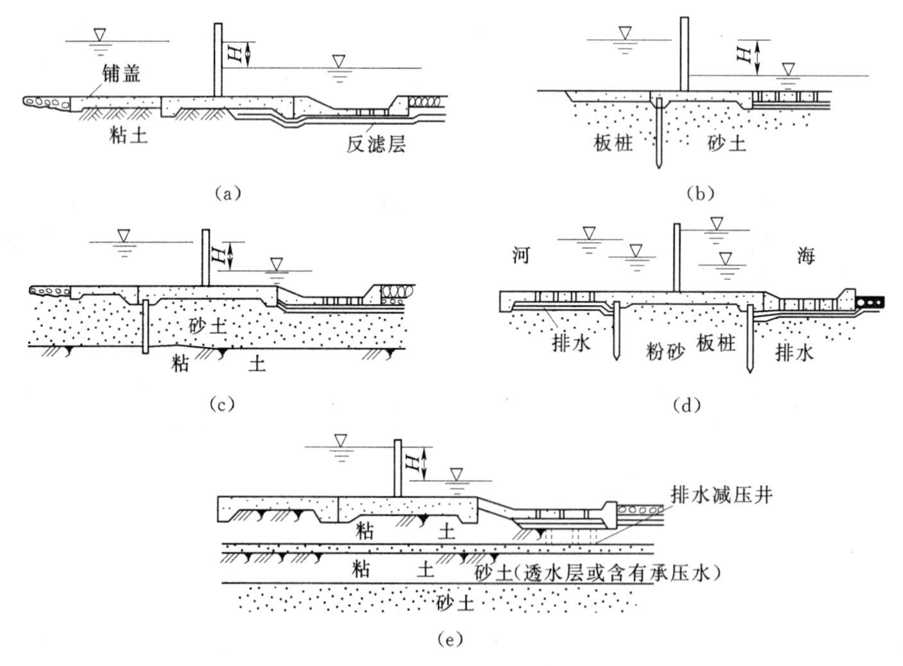

图5-11 水闸地下轮廓线布置示意图

(2) 砂性土地基。砂性土的摩擦系数较大而抗渗能力差，故防渗布置应以减少渗漏和防止渗透变形为主要目的。当砂层较厚时，一般采用铺盖和在闸底板上游端设置悬挂式垂直防渗体的布置方式，垂直防渗体深度一般为作用水头的0.7～1.2倍。见图5-11（b）。当砂层较薄（4～5m以下），其下有相对不透水层时，则可用垂直防渗体切断砂层渗透途径，其嵌入不透水层的深度不得小于1.0m，见图5-11（c）。对于地震区的均匀粉砂、细砂地基，为防止液化，常在闸底板下将垂直防渗体布置成四周封闭的型式。如水闸受双向水头作用，则上下游均应设垂直防渗体和排水，见图5-11（d）。

（3）多层土地基。当闸基为薄层粘性土和砂性土互层，且含有承压水时，还应验算粘性土覆盖层的抗渗、抗浮稳定性。必要时，可在铺盖前端加设一道垂直防渗体，闸室下游设置深入透水层的排水井，见图5-11（e）。

（4）岩石地基。当闸基为岩石地基时，可根据防渗需要在闸底板上游端设水泥灌浆帷幕，其后设排水孔。

5.4.2 闸基渗流计算

闸基渗流计算的任务是计算闸底板所受的渗透压力和验算地基土的抗渗稳定性。计算方法有全截面直线分布法和改进阻力系数法。

一、全截面直线分布法

岩基上水闸基底渗透压力计算采用全截面直线分布法，计算时分两种情况考虑。

（1）当岩基上水闸闸基未设水泥灌浆帷幕和排水孔时，闸底板底面上的渗透压力的分布图形为三角形，见图5-12（a）。

（2）当岩基上水闸闸基设有水泥灌浆帷幕和排水孔时，闸底板底面上游端的渗透压力作用水头为（$H-h_s$），排水孔中心线处为$\alpha(H-h_s)$，α为渗透压力强度系数，可取用0.25，下游端为零。分布图形见图5-12（b）。

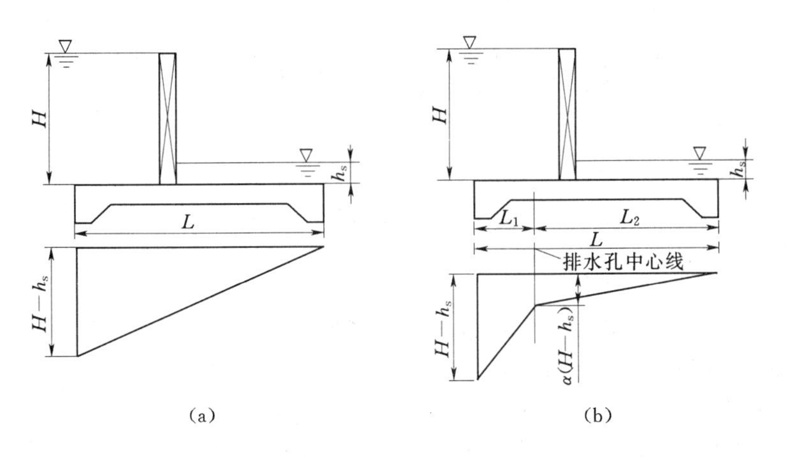

图5-12 全截面直线分布法渗透压力计算图

（a）未设水泥灌浆帷幕和排水孔情况；（b）设有水泥灌浆帷幕和排水孔情况

依据渗透压强分布图形，可计算出作用在闸底板底面上的渗透压力值。

二、改进阻力系数法

土基上水闸基底渗透压力计算可采用改进阻力系数法和流网法。改进阻力系数法是在独立函数法、分段法和阻力系数法等的基础上发展起来的，此法计算精度高，是目前应用较多的一种方法。

1. 基本原理

如图 5－13（a）所示。

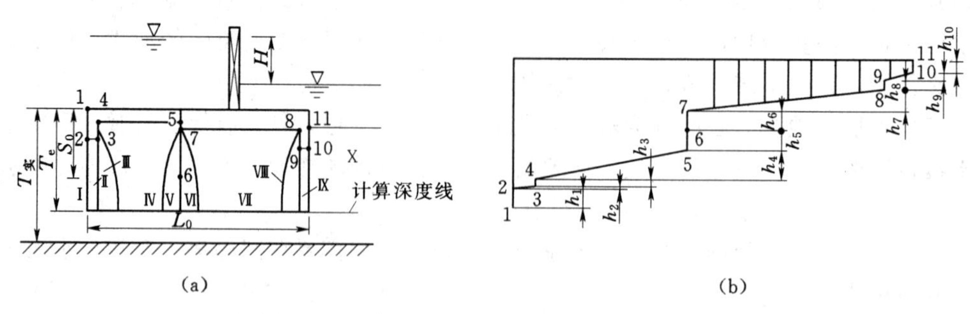

图 5－13 改进阻力系数法渗透压力计算图

由水闸的地下轮廓线上各角隅点 2，3，4，…等引出等水头线，将地基渗流区划分成十个等效渗流段。取各渗流段长度为 L，透水层厚度为 T，两断面间的水头差为 h_i，根据达西定律，单宽流量 q 为

$$q = K\frac{h_i}{L}T \tag{5-21}$$

令

$$L/T = \xi_i$$

则得

$$h_i = \xi_i q/K \tag{5-22}$$

式中 ξ_i——渗流段阻力系数，与渗流段的几何形状有关；

K——地基土的渗透系数，m/s。

总水头 H 应为各段水头损失的总和，即

$$H = \sum_{i=1}^{n} h_i = \sum_{i=1}^{n} \xi_i \frac{q}{K} = \frac{q}{K}\sum_{i=1}^{n} \xi_i \qquad q = \frac{KH}{\sum_{i=1}^{n} \xi_i} \tag{5-23}$$

将式（5－23）代入式（5－22）得各段的水头损失为：

$$h_i = \frac{\xi_i H}{\sum_{i=1}^{n} \xi_i} \tag{5-24}$$

将各段的水头损失由出口向上游方向依次叠加，即得各段分界点的渗压水头及其他渗流要素。以直线连接各分段计算点的水头值，即得渗透压力分布图，见图 5－13（b）。

2. 计算步骤

（1）确定地基有效深度 T_e（从各等效渗流段地下轮廓最高点垂直向下算起的地基透水层有效深度）。可按下列公式计算：

当 $L_0/S_0 \geqslant 5$ 时

$$T_e = 0.5L_0 \tag{5-25}$$

当 $L_0/S_0 < 5$ 时

$$T_e = \frac{5L_0}{1.6\,L_0/S_0 + 2} \tag{5-26}$$

式中 L_0、S_0——地下轮廓的水平投影及垂直投影长度，m。

当计算的 T_e 大于地基实际深度时，T_e 值应按地基实际深度采用。

（2）典型流段阻力系数的计算。一般水闸地基渗流段可归纳为三种典型流段，即进出

口段，图 5－13 中的Ⅰ、Ⅹ段；内部垂直段，图 5－13 中的Ⅲ、Ⅴ、Ⅵ、Ⅷ段；内部水平段，图 5－13 中的Ⅱ、Ⅳ、Ⅶ、Ⅸ段。每段的阻力系数 ξ_i，可按表 5－7 中的计算公式确定。

表 5－7　　　典型流段阻力系数计算表

区段名称	典型流段型式	阻力系数 ξ 的计算公式
进口段和出口段	T, S	$\xi_0 = 1.5(S/T)^{3/2} + 0.441$
内部垂直段	T, S	$\xi_y = (2/\pi)\ln\cot[\pi/4(1 - S/T)]$
内部水平段	S_1, T, S_2, L	$\xi_x = [L - 0.7(S_1 + S_2)]/T$

（3）对进、出口段水头损失值和渗透压力分布图进行局部修正，进、出口段修正后的水头损失值可按下列公式计算，如图 5－14（a）所示：

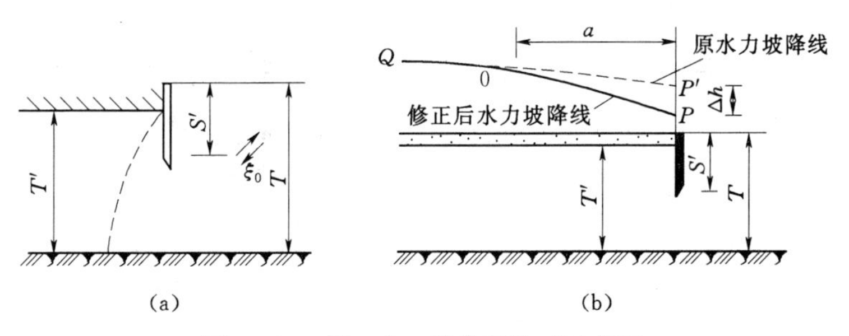

图 5－14　进、出口段渗压修正示意图

$$h_0' = \beta' h_0 \qquad h_0 = \sum_{i=1}^{n} h_i \tag{5-27}$$

$$\beta' = 1.21 - \frac{1}{\left[12\left(\frac{T'}{T}\right)^2 + 2\right]\left(\frac{S'}{T} + 0.059\right)} \tag{5-28}$$

式中　h_0'——进、出口段修正后的水头损失值，m；

h_0——进、出口段水头损失值，m；

β'——阻力修正系数，当计算的 $\beta' \geqslant 1.0$ 时，采用 $\beta' = 1.0$；

S'——底板埋深与板桩入土深度之和，m；

T'——板桩另一侧地基透水层深度，m。

修正后的水头损失的减小值 Δh 可按下式计算：

$$\Delta h = (1 - \beta')h_0 \tag{5-29}$$

水力坡降呈急变形式的长度 L_x' 可按下式计算：

$$L_x' = \frac{\Delta h T}{\Delta H / \sum_{i=1}^{n} \xi_i} \tag{5-30}$$

出口段渗透压力分布图可按下列方法进行修正，见图5-14（b）。

QP'为原有水力坡降，由计算的Δh和L'_x值，分别定出P点和O点，连接QOP，即为修正后的水力坡降线。

进、出口段齿墙不规则部位可按下列方法进行修正（见图5-15）：

当$h_x \geqslant \Delta h$时，按下式修正：

$$h'_x = h_x + \Delta h \tag{5-31}$$

式中　h_x、h'_x——水平段和修正后水平段的水头损失，m。

当$h_x < \Delta h$时，可按下列两种情况分别进行修正：

1）若$h_x + h_y \geqslant \Delta h$，可按下式进行修正：$h'_x = 2h_x$　　(5-32)

$$h'_y = h_y + \Delta h - h_x \tag{5-33}$$

式中　h_y、h'_y——内部垂直段和修正后内部垂直段的水头损失，m。

2）若$h_x + h_y < \Delta h$，可按下式进行修正：

$$h'_x = 2h_x \qquad h'_y = 2h_y \tag{5-34}$$

$$h'_{cd} = h_{cd} + \Delta h - (h_x + h_y) \tag{5-35}$$

式中　h_{cd}、h'_{cd}——图5-15中CD段的水头损失和修正后CD段的水头损失，m。

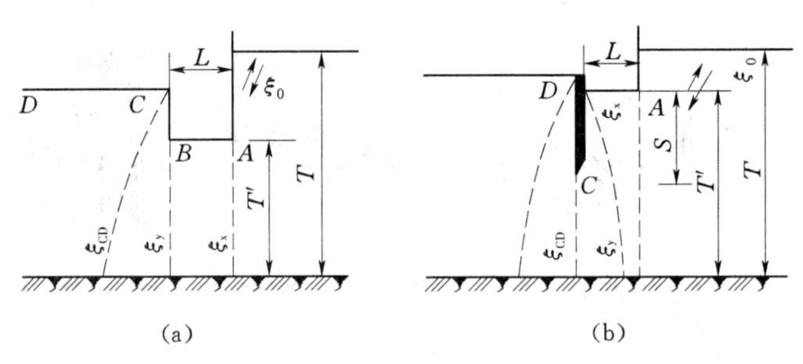

图5-15　进、出口段齿墙不规则部位修正示意图

以直线连接修正后的各分段计算点的水头值，即得修正后的渗透压力分布图形。

（4）出口段渗流坡降值。可按下式计算：

$$J = \frac{h'_0}{S'} \tag{5-36}$$

出口段和水平段的渗流坡降都应满足表5-8的允许渗流坡降的要求，防止地下渗流冲蚀地基土并造成渗透变形。

表5-8　　出口段和水平段的允许渗流坡降［J］值

分段	地基类别										
	粉砂	细砂	中砂	粗砂	中砾细砾	粗砾夹砾石	砂壤土	壤土	软壤土	坚硬粘土	极坚硬粘土
水平段	0.05～0.07	0.07～0.10	0.10～0.13	0.13～0.17	0.17～0.22	0.22～0.28	0.15～0.25	0.25～0.35	0.30～0.40	0.40～0.50	0.50～0.60
出口段	0.25～0.30	0.30～0.35	0.35～0.40	0.40～0.45	0.45～0.50	0.50～0.55	0.40～0.50	0.50～0.60	0.60～0.70	0.70～0.80	0.80～0.90

注　当渗流出口处设反滤层时，表中数值可加大30%。

【例 5－1】　某水闸地下轮廓线如图 5－16（a）所示。根据钻探资料知地面以下 12m 深处为相对不透水的粘土层。用改进阻力系数法计算渗流要素。

解：

（1）简化地下轮廓：简化后地下轮廓如图 5－16（b）所示，划分 10 个基本段。

（2）确定地基的有效深度：由于 $L_0=0.5+12.25+10.25+1.0=24$m，$S_0=25.5-20=5.5$m，$L_0/S_0=4.36<5$，按式（5－26）得 $T_e=13.36>T_p=12.0$m，故按实际透水层深度 $T=T_p=12.0$m，进行渗流计算。

（3）计算各典型段阻力系数：按各典型段阻力系数计算公式计算，见表 5－9。

（4）计算各段水头损失：按式（5－24）计算各段水头损失，列于表 5－10。

（5）进、出口段水头损失修正。

1）进口段水头损失修正：已知 $T'=12-1=11$m，$T=12$m，$S'=1.0$m，按式（5－28）计算得 $\beta'=0.629<1.0$，则进口段修正为 $h'_{01}=0.628\times0.629=0.395$m。水头损失减小值 $\Delta h=0.628-0.395=0.233$m，因（$h_{x2}+h_{y3}$）$=0.059+0.068=0.127<\Delta h$，故第②、③、④段分别按式（5－34）、式（5－35）修正：$h'_{x2}=2h_{x2}=2\times0.059=0.118$m，$h'_{y3}=2h_{y3}=2\times0.068=0.136$m，$h'_{x4}=h_{x4}+\Delta h-(h_{x2}+h_{y3})=0.937+0.233-(0.059+0.068)=1.043$m。

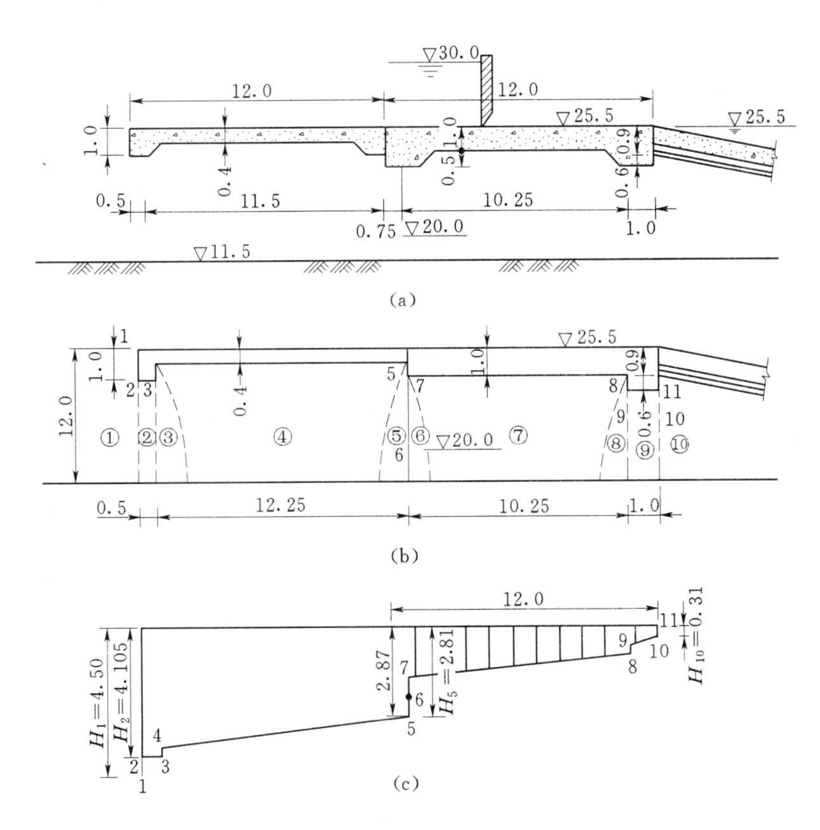

图 5－16　某水闸地下轮廓线布置及渗流计算图

表5-9

分段编号	分段名称	S(m)	S_1(m)	S_2(m)	T(m)	L(m)	ξ_i
①	进口段	1.0			12		0.477
②	水平段		0	0	11	0.5	0.045
③	内部铅直段	0.6			11.6		0.052
④	水平段		0.6	5.1	11.6	12.25	0.712
⑤	内部铅直段	5.1			11.6		0.479
⑥	内部铅直段	4.5			11.0		0.441
⑦	水平段		4.5	0.5	11.0	10.25	0.614
⑧	内部铅直段	0.5			11.0		0.045
⑨	水平段		0	0	10.5	1.0	0.095
⑩	出口段	0.6			11.1		0.460
Σ	总 和						3.420

表5-10

分段编号	①	②	③	④	⑤	⑥	⑦	⑧	⑨	⑩
h_i	0.628	0.059	0.068	0.937	0.630	0.581	0.808	0.059	0.125	0.605

注 总水头 $H=30-25.5=4.5$m。

2）出口段水头损失修正：已知 $T'=10.5$m，$T=11.1$m，$S'=0.6$m，按式（5-30）计算得 $\beta'=0.516<1.0$，则出口段修正为 $h'_{010}=0.605\times0.516=0.312$m。水头损失减小值 $\Delta h=0.605-0.312=0.293$m，因 $(h_{x9}+h_{y8})=0.125+0.059=0.184<\Delta h$，故第⑦、⑧、⑨段分别按式（5-36）、式（5-37）修正：$h'_{x9}=2h_{x9}=2\times0.125=0.250$m，$h'_{y8}=2h_{y8}=2\times0.059=0.118$m，$h'_{x7}=h_{x7}+\Delta h-(h_{x9}+h_{y8})=0.808+0.293-(0.125+0.059)=0.917$m。

验算：$H=0.395+0.118+0.136+1.043+0.630+0.581+0.917+0.118+0.250+0.312=4.5$m，计算无误。

（6）计算各角点或尖端渗压水头：由上游进口段开始，逐次向下游从总水头 $H=4.5$m，减去各分段水头损失值，即可求得各角点或尖端渗压水头值：$H_1=4.5$m，$H_2=4.5-0.359=4.105$m，$H_3=4.105-0.118=3.987$m，$H_4=3.851$m，$H_5=2.808$m，$H_6=2.178$m，$H_7=1.597$m，$H_8=0.680$m，$H_9=0.562$m，$H_{10}=0.312$m，$H_{11}=0.312-0.312=0$。

（7）绘制渗压水头分布图：如图5-16（c）所示。

（8）渗流出口平均坡降：按式（5-36）$J=h'_0/S'=0.312/0.6=0.52$。

5.4.3 防渗排水设施

水闸的防渗设施包括水平防渗（铺盖）和垂直防渗设施（板桩、齿墙、防渗墙、灌注式水泥砂浆帷幕、高压喷射灌浆帷幕及垂直防渗土工膜等），而排水设施则是指铺设在护坦、浆砌石海漫底部或闸底板下游段起导渗作用的砂砾石层。排水体常与反滤层结合使用。

1. 铺盖

水闸常用粘土、混凝土、钢筋混凝土或土工膜等材料做防渗铺盖等。铺盖长度一般取上下游最大水位差的 3～5 倍。

(1) 粘土铺盖。要求铺盖渗透系数 $K=10^{-6}\sim10^{-8}$cm/s，且比地基渗透系数至少要小 100 倍。铺盖的厚度应根据铺盖土料的允许水力坡降值计算确定，上游端的最小厚度应不小于 0.6m，逐渐向闸室方向加厚，且任一截面厚度不应小于 1/4～1/6 倍该计算断面顶底面的水头差值。为了防止铺盖在施工期被损坏和运用时被水流冲刷，其上面应设置厚 0.3～0.5m 的干砌块石或混凝土板保护层，保护层与铺盖间设置一层或两层砂砾石垫层。铺盖与闸室底板连接的地方是薄弱环节，除了将铺盖加厚外，还应将底板前端做成倾斜面，使整个末端呈大梯形断面型式，以便粘土靠自重和上部荷重与混凝土底板贴紧，两者之间应铺设油毛毡止水，见图 5-17。

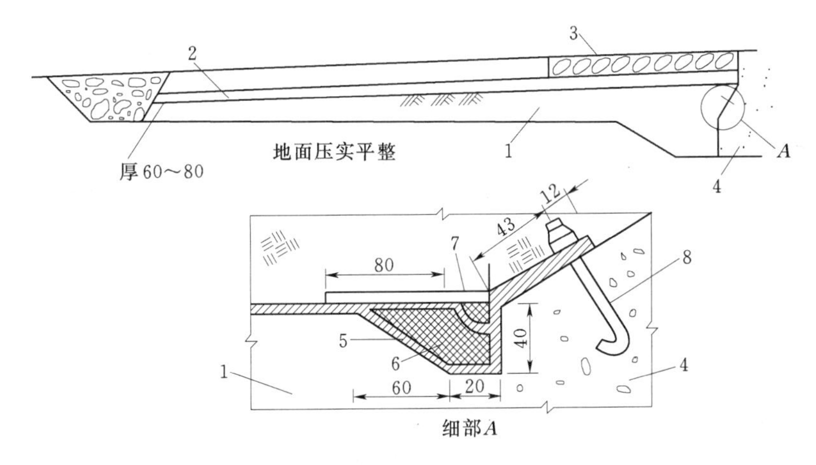

图 5-17 粘土铺盖与闸室底板连接构造图

1—粘土铺盖；2—垫层；3—保护层；4—闸室底板；5—沥青麻袋；6—沥青填料；7—木盖板；8—螺栓

(2) 混凝土或钢筋混凝土铺盖。如当地缺乏粘土、粘壤土或要用铺盖兼作阻滑板以提高闸室抗滑稳定性时，可采用混凝土或钢筋混凝土铺盖。其厚度一般根据构造要求确定，最小厚度不宜小于 0.4m，在与底板连接处应加厚至 0.8～1.0m。为了减小地基不均匀沉降和温度变化的影响，其顺水流方向应设永久缝，缝距可采用 8～20m。铺盖与闸底板、翼墙之间也要分缝。缝宽可采用 2～3cm，缝内均应设止水。混凝土铺盖中应配置温度构造筋，对于起阻滑作用的钢筋混凝土铺盖则要根据受力情况配置轴向受拉钢筋。受拉钢筋与闸室在接缝处应采用铰接的构造型式。这种铺盖的混凝土强度等级一般不低于 C20。

(3) 土工膜防渗铺盖。水闸防渗铺盖也可用土工膜代替传统的弱透水土料。用于防渗的土工合成材料主要有土工膜或复合土工膜，其厚度应根据作用水头、膜下土体可能产生裂隙宽度、膜的应变和强度等因素确定，但不宜小于 0.5mm。在敷设土工膜时，应排除膜下积水、积气，以防土工膜受水、气顶托而破坏。防渗土工膜上部可采用水泥砂浆、砌石或预制混凝土块做防护层、上垫层，下部应设下垫层。

2. 板桩

板桩一般设在闸底板的上游端或铺盖的前端，以增加渗透途径，降低渗透压力；有时也将短板桩设在闸底板的下游侧，以减小渗流出口坡降，防止出口处土壤产生渗透变形。根据所用材料不同，板桩可分为钢筋混凝土板桩、钢板桩及砂浆板桩、木板桩等几种。

目前采用最多的是钢筋混凝土板桩，考虑防渗要求、结构刚度要求和打桩设备条件，其最小厚度不宜小于0.2m；宽度不宜小于0.4m；其入土深度多数采用3～5m，最长达8m。板桩之间应采用梯形榫槽连接，它适合于各种地基。

3. 齿墙及混凝土防渗墙

闸底板的上下游端一般都设有浅齿墙，辅助防渗，并有利于抗滑。齿墙深度一般为0.5～1.5m，最大不宜超过2.0m。当地基为粒径较大的砂砾石、卵石，不宜打板桩时，可采用深齿墙或混凝土防渗墙。混凝土防渗墙的厚度主要根据成槽器开槽尺寸确定，其厚度一般不小于0.2m，否则混凝土浇筑较难，影响工程质量。

4. 水泥砂浆帷幕、高压喷射灌浆帷幕及垂直防渗土工膜

近年来，国内逐渐推广使用灌注式水泥砂浆帷幕和高压喷射灌浆帷幕等垂直防渗体型式，根据防渗要求和施工条件，它们的最小厚度一般不宜小于0.1m。

当地基内强透水层埋深在开槽机能力范围内（一般在12m内），且透水层中大于5cm的颗粒含量不超过10%（以重量计）、水位能满足泥浆固壁的要求时，也可考虑采用土工膜垂直防渗方案。地下垂直防渗土工膜可采用聚乙烯土工膜、复合土工膜或防水塑料板等。根据经验，其最小厚度一般不宜小于0.25mm，太薄可能产生气孔，且在施工中容易受损，防渗效果不好。重要工程可采用复合土工膜，其厚度不宜小于0.5mm。

5. 排水设施

土基水闸一般采用平铺式排水，即在护坦和浆砌石海漫的底部或伸入底板下游齿墙稍前方，平铺粒径为1～2cm的砾石、碎石或卵石等透水材料而成，其厚为0.2～0.3m。为防止地基土的细颗粒被渗流带人排水，应在排水和地基土的接触面处设置反滤层。水闸设计多将反滤层中粒径最大的一层适当加厚，构成排水体。

5.4.4 水闸的侧向绕渗

水闸建成挡水后，除闸基有渗流外，水流还从上游经水闸两岸渗向下游，这就是侧向绕渗，见图5-18。绕渗对岸墙、翼墙产生渗透压力，加大了墙底扬压力和墙身的水平水压力，对翼墙、边墩或岸墙的结构强度和稳定产生影响；并有可能使填土发生危害性的渗透变形，增加渗漏损失。

侧向防渗排水布置（包括刺墙、板桩、排水井等）应根据上、下游水位、墙体材料和墙后土质以及地下水位变化等情况综合考虑，并应与闸基的防渗排水布置相适应，在空间上形成一体。布置原则仍是防渗与导渗相结合。由于侧向填土与岸、翼墙的接触条件比闸底板与地基的接触条件差，所以，绕渗的防渗长度比闸下防渗长度大。有时为了避免填土与边墩（或岸墙）接触面上产生集中渗流，也可设置短刺墙。排水设施一般设在下游翼墙上，根据墙后回填土的性质不同，可采用排水孔或连续排水垫层等型式。孔口附近应设反滤层以防发生渗透变形。

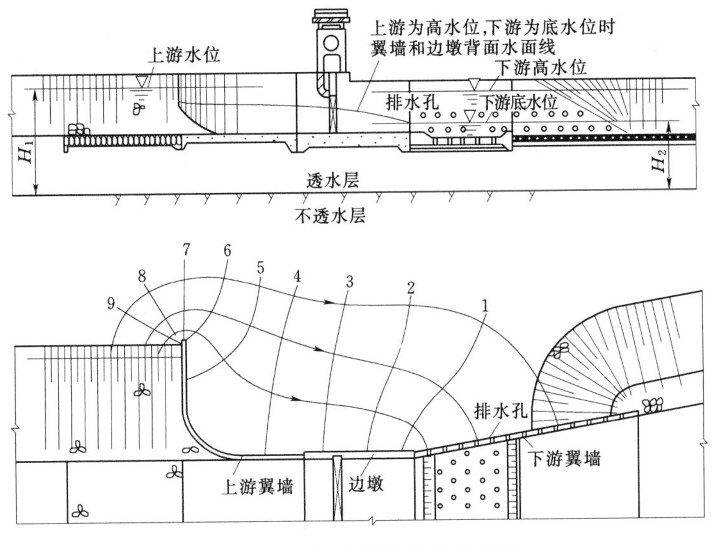

图 5-18 侧向防渗排水布置图

5.5 闸室的布置与构造

5.5.1 底板

闸室底板型式通常有平底板、低堰底板及折线底板。其型式可根据地基、泄流等条件进行选用。开敞式闸室结构的底板按照闸墩与底板的连接方式又可分为整体式和分离式两种。涵洞式和双层式闸室结构不宜采用分离式。

一、整体式底板

当闸墩与底板浇筑或砌筑成整体时，称为整体式底板。对于孔数多、宽度较大的水闸，为了适应地基不均匀沉陷和温度变化需要，在顺水流方向设永久缝将底板分成若干闸段，每个闸段一般由 2～4 个完整的闸孔组成，靠近岸墙的闸段，考虑到边荷载的影响，宜为单孔。缝距一般不宜超过 20m（岩基）或 35m（土基），缝宽 2～3cm，缝中应设止水。

将缝设在闸墩中间时，为缝墩式闸室，见图 5-19（a）。其优点是闸室结构整体性好，缝间闸段各自独立，各闸段间有不均匀沉陷时，水闸仍能正常工作，且具有较好的抗震性能；缺点是缝墩施工工期较长，且比其他中墩厚，当缝墩较多时，将增加工程量和施工难度。这种底板适用于地质条件较差的地基或地震区。

如果地基条件较好，相邻闸段不致出现不均匀沉降的情况下，也可将缝设在闸孔底板中间，见图 5-19（c）。

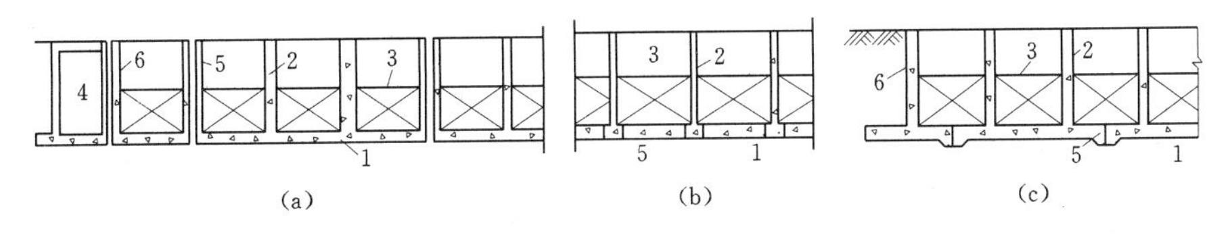

图 5-19 整体式、分离式平底板

1—底板；2—闸墩；3—闸门；4—空箱式岸墙；5—温度沉陷缝；6—边墩

二、分离式底板

在闸墩附近设缝，将闸室底板与闸墩断开的，称为分离式底板，见图5-19（b）。缝中设止水。其闸室上部结构的重量将直接由闸墩或连同部分底板传给地基。闸孔部分底板仅起防冲、防渗和稳定的作用，其厚度根据自身稳定的需要确定。分离式底板的优点是可缩短工期，减小闸的总宽度，工程量小；缺点是底板接缝较多，闸室结构的整体性较差，给止水防渗和浇筑分块带来不利和麻烦，且不均匀沉陷将影响闸门启闭，故对地基要求较高。这种底板适用于地质条件较好、承载能力较大的地基。

底板顺水流方向的长度应根据闸室地基条件、上部结构布置、满足闸室整体稳定和地基允许承载力等要求来确定。初拟时可参考已建工程的经验数据选定，当地基为碎石土和砾（卵）石时，底板长度取（1.5～2.5）H（H为水闸上、下游最大水位差）；砂土和砂壤土取（2.0～3.5）H；粉质壤土和壤土取（2.0～4.0）H；粘土取（2.5～4.5）H。

底板厚度必须满足强度和刚度的要求，大中型水闸平底板厚度可取为闸孔净宽的1/6～1/8，一般为1.0～2.0m，最薄不小于0.7m，小型水闸不宜小于0.3m。闸室底板还应具有足够的整体性、坚固性、抗渗性和耐久性，通常采用钢筋混凝土结构，小型水闸底板也可采用混凝土浇筑。常用的强度等级为C15、C20。

5.5.2 闸墩与胸墙

一、闸墩

闸墩的结构型式应根据闸室结构抗滑稳定性和闸墩纵向刚度要求确定，一般宜采用实体式，常用混凝土、少筋混凝土或浆砌块石。闸墩的外形轮廓设计应满足过闸水流平顺、侧向收缩小、过流能力大的要求。闸墩头部和尾部一般采用半圆形或流线形。

闸墩顶高程一般指闸室胸墙或闸门挡水线上游闸墩和岸墙的顶部高程，应满足挡水和泄水两种运用情况的要求。挡水时，闸顶高程不应低于水闸正常蓄水位（或最高挡水位）加波浪计算高度与相应安全超高值之和；泄水时，不应低于设计洪水位（或校核洪水位）与相应安全超高值之和。水闸安全超高下限值见表5-11。

表5-11 水闸安全超高下限值 单位：m

运用情况		水闸级别			
		1	2	3	4、5
挡水时	正常蓄水位	0.7	0.5	0.4	0.3
	最高挡水位	0.5	0.4	0.3	0.2
泄水时	设计洪水位	1.5	1.0	0.7	0.5
	校核洪水位	1.0	0.7	0.5	0.4

此外，确定闸顶高程时，还应考虑闸室沉降、闸前河渠淤积、潮水位壅高等影响以及在防洪大堤上的水闸闸顶高程应不低于两侧堤顶高程。下游部分的闸顶高程可适当降低，但应保证下游的交通桥底部高出泄洪水位0.5m以上及桥面能与闸室两岸道路衔接。

闸墩的长度取决于上部结构布置和闸门的型式，一般与底板等长或稍短于底板。通常弧形闸门的闸墩长度比平面闸门的闸墩长。

闸墩厚度应满足稳定和强度要求。根据经验，一般混凝土闸墩厚1.0～1.6m，少筋混凝土闸墩厚0.9～1.4m，钢筋混凝土闸墩厚0.7～1.2m，浆砌石闸墩厚0.8～1.5m。平面闸门的闸墩厚度主要受门槽深度控制，闸墩在门槽处的最小厚度主要是根据结构强度和刚度的需要确定，一般不宜小于0.4m。弧形闸门的闸墩因没有门槽，可采用较小的厚度。

兼作岸墙的边闸墩还应考虑承受侧向土压力的作用，其厚度应根据结构抗滑稳定性能和结构强度的需要计算确定。

平面闸门的门槽尺寸取决于闸门尺寸和支承型式。工作闸门槽深一般不小于0.3m，宽0.5～1.0m，最优宽深比宜取1.6～1.8；检修门槽深一般为0.15～0.25m，宽0.15～0.3m。为了满足闸门安装与维修的要求，方便启闭机的布置与运行，检修闸门槽与工作闸门槽之间的净距不宜小于1.5m。当设有两道检修闸门槽时，闸墩和底板必须满足检修期的结构强度要求。

二、胸墙

胸墙常用钢筋混凝土结构做成板式或梁板式。当孔径小于或等于6.0m时可采用板式，墙板也可做成上薄下厚的楔形板，见图5－20（a），其顶部厚度一般不小于0.2m。当孔径大于6.0m时，宜采用梁板式，它由墙板、顶梁和底梁组成，见图5－20（b），其板厚一般不小于0.12m；顶梁梁高一般为胸墙跨度的1/12～1/15，梁宽常取0.4～0.8m；底梁由于与闸门顶接触，要求有较大的刚度，梁高为胸墙跨度的1/8～1/9，梁宽为0.6～1.2m。当胸墙高度大于5.0m，且跨度较大时，可增设中梁及竖梁构成肋形结构，见图5－20（c）。各结构尺寸应根据受力条件和边界支承情况计算确定。

胸墙顶宜与闸顶齐平。胸墙底部高程应根据孔口流量要求计算确定。为使过闸水流平顺，胸墙上游面底部宜做成流线形。对于受风浪冲击力较大的水闸，胸墙上应留有足够的排气孔。

胸墙与闸墩的连接方式有简支式和固接式两种，见图5－21。

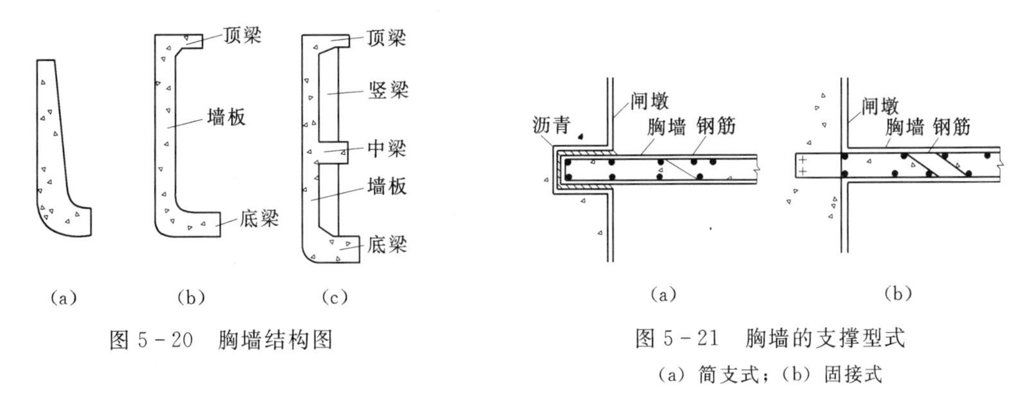

图5－20　胸墙结构图

图5－21　胸墙的支撑型式

（a）简支式；（b）固接式

简支式胸墙与闸墩分开浇筑，缝间涂沥青；也可将预制墙体插入闸墩预留槽内，成为活动胸墙。其优点是可避免在闸墩附近迎水面出现裂缝，但断面尺寸较大。固接式胸墙与闸墩整浇在一起，胸墙钢筋伸入闸墩内，形成刚性连接。其优点是断面尺寸小，可增强闸室的整体性，但受温度变化和闸墩变位的影响，易在胸墙支点附近的迎水面产生裂缝。整体式底板可用固接式，分离式底板多用简支式。

胸墙相对于闸门的位置取决于闸门的型式。若采用弧形闸门，胸墙设在闸门上游侧；若采用平面闸门，胸墙可设在闸门上游侧，也可设在闸门下游侧。一般情况下，大中型水闸的胸墙可设在闸门前，因门顶上无水重，可减小启门力；小型水闸的胸墙设在闸门的下游侧，除便于止水外，还可利用门顶上水重增加闸室的稳定。

5.5.3 工作桥、交通桥

为了安装启闭设备和便于工作人员操作的需要，通常在闸墩上设置工作桥。桥的位置由启闭设备、闸门类型及其布置和启闭方式而定。如桥面很高时也可在闸墩上部另建支柱或排架来支承工作桥，以减小闸墩高度，节省材料。

工作桥的高程与闸门和启闭设备的型式、闸门高度有关，一般应使闸门开启后，门底高于上游最高水位，以免阻碍过闸水流。对于平面直升门，若采用固定启闭设备，桥的高度（即横梁底部高程与底板高程的差值）约为门高的两倍加上1.0～1.5m的富余高度；若采用活动式启闭设备，则桥高可以低些，但也应大于1.7倍的闸门高度。对于弧形闸门及升卧式平面闸门，工作桥高度可以降低很多，具体应视工作桥的位置及闸门吊点位置等条件而定。工作桥的宽度，小型水闸在2.0～2.5m之间，大中型水闸在2.5～4.5m之间。

建闸后，为便于行人或车马通行，通常也在闸墩上设置交通桥。交通桥的位置应根据闸室稳定及两岸交通连接的需要而定，一般布置在闸墩的下游侧。

工作桥、交通桥可根据闸孔孔径、闸门启闭机型式及容量、设计荷载标准等具体条件来选用板式、梁板式或板拱式，其与闸墩的连接型式应与底板分缝位置及胸墙支承型式统一考虑。有条件时，可采用预制构件，现场吊装。工作桥、交通桥的梁（板）底高程均应高出最高洪水位0.5m以上；如果有流冰，则应高出流冰面0.2m。

5.5.4 分缝与止水

一、分缝方式与布置

除闸室本身分缝以外，凡是相邻结构荷重相差悬殊或结构较长、面积较大的地方也要设缝分开，如铺盖与闸室底板、翼墙的连接处以及消力池与闸室底板、翼墙的连接处要分别设缝。另外，翼墙本身较长，混凝土铺盖、消力池的护坦在面积较大时也需设缝，以防产生不均匀沉陷。

二、止水设备

凡是具有防渗要求的缝中都应设置止水设备。对止水设备的要求是：①应防渗可靠；②应能适应混凝土收缩及地基不均匀沉降的变形；③应结构简单，施工方便。按止水所设置的位置不同可分为水平止水和铅直止水两种。水平止水和铅直止水的构造型式见图5-22、图5-23。两种止水交叉处的构造必须妥善处理，以便形成一个完整的止水体系。交叉连接也有两类，即铅直交叉和水平交叉，见图5-24。

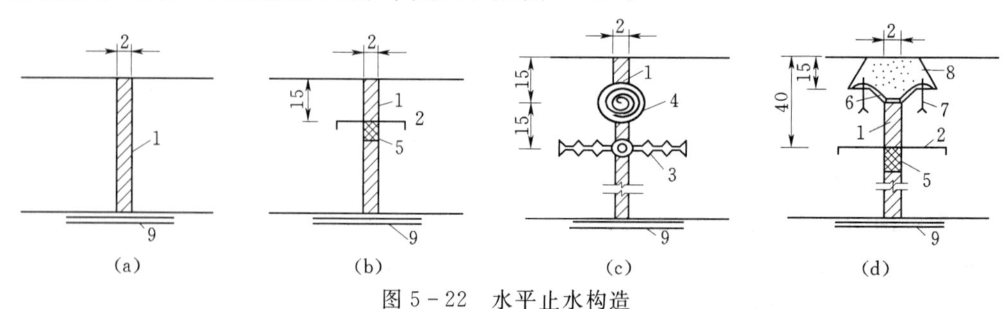

图5-22 水平止水构造

1—沥青油毛毡或沥青砂板填缝；2—紫铜片或镀锌铁片；3—塑料止水片；4—ϕ7～10cm沥青油毛毡卷；5—灌沥青或用沥青麻索填塞；6—橡皮；7—鱼尾螺栓；8—沥青混凝土；9—2～3层沥青油毛毡，宽50～60cm

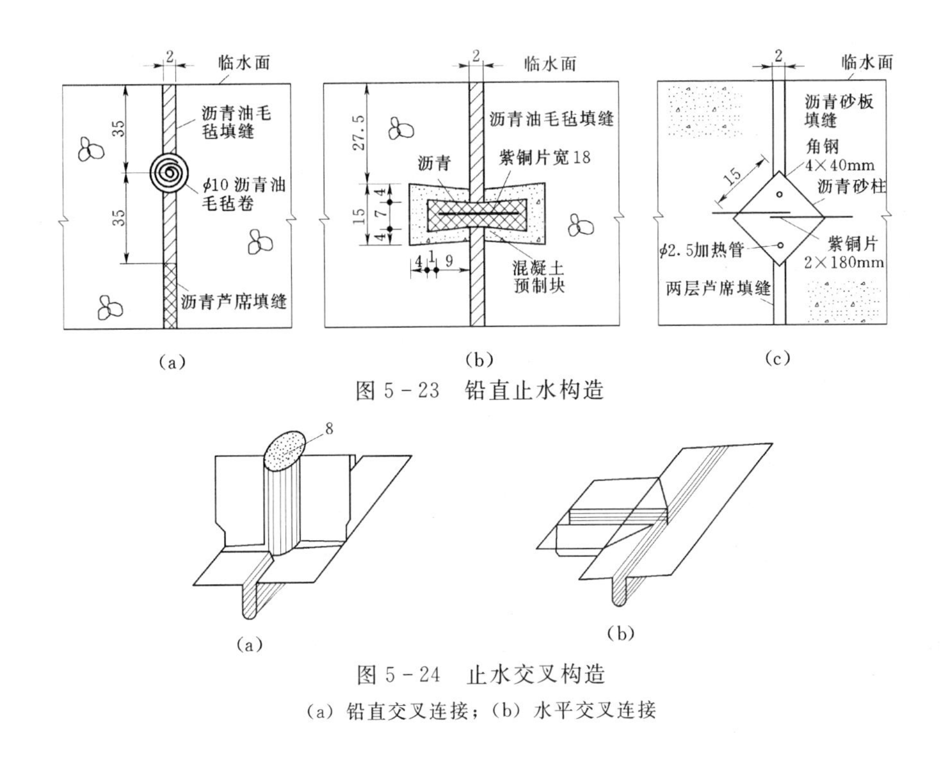

图 5-23 铅直止水构造

(a)

(b)

图 5-24 止水交叉构造

(a) 铅直交叉连接；(b) 水平交叉连接

5.6 稳定计算及地基处理

5.6.1 荷载计算及其组合

一、荷载计算

作用在水闸上的荷载主要有自重、水重、水平水压力、淤沙压力、扬压力、浪压力、土压力等。其中自重、水重、淤沙压力等荷载的计算方法与重力坝基本类似；扬压力中渗透压力的分布规律和计算方法见本章5.4节，闸底板某一点的浮托力强度值等于该点与下游水位间的高差乘以水的重度。以下对水平水压力、浪压力、土压力等的计算进行说明。

(1) 水平水压力。作用在铺盖与底板连接处的水平水压力因铺盖所用材料不同而略有差异。对于粘土铺盖，如图5-25 (a) 所示，a 点处按静水压强计算，b 点处则取该点的扬压力强度值，两点之间，以直线相连进行计算。当为混凝土或钢筋混凝土铺盖时，如图5-25 (b) 所示，止水片以上的水平水压力仍按静水压力分布计算，止水片以下按梯形分布计算，c 点的水平水压力强度等于该点的浮托力强度值加上 e 点的渗透压力强度值，d 点则取该点的扬压力强度值，c、d 点之间按直线连接计算。

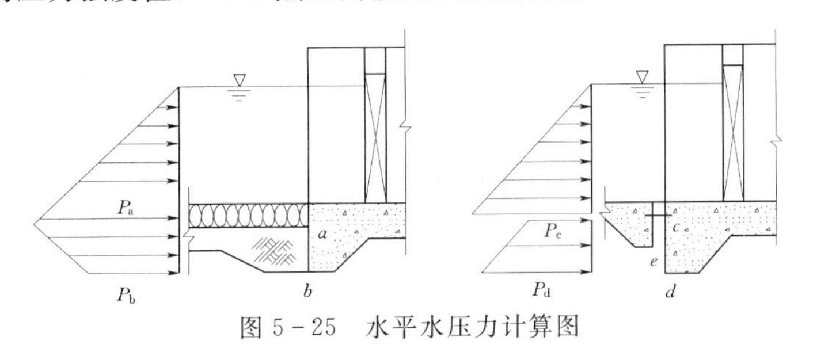

图 5-25 水平水压力计算图

(2) 浪压力。波长、波高和波浪中心线高出静水位高度等波浪要素的计算按莆田试验站法进行；根据风区范围内平均水深、波浪破碎的临界水深及半波长之间的关系，判别属深水波、浅水波或破碎波，分别用相应公式进行浪压力计算。

(3) 土压力。应根据填土性质、挡土高度、填土内的地下水位、填土顶面坡角及超载等计算确定。对于向外侧移动或转动的挡土结构，可按主动土压力计算；对于保持静止不动的挡土结构，可按静止土压力计算。

作用在水闸上的地震荷载、冰压力、土的冻胀力及其他荷载的计算可具体见 SL265—2001《水闸设计规范》。施工中各个阶段的临时荷载应根据工程实际情况确定。

二、荷载组合

水闸在施工、运用及检修过程中，各种作用荷载的大小、分布及出现的几率情况是经常变化的。因此，设计水闸时，应将可能同时作用的各种荷载进行组合。荷载组合分为基本组合与特殊组合两类。基本组合由基本荷载组成；特殊组合由基本荷载和一种或几种特殊荷载组成。但地震荷载只允许与正常蓄水位情况下的相应荷载组合。每种组合中所包含的计算情况及每种情况中所涉及到的荷载见表 5－12。

表 5－12　　水闸荷载组合表

荷载组合	计算情况	荷载												说明
		自重	水重	静水压力	扬压力	土压力	淤沙压力	风压力	浪压力	冰压力	土的冻胀力	地震荷载	其他	
基本组合	完建情况	√	—	—	—	√	—	—	—	—	—	—	√	必要时，可考虑地下水产生的扬压力
	正常蓄水位情况	√	√	√	√	√	√	√	√	—	—	—	√	按正常蓄水位组合计算水重、静水压力、扬压力及浪压力
	设计洪水位情况	√	√	√	√	√	√	√	√	—	—	—	—	按设计洪水位组合计算水重、静水压力、扬压力及浪压力
	冰冻情况	√	√	√	√	√	√	√	—	√	√	—	√	按正常蓄水位组合计算水重、静水压力、扬压力及浪压力
特殊组合	校核洪水位情况	√	√	√	√	√	√	√	√	—	—	—	—	按校核洪水位组合计算水重、静水压力、扬压力及浪压力
	施工情况	√	—	—	—	√	—	—	—	—	—	—	√	应考虑施工过程中各个阶段的临时荷载
	检修情况	√	—	√	√	√	√	√	√	—	—	—	√	按正常蓄水位组合（必要时可按设计洪水位组合或冬季低水位条件）计算水重、静水压力、扬压力及浪压力
	地震情况	√	√	√	√	√	√	√	√	—	—	√	—	按正常蓄水位组合计算水重、静水压力、扬压力及浪压力

注　表中“√”号为需要考虑荷载，“—”号为不需要考虑荷载。

5.6.2　闸室抗滑稳定计算

闸室抗滑稳定计算应满足的要求是：土基上沿闸室基底面的抗滑稳定安全系数不小于表 5－13 的［$K_土$］值；岩基上沿闸室基底面的抗滑稳定安全系数不小于表 5－14 的［$K_岩$］值。计算时取两相邻顺水流向永久缝之间的闸段作为计算单元。

一、计算公式

土基上的水闸闸室沿地基面的抗滑稳定计算公式为：

$$K_c = \frac{f\sum G}{\sum H} \tag{5-37}$$

$$K_c = \frac{\tan\varphi_0 \sum G + C_0 A}{\sum H} \tag{5-38}$$

式中　K_c——沿闸室基底面的抗滑稳定安全系数；

f——闸室基底面与地基之间的摩擦系数，查表 5－15；

$\sum H$——作用在闸室上的全部水平向荷载，kN；

φ_0——闸室基础底面与土质地基之间的摩擦角，(°)，查表 5－16；

C_0——闸室基础底面与土质地基之间的粘结力，kPa，查表 5－16。

由于式（5－37）计算简便，故在水闸设计中，特别是在水闸的初步设计阶段采用较多。对于粘性土地基上的大型水闸宜按式（5－38）进行计算。而对于土基上采用钻孔灌注桩基础的水闸，若采用式（5－38）验算沿闸室底板底面的抗滑稳定性，还应计入桩体材料的抗剪断能力。

岩基上沿闸室基底面的抗滑稳定计算可按式（5－37）或式（5－39）进行。

$$K_c = \frac{f'\sum G + C'A}{\sum H} \tag{5-39}$$

式中　f'——闸室基底面与岩石地基之间的抗剪断摩擦系数，查表 5－17；

C'——闸室基底面与岩石地基之间的抗剪断粘结力，kPa，查表 5－17。

式（5－39）中不仅考虑了闸室基底与岩石地基之间的摩阻力，而且也考虑了客观存在于闸室基底与岩石地基之间的粘结力，因此按此公式计算显然更加合理。

当闸室承受双向水平向荷载作用时，应验算其合力方向的抗滑稳定性，其抗滑稳定安全系数应按土基或岩基分别不小于［$K_土$］和［$K_岩$］值。

表 5－13　［$K_土$］　值

荷载组合		水闸级别			
		1	2	3	4、5
基本组合		1.35	1.30	1.25	1.20
特殊组合	Ⅰ	1.20	1.15	1.10	1.05
	Ⅱ	1.10	1.05	1.05	1.00

注　1. 特殊组合Ⅰ适用于校核洪水位情况、施工情况及检修情况。
2. 特殊组合Ⅱ适用于地震情况。

表 5－14　［$K_岩$］　值

荷载组合		按式（5－37）计算时			按式（5－39）计算时
		水闸级别			
		1	2、3	4、5	
基本组合		1.10	1.08	1.05	3.00
特殊组合	Ⅰ	1.05	1.03	1.00	2.50
	Ⅱ	1.00			2.30

表 5-15 f 值

地基类别		f
粘土	软弱	0.20～0.25
	中等坚硬	0.25～0.35
	坚硬	0.35～0.45
壤土、粉质壤土		0.25～0.40
砂壤土、粉砂土		0.35～0.40
细砂、极细砂		0.40～0.45
中砂、粗砂		0.45～0.50
砂砾石		0.40～0.50
砾石、卵石		0.50～0.55
碎石土		0.40～0.50
软质岩石	极软	0.40～0.45
	软	0.45～0.55
	较软	0.55～0.60
硬质岩石	较坚硬	0.60～0.65
	坚硬	0.65～0.70

表 5-16 φ_0、C_0值（土质地基）

土质地基类别	φ_0（°）	C_0（kPa）
粘性土	0.9φ	$(0.2\sim0.3)C$
砂性土	$(0.85\sim0.90)\varphi$	0

注 φ为室内饱和固结快剪（粘性土）或饱和快剪实验测得的内摩擦角；C为室内饱和固结快剪实验测得的粘结力。

表 5-17 f'、C'值（岩石地基）

岩石地基类别		f'	C'（MPa）
硬质岩石	坚硬	1.5～1.3	1.5～1.3
	较坚硬	1.3～1.1	1.3～1.1
软质岩石	较软	1.1～0.9	1.1～0.7
	软	0.9～0.7	0.7～0.3
	极软	0.7～0.4	0.3～0.05

注 如岩石地基内存在结构面、软弱层（带）或断层的情况，f'、C'值应按现行的GB50287—99《水利水电工程地质勘测规范》选用。

二、提高闸室抗滑稳定性的措施

当沿闸室基底面抗滑稳定安全系数计算值小于允许值时，可采用下列一种或几种抗滑措施：①将闸门位置移向低水位一侧，或将水闸底板向高水位一侧加长，以增加水重。②适当增大闸室结构尺寸。③增加闸室底板的齿墙深度。④增加铺盖长度或帷幕灌浆深度，或在不影响防渗安全的条件下将排水设施向水闸底板靠近。⑤利用钢筋混凝土铺盖作为阻滑板，但闸室自身的抗滑稳定安全系数不应小于1.0（计算由阻滑板增加的抗滑力时，阻滑板效果的折减系数可采用0.80），阻滑板应满足抗裂要求。⑥增设钢筋混凝土抗滑桩或预应力锚固结构。

表 5-18 土基上的［η］值

地基土质	荷载组合	
	基本组合	特殊组合
松 软	1.50	2.00
中等坚实	2.00	2.50
坚 实	2.50	3.00

5.6.3 闸室基底应力计算

闸室基底应力应满足：在各种计算情况下，土基上闸室的平均基底应力不大于地基容许承载力，最大基底应力不大于地基容许承载力的1.2倍；闸室基底应力的最大值与最小值之比η不大于容许值，见表5-18。岩基上，闸室最大基底应力不大于地基容许承载力；在非地震情况下，闸室基底不出现拉应力；在地震情况下，闸室基底拉应力不大于100kPa。

（1）对于结构布置及受力情况对称的闸孔，如多孔水闸的中间孔或左右对称的单闸孔，按式（5-40）计算。

$$p_{\substack{\max\\\min}}=\frac{\sum G}{A}\pm\frac{\sum M}{W} \tag{5-40}$$

式中 p_{max}、p_{min}——闸室基底应力的最大值和最小值，kPa；

$\sum G$——作用在闸室上的所有竖向荷载（包括闸室基础底面上的扬压力在内），kN；

A——闸室基底面的面积，m^2；

$\sum M$——作用在闸室上的所有竖向和水平向荷载对基础底面垂直水流方向的形心轴的力矩和，kN·m；

W——闸室基底面对该底面垂直水流方向的形心轴的截面矩，M^3。

（2）对于结构布置及受力情况不对称的闸孔，如多孔闸的边闸孔或左右不对称的单闸孔，按双向偏心受压式（5-41）计算：

$$p_{\substack{max \\ min}} = \frac{\sum G}{A} \pm \frac{\sum M_x}{W_x} \pm \frac{\sum M_y}{W_y} \tag{5-41}$$

式中 $\sum M_x$、$\sum M_y$——作用在闸室上的所有竖向和水平向荷载对于基础底面形心轴 x、y 轴的力矩和，kN·m；

W_x、W_y——闸室基底面对该底面形心轴 x、y 轴的截面矩，m^3。

5.6.4 地基沉降校核

由于土基压缩变形大，容易引起较大的地基沉降。较大的均匀沉降可能会使闸顶部高程不足；过大的不均匀沉降，将导致闸室倾斜、产生裂缝、止水破坏，甚至断裂等。因此，在研究地基稳定时，应进行地基的沉降校核，以保证水闸的安全和正常运用。

目前我国水利系统多数是根据土工试验提供的压缩曲线（如 $e \sim p$ 压缩曲线或 $e \sim p$ 回弹压缩曲线）采用分层总和法计算地基沉降。

根据工程实践，天然土质地基上水闸地基的允许最大沉降量为15cm，相邻部位的允许最大沉降差为5cm。当软土地基上的水闸地基沉降计算不满足上述要求时，可以考虑采用以下一种或几种措施：①采用沉降缝隔开；②改变基础型式或刚度；③调整基础尺寸与埋置深度；④必要时对地基进行人工加固；⑤安排合适的施工程序，严格控制施工进度；⑥变更结构型式（采用轻型结构或静定结构等）或加强结构刚度。

5.6.5 地基处理

水闸地基处理的目的是：提高地基的承载能力和稳定性；减小或消除地基的有害沉陷，防止地基渗透变形。当天然地基承载能力、稳定和变形任何一方面不能满足要求时，就应根据工程具体情况进行地基处理。对于软弱地基，常用的地基处理方法有：

（1）强力夯实法。通过夯实机械对天然地基土进行强力夯实，以增加地基承载力，减小沉降量，提高抗震动液化的能力。该法适用于透水性较好的松软地基，尤其是稍密的碎石土或松砂地基。

（2）换土垫层法。这种方法是将基底附近一定深度的软土挖除，换以砂土或紧密粘土，分层夯实而成。其主要作用是改善地基应力分布，减少沉降量。该方法适用于厚度不大的软土地基。

（3）桩基础。当闸室结构重量较大、软土层较厚、基底压力较大时，可采用桩基础。水闸桩基通常采用端承桩和端承摩擦桩两种型式。桩的根数和尺寸宜按承担底板底面以上的全部荷载确定。

(4) 高速旋喷法。此法是用钻机钻孔至设计高层，然后以“射水法”用安装在钻杆下端的特殊喷嘴把高压水、压缩空气和水泥浆或其他化学浆高速喷出，搅动土体，同时钻杆边旋转边提升，使土体与浆液混合，形成柱桩，达到加固地基的目的。

5.7 闸室结构计算

闸室是一空间结构，受力比较复杂，可用三维弹性力学有限元法对一段闸室进行整体分析。但为简化计算，一般都将其分解成底板、闸墩、胸墙、工作桥、交通桥等若干构件分别计算，并在单独计算时，考虑它们之间的相互作用。

5.7.1 底板

闸底板是整个闸室结构的基础，是全面支承在地基上的一块受力条件复杂的弹性基础板。实际工程中，一般近似地将其简化成平面问题，采用“截板成梁”的方法进行计算。因底板在顺水流方向的弯曲变形远较垂直水流方向小，故一般沿垂直水流方向截取单位宽度的板条作为梁来进行计算。由于闸门前后水重相差悬殊，底板所受荷载不同，常以闸门为界，分别在闸门上下游段的中间处截取单宽板条及墩条。

土基上的闸底板按照不同的地基情况可以采用不同的计算方法：对粘性土地基或相对密度 $D_r>0.5$ 的非粘性土地基，采用弹性地基梁法；对 $D_r\leqslant0.5$ 的非粘性土地基，采用反力直线分布法；对小型水闸，常采用倒置梁法。根据经验，重要的大型水闸宜按弹性地基梁法设计，反力直线分布法校核。

岩基上闸底板的应力分析，可按弹性地基梁法中的基床系数法计算。因为岩基弹性模量较大，其单位面积上的沉降变形与所受压力之间的关系比较符合文克尔假定。

一、倒置梁法

该法假定闸室地基反力沿顺水流方向呈直线分布，垂直水流方向为均匀分布，并把地基反力当作荷载，底板当作梁，闸墩当作支座，按倒置的连续梁计算底板内力。作用在梁上的荷载有底板自重 q_1、水重 q_2、扬压力 q_3 及地基反力 σ。把上述铅直荷载进行叠加，便得到倒置梁上的均布荷载 $q=q_3+\sigma-q_1-q_2$。最后按图5-26（b）所示的计算图，用结构力学法计算连续梁的内力，进而进行配筋。

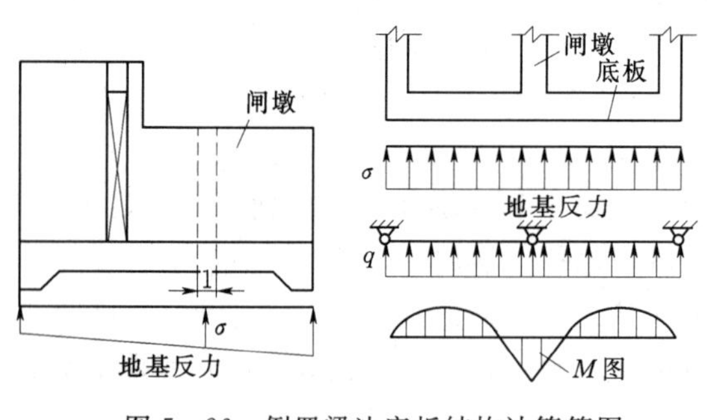

图5-26 倒置梁法底板结构计算简图

该法的优点是计算简便。缺点是：①没有考虑底板与地基变形的协调作用。②假定底板在垂直水流方向的地基反力为均匀分布，有时与实际情况出入较大。③支座反力与闸墩铅直荷载不相等。因此该法计算成果的误差较大，只在小型水闸设计中使用。

二、弹性地基梁法

该法认为在顺水流方向的地基反力仍是直线变化，但在垂直水流方向不再假定地基反力呈均匀分布，认为底板和地基都是弹性体，由于两者紧密接触，故变形是相同的，即地基反力在垂直水流方向按曲线形（或弹性）分布。同时梁在荷载及地基反力作用下，仍保持平衡。根据变形协调一致和静力平衡条件，求解地基反力和梁的内力，并且还计及底板范围以外的边荷载对梁的影响。

采用弹性地基梁法分析闸底板的应力时，还应考虑可压缩土层厚度 T 与弹性地基梁半长 $L/2$ 之比值的影响。当 $2T/L<0.25$ 时，可按基床系数法（文克尔假定）计算；当 $2T/L>2.0$ 时，可按半无限深的弹性地基梁法计算；当 $2T/L=0.25\sim2.0$ 时，可按有限深的弹性地基梁法计算。其具体计算方法和步骤如下。

(1) 用偏心受压公式计算闸底在顺水流向的地基反力。

(2) 计算单宽板条上的不平衡剪力。由于顺水流向闸室所受的荷载是不均匀的，特别是闸门前后水重相差悬殊，而地基反力是连续变化的。所以，计算时应以闸门门槛作为上下游的分界，将闸室分为上、下游两段脱离体，脱离体截面上必然产生剪力 Q 来维持平衡，该剪力称为不平衡剪力。其值由脱离体平衡条件求得，即 $Q_{上}=-Q_{下}$，而 $Q_{下}=-\sum W_{下}$（$\sum W_{下}$ 为下游段脱离体上全部竖向荷载）。

(3) 不平衡剪力 Q 的分配。不平衡剪力的分配可采用作图法或数值法求得。一般情况下，闸底板分担不平衡剪力的 10%～15%，闸墩分担不平衡剪力的 85%～90%。

(4) 计算作用在弹性地基梁（单宽板条）上的荷载。

集中荷载：将闸墩上的不平衡剪力与闸墩及其上部结构的重量作为梁的集中力。

均布荷载：将分配给底板上的不平衡剪力化为均布荷载，并与底板自重、水重及扬压力等代数和相加，作为梁的均布荷载。

(5) 考虑边荷载对地基梁影响。边荷载是指计算闸段底板两侧的闸室或边闸墩后回填土以及岸墙作用于地基上的荷载。SL265—2001《水闸设计规范》提出：由于实际工程中水闸各单项工程基本上是同时施工的，因此，无须考虑边荷载是在计算闸段底板浇筑之前还是之后施加的问题。①当地基为砂性土，且边荷载使计算闸段底板内力减少时，计算百分数为 50%；边荷载使计算闸段底板内力增加时，计算百分数为 100%；②当地基为粘性土，且边荷载使计算闸段底板内力减少时，计算百分数为 0；边荷载使计算闸段底板内力增加时，计算百分数为 100%。

(6) 计算地基反力及梁的内力。根据 $2T/L$ 判别所需采用的计算方法，然后利用已编制好的数表计算地基反力和梁的内力，进而验算强度并进行配筋。

5.7.2 闸墩

闸墩结构计算主要包括闸墩水平截面上的正应力和剪应力、平面闸门门槽或弧形闸门支座的应力计算。闸墩计算情况有运用期和检修期两种。

(1) 运用期。闸门关闭，闸墩承受最大水头时的水压力（包括闸门传来的水压力）、自重、上部结构及设备重作用，见图 5-27 (a)、图 5-27 (b)；

(2) 检修期。一孔关门检修，相邻闸孔开启时，闸墩承受侧向水压力及自重、上部结构及设备重作用、交通桥上车辆刹车制动力等荷载，见图 5-27 (c)。

一、闸墩水平截面上的正应力和剪应力

闸墩水平截面上的正应力和剪应力，主要包括纵向（顺水流方向）和横向（垂直水流

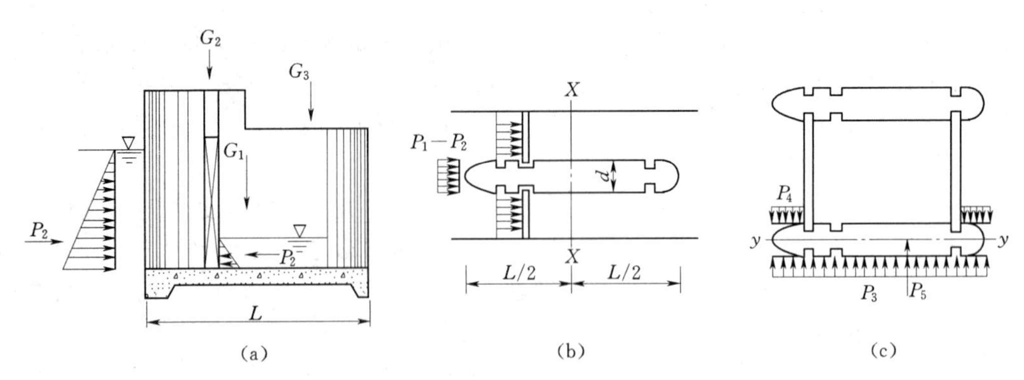

图 5-27　闸墩结构计算示意图

P_1、P_2—上、下游水平水压力；P_3、P_4—闸墩两侧横向水压力；P_5—交通桥上车辆刹车制动力；G_1—闸墩自重；G_2—工作桥及闸门重；G_3—交通桥重

方向）两个方向。闸墩每个高程的应力都不同，而最危险的断面则是闸墩与底板的接触面。因此，主要以墩底截面为控制应力截面，将闸墩视为固结于闸底板上的悬臂结构，近似按材料力学中的偏心受压公式进行应力分析。

1. 闸墩水平截面上的正应力计算

运用期
$$\sigma_{\substack{max\\min}} = \frac{\sum G}{A} \pm \frac{\sum M_{\text{I}}}{I_{\text{I}}} \frac{L}{2} \tag{5-42}$$

检修期
$$\sigma_{\substack{max\\min}} = \frac{\sum G}{A} \pm \frac{\sum M_{\text{II}}}{I_{\text{II}}} \frac{d}{2} \tag{5-43}$$

式中　$\sum G$——计算截面以上全部竖向力的总和，kN；

A——计算截面的面积，m^2；

$\sum M_{\text{I}}$、$\sum M_{\text{II}}$——计算截面以上各力对截面垂直水流和顺水流方向形心轴 x、y 轴的力矩总和，kN·m；

I_{I}、I_{II}——计算截面对其形心轴 x、y 轴的惯性矩，m^4；

d——墩厚，m；

L——闸墩长度，m。

2. 闸墩水平截面上的剪应力计算

$$\tau = \frac{QS}{Ib} \tag{5-44}$$

式中　Q——作用在墩底计算截面上顺水流方向和垂直水流方向的剪力，kN；

S——计算截面以外的面积对形心轴 x、y 轴的面积矩（方向与 Q 垂直），m^3；

b——计算截面处的墩厚，m。

3. 边墩（包括缝墩）墩底主拉应力计算

闸门关闭时，由于受力不对称（见图 5-28），墩底受纵向剪力和扭矩的共同作用，产生较大的主拉应力。由于扭矩 M_n 作用，在 A 点产生的剪应力近似为：

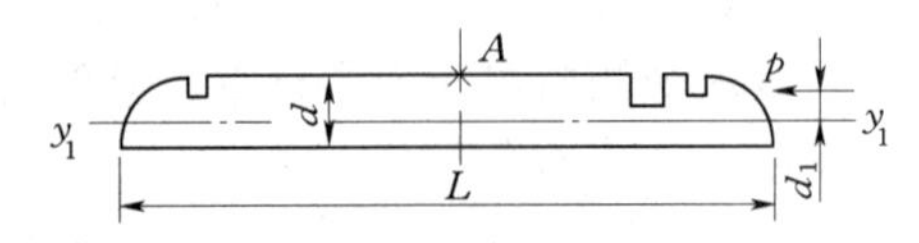

图 5-28　边墩墩底主拉应力计算

$$\tau_1 = \frac{M_n}{0.4d^2L} \tag{5-45}$$

$$M_n = Pd_1 \tag{5-46}$$

式中 P——半扇闸门传来的水压力，kN；

d_1——P 至形心轴的距离，m；

d、L——墩宽与墩长，m。

纵向剪应力的近似值为：

$$\tau_2 = \frac{3P}{2dL} \tag{5-47}$$

A 点的主拉应力为：

$$\sigma_{zl} = \frac{\sigma}{2} \pm \frac{1}{2}\sqrt{\sigma^2 + 4(\tau_1 + \tau_2)^2} \tag{5-48}$$

式中 σ——边墩（或缝墩）的墩底正应力（以压应力为负）。

σ_{zl}不得大于混凝土的允许拉应力，否则应配受力钢筋。

二、平面闸门闸墩的门槽应力计算

平面闸门门槽颈部因受闸门传来的水压力而产生拉应力，过去常假定该拉应力完全由钢筋承担，以致造成浪费。实际上应该考虑闸墩水平截面上的剪应力影响，它承担着一部分拉应力，这样可以减少钢筋用量。计算步骤如下。

（1）取 1m 高的闸墩作为计算单元。由左、右侧闸门传来的水压力为 P，在计算单元上、下水平截面上将产生剪力 $Q_上$ 和 $Q_下$，剪力差 $Q_下 - Q_上$ 应等于 P。

（2）假设剪应力在上、下水平截面上呈均匀分布，并取门槽前的闸墩作为脱离体，由力的平衡条件可求得此 1m 高门槽颈部所受的拉力 P_1 为：

$$P_1 = P\frac{A_1}{A} \tag{5-49}$$

式中 A_1——门槽颈部以前闸墩的水平截面积，m²；

A——闸墩的水平截面积，m²。

（3）计算 1m 高闸墩在门槽颈部所产生的拉应力：

$$\sigma = \frac{P_1}{b} \tag{5-50}$$

式中 b——门槽颈部厚度，m。

（4）闸墩配筋。当拉应力小于混凝土的容许拉应力时，可按构造要求进行配筋，否则，应按实际受力情况配筋。一般情况下，实体闸墩的应力不会超过墩体材料的容许应力，只需在闸墩底部及门槽配置构造钢筋。闸墩底部一般配 φ10～14mm，间距 25～30cm 的垂直钢筋，下端深入底板 25～30 倍的钢筋直径，上端伸至墩顶或底板以上 2～3m 处截断。水平分布钢筋一般采用 ϕ8～12mm，每米 3～4 根。

由于水压力是沿闸墩高度变化的，因此，应在高度方向分段进行上述计算。此外，由于门槽承受的荷载是由滚轮或滑块传来的集中力，故还应验算混凝土的局部承压强度或配以一定数量的构造钢筋。门槽配筋见图 5-29。

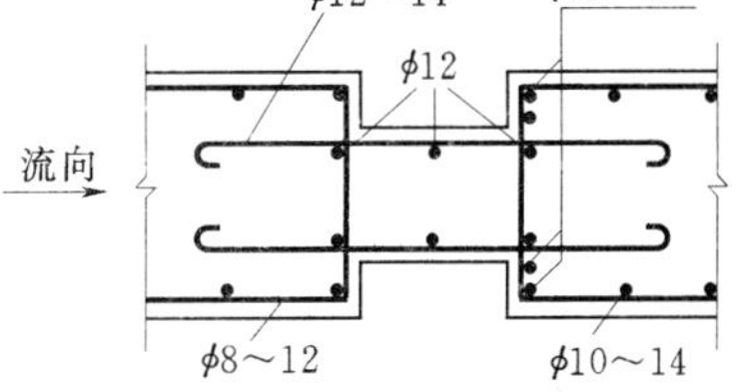

图 5-29 门槽配筋图

三、弧形闸门支座处应力计算

弧形闸门闸墩，除应计算底部应力外，还应验算牛腿及其附近的应力。

当闸门关闭挡水时，由弧形闸门门轴传给牛腿的作用力 R 为闸门全部水压力合力的一半，该力可分为法向力 N 和切向力 T（见图 5-30）。分析时可将牛腿视为短悬臂梁，计算它在 N 与 T 二力作用下的受力钢筋，并验算牛腿与闸墩相连处的面积是否满足要求。分力 N 对牛腿引起弯矩和剪力，分力 T 则使牛腿产生扭矩和剪力。有关牛腿配筋计算可参阅《水工钢筋混凝土结构学》等有关书籍。

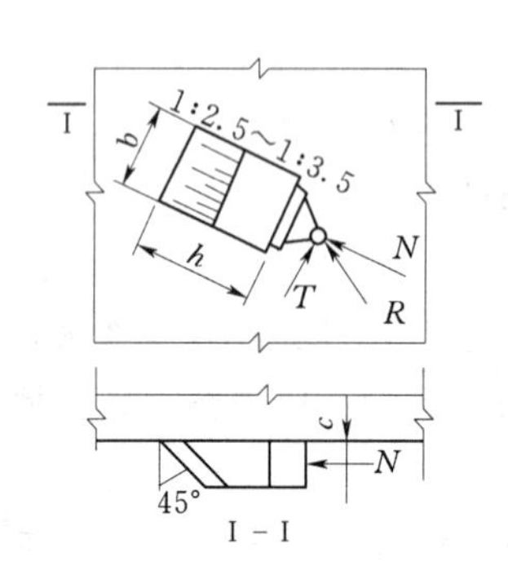

图 5-30　牛腿计算图

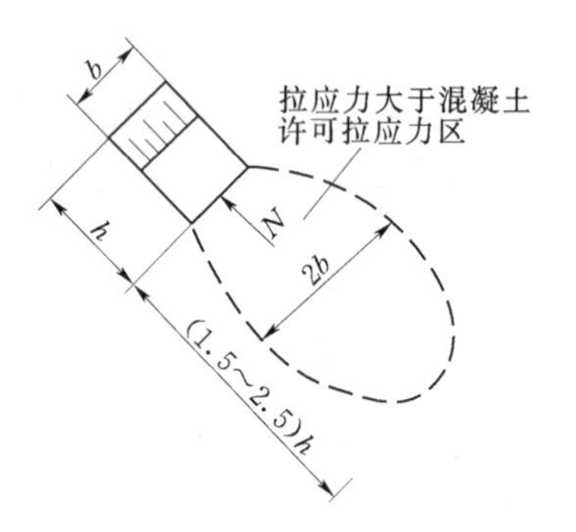

图 5-31　牛腿附近的闸墩拉应力

作用在弧形闸门上的水压力通过牛腿传递给闸墩，远离牛腿部位的闸墩应力仍可用前述方法进行计算，但牛腿附近的应力集中现象则需采用弹性理论进行分析。现介绍偏光弹性试验法。

分力 N 会使闸墩产生相当大的拉应力。三向偏光弹性试验结果表明：仅在牛腿前（靠闸门一边）的约 2 倍牛腿宽、1.5～2.5 倍牛腿高范围内（见图 5-31 虚线范围）的主拉应力大于混凝土的容许应力，需要配置受力钢筋，其余部位的拉应力较小，一般小于混凝土的容许拉应力，可按构造配筋或不配筋。在牛腿附近闸墩需配置的受力钢筋面积 A_s 可近似地按式（5-51）计算：

$$A_s = \frac{\gamma_d N'}{f_y} \tag{5-51}$$

式中　N'——大于混凝土容许拉应力范围内的拉应力总和（即图 5-31 虚线范围内的总拉力），该值约为 $(70\sim80)\%N$，kN；

γ_d——结构系数，取 1.2；

f_y——钢筋受拉强度设计值，MPa。

上述成果，只能作为中、小型弧形门闸墩牛腿附近的配筋依据，对于重要及大型水闸，需要直接通过模型试验确定支座及支座附近闸墩内的应力状态，并依此配置钢筋。

5.7.3　胸墙、工作桥、检修便桥及交通桥等

可根据各自的支承情况、结构布置型式按板或板梁系统采用结构力学的方法进行结构计算，具体计算可参考有关文献。

5.8 两岸连接建筑物

5.8.1 连接建筑物的作用

水闸两端与河岸或堤、坝等建筑物的连接处，需设置连接建筑物，它们包括上、下游翼墙，边墩或岸墙、刺墙和导流墙等。其作用是：①挡住两侧填土，维持土坝及两岸的稳定，防止过闸水流的冲刷；②引导水流平顺进闸，并使出闸水流均匀扩散；③阻止侧向绕渗，防止与其相连的岸坡或土坝产生渗透变形。

两岸连接建筑物的工程量占水闸总工程量的15%～40%，闸孔愈少，所占比重愈大。因此，应十分重视其型式选择和布置。

5.8.2 连接建筑物的布置型式

一、上、下游翼墙

边墩或岸墙向上、下游延伸，便形成了上、下游翼墙。上、下游翼墙在顺水流方向上的投影长度，应分别等于或大于铺盖及消力池的长度。在有侧向防渗要求的条件下，上、下游翼墙的墙顶高程应分别高于上、下游最不利运用水位。上、下游翼墙宜与闸室及两岸岸坡平顺连接，其平面布置型式通常有以下几种。

(1) 圆弧或椭圆弧形翼墙。见图5-32 (a)，从边墩两端开始，用圆弧或1/4椭圆弧形直墙插入两岸。一般上游圆弧半径为20～50m，下游圆弧半径为30～50m。其优点是水流条件好；缺点是施工复杂，工程量大。适用于水位差及单宽流量大、闸身高、地基承载力较低的大中型水闸。

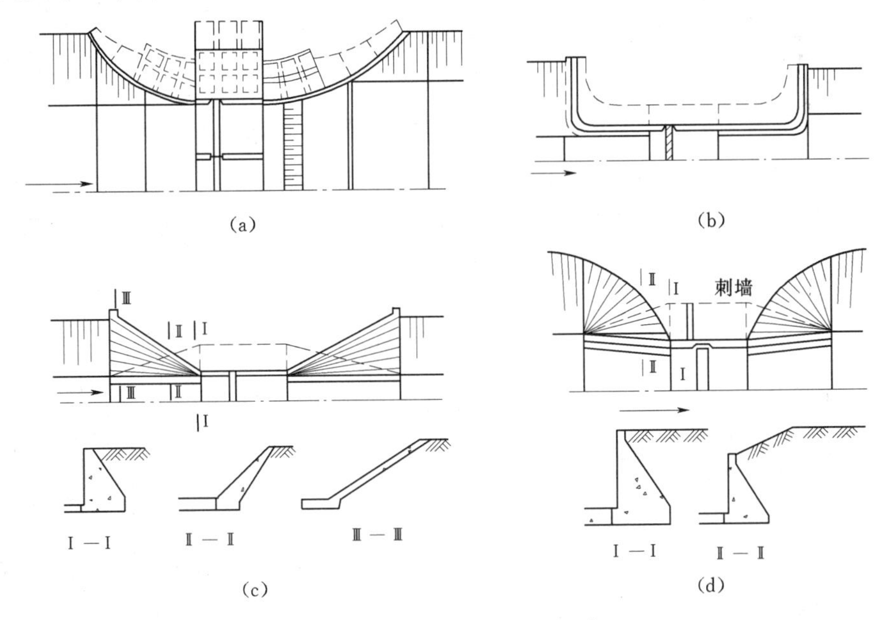

图5-32 翼墙平面布置型式

(2) 反翼墙。见图5-32 (b)，翼墙向上、下游延伸一定距离后，转90°插入两岸转弯半径一般采用2～5m。上游翼墙的收缩角不宜大于12°～18°，下游翼墙的平均扩散角一

般采用7°～12°，以免出闸水流脱离边壁，产生回流，挤压主流，冲刷下游河道。其优点是水流条件较好，防渗效果好；缺点是工程量大，造价较高。适用于大中型水闸。小型水闸也可采用一字形布置型式。

(3) 扭曲面翼墙。见图5-32 (c)，翼墙的迎水面自闸室连接处开始，由垂直面逐渐变化为倾斜面，直至与河岸同坡度相接。其优点是水流条件好，工程量较小；缺点是施工较麻烦，当墙后填土质量不好时，易产生不均匀沉降，使翼墙产生裂缝，甚至断裂。一般在渠系工程中采用较多。

(4) 斜降翼墙。见图5-32 (d)，翼墙在平面上呈八字形，翼墙的高度随着其向上、下游方向延伸而逐渐降低，直至与河底相接。其优点是工程量少，施工方便；缺点是防渗效果差，水流易在闸孔附近产生立轴旋涡，冲刷堤岸。常用于小型水闸。

二、边墩和岸墙

边墩是闸室靠近两岸的闸墩，而岸墙则是设在边墩后面的一种挡土结构。其布置型式与闸室结构情况及地基条件等因素有关，通常有以下几种。

(1) 边墩与岸墙结合。当闸室不太高，地基承载力较大时，一般不另修岸墙，利用边墩直接与两岸或土坝连接。边墩与闸室连成整体或用缝分开，见图5-33。此时，边墩除起支承闸门及上部结构、防冲、防渗、导水作用外，还要起挡土作用。

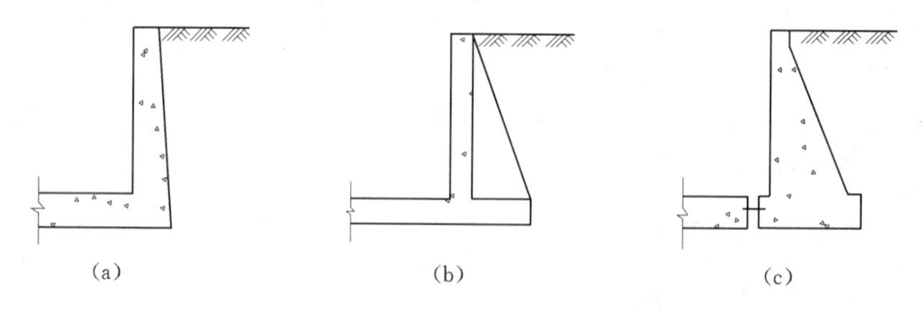

图5-33 边墩与岸墙结合布置示意图

(2) 边墩与岸墙分开。当闸室较高、孔数较多及地基软弱时，可在边墩后面另设岸墙，起挡土作用，岸墙与边墩之间设有沉降缝，见图5-34。其优点是可大大减轻边墩负担，改善闸室受力条件。

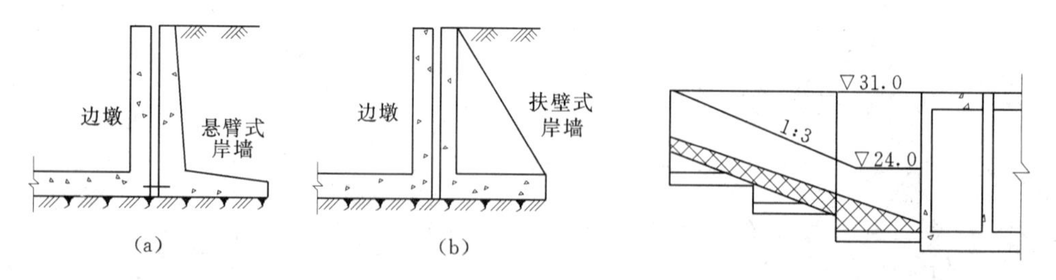

图5-34 边墩与岸墙分开布置示意图

图5-35 边墩或岸墙部分挡土型式

(3) 边墩或岸墙部分挡土。当地基承载力过低时，可利用边墩或岸墙的下部挡土，并在边墩或岸墙的后面设置与其垂直的刺墙进行挡水。墙(墩)后填土至一定高度，再以一定的坡度到达堤顶，见图5-35。

5.8.3 连接建筑物的结构型式和构造

两岸连接建筑物的受力状态和结构型式与一般挡土墙基本相同，常用的结构型式有重力式、半重力式、衡重式、悬臂式、扶壁式、空箱式和连拱空箱式等，但在水闸工程中应用最多的是重力式、扶壁式和空箱式三种。

1. 重力式

重力式挡土墙是用混凝土或浆砌石等材料筑成，主要依靠自重来维持稳定的一种结构型式，见图5-36。其特点是可就地取材，结构简单，施工方便，材料用量大。适用于地基较好，墙高为6m以下的挡土墙。

2. 悬臂式

悬臂式挡土墙是由直墙和底板组成的主要利用底板上填土维持稳定的一种钢筋混凝土轻型挡土结构。其断面用作翼墙时为倒T形，用作岸墙时则为L形，见图5-37。其优点是结构尺寸小，自重轻，构造简单，挡土墙适宜高度为6～10m。

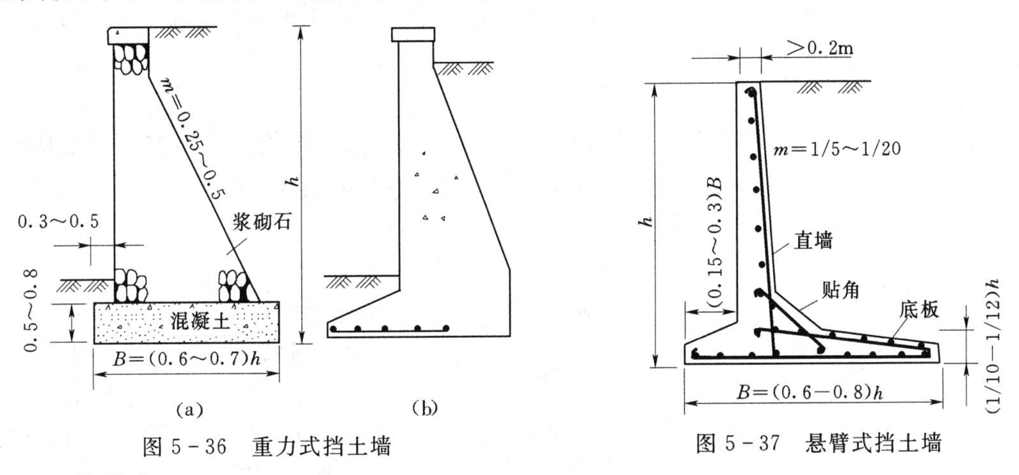

图5-36 重力式挡土墙

图5-37 悬臂式挡土墙

3. 扶壁式

扶壁式挡土墙通常采用钢筋混凝土修建，也是一种轻型结构，它由直墙、扶壁及底板三部分组成，利用扶壁和直墙共同挡土，并可利用底板上的填土维持稳定，适用于墙高大于10m的坚实或中等坚实的地基上的情况，见图5-38。当直墙高度在6.5m以内时，直墙和扶壁可采用浆砌石结构。

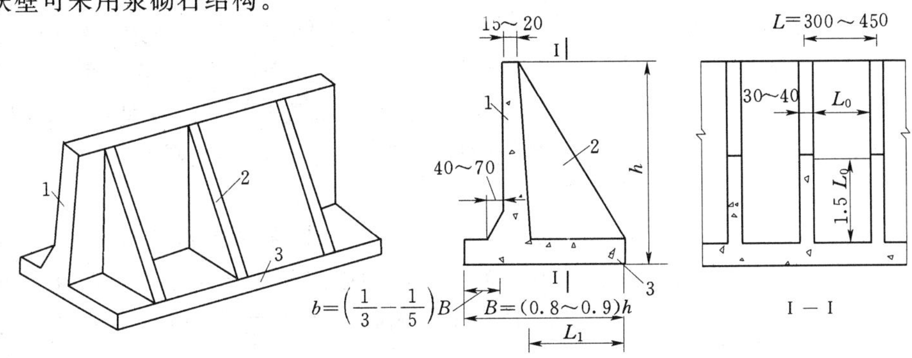

图5-38 扶壁式挡土墙（单位：cm）

1—直墙；2—扶壁；3—底板

4. 空箱式

空箱式挡土墙也是一种轻型结构，由顶板、底板、前墙、后墙、扶壁和隔墙等组成，底板宽度一般为墙高的（0.8～1.2）倍，箱内不填土或填少量的土，但可以进水，主要依靠墙体本身的重量和箱内部分土重或水重维持其稳定性。其特点是作用于地基上的单位压力较小，且分布均匀，故适用于墙的高度很大且地基允许承载力较低的情况。但其结构复杂，需用较多的钢筋和木材，施工麻烦，造价较高。因此，在某些较差的松软地基上采用扶壁式挡土墙还不能满足设计要求的情况下，宜采用空箱式挡土墙。

5.9 闸门与启闭机

5.9.1 闸门

闸门是水闸的一个重要组成部分，其作用是控制水位、调节流量以及通航，过木，排砂等。闸门设计应满足安全经济、操作灵活、止水可靠及过水平顺等性能，并且应尽量避免闸门产生空蚀和振动现象。

1. 闸门的组成

闸门结构一般由活动部分、埋固部分和悬吊设备三部分组成。活动部分主要是由面板、梁格系统组成的门体结构；埋固构件是预埋在闸墩和胸墙等结构内部的固定构件；悬吊设备是指连接闸门和启闭设备的拉杆或牵引索等。

2. 闸门的分类与选型

(1) 闸门按结构型式可分为平面闸门、弧形闸门。平面闸门按提升方式不同可分为直升式和升卧式两种。直升式平面闸门（见图5-39），其门体结构简单，可吊出孔口进行检修，所用闸墩长度较短，也便于采用移动式启闭机；缺点是闸门的启闭力较大，工作桥较高，门槽处也易发生空蚀现象。这种闸门型式应用很普遍。升卧式平面闸门提升时，先沿铅垂轨道直升，再在自重和吊绳组成的倾翻力矩作用下继续沿弧形轨和斜轨逐步向下游或上游倾翻，最后全开时闸门平卧在闸墩顶部。其优点是工作桥高度小，可以降低造价，提高抗震性能；缺点是由于闸门的吊点一般设在闸门底部的上游一侧，长期浸入水中，易于锈蚀，且闸门除锈涂漆也较困难。

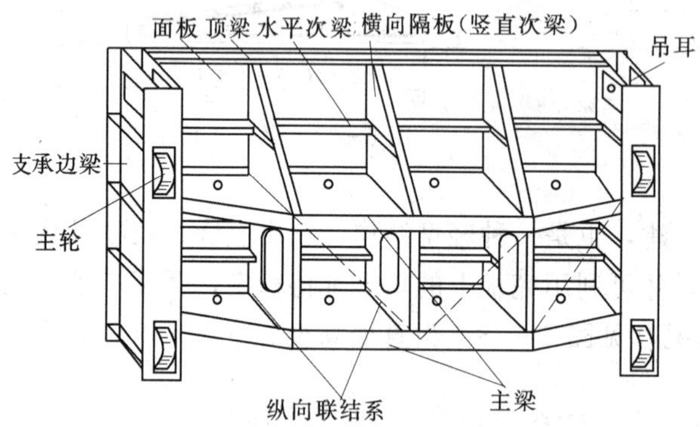

图5-39　直升式平面闸门门叶结构布置图

弧形闸门（见图5-40）的挡水面板是圆弧面，启闭时绕位于弧形挡水面圆心处的支承铰转动。闸门上的总水压力通过转动中心，对闸门的启闭不产生阻力矩，故启门力小，应用较广。同时，由于弧形闸门不设门槽，不影响孔口水流状态，且所需闸墩厚度较小，但闸墩较长，且受到侧向推力的作用。

(2) 闸门按工作性质可分为工作闸门、检修闸门和事故闸门。水闸一般只设工作闸门和检修闸门。工作闸门用以控制孔口、调节水位和流量，要求其在动水中启闭；检修闸门是当工作闸门、门槽或门坎等检修时，临时挡水的闸门，通常在平压静水中启闭。

(3) 闸门按所用材料可分为钢闸门、钢筋混凝土及钢丝网水泥闸门、钢木混合结构闸门、木闸门和铸铁闸门等。钢闸门具有自重轻、工作可靠的优点，在大中型水闸中应用广泛。钢筋混凝土及钢丝网水泥闸门和铸铁闸门可节约钢材，但自重较大，增加了启闭设备的造价，且耐久性或韧性较差，一般只用于小型水闸。木闸门和钢木混合闸门因其寿命短，并需要经常维护检修，目前已很少采用。

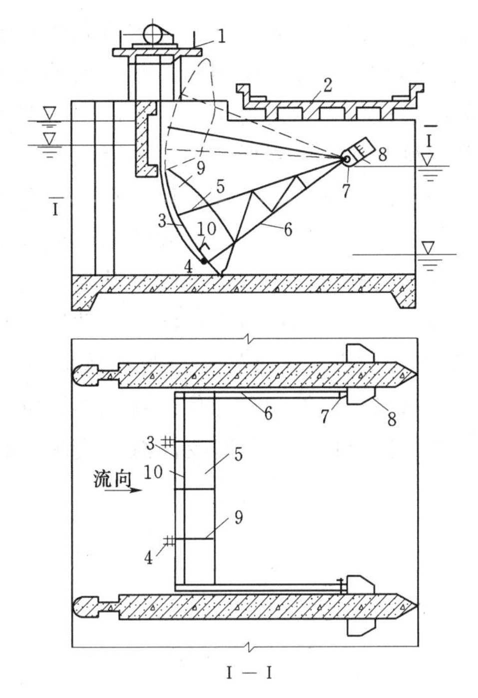

图 5-40 卷扬式启闭机的弧形闸门结构布置图

1—工作桥；2—公路桥；3—面板；4—吊耳；5—主梁；6—支臂；7—支铰；8—牛腿；9—竖隔板；10—水平次梁

另外，当闸门关闭，闸门顶高于上游水位时，称其为露顶闸门，否则称其为潜孔闸门。露顶式闸门顶部应在可能出现的最高挡水位以上有 0.3～0.5m 的超高。对胸墙式水闸，闸门高度根据构造要求稍高于孔口即可。闸门的结构选型应根据其受力情况、控制运用要求、制作、运输、安装、维修条件等，结合闸室结构布置等合理选定。SL265—2001《水闸设计规范》推荐，挡水高度和闸孔孔径均较大的水闸宜采用弧形闸门。当永久缝设置在闸室底板上时，宜采用平面闸门；如采用弧形闸门时，必须考虑闸墩间可能产生的不均匀沉降对闸门强度、止水和启闭的影响。受风浪或风浪冲击力较大的挡潮闸，宜采用平面闸门，且闸门面板宜布置在迎潮侧。有排冰或过木要求的水闸宜采用平面闸门或下卧式弧形闸门；多泥沙河流上的水闸，不宜采用下卧式弧形闸门。有通航或抗震要求的水闸，宜采用升卧式平面闸门或双扉式平面闸门。检修闸门应采用平面闸门或叠梁式闸门。

5.9.2 启闭机

闸门启闭机可分为固定式和移动式两种。常用的固定式启闭机有卷扬式、螺杆式和油压式三种。移动式一般有门架式和桥式两种。启闭机的型式应根据门型、尺寸及其运用条件等因素选定。所选用启闭机的启闭力应不小于计算的启闭力，同时应符合国家现行的《水利水电工程闸门启闭机设计规范》所规定的启闭机系列标准。若要求短时间内全部均匀开启或多孔闸门启闭频繁时，每孔应设一台固定式启闭机。

固定卷扬式启闭机，主要由电动机、减速箱、传动轴和绳鼓所组成。启闭闸门时，通过电动机、减速箱和传动轴使绳鼓转动，进而钢丝绳牵引闸门升降，并通过滑轮组的作用，使用较小的钢丝绳拉力，便可获得较大启门力。固定卷扬式启闭机适用于闭门时不需施加压力，且要求在短时间内全部开启的闸门。一般每孔布置一台。

螺杆式启闭机主要由摇柄、主机和螺杆组成。利用机械或人力转动主机，使螺杆连同闸门上下移动，从而启闭闸门。其优点是结构简单、使用方便，价格较低且易于制造；缺点是启闭速度慢，启闭力小，一般用于小型水闸。当水压力较大，门重不足时，可通过螺杆对闸门施加压力，以便使闸门关闭到底。当螺杆长度较大（如大于3m）时，可在胸墙上每隔一定距离设支承套环，以防止螺杆受压失稳。

油压式启闭机主体由油缸和活塞两部分组成。活塞经活塞杆或连杆和闸门连接，改变油管中的压力即可使活塞带动闸门升降。油压式启闭机的优点是利用液压原理，可以用较小的动力获得很大的启门力；液压传动比较平稳和安全（有溢流阀，超载时起自动保护作用）；机体体积小，重量轻，当闸孔较多时，可以降低机房、管路及工作桥的工程造价；较易实现遥测、遥控和自动化。其主要缺点是对金属加工条件要求较高，质量不易保证，造价较高。同时设计选用时要注意解决闸门起吊同步的问题，否则会发生闸门歪斜卡阻的现象。

第6章　河岸溢洪道

6.1　河岸溢洪道的特点

溢洪道是水库枢纽中的主要建筑物之一，它承担着宣泄洪水，保护工程安全的重要作用。

溢洪道可以与拦河坝相结合，做成既能挡水又能泄水的溢流坝型式；也可以在坝体以外的河岸上修建溢洪道。当拦河坝的坝型适于坝顶溢流时，采用前者常是经济合理的；但当坝型不适宜坝身过水，拦河坝是土石坝时，一般都采用河岸溢洪道；在薄拱坝或轻型支墩坝的水库枢纽中，当水头高、流量大时，也应以河岸溢洪道为主；在重力坝的水库枢纽中，当河谷狭窄，布置溢流和坝后电站有矛盾，而河岸又有适于修建溢洪道的条件时，也应考虑修建河岸溢洪道。因此，河岸溢洪道的应用是很广泛的。当开敞式河岸溢洪道的布置受到地形限制时，土石坝枢纽也可以采用以隧洞为主或全部泄洪的措施。

6.2　河岸溢洪道的类型

6.2.1　按结构形式分类

1. 正槽式溢洪道

这种溢洪道的型式如图 6－1 所示。其堰上水流方向与泄槽中水流方向一致，其结构简单，施工方便，工作可靠，水流平顺，泄水能力大，故在工程中是一种采用最多的溢洪道形式，通常所称的河岸溢洪道即指这种溢洪道。正槽溢洪道适用于各种水头和流量，当枢纽附近有适宜的马鞍形垭口和有利的地质条件时，采用这种溢洪道最为合理。

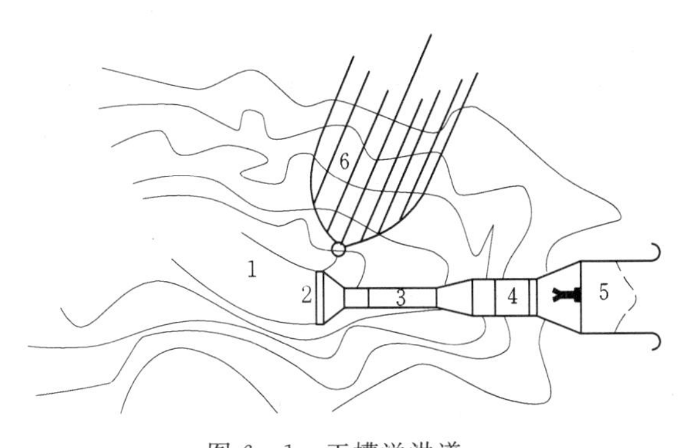

图 6－1　正槽溢洪道

1—引水渠；2—溢流堰；3—泄槽；4—出口消能段；5—尾水渠；6—土坝

2. 侧槽溢洪道

这种溢洪道的型式如图 6－2 所示。它的泄槽轴线与溢流堰轴线接近平行，即水流过堰后，在很短距离内约转弯 90°，再经泄槽泄入下游。侧槽溢洪道多设置在较陡的岸坡上，沿着等高线设置溢流堰和泄槽。适用于坝址两岸地势较高，岸坡较陡的中小型水库中。

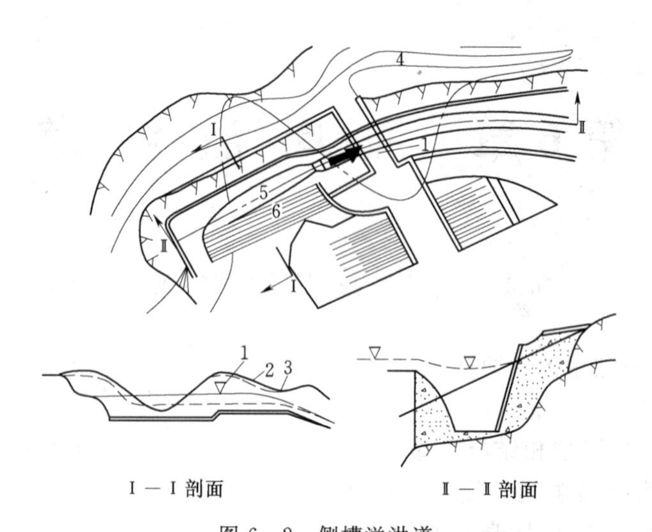

图6－2　侧槽溢洪道

1—公路桥；2—原地平线；3—岩石线；4—土坝公路；5—侧槽；6—溢流堰

3. 竖井式溢洪道

这种溢洪道的形式如图6－3所示。它由进水喇叭口、渐变段、竖井和泄水隧洞等部分组成。进水喇叭口是一个环形的溢流堰，水经过堰后，经竖井和泄水隧洞流入下游。泄水隧洞如能利用施工导流隧洞可使溢洪道的造价大为降低。竖井式溢洪道适用于岸坡陡峻、地质条件良好、地形条件适宜的情况。这种溢洪道的缺点是水流条件复杂，容易产生负压空蚀。当水位超过设计水位时，可能使进口淹没而成为管流，所以井式溢洪道的超泄能力较低。因此，我国应用较少，仅在某些山区渠道退水工程中应用过。

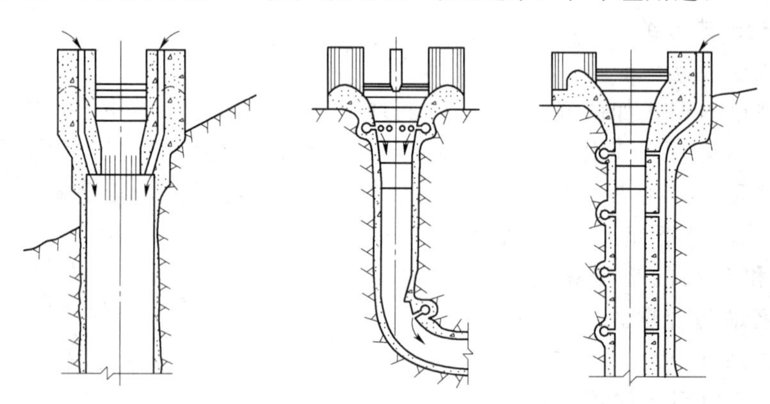

图6－3　竖井溢洪道

4. 虹吸式溢洪道

它是由具有虹吸作用的曲管和淹没在上游水位以下的进口（又叫遮檐）所组成，如图6－4所示。其工作原理是，在水库正常高水位以上设有通气孔，当上游水位超过正常高水位时，淹没通气孔，水流溢过曲管顶部并经挑流坎的挑流作用，形成水帘封闭曲管的上部，曲管内的空气逐渐被水流带走达到真空后，虹吸作用发生而自动泄水。当水库水位下降至通气孔以下时，由于进入空气，虹吸作用便自动停止。这种溢洪道的优点在于：①利用大气压所产生的虹吸作用，能在较小的堰顶水头下得到较大的泄流量；②管理简便，可自动泄水和停止泄水，能比较灵敏地自动调节上游水位。其缺点在于：①结构较复杂；②管内不便检修；③进口易被污物或冰块堵塞；④真空度较大，易引起混凝土管壁气蚀；⑤超泄能力较小。适用于上游淹没高程有严格限制的情况。贵州省花溪水库采用虹吸溢洪道和正槽溢洪道两种形式，利用虹吸溢洪道代替一部分需要安设闸门的正槽溢洪道控制库内水位，并节省了闸门和启闭机。

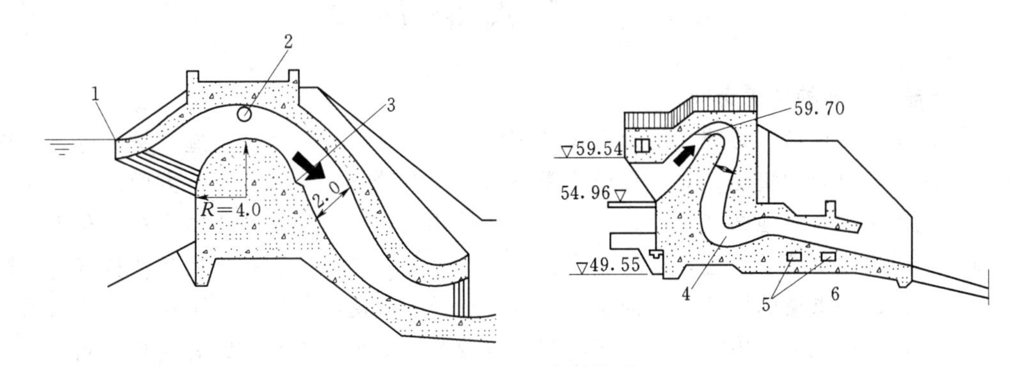

图 6-4 虹吸式溢洪道

1—遮檐；2—通气孔；3—挑流坝；4—曲管；5—排污孔；6—泥灰岩

6.2.2 按泄水方式分

1. 开敞式溢洪道

其特点是：$Q=f(H^{3/2})$，超泄能力大，工作可靠，适应性强。如：正槽溢洪道、侧槽溢洪道属于开敞式溢洪道。竖井式溢洪道在水位上升到喇叭口溢流堰顶淹没后，泄流方式由堰流转变为孔流。

2. 封闭式溢洪道

其特点是：$Q=f(H^{1/2})$，没有超泄能力，闸门承受水压力大，操作检修困难，但进口高程低，能预泄洪水。如：竖井式溢洪道、虹吸式溢洪道属于封闭式溢洪道。

6.2.3 按设计标准分

（1）正常溢洪道。按设计洪水标准和校核洪水标准修建的永久性泄水建筑物。

（2）非常溢洪道。按可能最大洪水标准，在溢洪道的底板上加设自溃堤，是一种保坝的重要措施，仅在发生特大洪水，正常溢洪道宣泄不及致使水库水位将要漫顶时才启用。这种溢洪道的特点是使用几率少，但要求运用灵活可靠，所以非常溢洪道应该是结构简单，便于修复，若启闭及时，还能控制下泄流量。最常用的形式是自溃式非常溢洪道，如图 6-5 所示。堤体可因地制宜用非粘性砂料、砂砾或碎石填筑，平时可以挡水，当水位超过一定高度时，又能够迅速将其冲溃泄洪。按溃决方式又可分为漫顶自溢和引冲自溃两

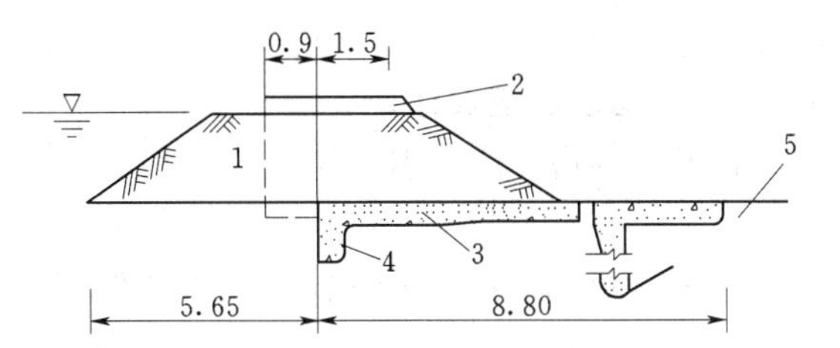

图 6-5 某水库漫顶自溃堤断面图

1—土堤；2—隔墙；3—混凝土护面；4—混凝土截水墙；5—草皮护面

种形式。

在建筑物运行期间可能出现超过校核洪水的可能最大洪水，为了确保大坝安全，并出于经济方面的考虑，在设计大、中型水库和重要小型水库时，除设有正常（主要的）溢洪道来泄放设计标准的洪水以外，有必要加设非常泄洪设施来泄放出现几率较低的超标准洪水。

6.3 正槽式溢洪道

6.3.1 正槽溢洪道的位置选择

溢洪道位置的选择，必须在充分掌握基本资料后，从安全、经济、施工管理等方面进行全面地比较，研究后决定。对于正槽式溢洪道的位置选择应考虑以下几方面。

（1）地形条件。原地面高程与正常蓄水位高程相近，使工程的开挖量小；有利于下泄洪水归入原河道；上游引渠短，以减小水头损失。因此，高程适宜和地质条件良好的马鞍形垭口，是修建溢洪道的好地方。但必须注意，选择溢洪道的位置时，不仅要考虑溢洪道本身的工程量，还应考虑由它引起的其他费用以及开挖溢洪道土石方的有效利用问题。例如，垭口距坝较远时，则应考虑洪水下泄的归河问题，是否有冲毁良田或其他善后工作。还有考虑为加强运用管理和防汛抢险工作修建的道路、通讯等工程。当垭口距坝过近时，则需要考虑为防冲和防渗增加设施的费用。但若土石方能够利用时，则距坝近些比较有利。

（2）地质条件。两岸山坡稳定；良好的基岩可节省溢洪道泄水槽混凝土衬砌的工程量。

（3）安全运行条件。从安全的角度来看，溢洪道最好修建在坚固的岩石地基上，溢洪道的两侧山坡必须稳定，避免在运用期间发生塌滑堵塞事故；溢洪道的进出口不宜距土坝太近以免冲刷坝体，特别是溢洪道的出口尽可能离下游坝脚远些，防止出口水流直接冲刷坝脚。溢洪道的安全与否，不仅是其自身问题，而且是关系到大坝安全的严重问题。所以对溢洪道的安全问题应给予充分的重视。从施工和运用管理方便的角度考虑，应当选择出渣路线及堆渣场所便于布置，并能避免与其他建筑物施工干扰的地方。为了管理方便，溢洪道不宜离坝太远。

6.3.2 正槽溢洪道设计

正槽溢洪道一般由引水渠、控制段、泄水槽、消能设施及尾水渠五部分组成（见图6－1）。

下面分别讨论各部分的布置形式和设计原则。

一、引水渠

引水渠是溢洪道主体部分与上游水库的联结段。由于地形，地质条件的限制，溢流堰常不能紧靠水库，需在溢流堰前开挖引水渠，引水渠的作用就是将水库的水平顺地引至溢流前缘。其设计原则是：在合理的开挖方量的前提条件下，尽量减小水头损失，以增加溢洪道的泄水能力。设计要求如下：①水头损失要小；引水渠段且平直，水流平顺，均匀；有足够大的断面尺寸；流速应控制在不冲流速和不淤流速之间。②引水渠渠底视地形条件可做成平地或具有不大的逆坡；渠底高程应比堰顶高程低些。③引水渠在平面布置上应力求平顺，避免断面突然变化和水流流向的急速转变。具体如下：

1. 平面布置

在选择轴线方向时，应使水流平顺地进入溢流堰，避免出现横向水流或漩涡，引水渠在平面上最好布置成直线。若受地形、地质条件的限制，引水渠不得不转弯时，应使轴线的弯曲半径不小于渠底宽度的 4～6 倍，并力求在堰前有一直线段以保证堰流为正向进水。

进口处做成喇叭形使水流逐渐收缩（如图 6-6 所示）。末端接近溢流堰处应作渐变过渡段，防止在堰前出现涡流及横向坡降，影响泄水能力。渐变段由堰前导水墙形成，导水墙长度可取堰上水头的 5～6 倍，墙顶应高出最高水位。

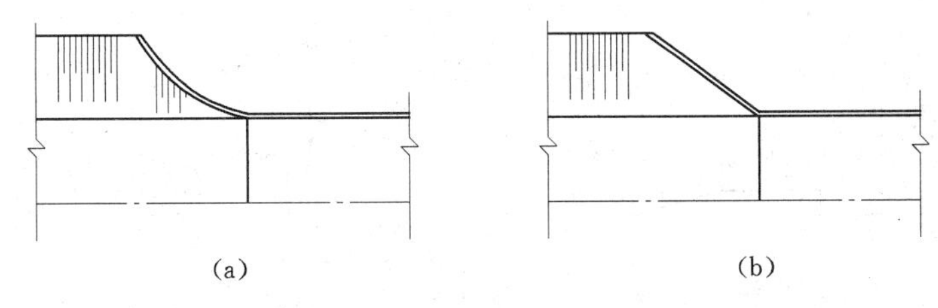

图 6-6 引水渠平面布置

(a) 喇叭口形进口；(b) 八字翼墙形进口

引水渠的长度应尽量缩短，减小水头损失，如能使溢流堰直接面临水库，就不需要引水渠，堰前只做一个喇叭形进水口即可。这时，应注意是否引起其他组成部分工程量的增加。

2. 横断面

引水渠的横断面可做成梯形断面，应有足够大的尺寸，一定要大于溢流堰的过水断面，以降低流速，减小水头损失。在不致造成过大挖方量的前提下，一般使引水渠内流速控制在 1～2m/s 以内，最大不宜超过 4m/s。如地势较高，山坡较陡，开挖方量很大时，可根据具体情况确定渠内流速。

横断面的侧坡根据稳定要求确定。对新鲜岩石一般为 1：0.1～1：0.3，风化岩石可用 1：0.5～1：1.0，土基选用 1：1.5～1：2.5。为了减小糙率和防止冲刷，引水渠宜做衬砌。石基上的引水渠如能开挖整齐，也可以不做衬砌，但在堰前渐变段范围内宜做衬砌。砌护长一般与导水墙长相近，砌护厚度约为 0.2～0.4m，混凝土护砌有时还兼作防渗铺盖。较好岩基上的进水渠可不做砌护，但应开挖整齐。

3. 纵断面

引水渠的纵断面应做成平底或底坡不大的逆坡。当溢流堰为实用堰时，渠底在溢流堰处宜低于堰顶至少 $0.5H_d$（H_d为堰面定型设计水头）以保证堰顶水流稳定和具有较大的流量系数。但对于宽顶堰则无此要求。

二、控制段

溢洪道的控制段包括两部分：溢流堰和两侧连接建筑。溢流堰是下泄洪水的口门，是溢洪道控制水库的水位和下泄流量的关键部位，故而又叫控制堰。溢流堰的位置是溢洪道纵断面图的最高点。在平面上常设于坝轴线附近以利于上坝交通的布置，同时还应注意使

整个溢洪道的工程量最少。对溢流堰设计的基本要求是要有足够的泄水能力。而溢流堰的型式，基本尺寸和布置方式是影响溢洪道泄水能力的决定性因素。按形状和尺寸可分为：薄壁堰、实用堰、宽顶堰；按其在平面位置上的轮廓形状可分为：直线堰、折线堰、曲线堰、环形堰；按堰轴线于上游来水方向的相对关系可分为：正交堰、斜堰、侧堰等。有关溢流堰设计的一些主要问题已分别在前面阐述过了，但溢洪道上的溢流堰与溢流坝相比，其堰体高度很低；与泄水闸相比，则其闸后落差较大。再加上河岸溢洪道的布置特点，故对溢流堰的堰型选择和设计问题补充说明如下。

三、堰型选择

在溢洪道上常用的堰型为宽顶堰、实用堰、驼峰堰等，如图 6－7 所示。其适用情况如下。

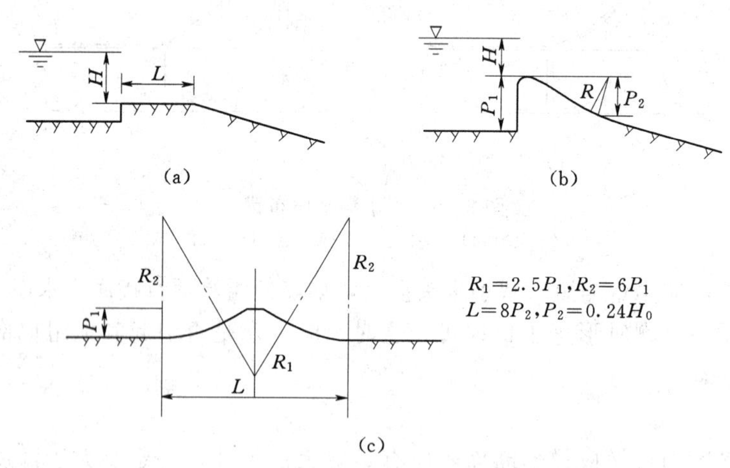

图 6－7　溢洪道上常用的堰型

(a) 宽顶堰型；(b) 实用堰型；(c) 驼峰堰型

(1) 宽顶堰。宽顶堰的特点是结构简单，施工方便，但流量系数较低（约为 0.32～0.385）。由于宽顶堰的堰体低，荷载小，对于承载力较差的土基适应能力强，因此多用于泄洪量不大或附近地形平缓，高程适宜的中小型水库中。宽顶堰的堰顶高程可高于引水渠渠底，也可与渠底齐平。宽顶堰堰顶通常用混凝土或浆砌石进行衬砌，使堰面光滑平整以增加过水能力，并能保护堰坎不被冲刷。但在岩石地基上，抗冲能力足够，亦可不加衬砌，但应考虑开挖后岩石表面的不平整对流量系数的影响。

(2) 实用堰。实用堰的特点是流量系数比宽顶堰大，在相同泄流量条件下，需要的堰流前缘较短，工程量相对较小，但施工较复杂，因此多用于大中型工程，特别是当岸坡较陡时。当地面高程低于堰顶高程时，采用实用堰可以兼有挡水和泄水的作用。实用堰一般都较矮，其流量系数介于溢流重力坝与宽顶堰之间。为了提高泄流能力，应合理选用堰高，定型设计水头，堰面曲线，并保证堰面曲线有足够的长度。

(3) 驼峰堰。驼峰堰是一种复合圆弧的低堰，是我国从工程实例中总结出来的一种新型堰。其流量系数较大，但流量系数随着堰上水头的增加而有所减小。驼峰堰的堰体低，流量系数较大，设计施工方便，对地基要求低，适用于较软弱地基。

(4) 带胸墙的溢流孔口。当水库水位变幅较大时还常采用带胸墙的溢流孔口，这种布置形式，能利用水文预报，不但可以在较低库水位时可以泄流，提高水库汛前限制水位，充分发挥水库效益，而且还可以延长泄洪历时，减轻下游防洪负担。但在高水位时，泄流属于孔流，超泄能力不大。

四、溢流堰的设计

溢流堰的设计要点：尽量增大流量系数，在泄流时不产生空穴水流或诱发危险震动的负压。溢流堰设计的重点是堰面曲线的确定和溢洪道孔口尺寸的确定。

(1) 堰顶水头 H 的确定。堰顶水头应以溢流堰上游（4～6）H 处的水位作为计算标准。当溢流堰面临水库而无引水渠时，可用水库水位计算堰顶水头。当引水渠较长时，则必须根据引水渠的水面曲线确定 H 值。当堰高与堰顶水头之比 $P/H<2$，还应考虑行进流速水头的影响。

(2) 宽顶堰的顶宽。宽顶堰的顶宽亦即沿水流方向的堰坎长度 L，若 $L>10H$，则实际过流量将小于宽顶堰计算的流量。这时的水流状态已经不属于宽顶堰流，而是明渠非均匀流，它的沿程能量损失已不能忽略。

当一个平坡或缓坡接一陡坡时，渠中水流由缓流变为急流，在两坡的交接断面处，水深可近似看成是临界水深 h_k。对于图 6-8 所示的情况，可按下述方法求得其泄流量。

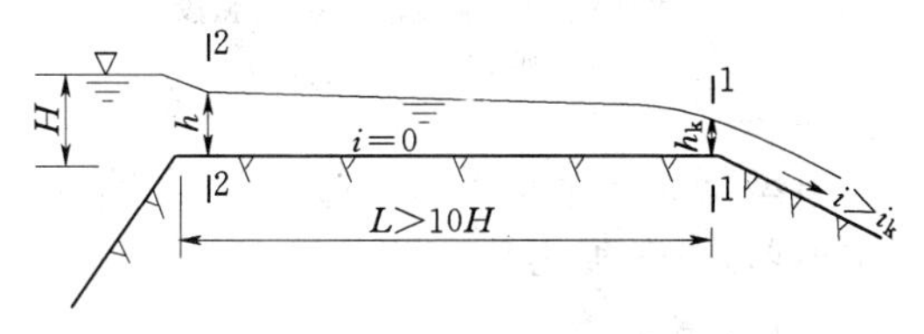

图 6-8 水力计算示意图

取断面 1—1 和 2—2 列能量方程如下：

$$h+\frac{v^2}{2g}=h_k+\frac{v_k^2}{2g}+h_f \tag{6-1}$$

式中 h、v、h_k、v_k——2—2 断面和 1—1 断面的水深和流速；

h_f——两断面间的能量损失。

计算时，假定 h，按下式求流量 Q

$$Q=\varphi Bh\sqrt{2g(H-h)} \tag{6-2}$$

式中 φ——流速系数，视进口形状而定，一般为 0.96 左右；

B——进口 2—2 断面的渠底宽；

H——库水位与坝顶高差。

求得 Q 后，即可以求得式（6-1）中的 v、h_k、v_k 及 h_f（$v=Q/Bh$，$h_k=\sqrt{Q^2/B_k^2g}$，$v_k=Q/B_kh_k$，$h_f=\overline{v}^2n^2L/\overline{R}^{4/3}$，$\overline{v}$、$\overline{R}$ 为两断面间的平均流速和水力半径，B_k 为 1-1 断面的渠底宽）。将以上各值代入式（6-1），如左右相等，h、Q 即为所求值，如不相等则再设 h 重新试算。

(3) 堰面定型设计水头 H_d 的选择。选择适宜的堰面定型设计水头，对溢流堰的泄水量和安全有很大的意义。由于溢洪道上的堰多为低堰，下游水深相对较大，选用较小的定型设计水头，高水位时一般不会发生过大的负压。而选用较小的 H_d 却有利于宣泄较大的洪水。根据实验研究认为当堰顶水头 $H=1.4H_d$ 时，堰面负压不致产生有害的影响，所以 H_d 一般采用堰顶最大水头的 0.6～0.75 倍。

(4) 实用堰的高度。实用堰的高度除与地形地质条件有关外，为了获得较大的流量系数，也必须有适宜的堰高。试验证明，对于低堰（$0.3 \leqslant P_1/H_d \leqslant 1.0$，$P_1$ 为堰的上游高），流量系数 m 值，将随相对堰高 P_1/H_d 的减小而减小。当 $P_1/H_d < 0.5$ 时，流量系数减少更为明显。这是因为堰高过低，水流纵向收缩不够完善，致使堰面压力增加，动能减小所致。为了使流量系数不致太小，又不致过多地增加开挖方量和混凝土方量，建议 P_1 值以不低于 $0.5H_d$ 为宜。设计时可进行比较确定。

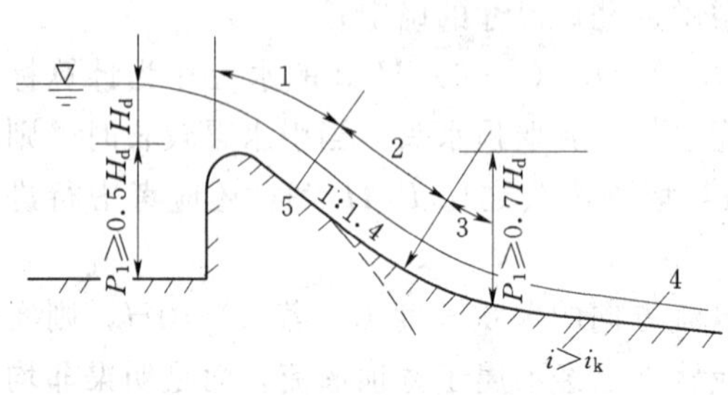

图 6-9　实用堰的高度

1—曲线段；2—直线段；3—反弧段；4—泄水槽；5—切点

当下游堰高 P_2 过小时，水流过堰后将由于堰面曲线过短而不能逐渐转向，致使反弧段上动水压力较高，影响低堰下游面的正常压力分布，因而出现水头愈大流量系数愈低的现象。为了消除这种现象，保证堰的自由泄流状态，下游堰高 P_2 必须保持一定高度，以便堰面能有足够的长度。一般要求 P_2 最好能大于 $0.7\ H_d$，而堰面曲线段终点（切点）的坐标也应达到一定的数值，对于克-奥Ⅰ型剖面堰 $x \geqslant 1.15\ H_d$，$y \geqslant 0.36\ H_d$；对于 WES 型剖面 $x \geqslant 0.85\ H_d$，$y \geqslant 0.37\ H_d$，一般认为，若直线段的坡度缓于 1∶1.4，即说明曲线段的长度不足，见图 6-9。

五、泄水槽

正槽溢洪道在溢流堰后多用泄水陡槽与出口消能段相连接，以便将下泄洪水由水库的上游水位高程降至下游水位高程。在平面上亦尽可能采用直线、等宽、对称布置，以使水流平顺，结构简单、施工方便，但在实际工程中从减少开挖、处理洪水归河和有利消能等方面考虑，常设收缩段。处于减少出口单宽流量，有利于下游消能和减轻水流对下游河道的冲刷方面考虑，常设出口扩散段。由于泄槽内的水流处于急流状态，槽内水流的流速高、紊动剧烈、惯性力大、对边界条件的变化非常敏感，高速水流给泄槽带来了一些特殊问题。如果边墙稍有偏折，就要引起冲击波，对下游消能不利；如槽壁不平整时，极易产生掺气、空蚀等问题。

泄水槽纵剖面设计主要是决定纵坡。泄水槽纵坡必须保证泄水槽中的水位不影响溢流堰自由泄流和槽中不发生水跃，使水流始终处于急流状态。因此，泄水槽纵坡必须大于临界坡度。为减少工程量，泄水槽沿程可随地形，地质变坡，但变坡次数不宜过多，而且在两种坡度连接处，要用平滑曲线连接，以免在变坡处发生水流脱离边壁，引起负压或空蚀。当坡度由缓变陡时，应采用竖向射流抛物线来连接；当坡度由陡变缓时，需用反弧连接，反弧半径一般可按 $6 < R/h < 12$（h 为水深），流速大时宜采用较大值。

泄水槽的横剖面在岩基上接近矩形，以使水流分布，有利于下游消能；在土基上则采用梯形，但边坡不宜太缓，以防止水流外溢和影响流态一般为 1∶1～1∶2。

设计泄水槽时应注意以下几点：

(1) 平面布置。泄水槽在平面上应尽可能布置成直线形，等宽断面，力求避免转弯或变断面，以使水流平顺。但在实际工程中，当溢流堰前缘较宽而泄水槽又较长时，为了减少开挖方量，常在泄水槽前端设收缩段。而为了减小单宽流量，有利于消能，在泄水槽末端设置扩散段。有时由于地形或地质的原因，又不得不设置弯曲段。但为了保证工程的安全，无论收缩段、扩散段或转弯段，都必须有适宜的轮廓尺寸和有效的措施，最好通过水工模型试验进行验证。

收缩段的收缩角越小，冲击波也越小。根据实验和分析研究证明，收缩段边墙的转角不宜大于10°～15°，即约为5：1左右。收缩段的长度应根据收缩后泄槽的流速要求和总体布置而定。边墙宜采用直线形，但在转角处可以局部修圆。

扩散段的扩散角应不大于高速水流的自然扩散角，以免水流与边墙脱离而产生竖轴漩涡影响扩散效果。初步设计时，可由下式确定：

$$\tan\theta \leqslant \frac{1}{KFr} \tag{6-3}$$

式中 Fr——扩散段起止断面的平均佛汝德数，按扩散段起止断面的平均流速 v 和平均水深 h 计算；

K——经验系数，与扩散条件有关，一般采用1.5～3.0，水平槽底取小值，斜坡槽底取大值。

按直线扩散的扩散角 θ 一般不超过6°～8°。

(2) 泄水槽的纵剖面布置。为了节省开挖方量，泄水槽的纵坡通常是随地形、地质条件而变化。但为了水流平顺和便于施工，坡度变化不宜太多。实践证明，坡度由陡变缓，泄水槽极易遭到动水压力的破坏，应尽量避免。如采用由陡变缓的连接形式时，应在变坡处用反弧连接。反弧半径 R 应不小于8～10倍水深。当坡度由缓变陡时，水流容易脱离槽底产生负压，故在变坡处宜用符合水流轨迹的抛物线连接，如图6-10所示。

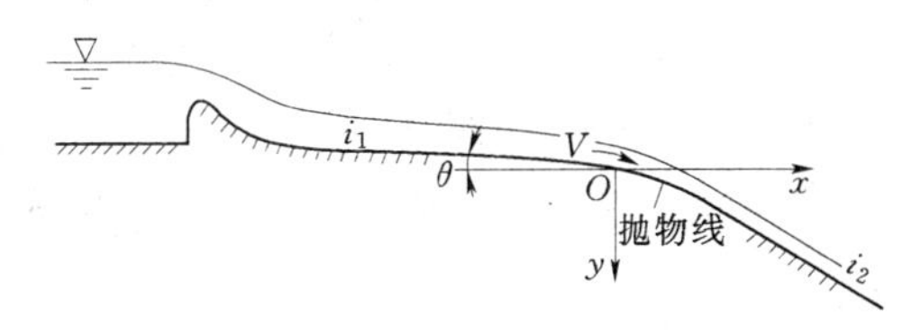

图6-10 变坡处的连接

其方程如下：

$$y = \frac{x^2}{6h_0\cos^2\theta} + x\tan\theta \tag{6-4}$$

式中 h_0——抛物线开始处的总水头，即 $h_0 = h + v^2/2g$，h、v 为该处的水深和流速；

θ——抛物线开始前底坡的坡角。

槽底的纵坡一般大于临界坡度，常用1%～5%，有时可达10%～15%，在坚硬的基岩上可以更大，实践中有用到1：1的。

(3) 泄水槽的横断面。泄水槽的横断面应尽可能做成矩形并加以衬砌。当地基为坚硬的岩石时，也可考虑不衬砌。土基上的泄水槽断面可以做成梯形，但边坡不宜太缓，以免水流外溢。

泄水槽的边墙或衬砌高度应按掺气后的水深加安全超高来确定。一般 $v>6\sim7\text{m/s}$ 时，则需要考虑掺气问题。掺气后的水深 h_a 可按下式估算：

$$h_a = h\left(1 + K\frac{v^2}{gR}\right) \tag{6-5}$$

式中　h——设计断面未掺气时水流的水深；

v——设计断面未掺气时的平均流速；

R——水力半径；

K——系数，与边界糙率有关，对于一般的混凝土表面 $K = 0.004 \sim 0.006$，对于粗糙的混凝土或整齐的砌石 $K = 0.008 \sim 0.012$。

安全超高一般为0.5～1.5m。

(4) 弯道设计。泄槽弯曲段通常采用圆弧曲线，弯曲半径应大于10倍槽深。弯曲段水流流态复杂，不仅因受离心力作用，导致外侧水深加大，内侧水深减小，造成断面内的流量分布不均，而且由于边墙转折迫使水流改变方向，产生冲击波。因此，弯曲段设计的主要问题在于使断面内的流量分布趋近均匀，消除或抑制冲击波。

由弯道离心力及急流冲击波共同作用而产生的横向水面超高（见图6-11），可近似地按下式计算：

$$\Delta Z = K\frac{v^2 B}{gr} \tag{6-6}$$

式中　ΔZ——横向水面超高，即外墙水面高于中心线水面的超高；

v——平均流速；

B——按直线段计算所得水面宽；

r——弯道中心线的曲率半径；

K——超高系数，与泄水槽断面形状、弯道曲线的几何形状有关。矩形断面多为1或0.5，梯形断面为1。

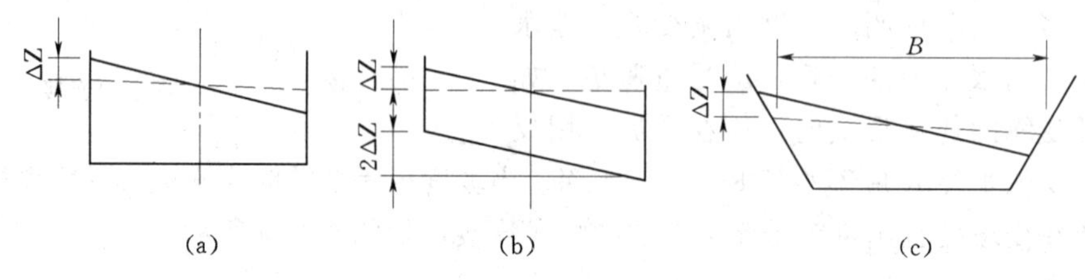

图6-11　弯道横向水面超高

(5) 边墙高度的确定。泄槽边墙高度根据水深并考虑冲击波，弯道及水流掺气的影响，再加一定的超高来确定。为了消除弯道段的水面干扰，降低边墙高度，可采用以下措施。

1) 采用较大的曲率半径和限制超高值。根据美国陆军工程兵团的实践经验，简单圆曲线式的弯道最小半径应不小于

$$r_{min} = \frac{4v^2 B}{gh} \tag{6-7}$$

式中　h——按泄水槽可能的最小摩擦系数求得的水流深度；

其余符号的意义与式(6-6)的相同。

矩形断面弯道最大许可超高为

$$(\Delta Z)_{max} = 0.09B \tag{6-8}$$

根据式(6-8)确定的 ΔZ，代入式(6-6)，求弯道中心线的曲率半径 r。

2）设置缓和曲线过渡段。由实验可知，矩形断面弯道设置缓和曲线过渡段可使超高 ΔZ 降低。缓和曲线设于简单圆曲线的首、尾处。缓和曲线的形状可以是圆弧或螺旋曲线。圆弧形缓和曲线的半径常采用 $2r$，长度为 $b\sqrt{Fr^2-1}$。这里，Fr 为佛汝德数；r 为急流弯道的中心线半径；b 为弯道底宽。

3）使槽底横向倾斜。以槽底中心线为准，外侧抬高 ΔZ，内侧降低 ΔZ，使槽底内、外高差为 $2\Delta Z$，如图 6－11 所示。槽底的倾斜，应从弯道上游缓和曲线过渡段的起点开始，沿其长度线性地逐渐变化，在过渡段末端高差可达到 $2\Delta Z$。从下游缓和曲线过渡段开始逐渐降低外侧槽底，至过渡段终点槽底横向达到水平。采用这种方法，弯道两侧的边墙高度，一般与直线段的一样。该法不适用于梯形断面弯道。

（6）泄水槽的衬砌。为了保护槽底不受冲刷和岩石不受风化，防止高速水流钻入岩石缝隙，将岩石掀起，泄槽一般都需进行衬砌。对泄槽衬砌的要求是：衬砌材料能抵抗水流冲刷；在各种荷载作用下能保持稳定；表面光滑平整，不致引起不利的负压和空蚀；做好底板下排水，以减少作用在底板的扬压力；做好接缝止水，隔绝高速水流侵入底板下面，避免产生脉动压力引起的破坏；要考虑温度变化对衬砌的影响；因此在寒冷地区对衬砌材料还要有一定的抗冻要求。

1）岩基上泄槽的衬砌。岩基上泄槽槽底衬砌可以用混凝土，水泥浆砌条石或块石，以及石灰浆砌块石水泥浆勾缝等形式。石灰浆砌块石水泥浆勾缝，适用于流速小于 10m/s 的小型水库溢洪道。水泥浆砌条石，适用于流速小于 15m/s 的中小型水库溢洪道。对于大，中型工程，由于泄槽中的流速较高，一般采用混凝土衬砌。混凝土衬砌厚度不宜小于 30cm，为防止温度裂缝，需设置纵横缝。

岩基上的衬砌接缝有平接缝，搭接缝和键槽缝几种形式。对垂直于水流方向的横缝比平行于水流流向的纵缝要求高，横缝一般做成搭接缝，在良好的岩基上有时也可以做成键槽缝。对于垂直水流流向的纵缝，可适当降低要求，一般可采用平接缝形式，但缝内也要做好止水。

衬砌的纵缝和横缝下面都应设置排水设施，且需相互连通，以便将渗水集中到纵向排水内，然后排入下游。

在岩基上应将表面风化破碎的岩石挖除。为使衬砌与基岩紧密结合，增强衬砌稳定，有时也用锚筋将两者连接在一起。

泄槽的两侧边墙，如岩基良好，也可采取衬砌形式，其构造与底板相同。衬砌厚度一般不小于 30cm，一般采用浇筑，且需用钢筋锚固。边墙横缝一般与底板横缝一致。边墙一般不设纵缝，但多在于边墙接近的地板上设置纵缝。当岩石比较软弱时，需将边墙做成重力式的挡土墙。边墙同样应做好排水，并与底板下横向排水连通。为了排水通畅，在排水管靠近边墙顶部的一端应设置通气孔。边墙顶部应设置马道，以利交通。

2）土基上泄水槽的衬砌。土基上的泄槽通常采用混凝土衬砌。由于土基上的泄槽量大，而且不能采用锚筋，所以衬砌厚度一般比岩基上的大，通常为 0.3～0.5m。当单宽流量或流速比较大时，也可用到 0.7～1.0m。混凝土衬砌的横向缝必须采用搭接形式。以保证接缝处的平整，有时还在下块的上游侧做齿墙。如果底板不够稳定或为了增加底板的稳

定性，可以在地基中设置锚筋桩，使底板与地基紧密结合。纵缝有时也做成搭接的形式。缝中除沥青等填料外，并需设置止水片。由于土基对混凝土板伸缩的约束力比岩基小，因此可采用较大的分块尺寸。在土基或是很差的基岩上，需要在衬砌底板下设置面层排水，以减小底板承受的渗透压力。

六、出口消能和尾水渠

溢洪道出口消能的方式与溢流重力坝基本相同。主要有两种：一种是底流消能，适用于地质条件较差或溢洪道出口距坝较近的情况；另一种是挑流消能，适用于较好的岩基或挑流冲刷坑不影响建筑物安全时，这是溢洪道中应用较多的一种型式。随着高坝建设的增多，挑流消能发展迅速，新型消能工不断出现，如扭曲挑流坎、斜挑坎、宽窄挑坎等。下面具体说明以下挑流坎。

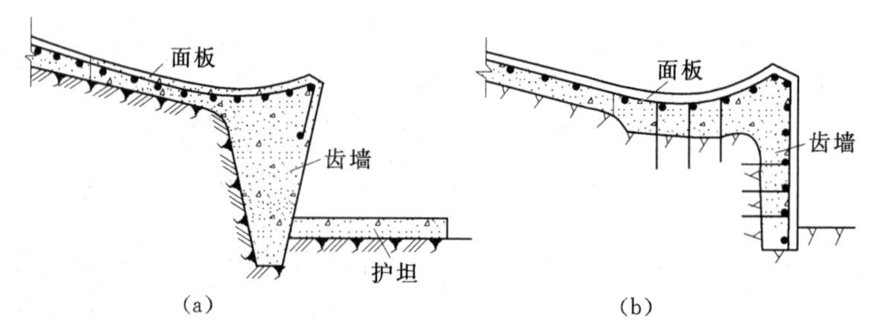

图6-12　挑流结构型式

挑流坎的结构形式，一般有两种：一种是重力式；另一种是衬砌式。后者适用于坚硬完整的岩基上，并用锚筋与岩石连接起来。挑坎末端做一道深齿墙，可以保护地基不被冲刷；其底部高程应位于冲刷坑可能影响的高程以下。为了防止小流量时产生贴流而冲刷齿墙底脚，可在挑坎下游做一段护坦，如图6-12所示。

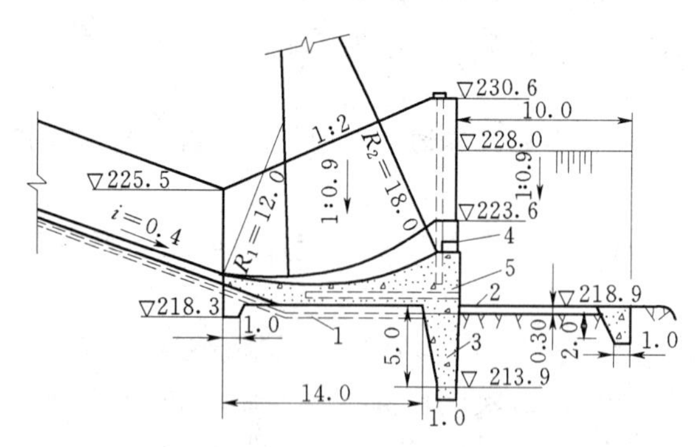

图6-13　挑坎构造（单位：m）
1—纵向排水；2—护坦；3—混凝土齿墙；
4—通气孔；5—排水管

挑坎上还常设置通气孔和排气孔，如图6-13所示。通气孔向水舌下补充空气，以免形成真空影响挑距和造成结构空蚀。坎上排水孔排除反弧段积水；坎下排水孔排除渗流，降低齿墙后的渗透压力。

尾水渠是将经过消能后的水流，比较平稳地泄入原河道。它一般是利用天然的山冲或河沟，必要时加以适当的整理。当地形条件良好时，尾水渠的底坡应尽量接近于下游原河道的平均底坡。

6.3.3　正槽溢洪道的水力计算

当溢洪道各部分的形状和尺寸拟定以后，即应验算其泄流能力，并进行水面曲线及消能计算，以便判断布置是否合理。

举例说明，图6-14为一典型正槽溢洪道的纵剖面。

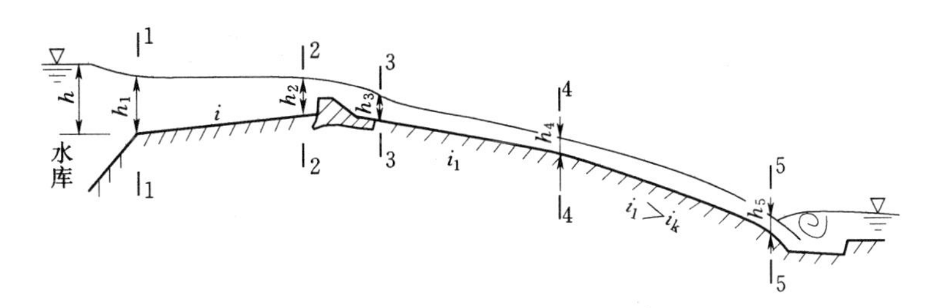

图 6-14 正槽溢洪道水力计算示意图

其计算步骤大致如下。

(1) 计算图示 1-1 断面水深 h_1。根据进口形式和要求的泄量 Q 按淹没宽顶堰公式 $Q=\varphi Bh_1\sqrt{2g(h-h_1)}$ 计算 h_1。式中 h 为库水位与进口渠底的高差；B 为进口渠宽。

(2) 计算引水渠末端水深 h_2。根据流量 Q 及 1-1 断面水深 h_1 按分段求和法推求引水渠末端水深 h_2。

(3) 确定堰顶高程。根据流量 Q 及溢流前缘净长 L，按堰流公式 $H=\left[Q/(mL\sqrt{2g})\right]^{2/3}$ 求得堰上水头 H。则上游堰高 $P_1=h_2-H_0$ 如认为 P_1 值不适宜，可改变引水渠的尺寸重新计算 h_1,h_2 及 P_1。如引水渠很短，可以忽略其水头损失时，则 $P_1=h-H$。

(4) 计算堰后收缩水深 h_c。根据溢流堰的要求，拟定堰后高度 P_2 得 $E_0=H+P_2$，由公式 $Q=\varphi B_3h_c\sqrt{2g(E_0-h_c)}$ 求 h_c，式中 B_3 为 3-3 断面处过水断面宽。

(5) 计算泄水槽的水面曲线。根据 3-3 断面的水深 $h_3=h_c$，即可逐段推求各断面水深。若 3-3 至 4-4 断面之间泄水槽底坡 $i_1<i_k$（4-4 断面之后的底坡 $i_2>i_k$）且其长度较短时，则该段为 c_{I} 型壅水曲线，此时 $h_4\leqslant h_k$；若 $i_1>i_k$，且 $h_3<h_0$ 时（h_0 为该段泄水渠的正常水深），此时 $h_4\leqslant h_0$；若 $i_1>i_k$，且 $h_3>h_0$ 时，则为 b_{II} 型降水曲线，此时，$h_4\geqslant h_0$。有了 h_4 即可推求 h_5。若有扩散段及收缩段时，还应求出其起、止断面的水深作为继续向下计算的依据。

(6) 消能计算。根据泄水渠末端水深进行消能计算。如为底流式消能，可根据 $E_0=v_5^2/2g+h_5+d$ 计算跃前水深及消力池的尺寸。式中 v_5、h_5 为泄水槽末端的平均流速和水深；d 为泄水槽末端渠底与池底之间的高差。

根据以上计算确定修改措施，对于重要工程应通过水工模型试验进行验证。

6.4 侧槽式溢洪道

侧槽式溢洪道与正槽式溢洪道相比，其主要特点是溢洪道大致顺着河岸等高线布置，溢流堰可沿河岸延伸很长，而开挖方量却增加不多。因此，侧槽溢洪道有条件采用较大的溢流前缘，从而降低溢流水头，减少洪水期库区的淹没面积。其主要缺点是水流在侧槽中的流态相当复杂、与下段的水面衔接不易控制。

侧槽溢洪道的布置如图6－2所示。一般由溢流堰、侧槽、泄水槽、出口消能和尾水渠组成。溢流堰的形式多采用曲线形实用堰，小型工程也可用宽顶堰的形式。泄水槽一般为开敞明槽，但有时也可以是隧洞泄水，图6－15所示为美国胡佛坝所采用的侧槽溢洪道。

侧槽溢洪道的水力计算与正槽溢洪道不同之处，只有侧槽部分，其他基本相同。

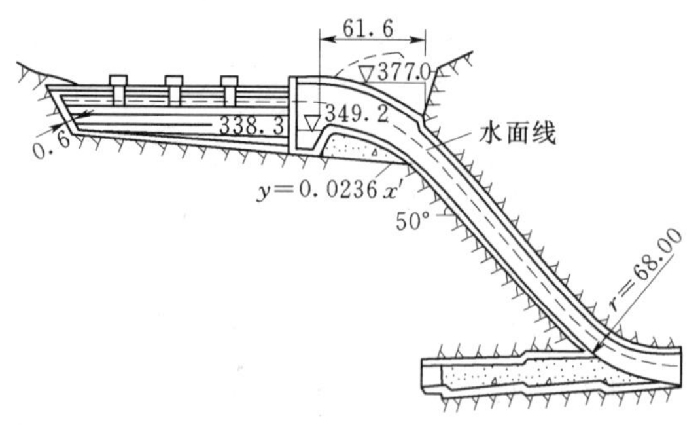

图6－15　美国胡佛坝侧槽溢洪道（单位：m）

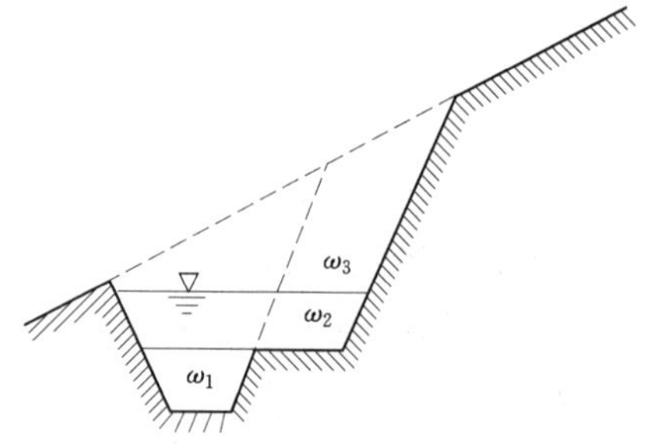

图6－16　侧槽横断面形状比较图

6.4.1　侧槽尺寸的拟定

一、侧槽横断面

（1）形状。侧槽横断面的形状宜做成窄深式。这样，槽中有较大的水深，可以使侧向流进的水流充分掺混，转向后形成较平稳的流态；窄深断面比宽浅断面开挖方量少。图6－16中的虚线为窄深断面，若窄深断面的过水断面与宽浅断面相同，则图中 $\omega_1=\omega_2$，所以窄深断面可节省开挖面积为 ω_3 。

（2）边坡。侧槽横断面的侧向边坡越陡越节省开挖量。故在满足水流和边坡稳定的条件下，宜采用较陡边坡。根据模型试验，在溢流堰一侧的边坡可采用1∶0.5～1∶0.9；另一侧则可根据岩石的稳定边坡选定，一般为1∶0.3～1∶0.5。

（3）断面尺寸。侧槽横断面的大小应根据流量经计算确定。由于侧槽内的流量是沿流向不断增加的，所以侧槽底宽应沿水流方向逐渐加大。侧槽始端底宽 b_0 应采用满足施工要求的最小值，末端底宽 $b_L=(1.5\sim4.0)b_0$，一般与泄水槽底宽相同。

二、侧槽的纵剖面

（1）槽底纵坡。侧槽应有适宜的槽底纵坡以满足泄水能力的要求。由于水流经过溢流堰泄入侧槽时，水股冲向对面槽壁，水流能量大部分消耗于水体间的掺混撞击，对沿侧槽方向的流动并无帮助，完全依靠重力作用向下游流动，所以槽底必须有一定的坡度。槽底坡度的大小，既影响水流状态又影响开挖方量。为使槽内水流平稳均匀，槽中水流应为缓流状态，槽底纵坡宜较平缓。但如果槽底纵坡过缓，将使侧槽上游段水面壅高过多而影响过堰流量。但如使槽底纵坡过陡，又会增加侧槽下游段的开挖深度。如能使槽底纵坡近似平行于水面线，可使槽内流速变化不大，水流平稳。初步拟定时，可采用底坡为0.01～0.05。

（2）槽底高程。槽底高程加槽内水深等于水面高程，水面过高将淹没堰顶影响过堰流量。所以，确定槽底高程的原则应该是在不影响溢流堰过水能力的条件下，尽量采用较高的槽底以减少开挖方量。根据试验研究表明，若槽内水面线在侧槽始端最高点超出溢流堰

顶的高度 h_s（见图 6-17）不超过堰顶水头 H 的 0.5 倍时，可以认为对整个溢流堰来说是非淹没的。

为了减少挖方，常以 $h_s = 0.5H$ 确定侧槽始端的水位。根据该水位减去水深可得槽首底部高程。槽内各断面的水深则根据侧槽末端的水深 h_L 向上游逐段推算而得。根据江西省水利科学研究所的分析，建议采用 $h_L = (1.2 \sim 1.5)h_k$ 较为适宜，h_k 为该断面的临界水深，当 $b_L/b_0 = 5$ 时可取 $h_L = 1.5h_k$；当 $b_L/b_0 = 1.0$ 时，可取 $h_L = 1.2h_k$；当 $b_L/b_0 = 1.2 \sim 1.5$ 时，可按比例选用。

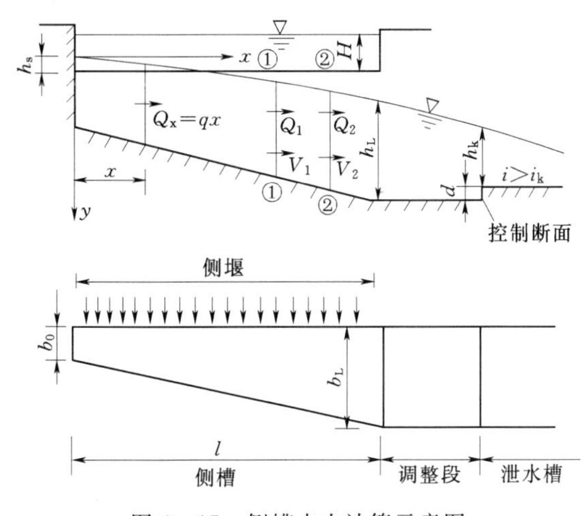

图 6-17　侧槽水力计算示意图

为了控制侧槽末端的水深确为 h_L 以及使水流能平顺地进入泄水槽，常在侧槽与泄水陡槽之间设水平调整段。调整段的长度可取 3～4 倍临界水深或更大一些。调整段末端的水深为临界水深，为已知值，故称该断面为控制断面。控制断面可用缩窄槽宽或用堰坎来控制侧槽末端的水深 h_L。

6.4.2　侧槽水力计算要点

根据上述原则初步拟定侧槽的底坡 i 和首、尾断面的宽度 b_0 及 b_L。侧槽长度 L 为已知，即可计算槽内水面曲线和相应的槽底高程，以判断溢流堰、侧槽和泄水槽三者之间的水面衔接是否良好，泄洪是否安全。

1. 泄槽水面曲线的计算公式

侧槽中每个断面的流量、水深和流速是不同的，属于变量流。设溢流堰的单宽流量 q 沿长度方向是不变的，则侧槽任一断面的流量等于单宽流量与该断面上游进水前缘长度之乘积，即 $Q_x = qx$。由于侧向进流的冲击、掺混，槽中水流波动很大，水流现象相当复杂，要精确计算槽内水面曲线是比较困难的。下面介绍一种应用动量方程推导的近似公式。

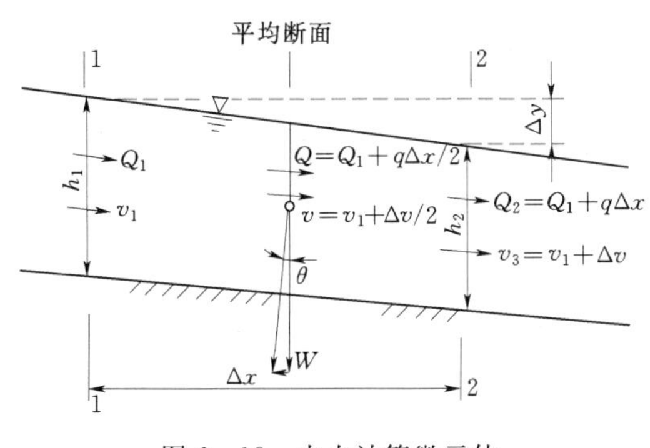

图 6-18　水力计算微元体

在图 6-17 中取一段长度为 Δx 的微元体如图 6-18 所示。设 Q_1、v_1、h_1 分别为 1-1 断面的流量、流速和水深。且 $Q_2 = Q_1 + q\Delta x$，$v_2 = v_1 + \Delta v$。Δy 为相距 Δx 的两断面之间的水面高差。对 1-1 与 2-2 断面取动量方程：作用在微元体上沿水流方向的力为：

$$P = \frac{1}{2}\gamma h_1^2 - \frac{1}{2}\gamma h_2^2 + W\sin\theta$$

式中　W——微元体水的重量，$W = \omega\Delta x\gamma$；

ω——平均过水断面面积；

$$\omega = \frac{Q}{v} = \frac{Q_1 + \frac{1}{2}q\Delta x}{v_1 + \frac{1}{2}\Delta v} = \frac{Q_1 + Q_2}{v_1 + v_2}$$

θ——微元体水面的倾角。

若近似采用 $\sin\theta = \tan\theta = \frac{\Delta y}{\Delta x}$，和 $h_1 = h_2$，则上式变为

$$P = \gamma \Delta y \frac{Q_1 + Q_2}{v_1 + v_2}$$

动量的变化为

$$\frac{\gamma}{g}(Q_2 v_2 - Q_1 v_1) = \frac{\gamma}{g}(Q_2 v_2 - Q_1 v_1 + Q_1 v_2 - Q_1 v_2)$$

$$= \frac{\gamma Q_1}{g}\left[(v_2 - v_1) + \frac{v_2(Q_2 - Q_1)}{Q_1}\right]$$

根据动量定律得：

$$\gamma \Delta y \frac{Q_1 + Q_2}{v_1 + v_2} = \frac{\gamma Q_1}{g}\left[(v_2 - v_1) + \frac{v_2(Q_2 - Q_1)}{Q_1}\right]$$

或

$$\Delta y = \frac{Q_1}{g} \cdot \frac{v_1 + v_2}{Q_1 + Q_2}\left[(v_2 - v_1) + \frac{v_2(Q_2 - Q_1)}{Q_1}\right] \tag{6-9}$$

利用公式（6-9）计算侧槽的水面曲线时，若 h_2、v_2、Q_1 及 Q_2 为已知，要用试算法。可假设一个 Δy，则 $h_1 = h_2 + \Delta y - i\Delta x$（$i$ 为侧槽底坡），故可求得 ω_1 及 $v_1 = \frac{Q_1}{\omega_1}$，代入公式（6-9）计算 Δy，如与假设值相等，即为所求。如不相等，则需根据计算的 Δy 值重新计算 v_1 与 Δy 直至相等为止。

若需考虑水流的阻力影响，则在式（6-9）等号右端加上 $\overline{J}\Delta x$ 项，$\overline{J}$ 为计算段内平均水力坡降。

2. 侧槽水力计算的步骤

已知设计流量 Q，侧堰溢流前缘长度 L、堰顶高程及堰上水头 H 后，可按下述步骤对侧槽的水面曲线及渠底高程进行计算。

（1）拟定侧槽尺寸。根据地形、地质条件拟定侧槽底宽 b_0 及 b_L，侧槽横断面的边坡 m，槽底纵坡 i 及调整段的长度和形式；

（2）选定侧槽末端水深 h_L。根据 b_L / b_0 值确定 h_L，为了控制 h_L，需要计算控制断面的坎高 d。

$$d = (h_L - h_k) - (1 + \xi)\left(\frac{v_k^2 - v_L^2}{2g}\right) \tag{6-10}$$

式中 h_k、v_k——控制断面的临界水深和相应流速；

v_L——侧槽末端断面的平均流速；

ξ——局部损失系数，可采用 0.2。

若调整段末端断面无突坎，而是采用缩窄槽宽的收缩形式时，则应根据下式求 h_k，

根据 h_k 确定缩窄断面的宽度。

$$h_L + \frac{v_L^2}{2g} = h_k + \frac{v_k^2}{2g} + \xi \frac{v_k^2 - v_L^2}{2g}$$

（3）按式（6－9）计算槽内各断面水位差。按选定的 h_L 逐段推求各相邻断面之间的水位差及水深。

3. 确定槽底高程

根据侧槽首端溢流堰允许的淹没水深 h_s，定出侧槽首端水位，减去水深得首端槽底高程。其他各断面槽底高程可按底坡确定或按水位减水深确定。

第 7 章　水工隧洞与坝下涵管

在蓄水枢纽中，为了灌溉、发电、城镇供水、泄洪、排沙、放空水库以及施工导流等目的而穿山凿石、修建在岩层之中或埋设在土石坝坝体下面的取水及泄水建筑物，称为水工隧洞或坝下涵管，简称隧洞或涵管。蓄水枢纽中的隧洞与涵管在上游库水位以下的深度一般较大，故又称深式取水及泄水建筑物，它们均需要设置工作闸门等设备和结构以控制取水及泄水流量。

水工隧洞不仅用于蓄水枢纽中，还修建在渠道上用以输送水流，但一般不设闸门。渠系中的排水涵洞与蓄水枢纽中的涵管管身，在结构形式等方面是基本相同的，但二者的工作条件是不同的，在工程布置及设计方法等方面有显著差别，故前者称为涵洞，后者称为涵管（或坝下涵管）以示区别，本章只介绍涵管。

7.1　水工隧洞的类型和工作特点

7.1.1　水工隧洞的类型

水工隧洞按担负任务的不同，可分为取水隧洞和泄水隧洞两大类。按工作时水力条件的不同，分为有压隧洞和无压隧洞两种。

取水隧洞用来从水库取出用于灌溉、发电、工业用水、生活供水等所需要的水量，其流速一般较低。泄水隧洞可配合溢洪道宣泄部分洪水，可用来排沙、泄放水电站尾水以及放空水库等，一般为高速水流。有压隧洞工作时，内壁面各个部位均作用有较大的内水压力，并保证洞顶的测压管水头大于 2m。无压隧洞工作时水流不充满整个断面，保持一定的净空，具有自由水面。取水隧洞和泄水隧洞工作时都可为有压或无压状态，或前段有压后段无压状态，但必须避免有压流和无压流交替出现的工作状态。

在水工隧洞设计时，根据枢纽的规划、布置，尽量做到一洞多用，多功能、多目标开发，以节省工程投资。如采用“临时变永久”或“二洞合一”等型式。

“临时变永久”，是指工程竣工后，将施工导流洞改为放空、排沙、泄洪隧洞；也可改为发电、灌溉的引水隧洞。当导流洞的进口高程较低，不满足其他隧洞承担的任务时，可设置成“龙抬头”型式——导流洞上方另设进水口，如图 7 - 1 所示。

“二洞合一”，是指泄洪与灌溉、泄洪与发电引水相结合布置；泄洪、排沙、放空相结合布置；发电引水与灌溉供水相结合（见图 7 - 2）布置等。只设一个进水口，适当的位置分岔。需注意的是：多功能的隧洞虽可简化枢纽布置，节省造价，但隧洞工作条件较复杂，水流不稳定，分岔处容易产生空蚀、振动。

隧洞一般由进口段、洞身段和出口段三部分组成（见图 7 - 2）。

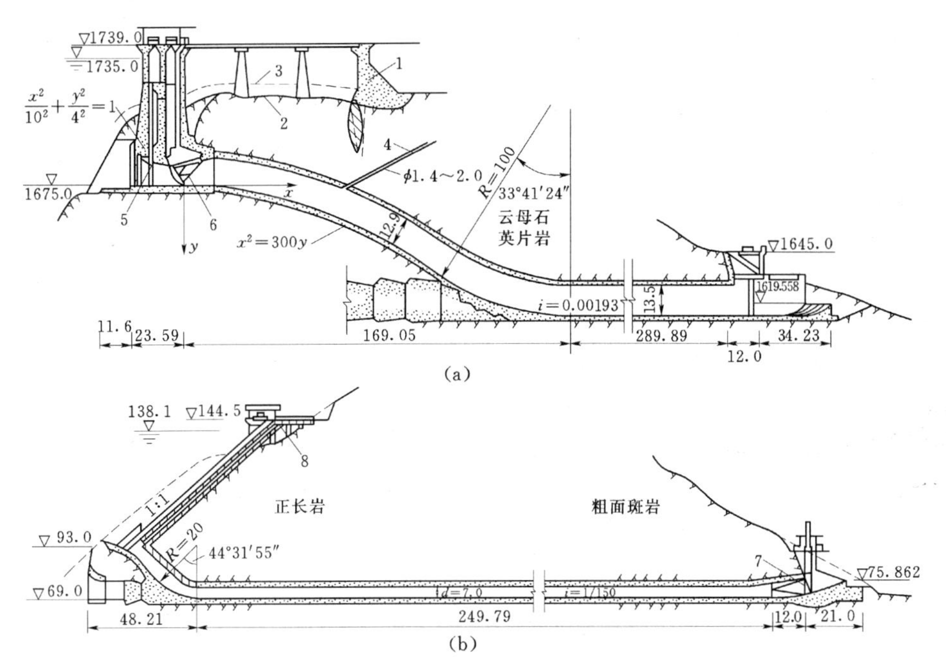

图 7-1 导流隧洞改深式泄水隧洞布置（单位：m）

（a）刘家峡泄洪隧洞；（b）响洪甸泄洪隧洞

1—混凝土副坝；2—岩面线；3—原地面线；4—通风洞；5—检修闸门槽；6—弧形闸门；7—工作闸门；8—通气孔

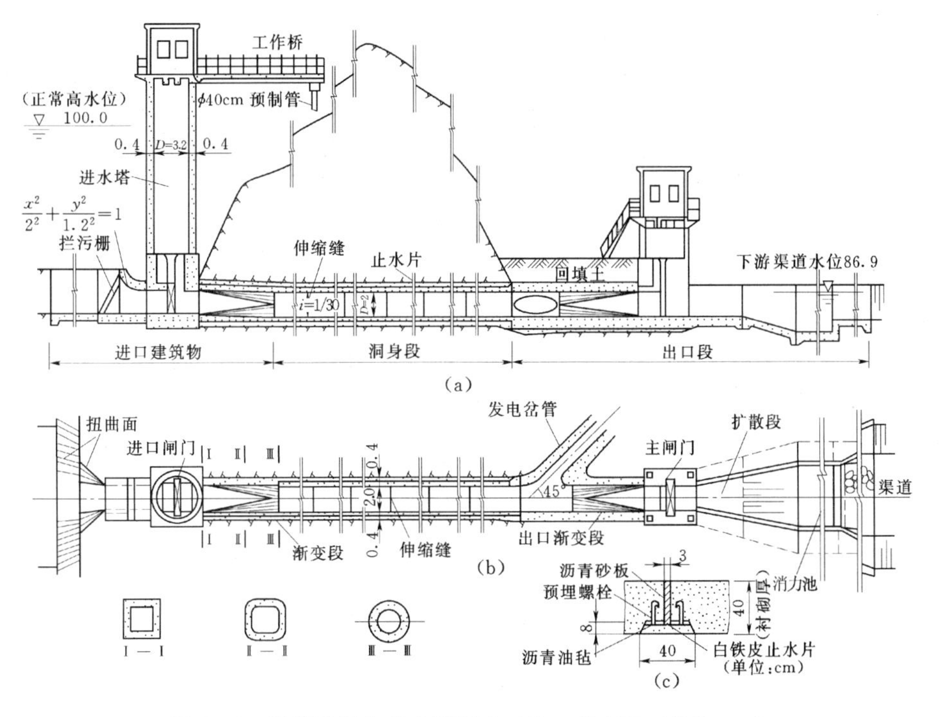

图 7-2 泄洪隧洞与发电隧洞合二为一的布置（单位：m）

（a）纵剖面图；（b）平面图；（c）伸缩缝

7.1.2　水工隧洞的特点

（1）水流特点。高速水流的泄洪洞，对建筑物的体型、水力条件及结构布置均有较高的要求。如考虑不周，极易产生空蚀破坏。因此，在隧洞的体形设计及水流边壁的平整度方面均应予以特别重视。对于容易发生空蚀的部位，还应采用防蚀、抗磨材料或其他防蚀措施。有压隧洞往往承受很大的内水压力，衬砌渗漏，压力水将渗入围岩裂隙，形成附加的渗透压力，破坏岩体稳定，因此要求围岩要有足够的厚度。

（2）结构特点。隧洞是在山体中开挖出来的建筑物，其结构形状及受力与围岩密切相关。开挖隧洞后改变了围岩原来的应力平衡状态，引起应力重分布，使围岩产生变形。因此，隧洞中常需设置临时性支护和永久性衬砌以承受山岩压力等荷载。

（3）施工特点。隧洞是地下结构，开挖、衬砌的工作面小，洞线长、工序多、干扰大。因此，虽然隧洞石方工程量不一定很大，但工期往往较长，尤其是兼作导流的隧洞，其施工进度往往控制整个工程的工期。因此，改善施工条件，加快施工进度，提高施工质量，是隧洞施工的重要课题。

7.2　水工隧洞的选线与总体布置

线路选择和工程布置是隧洞设计的关键问题。我国已建的隧洞工程实践证明，布置上所造成的缺陷是难以弥补的，故要高度重视隧洞线路选择和工程布置。这两个问题是一项工作的两方面，是紧密联系，相互兼顾的。

7.2.1　隧洞选线

洞线选择关系到围岩的稳定、施工进度、工程造价、安全运行等各个方面。洞线选择应根据枢纽总体布置及隧洞的用途，并综合考虑地形、地质、施工、水流、埋藏深度等各种因素，拟定几条洞线，通过技术经济比较选定。由于自然条件千差万别，要选出满足各方面要求的理想洞线是很困难的，在洞线比较中，应根据工程的具体特点，抓住主要矛盾，兼顾其他。通常起主导作用的地形、地质条件，应给予充分的重视。这里仅介绍隧洞选线时应注意的一般原则。

（1）尽量避开地质条件不良地段。隧洞的路线选择应尽量避开山岩压力大、地下水位高、漏水严重的岩层，以及断层、破碎带和可能滑坡的不稳定地段。当隧洞轴线与岩层面及主要节理裂隙相交时，应尽量成较大夹角。在整体块状结构的岩体中，其夹角不宜小于30°，在层状岩体中，其夹角不宜小于45°。

（2）力求洞线短、水流平顺。隧洞路线应力求短而直，以减少工程费用和水头损失。如由于地形、地质条件和枢纽布置的原因必须转弯时，对低流速隧洞，转弯半径不宜小于5倍的洞径（或洞宽），偏转角一般不宜大于60°。曲线段两端用直线连接，其长度不宜小于5倍的洞径（或洞宽），以使弯道水流平顺。对于高流速的无压隧洞，应力求避免在平面上设置曲线段。

（3）进、出口位置合适。隧洞进、出口，应选择在岩层风化浅、岩石较坚硬完整、边坡稳定的地段。进出口的水流应平顺对称，避免产生涡流。若拦河坝为土石坝时，隧洞进出口应与土石坝间隔一定距离，以防止水流对上游坝坡和下游坝脚的冲刷。

(4) 洞顶以上和傍山隧洞岸边一侧的岩体应有足够的围岩厚度，以保证围岩的稳定。其最小厚度应根据围岩承载能力及渗透稳定性、隧洞断面形状及尺寸、施工条件、内水压力等因素综合分析决定。对有压隧洞，当围岩坚硬完整时，为使围岩的承载能力得到保证，洞身部位的最小覆盖层的厚度应不小于该部位的内水压力，即不小于0.4倍内水压力水头（取岩体容重为25 kN/m^{3}时）。对于无压隧洞及有压隧洞的进、出口，洞口应尽量选在岩体坚硬完整和地质构造简单的地段。进、出口岩体最小厚度涉及明挖量的大小、进洞工期、洞口岩体的边坡稳定的问题。一般以施工成洞条件为准，并采取合理的施工工序和工程措施，以减少明挖，争取工期。对于相邻两隧洞间岩体的厚度，应根据地质条件、布置需要、围岩受力状况、隧洞形式及尺寸、施工方法及运行条件等综合分析决定。一般不宜小于1～2倍的洞径（或洞宽）。

(5) 应兼顾施工方便。对于长隧洞，洞线的选择还应考虑设置施工竖井或支洞问题，以便于增加开挖工作面，改善施工条件，加快施工进度。

7.2.2 水工隧洞的布置

一、总体布置

(1) 根据枢纽任务，确定隧洞是专用或是一洞多用。针对不同要求，结合地形、地质和水流条件拟定进口的位置、高程。

(2) 在选定洞线方案的基础上，根据地形、地质等条件选择进口段的结构型式（竖井式、塔式、岸塔式、斜坡式等），确定闸门在隧洞中的布置。

(3) 确定洞身的纵向底坡和横断面的形状及尺寸。

(4) 根据地形、地质、尾水位和施工条件等确定出口位置和底板高程，选用合理的消能方式。

二、闸门在隧洞中的布置

水工隧洞的闸门按其工作性质分为工作闸门、检修闸门和事故闸门。

工作闸门主要用于调节流量和控制孔口，应能在动水中启闭。它可以设在进口、出口或隧洞中的任一适宜位置。

泄水隧洞一般都布置两道闸门，一道是工作闸门，用以控制流量，要求能在动水中启闭。一道是检修闸门，设在隧洞进口，当工作闸门或隧洞检修时，用以挡水。隧洞出口如低于下游水位时，也要设检修门。深水隧洞的检修闸门一般需要能在动水中关闭，静水中开启，也称“事故闸门”。泄水隧洞的闸门位置，相当程度上决定着隧洞的工作条件，因此是隧洞布置的关键问题之一。

无压隧洞一般将闸门设置在隧洞进口处。按隧洞进口和水面的相对位置，进水口可以分为表孔溢流式和深孔式。

(1) 表孔溢流式多属于龙抬头的布置形式（见图7-3），其作用主要用于泄洪，闸门布置与岸边溢洪道相似，只是由隧洞替代了溢洪道的泄水槽，如毛家村、流溪河、冯家山等无压泄洪洞都采用了这种布置方式。

(2) 深孔式进水口也可采用无压泄水隧洞，为保证隧洞内水流为无压状态，闸门后洞顶需高出洞内水面一定高度，并向闸门后通气。其优点是，工作闸门和检修闸门均设在首部，运行管理方便，易于检查和维修；洞内不受压力水流作用，有利于山坡稳定。缺点是

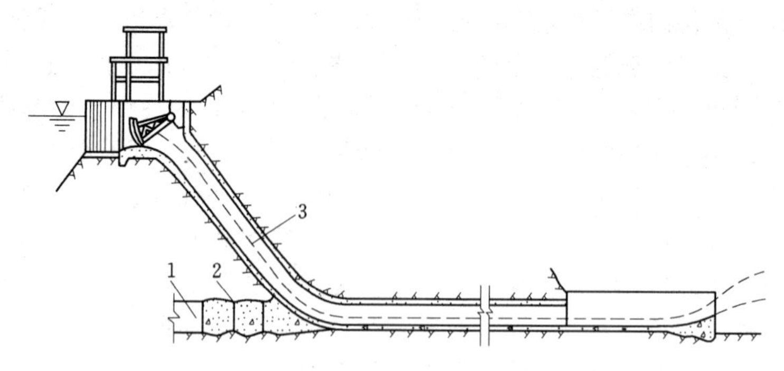

图 7－3　表孔溢流式泄洪隧洞布置

1—导流洞；2—混凝土塞；3—水面线

洞壁流速大的部位容易发生空蚀。

有压隧洞一般将工作闸门设置在出口处。泄流时洞内流态平稳，工作闸门便于部分开启，控制简单，管理方便。但洞内经常承受较大的内水压力，对山坡的稳定不利，因此对围岩地质条件的要求比无压隧洞高。实际工程中，常在进口设置事故检修闸门，平时可用于挡水，以免洞内长时间承受较大的内水压力。

有些泄水隧洞因受地形、地质和枢纽布置等因素的限制，为了获得良好的水流及结构受力条件，常将工作闸门布置在洞内，工作闸门前为有压洞段，工作闸门后为无压洞段（见图 7－4）。我国三门峡、小浪底、碧口、新丰江、鲁布革等泄洪洞都采用了这种布置方式。

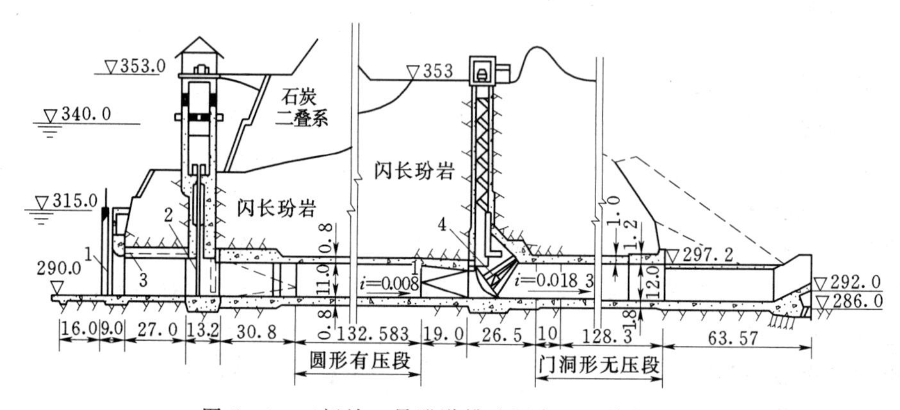

图 7－4　三门峡 1 号泄洪排沙洞布置（单位：m）

1—叠梁门槽；2—事故检修闸门；3—平压管；4—弧形工作闸门

7.3　水工隧洞各组成部分的形式及构造

7.3.1　进水口的形式及构造

一、进水口高程的确定

隧洞进水口高程主要根据其负担的任务确定。例如，发电隧洞，其进水口顶部高程应保证上游在最低运行水位时能取到发电所需要的流量，灌溉隧洞应保证上游为最低工作水位时，能引入设计流量等，有压隧洞进水口，应保证在上游最低运行水位以下有足够的淹没深度，以免产生贯通式旋涡，引起振动，降低水轮机出力。该淹没深度可按如下经验公式估算，即：

$$s = cvD^{1/2} \tag{7-1}$$

式中　s——上游最低运行水位至进水口顶部的淹没深度，m；

v——闸孔断面流速，m/s；

D——闸孔高度，m；

c——经验系数，其值为0.55～0.73，进水口对称进流时取小值，边界复杂和侧向进流时取大值。

s的最小值不得小于1m。进水口底板应高于水库的淤砂高程。对多种用途的隧洞，进水口高程的选择应照顾到各方面的要求。

二、深孔式进水口建筑物的形式

深孔式进水口建筑物按其布置和结构形式不同，可分为竖井式、塔式、岸塔式和斜坡式四种。

1. 竖井式进水口

在进水口附近的岩体中开挖竖井，闸门安装在井底中，井上设置启闭设备，拦污栅设于洞外，如图7-5所示。这种进口型式构造简单，不受风浪、冰冻影响，抗震性能好，安全可靠。缺点是施工开挖困难，门前洞段不易检修。适于岩体完整、稳定、坚固的岸坡。

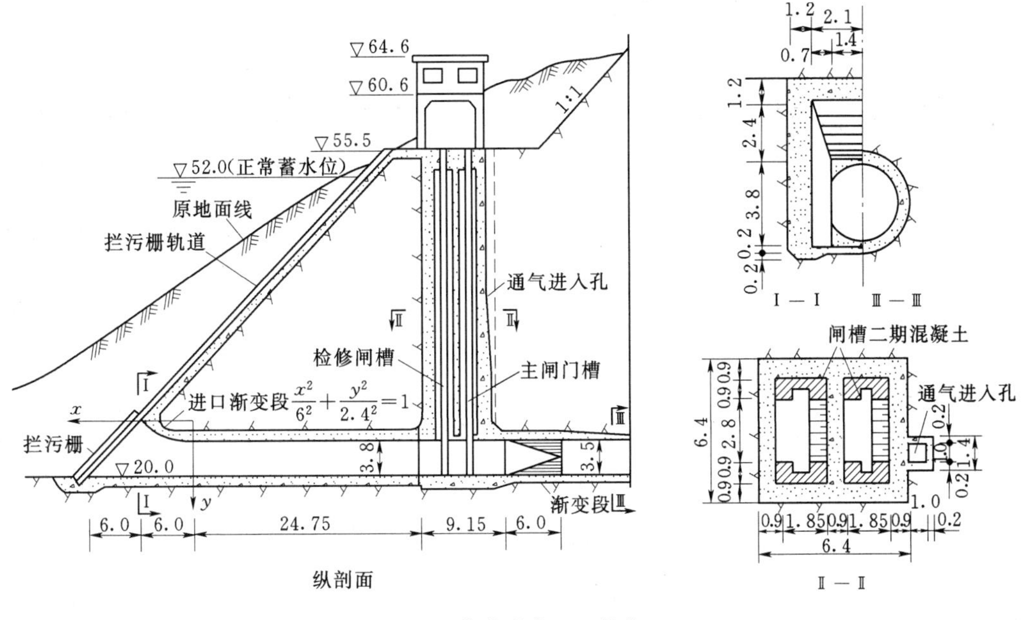

图7-5　竖井式进水口（单位：m）

2. 塔式进水口

当进水口处岸坡较缓或地质情况较差时，可采用塔式。塔的型式有封闭式和框架式

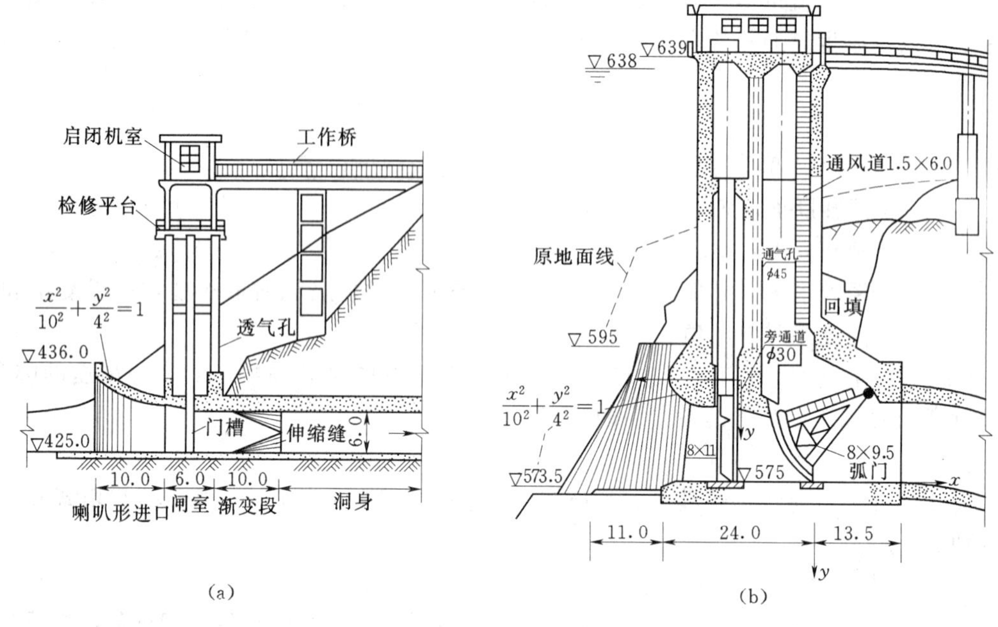

图 7-6 塔式进水口（单位：m）

(a) 框架塔式进水口；(b) 封闭塔式进水口

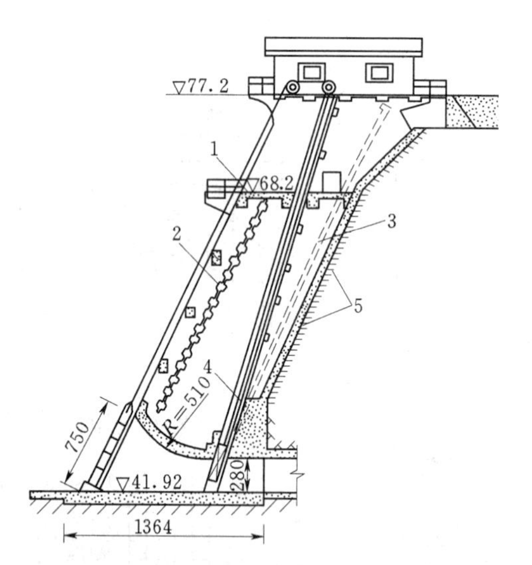

图 7-7 岸塔式进水口（单位：高程为 m；尺寸为 cm）

1—清污台；2—固定拦污格栅；3—通气孔；4—闸门轨道；5—锚筋

（见图 7-6），塔独立于岸坡用钢筋混凝土建造，顶部设操作平台和启闭机室，并通过工作桥与岸边或坝顶相联系。封闭式塔的水平截面可为圆形、矩形或多角形，可在不同高程设进水口，根据库水位的变化启用不同的进水口，以引取表层温度较高的库水，以利于灌溉。塔式进水口的优点是，可在任何水位下检修，方便可靠，但造价较高。当在工作水头较低或根据运用条件只需在进口处设置一道闸门，可采用框架式塔。这种形式构造简单，施工方便，但只能在低水位时检修。

3. 岸塔式及斜坡式进水口

岸塔式是将控制塔斜靠在洞口岩坡上的建筑物（见图 7-7）。由于塔身斜靠岩坡，故易满足稳定要求，对岸坡也起到一定的支撑作用，施工、安装及维修均较方便。岸塔式进水口的结构可以是封闭式或框架式的。这种形式适用于岸坡较陡、岩石坚固的情况。如果岸坡的岩石完整、稳定，则可稍加开挖平整并进行衬砌后，直接将闸门及拦污栅轨道安置在斜坡上而不设置控制塔，这种布置的形式称为斜坡式（见图 7-1b）。其优点是工程量小、造价较低、施工安装方便。适用于岸坡地形地质条件适合的中小型工程或仅安装检修闸门的进水口。岸塔式及斜坡式进口的闸门是斜放的，故面积较大，不仅启门力较大，而且难于靠自重下降。

7.3.2 洞身断面形式及构造

一、洞身断面形式和尺寸

隧洞洞身断面形式选择涉及的因素很多，就水力条件而言，要求洞身断面具有平顺的轮廓，力求减小水头损失，能以最经济的断面通过设计流量；就静力条件而言，应根据围岩特性和地应力的分布特点，选择合理的断面形状和几何尺寸，以改善围岩受力条件，保持围岩稳定；同时还应照顾到施工方便等诸方面的要求。

1. 无压隧洞的断面形式和尺寸

无压隧洞的断面形式和尺寸在很大的程度上取决于围岩特性和地应力情况，常采用以下几种：圆拱直墙形（城门洞形）断面［见图 7－8（a)］，马蹄形及蛋形［见图 7－8（b)、图 7－8（c)、图 7－8（d)］。圆拱直墙形适用于地质条件较好，垂直山岩压力较小而无侧向山岩压力的情况。顶部为平拱或半圆拱，圆拱的中心角在 90°～180°之间。圆拱的中心角越小产生的拱端推力就越大。断面的高宽比一般为 1.0～1.5，洞内水位变化较大时取大值。此外应与地应力条件相适应，垂直山岩压力大于水平地应力时，宜采用较大的高宽比；反之，取用小值。当地质条件较差，侧向山岩压力较大时，宜采用马蹄形或蛋形断面。当地质条件差或地下水压力很大时，也可采用圆形断面。

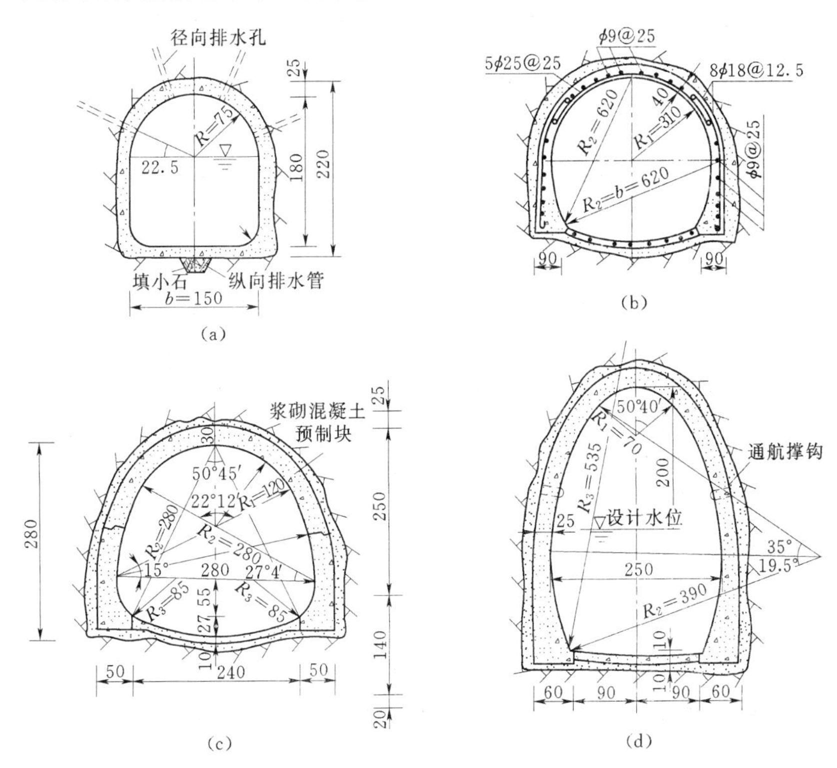

图 7－8 无压隧洞的横断面形状（单位：cm）

（a）圆拱直墙式；（b）马蹄形；（c）蛋形；（d）蛋形升顶形

无压隧洞的断面尺寸，应根据水力计算确定。低流速的无压洞，若通气条件良好，水面线以上的空间不宜小于隧洞断面积的15%，其净空高度不小于40cm。高流速的无压洞，在掺气水面以上的空间，一般为断面积15%～25%。当采用圆拱直墙形断面时，水面线（高速水流含掺气）不得超过直墙范围。无压隧洞考虑施工要求的最小断面尺寸为：高度不小于1.8m，宽度不小于1.5m；圆形断面的内径亦不小于1.8m。

2. 有压隧洞的断面形式和尺寸

有压隧洞的断面多为圆形，其水力条件好，其水力特性也最佳，与其他形式断面相比，面积一定时，过水能力最大。当围岩坚硬且内水压力不大时，也可采用更便于施工的非圆形断面。

有压隧洞的断面尺寸，应根据水力计算确定，主要核算其泄流能力和沿程压坡线。泄流能力按管流计算，压坡线水头应高于洞顶2m以上。其最小断面尺寸应同时满足施工和检修要求。

二、隧洞衬砌

1. 衬砌的作用

为了保证水工隧洞安全有效地运行，通常需要对隧洞进行衬砌。衬砌的作用是：承受围岩压力和其他各种荷载；加固和保护围岩，使围岩长期保持稳定，免受破坏；减小隧洞表面糙率，减小水头损失；防止渗漏。

2. 衬砌的类型

衬砌的类型按设置衬砌的目的可分为平整衬砌和受力衬砌两类。按衬砌所用的材料分为混凝土衬砌、钢筋混凝土衬砌和浆砌石衬砌等。除此以外，还有预应力衬砌、装配式衬砌和喷锚衬砌、限裂衬砌和非限裂衬砌等。

（1）平整衬砌。当围岩坚固、内水压力不大时，用混凝土、喷浆、砌石等做成平整的护面。它不承受荷载，只起减小糙率、防止渗水、抵抗冲蚀、防止风化等作用。无压隧洞的平整衬砌可以只在水流湿周范围内衬砌。只为降低糙率的衬砌，平均厚度约为15cm即可；若有防冲、抗渗要求时，则衬砌厚度应为20～30cm。

为了使衬砌表面尽量光滑，最好用金属模板浇筑混凝土，但比较费工，用模板也较多。用喷混凝土的方法进行平整衬砌不需模板，施工进度快，透水性小，其主要缺点是平整度差。为改进这一缺点，可在喷混凝土之后，再喷一层水泥砂浆抹光。

（2）混凝土、钢筋混凝土衬砌。当围岩坚硬、内水压力不大时，可采用混凝土衬砌。当承受较大荷载或围岩条件较差时，则应采用钢筋混凝土衬砌。衬砌的厚度（不包括围岩超挖部分）应根据计算和构造要求确定其最小厚度。但为了保证施工质量，从施工要求出发混凝土和单层钢筋混凝土衬砌不小于25cm，双层钢筋混凝土衬砌不小于30cm，强度等级不宜低于C15。

（3）预应力衬砌。预应力衬砌是对混凝土或钢筋混凝土衬砌施加预压应力，以抵消内水压力产生的拉应力，克服混凝土抗拉强度低的缺点，可使衬砌厚度减薄，节约材料和开挖量。其缺点是施工复杂，工期较长。适用于作用高水头的圆形隧洞。

最简单的预加应力方法是向衬砌与围岩之间进行压力灌浆，使衬砌产生预压应力。为了保证灌浆效果，围岩表面应用混凝土进行修整，并与衬砌之间留有2～3cm的空隙，以便灌浆。浆液应采用膨胀性水泥，以防干缩时预压应力降低。这种预加应力方法要求围岩比较坚硬完整，必要时可先对围岩进行固结灌浆。

（4）喷锚衬砌。喷锚衬砌是指利用锚杆和喷混凝土进行围岩加固的总称。由于喷射混凝土能紧跟掘进工作面施工，缩短了围岩的暴露时间，使围岩的风化、潮解和应力松弛等不致有大的发展。所以，喷混凝土施工给围岩的稳定创造了有利条件。

锚杆支护是用特定形式的锚杆锚固于岩石内部，把原来不够完整的围岩固结起来，从而增加围岩的整体性和稳定性。其对围岩的加固原理可归结为三个方面：一是悬吊作用，如图 7－9（a）所示，用锚杆将可能塌落的不稳定岩体悬吊在稳定岩体上；二是组合作用，如图 7－9（b）所示，用锚杆将层状岩体结合在一起，形成类似的组合梁，增加其抗弯和抗剪能力；三是固结作用，如图 7－9（c）所示，不稳定的断裂岩块在许多锚杆作用下固结起来，形成一叫“有支撑能力的岩石拱”。对一具体隧洞而言，这三种作用往往是综合发生的。

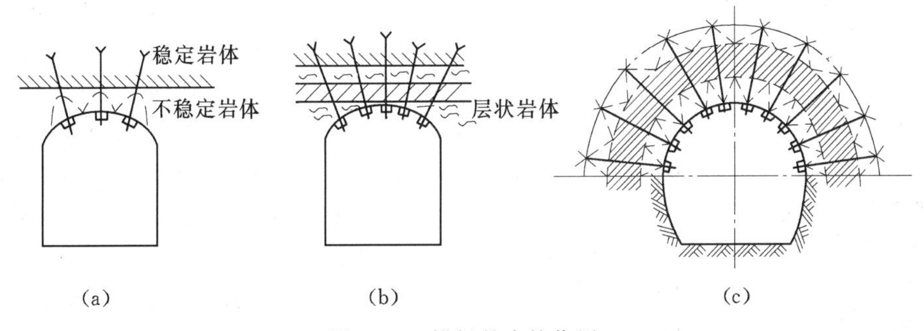

图 7－9 锚杆的支护作用

锚杆本身有各种形式，较常用的是楔缝式钢锚杆（即锚杆的嵌入端开有长约 160～200mm，宽约 3～5mm 的缝）。施工时先按预定位置进行钻孔，孔径略大于锚杆直径；然后在孔中插入锚杆和楔子。当楔子顶部触及孔底岩石时，在外端撞击锚杆，楔子即逐渐挤入杆端楔缝中而使端部张开。通过风钻对锚杆外端螺帽的不断冲击，就使楔缝更加被挤张而嵌入孔壁岩石中，而杆端即已牢牢锚着。最后通过拧紧螺母，对锚杆张拉，施加一定的预压应力。为防锚杆锈蚀，通常还在锚杆锚定后，通过预留灌浆管向孔内灌注水泥沙浆。灌浆时孔内空气经排气管排出。为减少浆液凝固时的收缩，可掺入微量铅粉。钢锚杆一般直径 16～28mm，长 2～4m，钢楔子长 15～23cm。

喷混凝土支护的主要作用是：充填岩体表面张开的裂隙，使围岩结成整体；填补不平整表面，缓和应力集中；保护岩体表面，阻止岩块松动。喷混凝土施工时，应先撬除危石，清洗岩面，然后喷一层厚约 1cm 的小水灰比的水泥砂浆或厚约 2～3cm 的富水泥混凝土。喷完上述底层后，即可分次喷混凝土，每次厚 3～8cm。如同时采用锚杆，则可在第一层混凝土喷完后设置，必要时还可加设钢筋网，然后再喷第二、三层，直至达到预定设计厚度。喷混凝土衬砌的厚度一般不小于 5cm，最大不宜超过 20cm。

锚喷支护是 20 世纪 50 年代配合新奥法（新奥地利隧洞工程施工方法的简称）逐渐发展起来的一项新技术。它的基本概念是将隧洞四周的围岩作为承载结构的主要

部分来考虑，而不是把围岩单纯作为荷载考虑。新奥法的基本原理是：①支护要适时，即在支护受力最小的时候进行支护；②支护刚度要适中，使围岩与支护在共同变形过程中取得稳定，刚柔度适宜；③支护应与围岩紧贴，以保证支护与围岩共同工作。

工程实践证明，采用新奥法施工可以减少混凝土衬砌量，不用模板，施工安全，造价降低，是一种多、快、好、省的施工方法。但需注意研究内外水压力、抗渗、允许流速以及糙率等问题。

三、衬砌的构造

1. 衬砌的分缝和止水

在混凝土及钢筋混凝土衬砌中，一般设有永久性的横向变形缝（垂直水流方向）和施工工作缝。

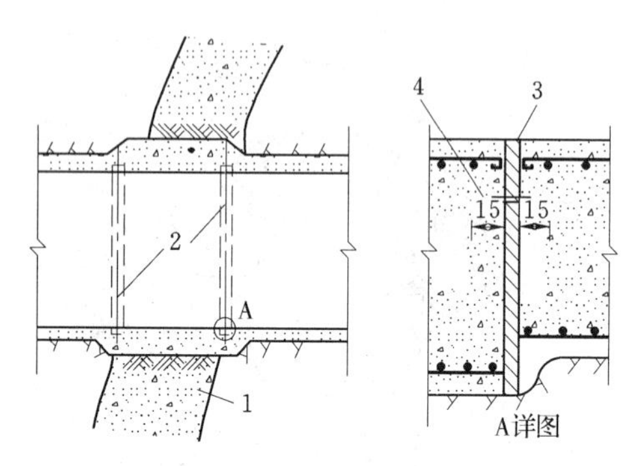

图 7－10 伸缩变形缝（单位：cm）
1—断层破碎带；2—沉陷缝；3—沥青油毛毡 1～2cm；4—止水片或止水带

变形缝是为防止不均匀沉陷而设置，其位置应设于荷载大小、断面尺寸和地质条件发生变化之处。如洞身与进口或渐变段接头处以及断层、破碎带的变化处，均需设置变形缝，缝内贴沥青油毡并做好止水。在断层、破碎带处，还应增加衬砌厚度并配置钢筋，其构造如图 7－10 所示。

围岩地质条件比较均一的洞身段，可只设置施工缝。施工缝有纵向与横向的两种。横向施工缝间距一般为 6～12m，底板和边墙、顶拱的缝面不得错开。无压隧洞的横向施工缝，一般可不做特殊处理。对有压隧洞和有防渗要求的无压隧洞，横向施工缝应根据具体情况采取必要的接缝处理措施。

纵向工作缝的位置及数目则应根据结构型式及施工条件决定，一般应设在内力较小的部位。衬砌的分缝、分块情况见图 7－11（b）中 1、2、3、4 为分块浇筑的顺序编号。无论是无压隧洞还是有压隧洞，其纵向施工缝均须凿毛处理。还可设一些插筋以加强其整体性，必要时还可设置止水片（见图 7－12）。

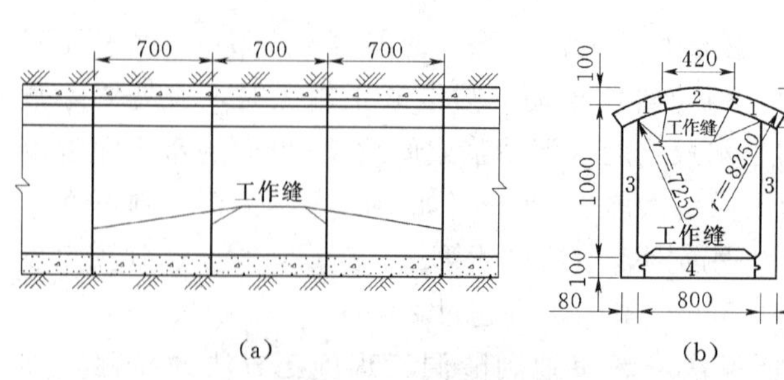

图 7－11 陆浑水库泄洪洞衬砌施工缝（单位：cm）

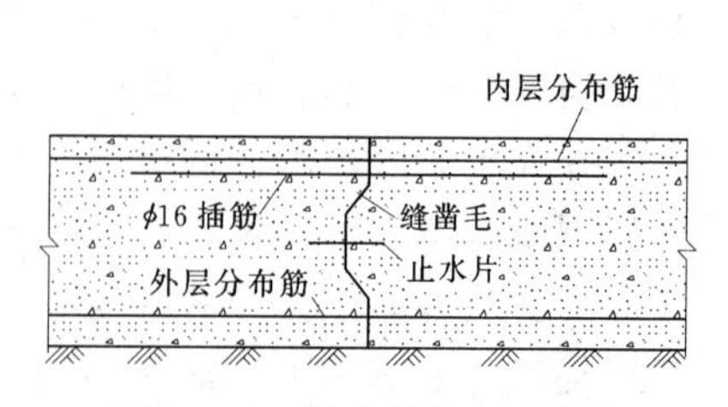

图 7－12 衬砌的纵向工作缝

2. 灌浆、防渗与排水

为了充填衬砌与围岩之间的缝隙，改善衬砌结构传力条件和减少渗漏，常进行衬砌的回填灌浆。一般是在衬砌施工时顶拱部分预留灌浆管，待衬砌完成后，通过预埋管进行灌浆。如图7-13所示，回填灌浆的范围一般在顶拱中心角90°～120°以内，孔距和排距一般为4～6m，灌浆压力为200～300kPa。

为了提高围岩的强度和整体性，改善衬砌结构受力条件，减少渗漏，隧洞衬砌后还常对围岩进行固结灌浆。固结灌浆孔通常对称布置，排距2～4m，每排不少于6孔。孔深一般约为1.0倍的隧洞半径，灌浆压力为内水压力的1.5～2.0倍。灌浆时应加强观测，防止洞壁变形破坏。回填灌浆孔与固结灌浆孔通常分排间隔排列（见图7-13）。

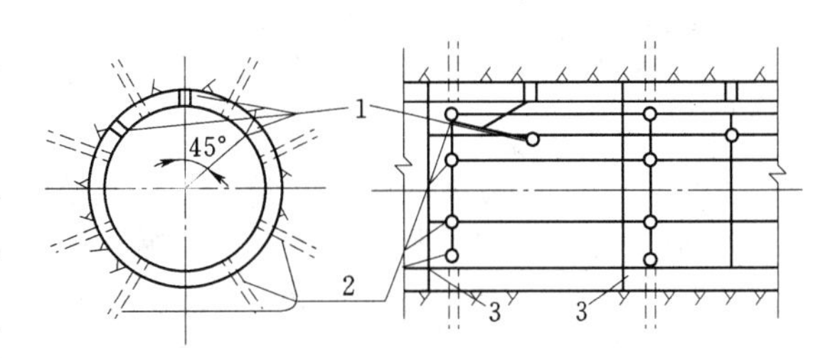

图7-13　灌浆孔布置图

1—回填关键孔；2—固结灌浆孔；3—伸缩缝；

当地下水位较高时，外水压力可能成为无压隧洞的主要荷载之一，为此可采取排水措施以降低外水压力。

无压隧洞的排水，可在洞内水面高程以上设置排水孔来实现［见图7-8（a）］。孔距和排距2～4m，孔深2～4m。应注意排水钻孔应在灌浆之后进行，以防堵塞。当无压隧洞边墙很高时，也可在边墙背后水面高程以下设置暗的环向及纵向排水系统。

有压隧洞一般不设排水。确有必要设置排水时，也只能采用环向、纵向排水暗管，环向暗排水可用砾石铺成，每隔6～8m设一道，收集的渗水汇集后由衬砌下部的纵向排水暗管（例如无砂混凝土管）排向下游。

7.3.3　出口段构造

有压泄水隧洞的出口常设有工作闸门及启闭机室，闸门前设有渐变段，闸门后设有消能设施。有压泄水隧洞，出口段的体形对有压隧洞的压力状况起控制作用。为不使洞身出现负压，其出口断面应逐渐收缩，使出口断面小于洞身断面，但不宜收缩过多，以免降低泄流能力。根据工程经验，出口断面与洞身断面的收缩比，一般为0.8～0.9。对水流条件差、洞身沿程体形变化多者取大值。无压泄水洞的出口构造主要是消能设施。

泄水隧洞出口水流的特点是单宽流量集中，所以常在隧洞出口外设置扩散段，使水流扩散，使得单宽流量减小，然后再以适宜的方式进行消能。泄水隧洞常用的消能方式有挑流消能和底流消能。当出口高程高于或接近于下游水位，并且下游水深和地质条件适宜时，应优先选用挑流消能。

底流式消能具有工作可靠、对下游水面波动影响范围小的优点，所以应用较多。消力池的宽度和深度可按水力学方法计算，水流出洞后的扩散连接段，水平向可采用1∶6～1∶8，垂直向宜采用水流质点的抛物轨迹线与消力池连接（见图7-14）。

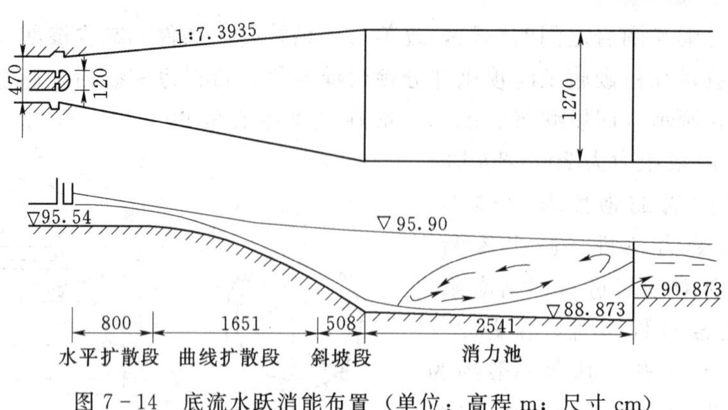

图 7－14　底流水跃消能布置（单位：高程 m；尺寸 cm）

7.4　隧洞衬砌的荷载及结构计算

7.4.1　隧洞衬砌的荷载及其组合

一、荷载

隧洞是地下结构，衬砌与围岩有相互的作用，作用于衬砌的荷载种类与大小既取决于隧洞的工作条件，同时也取决于围岩地质条件及施工情况。作用于衬砌的荷载有：自重、围岩压力、内水压力、外水压力、温度荷载、灌浆压力、地震荷载等。另外，当与围岩紧密接触的衬砌受荷载后有趋向围岩变形时，围岩可施加反作用于衬砌的荷载，即为弹性抗力。它是能协助衬砌抵抗其他荷载的有利的作用力，但它不是独立存在的荷载，只是被动的有条件地依附于其他荷载的存在。

荷载计算对象与结构计算相同，为单位洞长。

1. 围岩压力

围岩压力也称山岩压力。隧洞开挖后由于围岩变形（隧洞开挖破坏了岩体原来的平衡，从而引起围岩应力重分布，引起变形）或塌落而作用在衬砌上的压力，称围岩压力。按作用的方向山岩压力主要有两种：作用于衬砌顶部的垂直山岩压力；作用于衬砌两侧的侧向山岩压力。一般岩体中，作用在衬砌上的主要是垂直向下的围岩压力，对软弱破碎岩层，还需考虑侧向山岩压力。

计算山岩压力的方法很多，但目前工程中常用的方法主要有自然平衡拱法和经验法。这里仅介绍较为实用的经验法。

我国 2002 年颁布 SL279—2002《 水工隧洞设计规范》规定，围岩作用在衬砌上的荷载，应根据围岩条件、横断面形状和尺寸、施工方法以及支护效果确定，围岩压力的计取应符合下列规定。

(1) 自稳条件好，开挖后变形很快稳定的围岩，可不计围岩压力。

(2) 薄层状及碎裂散体结构的围岩，作用在衬砌上的围岩压力：

垂直方向　$$q_v = (0.2 \sim 0.3)\gamma_1 B \tag{7-2}$$

水平方向　$$q_h = (0.05 \sim 0.1)\gamma_1 H \tag{7-3}$$

式中　q_v——垂直均布围岩压力，kN/m^2；

q_h——水平均布围岩压力，kN/m^2；

γ_1——岩石的重度，kN/m^3；

B——隧洞开挖宽度，m；

H——隧洞开挖高度，m。

(3) 不能形成稳定拱的浅埋隧洞，宜按洞室顶拱的上覆盖层岩体重力作用计算围岩压力，再根据施工所采取的支护措施予以修正。

(4) 块状、中厚层至厚层状结构的围岩，可根据围岩中不稳定块体的作用力来确定围岩压力。

(5) 采取了支护或加固措施的围岩，根据其稳定状况，可不计或少计围岩压力。

(6) 采用掘进机开挖的围岩，可适当少计围岩压力。

(7) 具有流变或膨胀等特殊性质的围岩，可能对衬砌结构产生变形压力时，应对这种作用进行专门研究，并宜采取措施减小其对衬砌的不利作用。

2. 弹性抗力

在荷载作用下，衬砌向外变形时受到围岩的抵抗，这种围岩抵抗衬砌向外变形的而作用在衬砌外壁的作用力，称为弹性抗力。弹性抗力是一种被动力。它与地基反力不同，后者是由力的平衡决定的，其数值与围岩的性质无关；而前者的产生是有条件的。围岩考虑弹性抗力的重要条件是岩石本身的承载能力，而充分发挥弹性抗力作用的主要条件是围岩与衬砌接触程度。当岩石比较坚硬，且有一定的厚度（一般要求大于3倍的洞径），无不利的滑动面，围岩与衬砌紧密接触时，才可考虑弹性抗力的作用，否则不考虑围岩的弹性抗力，只考虑衬砌底部的地基反力。

岩石的弹性抗力可以近似地认为与衬砌变形造成的围岩的法向位移δ成正比，即

$$p_0 = k\delta(10\text{kPa})$$

式中　p_0——岩石弹性抗力；

δ——衬砌表面法线方向位移，cm；

k——与岩石情况及隧洞开挖尺寸有关的弹性抗力系数，N/cm^3。

弹性抗力系数是与围岩性质和隧洞直径有关的比例常数。实质上，它表示能阻止$10^{-4}m^2$衬砌面积变位0.01m所需要的力。实践中，常以隧洞半径为1m时的单位弹性抗力系数k_0表示围岩的抗力特性，对开挖半径为r时的弹性抗力系数为：

$$k = 100\ k_0/r$$

式中　r——隧洞开挖半径，cm，对非圆形隧洞，$r = B/2$（B为开挖洞宽）。

弹性抗力系数常用类比法和现场实验方法来确定。弹性抗力估计过高，则会使衬砌结构不安全，估计过低则造成不经济。因此，必须对其进行认真分析和估算。

3. 内、外水压力

内水压力是有压隧洞衬砌上的主要荷载。当围岩坚硬完整，洞径小于6m时，可只按内水压力进行衬砌的结构设计。内水压力可根据隧洞压力线或洞内水面线确定。在有压隧洞的衬砌计算中，常将内水压力分为均匀内水压力和非均匀内水压力两部分。均匀内水压力是洞顶内壁以上水头h产生的，其值位γh；非均匀内水压力是指洞内充满水，洞壁各点的

压强值为 $\gamma d(1-\cos\theta)/2$（θ 为计算点半径与洞顶半径的夹角，d 为隧洞内直径）时的压力。非均匀内水压力的合力向下，方向向下，数值等于单位洞长内的水重（见图 7-15）。

对有压发电引水隧洞，还应考虑机组甩负荷时引起的水击压力，对于无压隧洞的内水压力则由洞内的水面线来计算。

外水压力的大小取决于水库蓄水后形成的地下水位线，由于地质条件的复杂性，很难准确计算，一般来说，常假设隧洞进口处的地下水位线与水库正常挡水位相同，在隧洞出口处与下游水位或洞顶齐平，中间按直线变化。考虑到地下水渗流过程的水头损失，工程中实际取用外水压力的数值应等于地下水的水头乘以折减系数 β_e（见表 7-1）。设计中，当与内水压力组合时，外水压力常用偏小值；当隧洞放空时，采用偏大值。

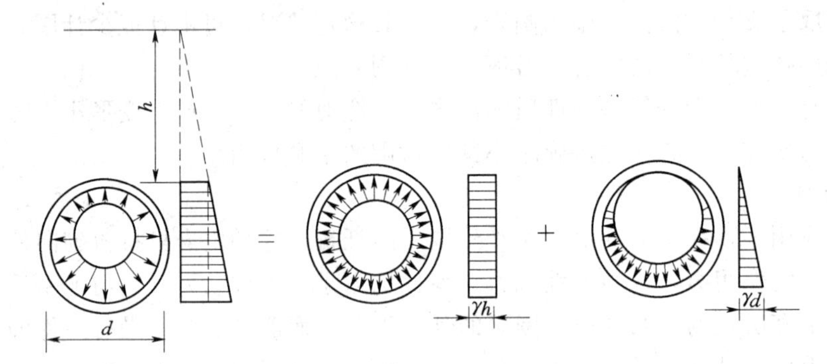

图 7-15　有压隧洞内水压力分解

表 7-1　外水荷载折减系数 β_e 值选用表

级别	地下水活动状况	地下水对围岩稳定的影响	β_e 值
1	洞壁干燥或潮湿	无影响	0
2	沿结构面有渗水或滴水	风化结构面填充物质，降低结构面的抗剪强度，对软弱岩体有软化作用	0～0.4
3	沿裂隙或软弱结构面有大量滴水，线状流水或喷水	泥化软弱结构面填充物质，降低结构面的抗剪强度，对中硬岩体有软化作用	0.25～0.6
4	严重股状流水，沿软弱结构面有小量涌水	地下水冲刷结构面中填充物质，加速岩体风化，对断层等软弱带软化泥化，并使其膨胀崩解，以及产生机械管涌。有渗透压力，能鼓出较薄的软弱层	0.4～0.8
5	严重滴水或流水，断层等软弱带有大量涌水	地下水冲刷携带结构面中填充物质，分离岩体，有渗透压力，能鼓出一定厚度的断层等软弱带，能导致围岩塌方	0.65～1.0

4. 衬砌自重

沿隧洞轴线 1m 长的衬砌重量。一般根据衬砌厚度的不同，沿洞线分段进行计算，认为自重是均匀作用在衬砌厚度的平均线上，衬砌单位面积上的自重强度 g 为

$$g=\gamma_c h$$

式中　γ_c——衬砌材料重度，kN/m^3；

h ——衬砌厚度，m。

应考虑平均超挖回填的部分。

除上述主要荷载外，隧洞衬砌上还作用有灌浆压力、温度荷载和地震荷载等。由于对衬砌影响较小，荷载组合时均不予考虑。

二、荷载组合

衬砌计算时，应根据荷载特点及同时作用的可能性，按不同情况进行组合。设计中常用的组合有：

(1) 正常运用情况。山岩压力+衬砌自重+宣泄设计洪水时的内水压力+外水压力。

(2) 施工、检修情况。山岩压力+衬砌自重+可能出现的最大外水压力。

(3) 非常运用情况。山岩压力+衬砌自重+宣泄校核洪水时的内水压力+外水压力。

正常运用情况属于基本组合，用以设计衬砌的厚度、配筋量和强度校校，其他情况用作校核。工程中视隧洞的具体运用情况还应考虑其他荷载组合。

7.4.2 衬砌结构计算

衬砌结构计算的目的是确定衬砌厚度、材料强度等级以及配筋量。衬砌结构计算的对象，是根据隧洞沿线荷载、断面形状与尺寸的不同将其分为若干段，每段选取一代表性的单位洞长。

衬砌结构计算步骤，主要包括：选择衬砌型式并初步拟定其厚度；分别计算单位洞长上各种荷载产生的内力，并按不同的荷载组合叠加；进行强度核核、确定配筋量，判定初拟衬砌厚度是否合理并进行修改。

衬砌结构计算的方法，当前有两种：一种是以衬砌为计算对象的结构力学法；另一种是以隧洞整体为计算对象的弹性力学法。

1. 结构力学法

将衬砌与围岩相互分开，以衬砌本身为研究对象。认为衬砌是构件，是承受荷载的主体，围岩是基础，围岩的作用是以弹性抗力的形式施加给衬砌，并按文克尔假定考虑。结构力学法的主要缺点是：仅能求得衬砌的应力，而不能求出围岩的应力，也无法对围岩的稳定进行分析；其次，这种方法将围岩与衬砌相互分开，将衬砌作为承荷主体，消极地承受荷载，而实际上衬砌与围岩两者紧密结合，是一个整体，共同承受荷载，因而使衬砌尺寸过大。此外，衬砌与围岩间的相互关系复杂，不能简单地用弹性抗力来反映两者之间的相互作用，并且弹性抗力的理论假定——文克尔假定，与实际存在较大出入。尽管结构力学法存在上述问题，但在多年应用中已形成一套完整的体系，在一定程度上反映了隧洞的工作状态，并为广大设计人员所熟悉，因此在一定条件下还得以运用。

2. 弹性力学法

将围岩与衬砌视为整体，两者共同承受荷载。其特点是能对围岩进行分析，并能严格按衬砌与围岩共同工作进行分析而无须采用弹性抗力的概念。由于弹性理论仅能对某些特定条件下的隧洞给出精确解，其使用受到限制。随着计算机的发展与运用，弹性力学的数值方法，即有限元法，已得到广泛应用，它能模拟复杂的岩体结构，并能得出较为符合实际的成果。

《水工隧洞设计规范》规定，衬砌结构计算应按各设计阶段的要求，根据衬砌的结构特点、荷载作用形式、围岩和施工条件等，选用不同的方法进行计算。

以内水压力为主要荷载，围岩为Ⅰ、Ⅱ类的圆形有压隧洞，宜采用弹性力学解析法；Ⅳ、Ⅴ类围岩中的隧洞，宜采用结构力学法；无压隧洞可采用结构力学法；Ⅱ、Ⅲ类围岩中的隧洞，视围岩的条件和所能取得的基本资料选用合适的方法。如围岩稳定性较好，有较强的自承能力，衬砌目的主要是用来加固围岩者，或者隧洞跨度大，围岩很不均匀者，宜采用有限元法。

隧洞衬砌结构计算的具体过程，这里不作介绍。对圆形有压隧洞的衬砌，可根据具体情况参照《水工隧洞设计规范》附录 B 进行结构计算。需要说明的是，在生产实践中，现已普遍通过计算程序运用计算机进行隧洞衬砌结构计算。

7.5　坝　下　涵　管

在土石坝水库枢纽中，主要泄水建筑物应是河岸溢洪道，底孔的设计流量一般不大。当两岸地质条件或其他原因，不宜开挖隧洞时，可以采用坝下设涵管的方法来满足泄、放水的要求。

坝下涵管结构简单、施工方便、造价较低，故在小型水库工程中应用较多。但其最大的缺点是：如设计施工不良或运用管理不当，极易影响土石坝的安全。由于管壁和填土是两种不同性质的材料，如两者结合不紧密，库水就会沿管壁与填土之间的接触面产生集中渗流。特别是当管道由于坝基不均匀沉陷或连接结构方面等方面的原因，发生断裂、漏水等情况时，后果更加严重。实践证明，管道渗漏是引起土石坝失事的重要原因之一。所以坝下涵管不如隧洞运用安全，但如涵管能置于比较好的基岩上，加上精心设计施工，是可以保证涵管及土石坝的安全。在软基上，除经过技术论证外，不得采用涵管式底孔。对于高坝和多地震区的坝，在岩基上也应尽量避免采用坝下涵管。

7.5.1　涵管的类型和位置选择

1. 坝下涵管的类型

涵管按其过流形态可分为：具有自由水面的无压涵管；满水的有压涵管；闸门前段满水但门后具有自由水面的半有压涵管。其管身断面形式有圆形、圆拱直墙形（城门洞形）、箱形等。涵管材料一般为预制或现浇混凝土和钢筋混凝土或浆砌石。无压涵管的断面形式如图7－16所示。

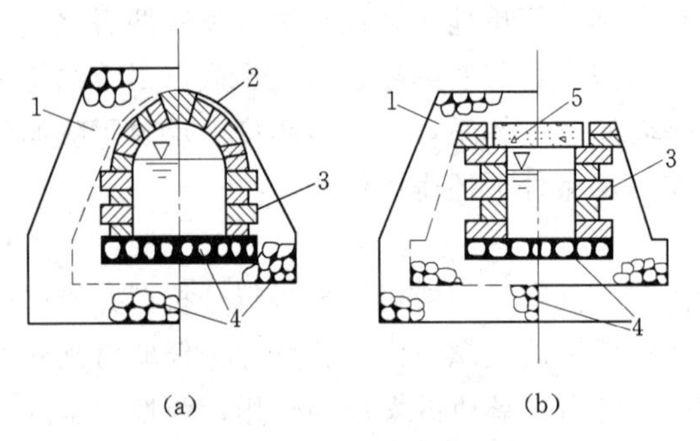

图 7－16　无压涵管的断面形式
1—截渗环；2—浆砌石拱圈；3—浆砌条石；4—浆砌块石；5—钢筋混凝土盖板

2. 涵管的位置选择

在进行涵管的位置选择及布置时，应综合考虑涵管的作用、地基情况、地形条件、水力条件、与其他建筑物（特别是土坝）之间的关系等因素，选择若干方案进行分析比较，加以确定。在进行线路选择及布置时，应注意以下几个问题。

(1) 地质条件。应尽可能将涵管设在岩基上。坝高在10m以下时，涵管也可设于压缩性小、均匀而稳定的土基上。但应避免部分是岩基，部分是土基的情况。

(2) 地形条件。涵管应选在与进口高程相适宜的位置，以免过多的挖方。涵管进口高程的确定，应考虑运用要求、河流泥沙情况及施工导流等因素。

(3) 运用要求。引水灌溉的涵管，应布置与灌区同岸，以节省费用；两岸均有灌区，可在两岸分设涵管。涵管最好与溢洪道分设两岸，以免水流干扰。

(4) 管线宜直。涵管的轴线应为直线并与坝轴线垂直，以缩短管长，使水流顺畅。若受地形或地质条件的限制，涵管必须转弯时，其弯曲半径应大于5倍的管径。

7.5.2 涵管的布置与构造

1. 涵管的进口形式

小型水库的坝下涵管，大多数是为灌溉引水而设，常用的型式如下。

(1) 分级斜卧管式。这种型式是沿山坡修筑台阶式斜卧管，在每个台阶上设进水口，孔径10～50cm，用木塞或平板门控制放水。卧管的最高处设通气孔，下部与消力池或消能井相连（见图7-17）。该型式进水口结构简单，能引取温度较高的表层水灌溉。有利于作物生长。缺点是容易漏水，木塞闸门运用管理不便。

(2) 斜拉闸门式。该型式与隧洞的斜坡式进水口相似，如图7-18所示。其优缺点与隧洞斜坡式进水口相同。

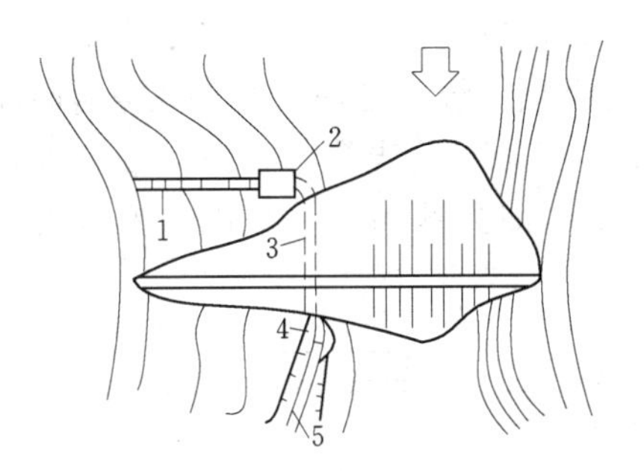

图7-17 分级式卧管

1—卧管；2—消力池；3—坝下涵管；4—消力地；5—渠道

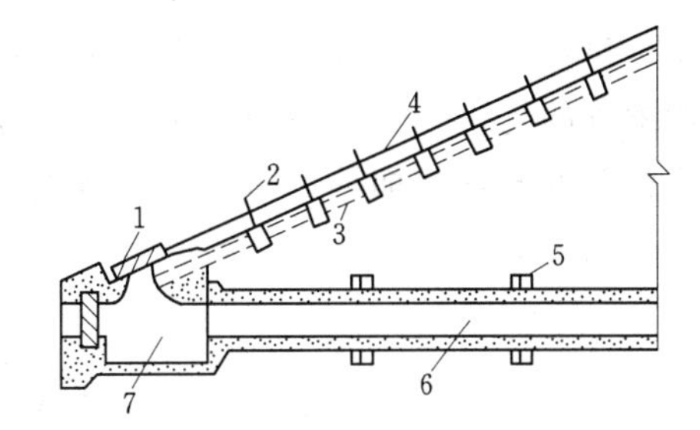

图7-18 斜拉闸门式

1—斜拉闸门；2—支柱；3—通气孔；4—拉杆；5—截渗环；6—涵管；7—消能井

(3) 塔式和井式进水口。该型式适于水头较高、流量较大、水量控制要求较严的涵管，其构造和特点与隧洞的塔式进口基本相同。井式进口是将竖井设在坝体内部，如图7-19所示，以位置Ⅱ为佳。位置Ⅰ，如竖井和涵管的接合处漏水，将使坝体浸润线升高，而且竖井上游段涵管检修不便。位置Ⅲ，竖井稳定性差，实际已成塔式结构。竖井应设于防渗心墙上游，以保证心墙的整体性。

2. 管身布置与构造

(1) 管座。设置管座可以增加管身的纵向刚度，改善管身的受力条件，并使地基受力均匀，所以管座是防止管身断裂的主要结构措施之一。管座可以用浆砌石或低标号混凝土做成，厚度一般为30～50cm。管座和管身的接触面成90°～180°包角，接触面上涂以沥青或设油毛毡垫层，以减少管身受管座的约束，避免因纵向收缩而裂缝。

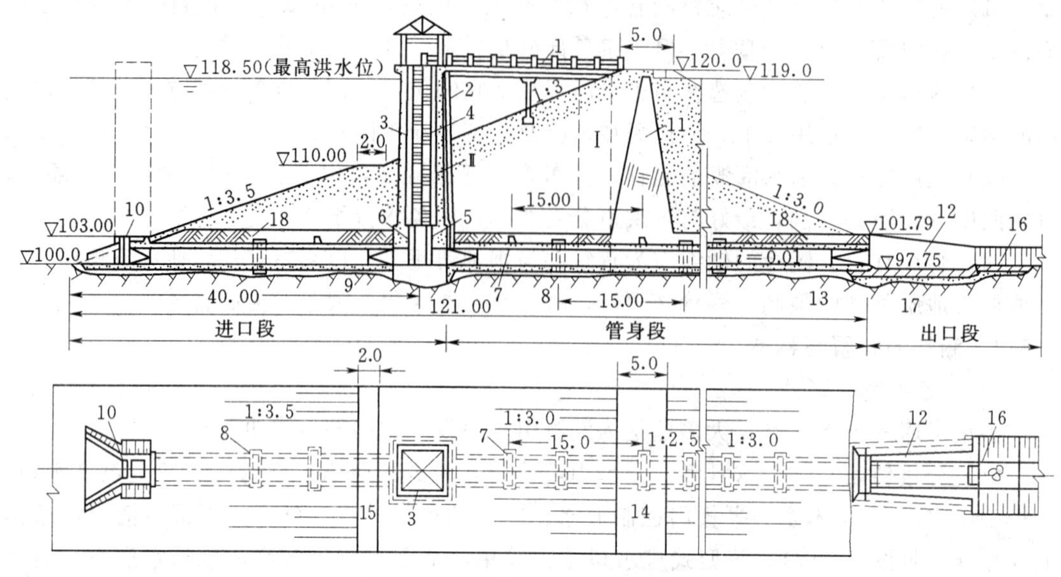

图 7-19　涵管布置图（单位：m）

1—工作桥；2—通气孔；3—控制塔；4—爬梯；5—主闸门槽；6—检修闸门；7—截渗环；8—伸缩缝；9—渐变段；10—拦污栅；11—粘土心墙；12—消力池；13—岩基；14—坝顶；15—马道；16—干砌石；17—浆砌石；18—粘土

（2）伸缩缝。土基上的涵管，应设置沉陷缝，以适应地基变形。良好的岩基，不均匀沉陷很小，可设温度伸缩缝。一般将温度伸缩缝与沉陷缝统一考虑。对于现浇钢筋混凝土涵管，伸缩缝的间距一般为 3～4 倍的管径，且不大于 15m。当管壁较薄设置止水有困难时，可将接头处的管壁加厚。对于预制涵管，其接头即为伸缩缝，多用套管接头，如图 7-20 所示。

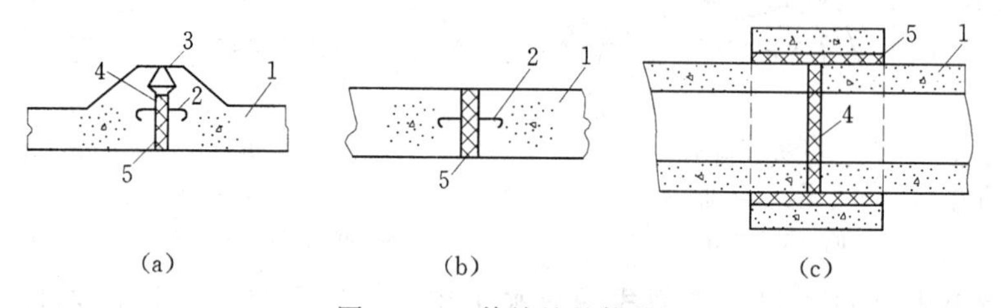

图 7-20　伸缩缝的构造

1—管壁；2—止水片；3—二期混凝土；4—沥青材料；5—二层油毡三层沥青

（3）截渗环。为防止沿涵管外壁产生集中渗流，加长管壁的渗径，降低渗流的坡降和减小流速，避免填土产生渗透变形，通常在涵管外侧每隔 10～20m 设置一道截渗环。土基上的截渗环不宜设在两节管的接缝处，而应尽量靠近每节管的中间位置，以避免不均匀沉降引起破坏。岩基上的截渗环可设在管节间的接缝处。截渗环常用混凝土建造。

3. 涵管的出口布置

坝下涵管通常流量不大，水头较低，多采用底流式消能。

第8章 过坝建筑物及渠系建筑物

水利枢纽中将方便船只、鱼类通过而设置的建筑物称为过坝建筑物。渠系建筑物则主要指的是农田水利工程中大量使用的水工建筑物，主要包括渠道、渡槽、倒虹吸、涵洞、跌水等。下面简要介绍如下。

8.1 通航建筑物

通航建筑物一般在下列情况下修建：①通航的河道被拦水坝、闸截断后，影响航运；②渠化的河道上形成了集中落差，妨碍航运。

通航建筑物一般分为船闸和升船机两类。前者利用水力将船只浮送过坝，通航能力大，应用最广，后者利用机械将船只升送过坝，耗水量少，一次提升高度大。本章侧重介绍前者。

8.1.1 船闸

一、船闸的组成

船闸一般由闸室，上、下游闸首、引航道等基本部分组成。如图8-1所示。

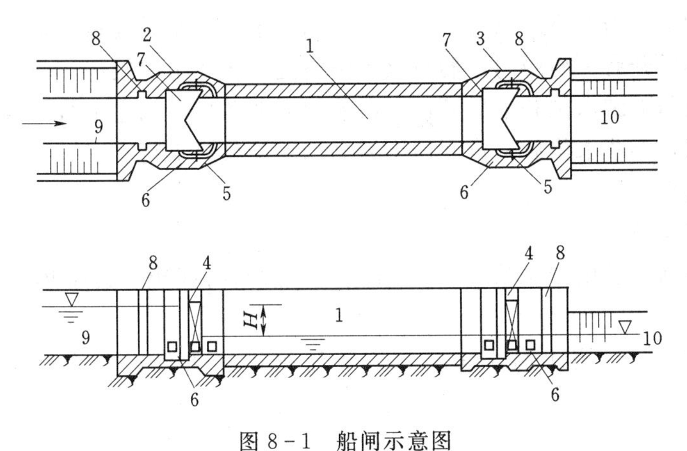

图8-1 船闸示意图

1—闸室；2—上闸首；3—下闸首；4—闸门；5—阀门；6—输水廊道；7—门龛；8—检修门槽；9—上游引航道；10—下游引航道

1. 闸室

是船闸的主要组成部分，介于上、下闸首及两侧边墙供船队临时停泊的场所。主要由闸底板、闸墙组成。由上、下游的闸门与上、下游引航道隔开。闸底板和闸墙由浆砌石、钢筋混凝土构成，可以是整体式，也可以是分离式。为保证过坝（闸）船只的安全，闸墙上须设系船柱或系船环。

2. 上、下游闸首

作用是将闸室与上、下游引航道隔开。利用闸门使闸室内维持上游或下游水位，方便

船只通过。闸首内设有工作闸门、检修闸门（若是人字门，还需设门龛）；输水系统、控制阀门、启闭机系统；此外还可设交通桥及其他辅助设备。建造材料主要为钢筋混凝土、浆砌石等，常采用整体式结构。

3. 引航道

是为了保证过闸船只顺利通过，连接闸室与主航道的一段航道，分上、下游设置，并设有导航及靠船建筑物。

二、船闸工作原理

船只过坝的工作原理是利用输水设备使闸室内水位依次与上、下游齐平，使船只顺利从上游到下游，或从下游到上游。如图 8-2 所示。

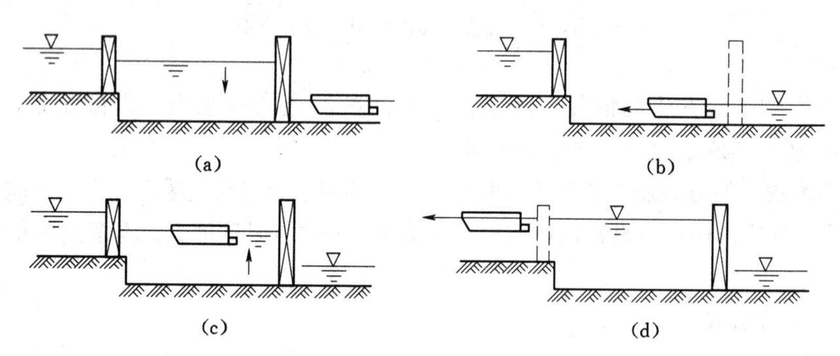

图 8-2　船只过闸程序示意图

具体过程如下：当上行船只过闸时，首先通过下游输水设备将闸室内水位泄放到与下游水位齐平，然后开启下游闸门，船只驶入闸室随后关闭下游闸门，由上游输水设备向闸室充水，待水面与上游水位齐平后开启上游闸门，船队离开闸室上行。若有船只下行则需先关闭上游闸门，调节水位后，再开启下游闸门，让船只下行。

三、船闸类型

1. 按船闸级数分

（1）单级船闸。适用于水头 15～20m 以内，过闸时间短、设备集中，管理方便。见图8-1。

（2）多级船闸。适用于高水头情况，将船闸按水头分为若干级，逐级建造船闸。见图 8-3。

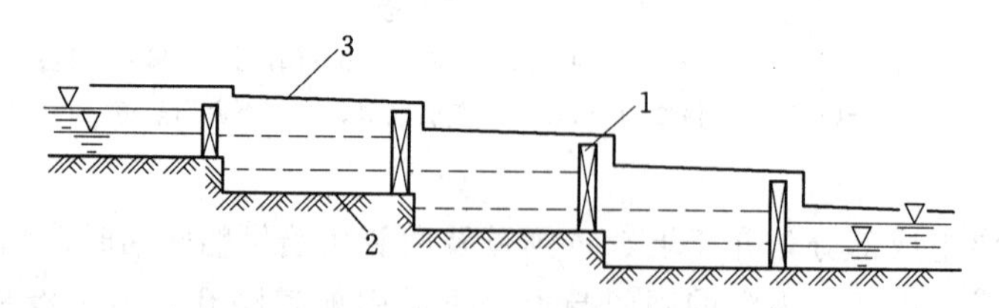

图 8-3　多级船闸示意图

1—闸门；2—帷墙；3—闸墙顶

2. 按船闸的线数分

（1）单线船闸。一个枢纽内只设一条通航船闸。

（2）多线船闸。一个枢纽内设有两条或两条以上的通航船闸，如葛洲坝水利枢纽的三线船闸。

3. 按闸室形式分

（1）广厢式船闸。适用于小型船只过坝。见图8-4。

（2）井式船闸。适用于水头高，且地基良好的情况，在下游闸首建胸墙，减小闸门高度，墙下留足过闸船只所需净空高度。见图8-5。

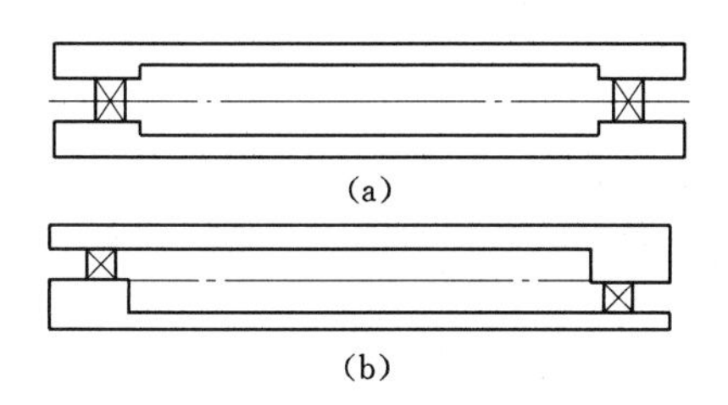

图8-4 广厢船闸平面示意图

（a）对称式；（b）反对称式

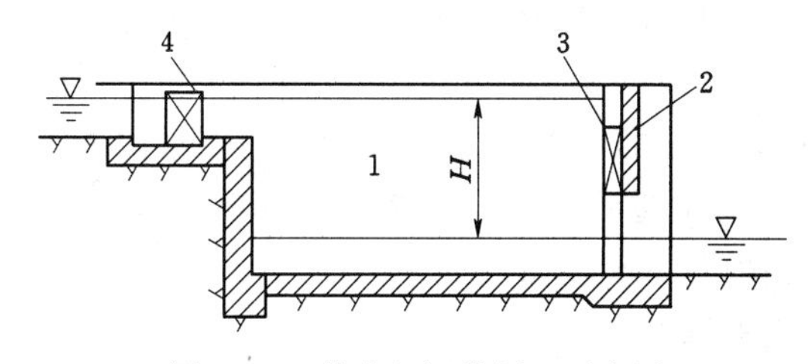

图8-5 井式船闸纵剖面示意图

1—闸室；2—胸墙；3—平面闸门；4—人字闸门

（3）具有中间闸首的船闸。适用于过闸船只数量、大小不均一的情况，可在上、下游闸首间建一中间闸首，将闸室分为前、后两部分。当过单船时，只用上、中闸室。将下闸室打开成为下游引航道的一部分，过船队时，不用中闸首。前后闸室同时作为一个闸室使用既可节省过闸用水量，又可减少过闸时间。见图8-6。

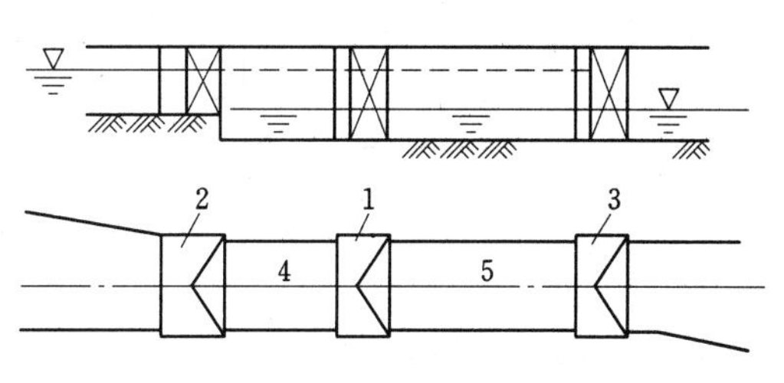

图8-6 具有中间闸首的船闸

1—中间闸首；2—上闸首；3—下闸首；4—前闸室；5—后闸室

四、船闸基本尺度

船闸基本尺度包括：闸室有效长度与宽度，闸槛水深及引航道长度与宽度。船闸的基本尺度取决于过闸船队的数量和船只大小。

1. 闸室有效长度 L_x（见图8-7）

$$L_x = L_c + L_f \tag{8-1}$$

式中 L_c ——船队的计算长度，m；

L_f ——富裕长度，m。

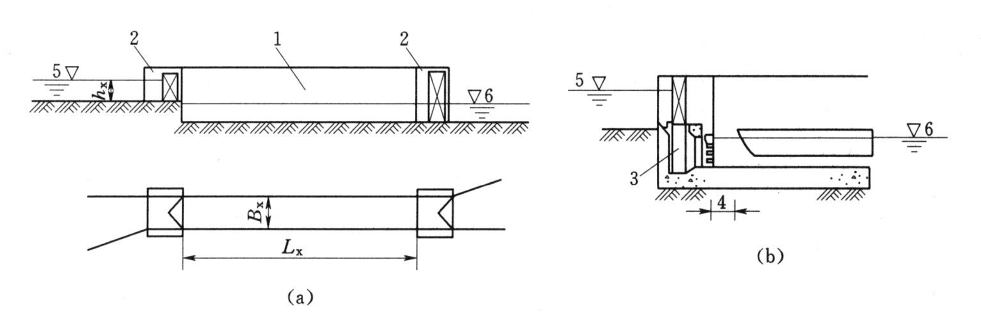

图8-7 船闸的基本尺度示意图

1—闸室；2—闸首；3—消能室；4—镇静段；5—上游最低通航水位；6—下游最低通航水位

2. 闸室有效宽度 B_x

$$B_x = \sum b_c + b_f \tag{8-2}$$

式中　$\sum b_c$——同闸坎过闸船队并列停泊的总宽度；

b_f——富裕宽度。$\sum b_c \leqslant 10$m 时，$b_f \geqslant 1$。当 $\sum b_c > 10$m 时，$b_f \geqslant 0.5 + 0.04\sum b_c$。

3. 闸坎有效水深 h_x

设计最低通航水位至闸首门槛最高点处的水深（m）。

$$h_x > 1.5T \tag{8-3}$$

式中　T——设计最大船只满载时的吃水深度。

4. 引航道的长度与宽度（见图 8－8）

引航道的长度 $L = 3.5 \sim 4L_c$

引航道的宽度 $B = 2.5 \sim 3.0b_c$

引航道常采用上、下游向不同岸侧扩大的非对称布置。以便船只直线进闸。

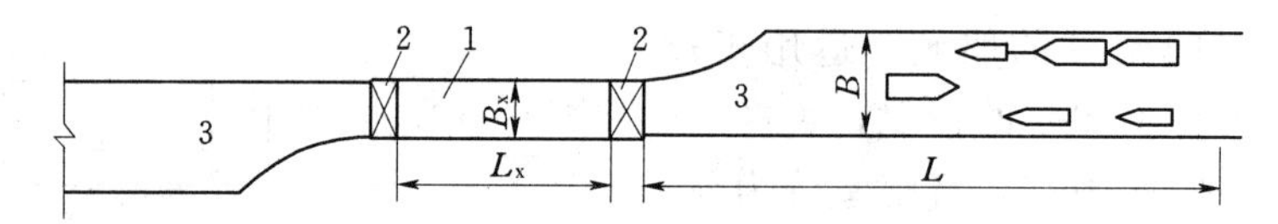

图 8－8　引航道平面布置示意图

1—闸室；2—闸首；3—引航道

5. 船队过闸时间、过闸能力和耗水量

（1）过闸时间。

$$T = \frac{1}{2}\left(T_1 + \frac{T_2}{2}\right) \tag{8-4}$$

式中　T_1——单向过闸时间；$T_1 = 20 \sim 40$min；

T_2——双向过闸时间；$T_2 = 30 \sim 60$min。

（2）过闸能力。指每年内自两个方向（上、下行）通过船闸的货物总吨数。

理论公式

$$P_t = NnG \tag{8-5}$$

$$n = \frac{\tau \times 60}{T} \tag{8-6}$$

式中　N——全年通航天数；

n——每昼夜平均过闸次数；

T——船队一次过闸所需时间；

τ——船闸每昼夜的平均工作时间 20～22h；

G——一次过闸平均载重量。

实际能力

$$P_s = (n - n_0)\frac{NG\alpha}{\beta} \tag{8-7}$$

式中　n_0——非载货船的过闸次数；

α——不能满载的影响系数0.5～0.8；

β——货运量不均匀而引入的不平衡系数1.3～1.5。

(3) 船闸耗水量。

单向过闸
$$V_0 = (1.15 \sim 1.20)L_x B_x H \tag{8-8}$$

式中 H——船闸的设计水头。

双向过闸
$$V = \frac{V_0}{2} \tag{8-9}$$

日平均耗水量
$$Q = \frac{Vn}{86400} + q \tag{8-10}$$

式中 q——漏水损失。

8.1.2 升船机

一、组成

升船机主要组成部分为：

(1) 承船厢，用于装载船舶。

(2) 垂直支架或斜坡道，用于运载承船厢的。

(3) 控制装置，驱动或制动，操纵升船机的运行。

二、工作原理

将船只开进有水或无水的船厢内，利用水力或机械沿垂直或斜面的方向升降船厢，达到使船只过坝的作用。船只在有水的厢内叫湿运。在无水的厢内叫干运（较少采用）。

三、类型

1. 垂直升船机

垂直升船机有提升式、平衡重式和浮筒式。

(1) 提升式。类似于桥式起重机，用起重机提升过坝，由于提升动力大，只适用于提升中、小型船舶。见图8-9。

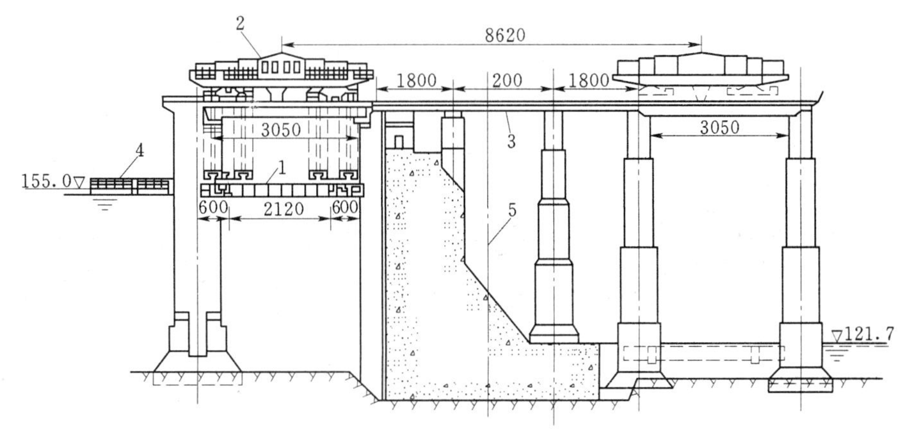

图8-9 提升式垂直升船机（单位：cm）

1—船厢；2—桥式提升机；3—轨道；4—浮堤；5—坝轴线

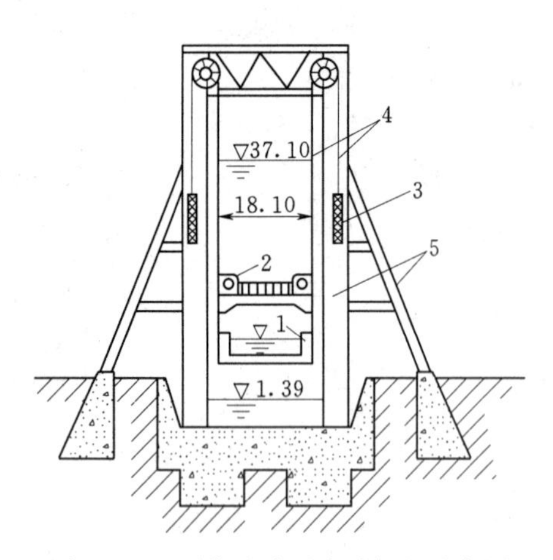

图 8-10　平衡重式垂直升船机示意图

1—承船厢；2—传动机械；3—平衡铊；4—钢索；5—钢排架

(2) 平衡重式升船机，利用平衡重来平衡船厢的重量，运行原理与电梯相似。安全可靠，通过能力较大，但技术复杂，钢材耗用量大。见图 8-10。

(3) 浮筒式升船机，利用浮筒的浮力来平衡升船机活动部分的重量。电动机仅用来克服运动系统的阻力和惯性力，工作可靠，系统简单，但提升高度不能太大。见图 8-11。

2. 斜面升船机

将船舶置于承船厢内，沿着铺在斜面上的轨道升降，运送船舶过坝。斜面升船机由承船厢、斜坡轨道及卷扬机等设备组成。见图 8-12。

我国在中小河流上修建斜面升船机的较多，可干运和湿运，但是过船吨位很小，一般为 15～20t，较大的如丹江口为 150t，湖南柘溪水电站的斜面升船机为 300t。

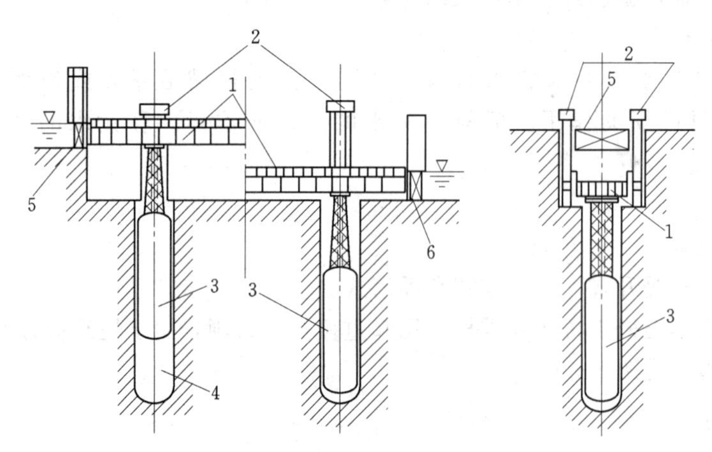

图 8-11　浮筒式升船机

1—船厢；2—船厢导向柱；3—浮筒；4—竖井；5—上游闸门；6—下游闸门

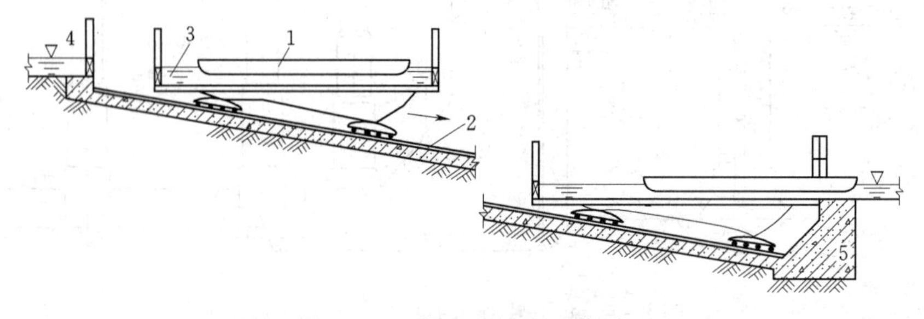

图 8-12　斜面升船机示意图

1—船舶；2—轨道；3—承船厢；4—上闸首；5—下闸首

8.1.3 通航建筑物形式的选择及布置

一、通航建筑物形式的选择

通航建筑物形式的选择一般根据水头大小、地形、地质条件、运输量及运行管理条件并考虑技术经济情况而确定。

船闸安全可靠、运输量大、运转费用低、建筑和运行经验比较丰富，但耗水量大。

升船机耗水量很少，只有漏水损失，运送时间短，但机械设备复杂、技术要求高、运输能力低。

因此，水头在40m以下时，宜选用船闸，20m以下宜用单级，20m以上可考虑多级。水头在40～70m时，应在船闸与升船机之间进行技术经济比较，择优选定；水头大于70m时，宜建造升船机。

二、通航建筑物在水利枢纽中的布置

(1) 通航建筑物一般靠岸边布置，与溢流坝、泄水坝、电站之间应有足够长的导水墙，以便船队（舶）停靠和进、出引航道。

(2) 船闸应布置在稳定、顺直河段，上游引航道进口附近无横向水流，下游航道入口应布置在离泄水建筑物相当远、河道水流平稳的区域，避免因水位波动过大，影响船队（舶）航行。此外，还应注意河床冲刷堆积物不得淤积在下游引航道入口处，以避免堵塞航道。

(3) 闸室一般布置在坝（闸）轴线的下游，这样对闸室的受力条件较为有利。

(4) 对平原地区的低水头枢纽，应当考虑河床变迁及泥沙淤积对航道进、出的影响。

(5) 过坝公路或铁路跨越船闸时，将交通桥布置在下闸首易满足桥下净空要求。

8.2 过木建筑物

为解决木材过坝问题，需在枢纽中修建过木建筑物，常见的过木设施有：筏道、漂木道和过木机。

8.2.1 筏道

筏道是一个矩形断面的陡形水槽，木筏经过水槽浮运过坝到下游。筏道使用于中、低水头且上游水位变幅不大的水利枢纽，具有通过能力大、使用方便、建筑技术要求低、运费便宜等优点，故使用较为广泛，但耗水量大。筏道主要由进口段、槽身段和出口段组成。

一、进口段

筏道进口须适应水库水位变化。准确调节筏道流量，达到节省水量和安全过筏。一般有以下几种形式：①小型筏道常采用固定式，以叠梁闸门来调节水深，但由于进口水面跌落。筏头易潜入水底，撞击筏道底部。见图8-13(a)；②对水头变幅大于2m时，多采用活动式进口，即设置活动筏槽，即由叠梁闸门和活动筏槽二者联合运用。见图8-13(b)；③有的工程和在进口段设上、下两道闸门，中间形成一个闸室。像船闸运行船只一样运送木材。方法简单，但效率低。见图8-13(c)。

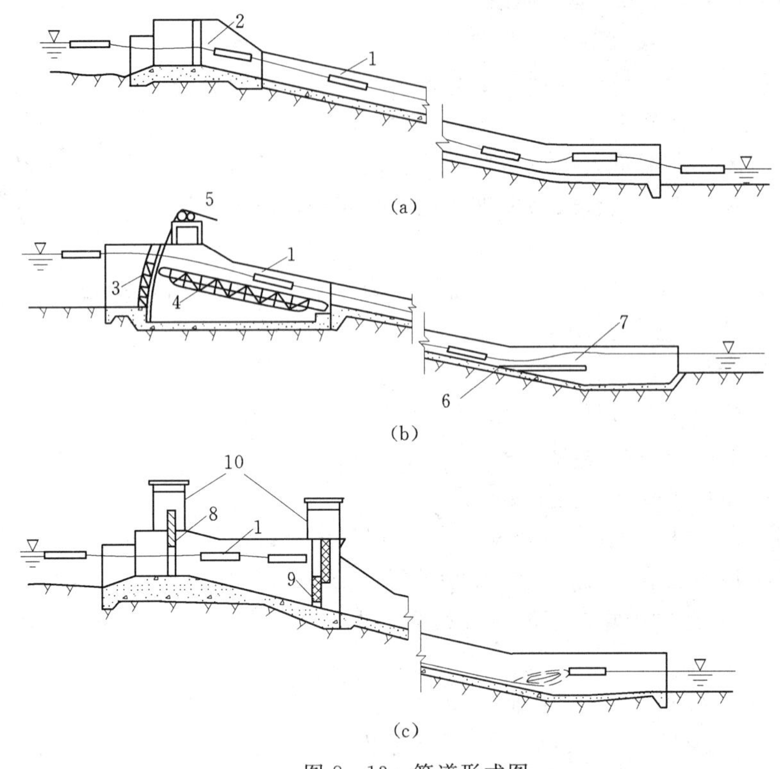

图 8-13 筏道形式图

1—木筏；2—闸门槽；3—叠梁闸门；4—活动筏槽；5—卷扬机；6—糙齿；7—消能栅；8—上闸门（开）；9—下闸门（关）；10—启闭机室

二、槽身段

槽身是一个宽浅顺直的陡槽，过去常用木材、浆砌石建造，现多为混凝土或钢筋混凝土结构。槽宽稍大于木排的宽度，常用 4～8m。槽内最小水深约为 2/3 木排厚度，常用 0.3～0.8m。纵坡取决于设计水深和流速，一般选用 $i=3\%\sim6\%$。整个槽深可用同一坡度，也可以采用几个不同的坡度，但坡度变化不宜太大。木排排速一般为断面平均流速的 1.5～3.0 倍，在保证安全的前提下，一般选用 5m/s。欲加大槽底坡度，则应加大槽底的粗糙度，并减小槽内的水流流速。底部加糙可用木材或钢筋混凝土做成高 0.1～0.2m 的坎，呈横条形、人字行或梅花形布置。

三、出口段

为顺利流放木排，出口宜靠近河道主流，槽身斜坡末端以后做成消力池，使出口水流呈波状水跃或面流衔接。如出口远离河道，还须设下游引筏道。

8.2.2 漂木道

与筏道类似，也是一个水槽，用于大批原木浮运过坝。多用于中、低水头且上游水位变化不大的水利枢纽。也是由进口段、槽身段和出口段组成，此处不再阐述。

8.2.3 过木机

过木机是一种运送木材过坝的机械设施，即用链条传送木材，无需耗水，近年来常为大、中型水利枢纽所用。按传送方向与木材长度方向是否一致分为纵向和横向过木机。

(1) 纵向木材传送机主要由传动设备、支撑结构、尾轮及张紧装置等组成，见图8-14。传动设备可以是链条、缆索或滚筒。木材传送机多布置在挡水坝段、副坝的坝面或岸边。上游坡角不宜超过25°，沿程设阻滑装置。为适应水库水位变化，上游侧常用沉浮式、浮筒式或升降式，下游侧多为固定式。这种形式的过木机使用于散漂原木过坝量大且上游水位变幅大的各类坝型和坝高的枢纽，其优点是结构简单，通过能力较大，横向尺寸小，易于布置。我国碧口水电站，土石坝高101.8m，设在坝坡上的过木道安装了三台纵向链式传送机，每台机的台班实际平均过木能力为1000m³。

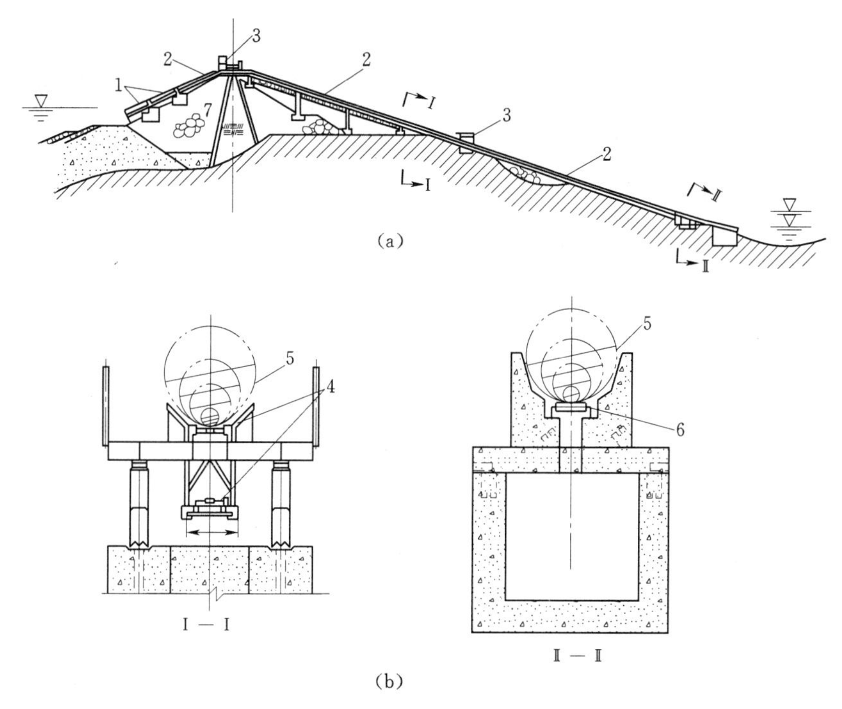

图8-14 纵向链条传动过木机

1—沉浮式纵向原木运输机；2—固定式纵向原木运输机；3—机房；4—链条传送带；5—原木；6—滚筒；7—坝体

(2) 横向木材传送机通常采用三条传送链平行布置，同步传动。上游坡可以较陡，过原木时，可达50°。这种形式的过木机，既可运送原木，也可过木排；缺点是：占地面积大，水下检修不便。

8.2.4 过木建筑物在水利枢纽中的布置

过木建筑物的形式选择，主要取决于浮运木材的数量、方式、作用水头、水位变幅、地形、地质条件以及林业部门要求等。

在水利枢纽中最好将过木建筑物布置在靠近岸边处，并与船闸和水电站厂房分开。进口应设导漂装置，以便引导原木或木排进入过木通道。筏道和漂木道应布置成直线，上、下游引筏道可根据地形条件布置成直线或曲线形。下游出口要求水流顺直，以便木材顺河下行，不致随回流停滞。如采用机械运送木材过坝，在布置上要使进口位置与岸边的地形

相适应。

8.3 渠系建筑物

渠道是农田水利工程中广泛采用的输水建筑物。其长度视工程规模而定。短则几十米。长则可达几十、几百公里。见图 8-15。

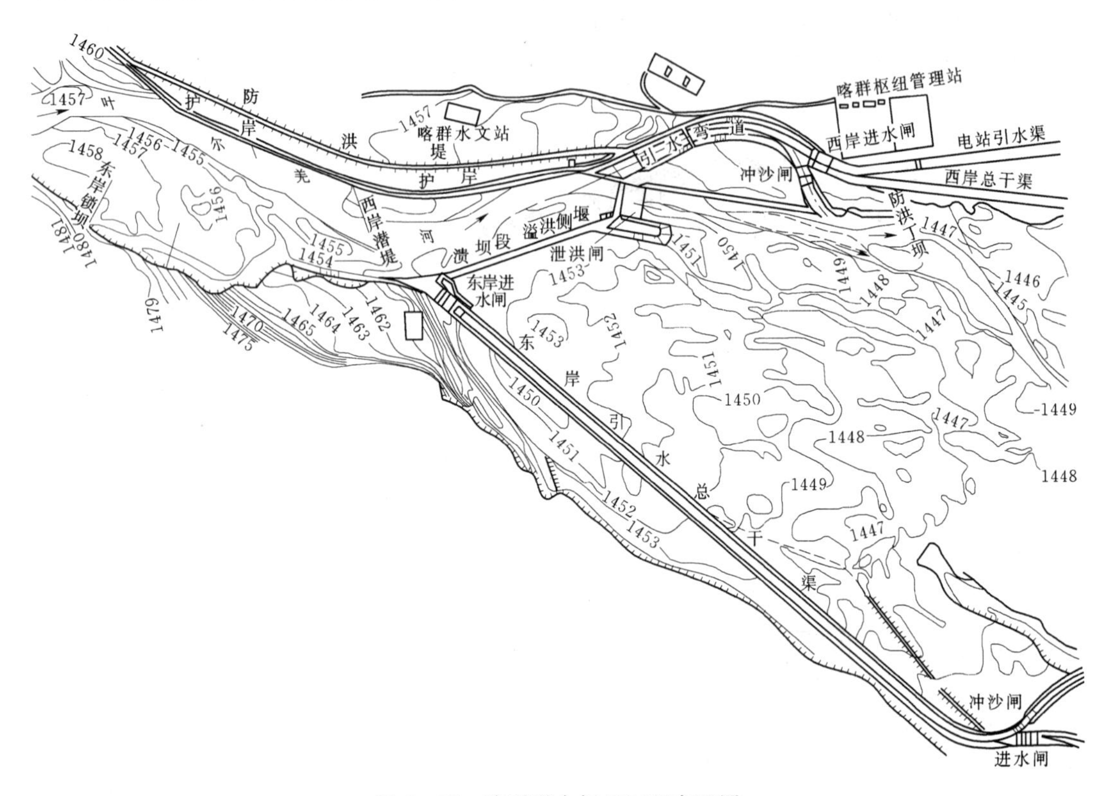

图 8-15　喀群引水枢纽工程布置图

在渠道上修建的建筑物称为渠道系统中的水工建筑物，简称渠系建筑物。渠系建筑物种类很多，有控制水位的节制闸，调节流量的分水闸；穿过山丘的隧洞；渠道与河流、山谷、道路及另一渠道相交时所修建的渡槽、倒虹吸管、桥梁、涵洞等交叉建筑物；为保证渠道及建筑物安全运行的泄水闸、排沙闸、沉沙池；渠道通过集中落差地段或坡度较陡地段而修建的跌水、陡坡等落差建筑物；有测定流量的量水堰等量水设施，以及船闸、水电站等建筑物。

渠系建筑物在灌区或一个灌排渠系中，往往数量很多，总工程量较大；工程布置上受地形条件、运行管理等因素影响较大，因此应认真规划设计。

本节重点介绍渡槽、倒虹吸管、涵洞、跌水与陡坡及量水建筑物等。

8.3.1　渡槽

一、型式和组成

当渠道跨越山谷、河流、道路时，为连接渠道而设置的过水桥称为渡槽。渡槽常见的型式为梁式和拱式，见图 8－16。

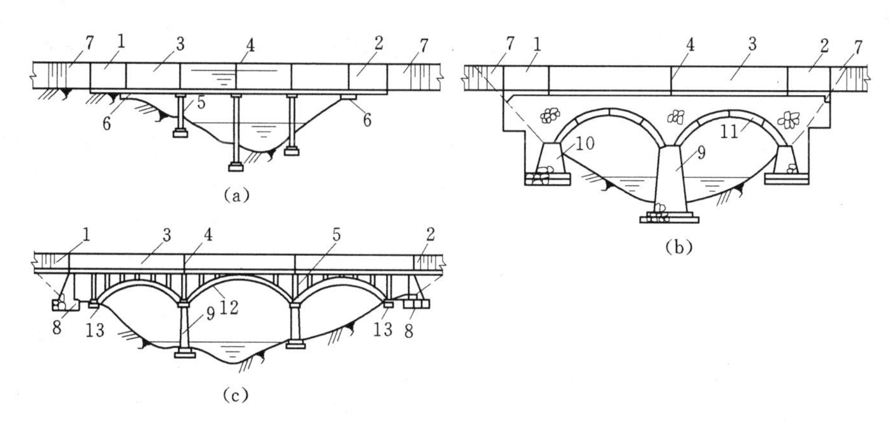

图 8－16　各式渡槽

(a) 梁式渡槽；(b) 板拱渡槽；(c) 助拱渡槽

1—进口段；2—出口段；3—槽身；4—伸缩缝；5—排架；6—支墩；7—渠道；

8—重力式槽台；9—槽墩；10—边墩；11—砌石板拱；12—肋拱；13—拱座

渡槽由进口段、出口段、槽身及其支承结构等部分组成。

1. 进出口段

渡槽的进出口段应与渐变段、渠道平顺连接，渐变段可用直立翼墙式和扭曲翼墙的形式，防止冲刷和渗漏。一般将槽身伸入两岸 2～5m。出口段比进口段的扩散角应平缓些。见图 8－17。

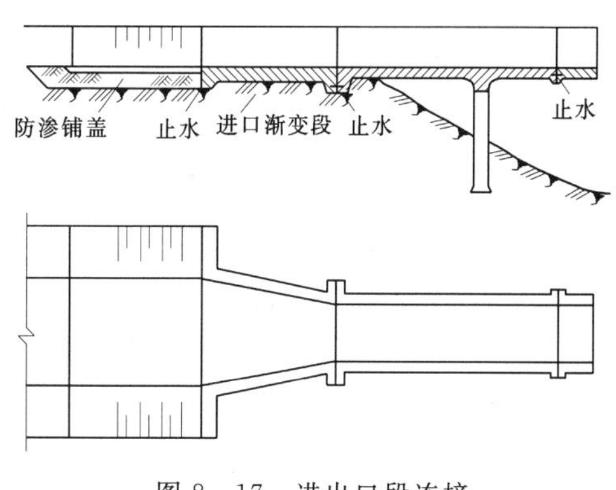

图 8－17　进出口段连接

2. 槽身

一般为矩形或 U 形。包括底板、侧墙和间隔设置的拉梁。由浆砌块石和钢筋混凝土构成。

3. 下部支承结构

一般与农桥相同，常用浆砌石或钢筋混凝土材料做成。常用重力墩、空心重力墩、排架和支承拱做成。

二、渡槽总体布置及形式选择

(1) 渡槽宜布置在地质条件良好、地形有利地段。应尽量缩短槽身，降低槽墩高度。

(2) 跨越河流时，渡槽轴线与河道水流方向应尽量正交。槽下须有足够高度满足通航要求。

(3) 渠道进出口与槽身应在平面上尽量成直线，切忌急剧转变，并以渐变段连接，有时还需设置闸门。

(4) 渡槽跨越深窄山谷、河道，且地质条件良好时，宜选用大跨度拱式渡槽。地形平坦，高度不大时，宜采用梁式渡槽。河流滩地段可采用中、小跨度拱式或梁式渡槽。

三、渡槽设计要点

1. 梁式渡槽

梁式渡槽按支承不同可分为简支、单悬臂、双悬臂或连续梁等几种。前者跨度常为8～15m，后者可达30～40m。

(1) 支承结构可用重力墩或排架。重力墩可为空心或实心，用浆砌石或混凝土建造。排架可为单排、双排式、A型等。单排架高度可达15m，双排架高度为15～25m。A型架应用较少。见图8-18。

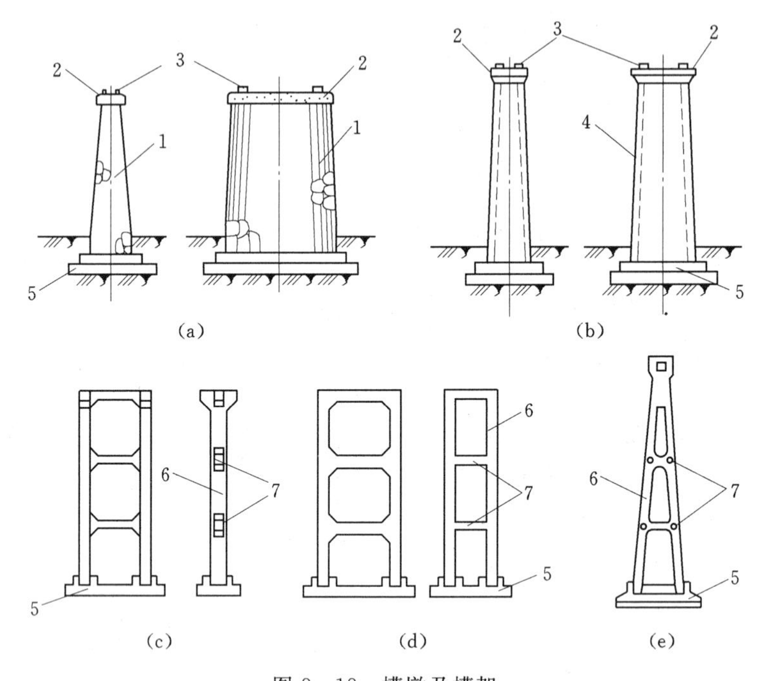

图8-18　槽墩及槽架

(a) 浆砌石重力墩；(b) 空心重力墩；(c) 单排架；(d) 双排架；(e) A字形排架

1—浆砌石；2—混凝土墩帽；3—支座钢板；4—预制块砌空心墩身；

5—基础；6—排架柱；7—横梁

(2) 支承结构的基础形式与上部荷载和地质条件有关，对于浅基础一般为1.5～2.0m，且应位于冻土层以下不少于0.3m，冲刷线以下0.5m，坡地稳定线以下，耕作地以下0.5～0.8m。对于深基础，入土深度同样要考虑上述因素，一般多用桩基础和沉井。

(3) 槽身横断面一般为矩形或U形，用浆砌石或钢筋混凝土建造。对无通航要求的渡槽，为增强侧向刚度，可沿槽顶每隔1～2m设置拉杆。若有通航要求可适当增加侧墙厚度或沿槽长每隔一定距离设加劲肋。见图8-19。顶部有交通要求的可作封闭式（箱形）渡槽。

矩形槽身的深宽比为0.6～0.8，侧墙在横向计算中作悬臂梁，纵向计算时作纵梁考虑。

U形槽的深宽比为0.7～0.8，对有拉杆的，槽身壁厚与高度的比值常为1/10～1/15。

(4) 槽身纵向结构计算按满槽水情况设计。横向结构计算沿槽长方向取单位长度，按平面问题分析。

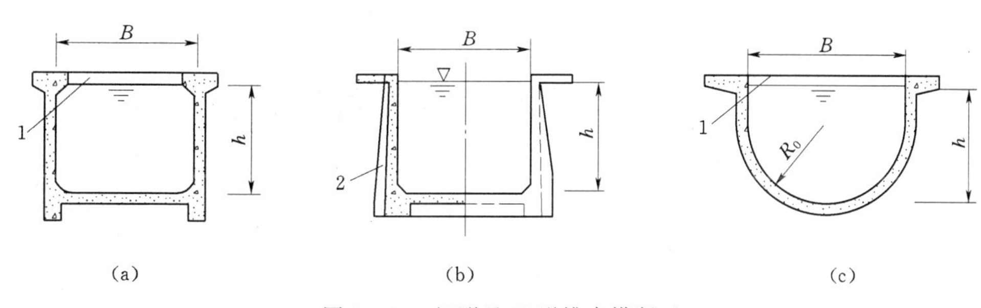

图 8-19 矩形及U形槽身横断面

(a) 设拉杆的矩形槽；(b) 设肋的矩形槽；(c) 设拉杆的U形槽

1—拉杆；2—肋

(5) 为适应因温度变化引起的伸缩变形和允许的沉降位移，应在各节槽身之间设置沉降缝。缝内用沥青止水、橡皮压板止水等。近年来可用PT胶泥、聚氯乙烯塑料止水。

2. 拱式渡槽

拱式渡槽按主拱圈的型式不同可分为板拱、肋拱、双曲拱等。砌石渡槽主拱圈多为板拱。

(1) 板拱渡槽主拱圈的径向截面多为矩形。拱圈宽度一般与槽身宽度相同，同时应不小于拱跨度的1/20，以保证拱圈有足够的刚度与稳定性。具体见表8-1。拱圈材料可用浆砌石、钢筋混凝土、砌筑时拱圈径向截面应砌成通缝，使其结合良好均匀传递轴力。

表 8-1　　拱式渡槽主拱圈拱顶厚度

拱圈净跨 (m)	6.0	8.0	10.0	15.0	20.0	30.0	40.0	50.0	60.0
拱顶厚度 (m)	0.3～0.35	0.3～0.35	0.35～0.40	0.40～0.45	0.45～0.55	0.55～0.65	0.70～0.80	0.90～0.95	1.00～1.10

(2) 拱上结构可做成实腹式和空腹式见图8-20、图8-21。

实腹式多用于小跨度渡槽，空腹式多用于大跨度渡槽。

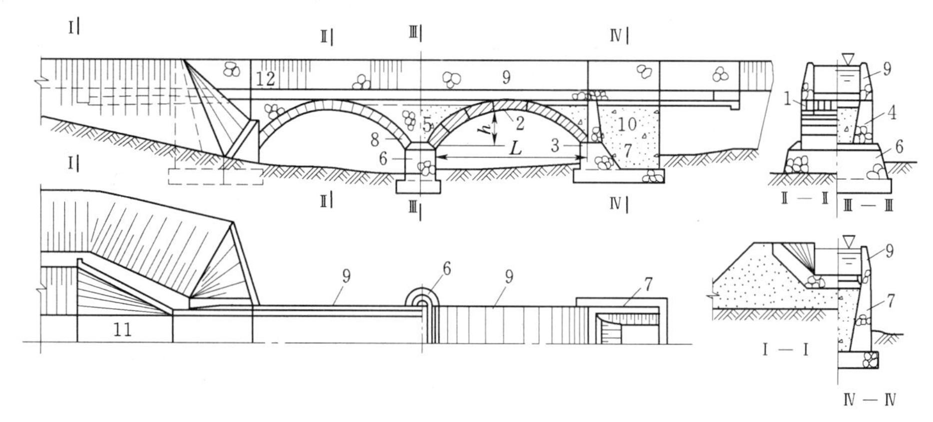

图 8-20 实腹石拱渡槽

1—拱圈；2—拱顶；3—拱脚；4—边墙；5—拱上填料；6—槽墩；7—槽台；8—排水管；9—槽身；10—垫层；11—渐变段；12—变形缝

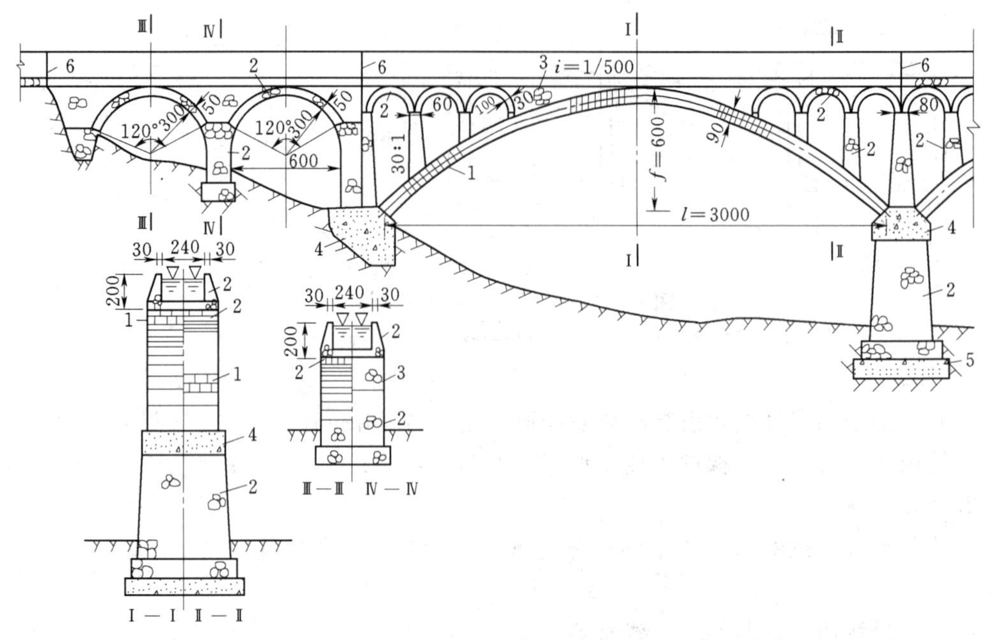

图 8-21　空腹石拱渡槽（单位：cm）

1—水泥砂浆砌条石；2—水泥砂浆砌块；3—水泥砂浆砌块石；
4—C 20混凝土；5—C 10混凝土；6—伸缩缝；

（3）肋拱渡槽的主拱圈为肋拱框架结构，即拱肋分离，肋间用横系梁连接以加强整体性，槽上结构为排架式，槽身为梁式结构，断面常为矩形或 U 形，是大、中型渡槽的常见形式，见图 8-22。一般用钢筋混凝土建造。

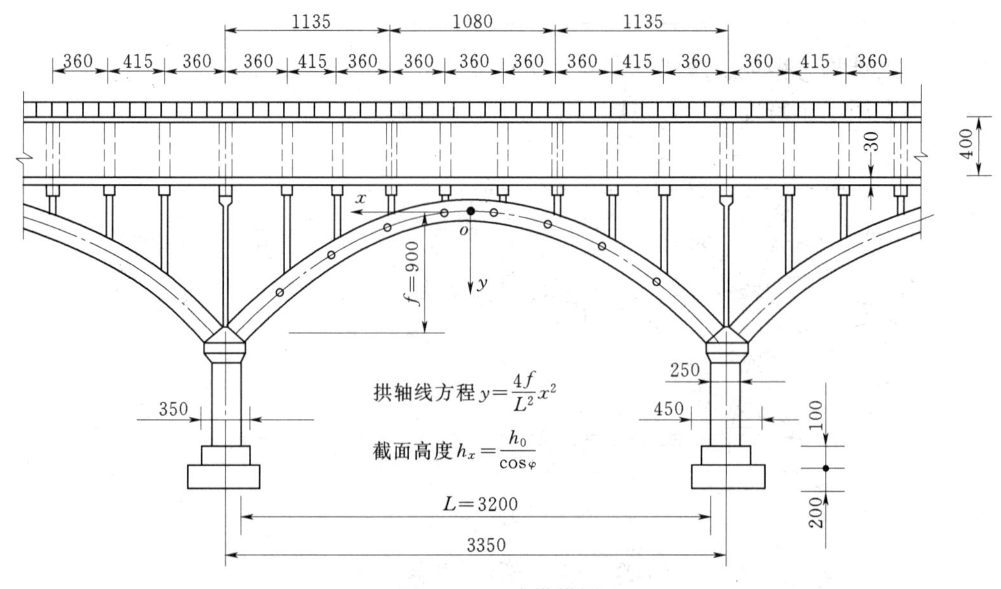

图 8-22　肋拱拱圈

(4) 双曲拱渡槽也是常采用的拱式渡槽，造型美观，节省材料。主拱圈可分块预制吊装施工，适用于大跨度渡槽，主要由拱肋、拱和横系梁组成。拱上结构一般采用空腹式。见图 8-23。

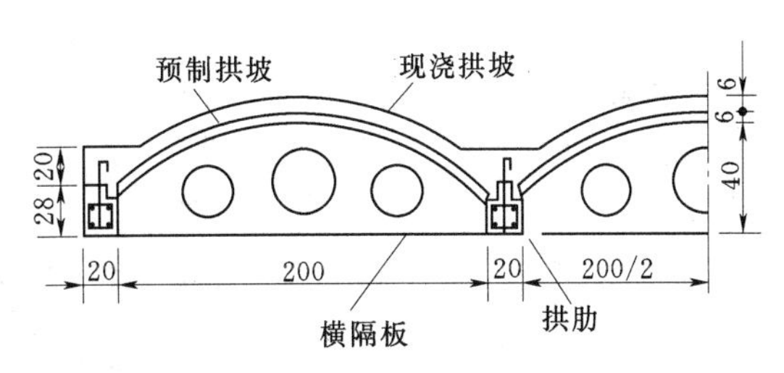

图 8-23 双曲拱拱圈（单位：cm）

8.3.2 倒虹吸管

当渠道与河流、道路等交叉，且高差不大，做渡槽有碍河流泄洪、通航或交通；或当高差较大，采用渡槽又不够经济合理时；可采用倒虹吸管连接。但倒虹吸管的管径大小受一定限制，且水头损失较大，故在引水流量较小，且高差 10m 以上时，用倒虹吸管比渡槽有优势。

一、倒虹吸管布置

(1) 倒虹吸管布置有两种方式：高差不大时可以从渠道、河流或公路的底部穿过；当渠道穿过较深的洪沟时，可以沿岸坡设，在满水的沟槽段采用建桥成支墩渡管的方式，或直接埋设于沟底。穿过河底的顶部应低于河谷冲刷线以下 0.7m，穿过路底的管顶填土厚度应不小于 1.0m。

(2) 管线布置应考虑地形、地质、施工、水流工作条件。管线与所通过的山谷、河流或道路正交，尽量避免埋在填方地段。进出口一般均设渐变段。进口前常设闸门和拦污栅或沉沙池，便于清淤、检修以及阻挡漂浮物。

(3) 根据管路埋设及高差大小，倒虹吸管的管路布置形式如下。

1) 对高差不大，压力水头较小（H<3～5m），穿越道路、河流时可用竖井式和斜管式，该型式施工方便。但竖井式水力条件差，斜管式条件较好，见图 8-24、图 8-25。管身断面为矩形或圆形。

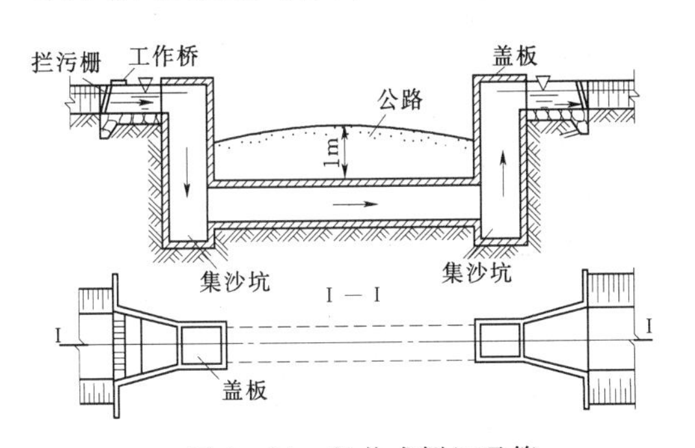

图 8-24 竖井式倒虹吸管

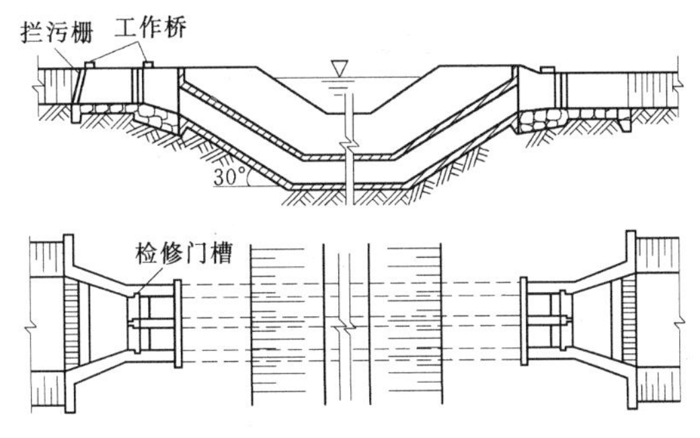

图 8-25 斜管式倒虹吸管

2) 当岸坡较缓，管道可沿坡面或折线形设置，管身断面应为圆形混凝土管或钢筋混凝土管，管道转折处应设置镇墩，见图 8-26。

3) 当渠道穿过深河谷时，为降低管道承受的压力水头，减少水头损失，可在深槽部位建桥，管道敷设于桥面上，见图 8-27。

(4) 倒虹吸管由进口段、管身和出口段三部分组成，见图 8-28。

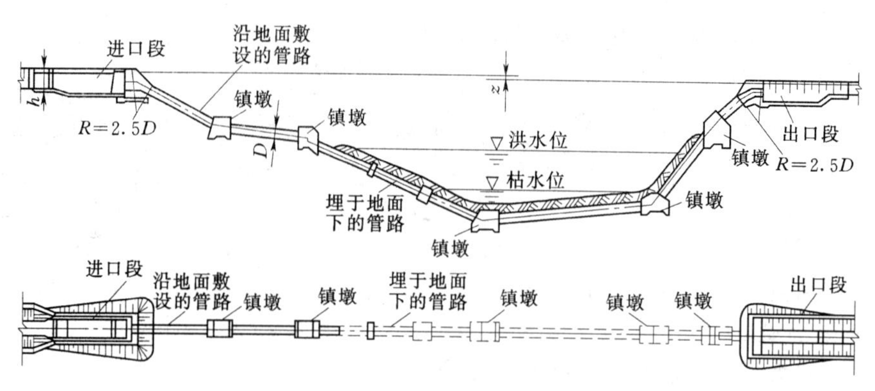

图 8-26 曲线式倒虹吸管

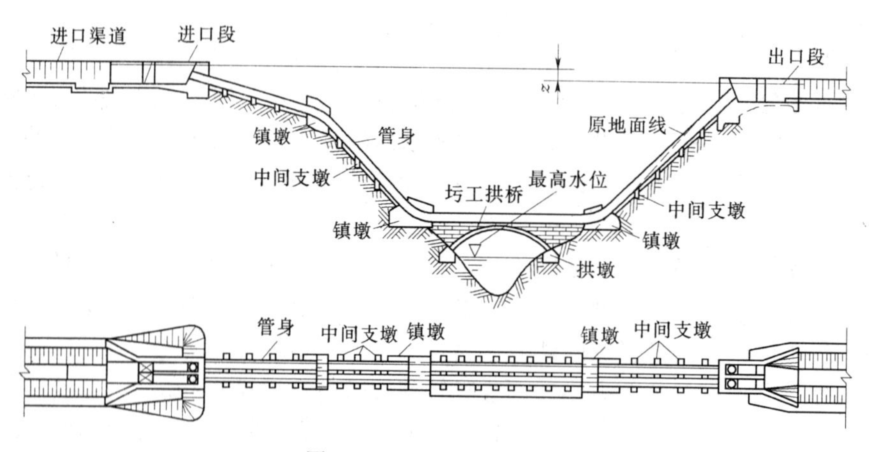

图 8-27 桥式倒虹吸管

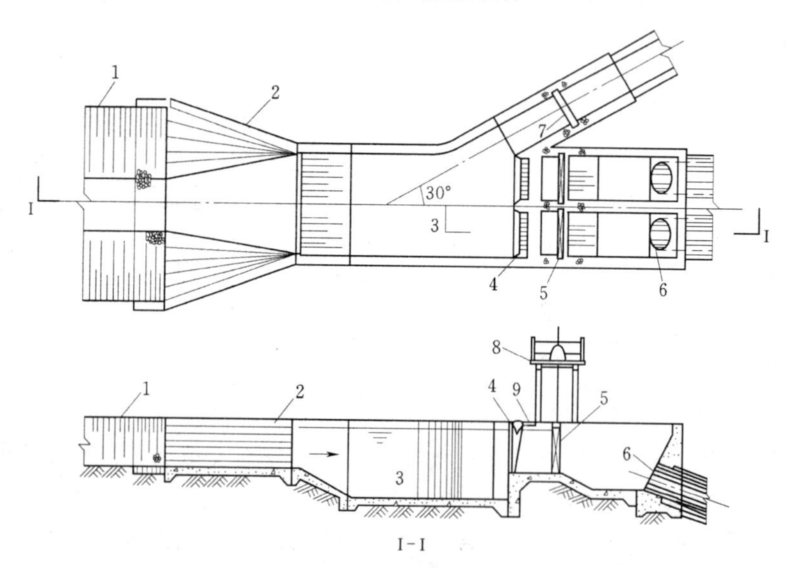

图 8-28 带有沉沙池的倒虹吸管进口布置

1—上游渠道；2—渐变段；3—沉沙池；4—拦污栅；5—进口闸门；6—进水口；7—冲沙闸；8—启闭台；9—便桥

进口段包括：进口渐变段、拦污栅、闸门启闭台及沉沙池等。

1）进口段，应与渠道水流平顺相接，以减少水头损失。渐变段可做成扭曲面或八字墙等形式。长度宜为上游的3～4倍渠道设计水深。进口段应修建在地质较好、渗透性较小的地段上。进水口段与管身常用弯道连接，曲线半径一般为2.5～4.0倍管径。

2）倒虹吸管一般不设闸门。有闸门主要于清淤和检修。常用为平板门或叠梁闸门。

3）拦污栅用于拦污和防止人畜落于池内被吸入虹吸管，拦污栅应有一定坡度，栅条用扁钢作成。

4）启闭闸门的启闭台或工作桥，高出闸墩顶的高度为闸门高加1～1.5m，

5）沉沙池设在闸门和拦污栅前，防止渠道水流携带的大粒沙石进入倒虹吸管引起淤积阻塞。泥沙大的渠道，可在沉沙池侧面设冲沙闸。

（5）管身形式和构造。

1）管身断面一般为圆形或矩形。圆形管因水力条件好，多用于流量较小、高差大、埋深大的地区；矩形管仅用低水头，中、小型工程与流量大、高差小的平原地区渠系上。管道材料常为混凝土，钢筋混凝土，铸铁和钢材等。混凝土管用于水头为4～6m情况，钢筋混凝土管用于30m水头左右，有的可达50～60m。铸铁管及钢管多用于高水头地段，但因耗用金属材料多，目前应用较少。

2）在较好的土基上修建小型倒虹吸管可不设连续座垫，而设中间支墩，其间距视地基、管径大小等情况而定，一般采用2～8m。

为防止温度、冰冻、耕作、河水冲刷等不利因素影响，管道应埋设在耕用层以下；在冰冻区，管顶应布置在冰层以下；穿越河道时，管道应布置在冲刷线以下0.5m；当穿越公路时，为改善管身的受力条件，管顶应埋设在路面以下1.0m左右。

3）对于现场浇筑的钢筋混凝土管，因为温度变化在纵向产生伸缩变形，以及管外垂直压力纵向分布不均匀或地基不均匀沉陷，可能引起管道的环向裂缝。因此一般每隔适当距离设缝一道，缝内设止水。对于预制管，每个管节就是一道缝，无须另加。

缝的间距应根据地基、材料、施工、气温等条件确定。现浇钢筋混凝土管缝的间距，在土基上一般为15～20m；在岩基上一般为10～15m。如果管身与岩基之间设置油毛毡垫层等措施，且管身采用分段间隔浇筑时，缝的间距可增大至30m。

4）伸缩缝的型式主要有平接、套接、企口接以及预制管的承插式接头等。缝的宽度一般为1～2cm，缝中填塞沥青麻绒、沥青麻绳、柏油杉板或胶泥等。具体见图8-29。

平接式：这种型式施工简单，但止水效果差，适用于内水压力不大的现浇或预制混凝土及钢筋混凝土管。其中图8-29（b）比图8-29（a）止水效果好，适用于现浇的且管壁厚度大于8cm的钢筋混凝土管，但内水压力亦不宜过大，否则会将止水金属片撕裂。这种接头使整个管道的整体性较强。为了避免温度变化产生裂缝，应将管子埋在土下。

套管式：在管件接头处外加一钢筋混凝土套管，用石棉水泥作填料，填料石棉粉和水泥的配比是3∶7（重量比），和以适量的水（约占总量的10%～12%），拌和均匀，达到用手抓挤能成一团，放开又能松散为宜。这种型式止水效果好，适应变形性能好，用于内水压力较大和各种管径的接头。

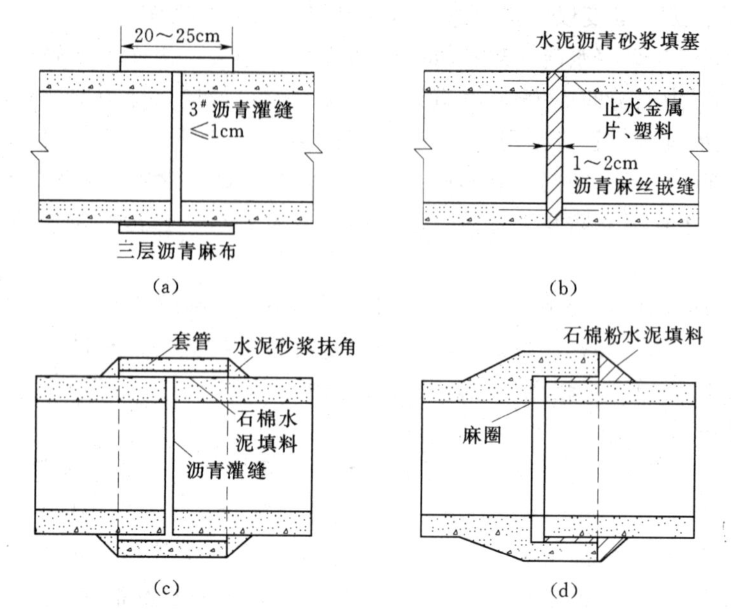

图 8-29　伸缩缝型式

承插式：这种型式适用于管径较小的预制钢筋混凝土管或铸铁管。接头处用麻绳浸水后塞入两圈，再以石棉粉水泥填料塞紧承插口。这种接头型式能适应较大的内水压力和温度变化。

现浇管一般采用环氧或套接，缝间止水用金属止水片等。近几年用塑料止水带代替金向止水片；以及使用环氧基液贴橡皮已很普遍；PT 胶泥防渗止水材料在山东省“引黄济青”工程中被广泛应用，效果良好。

(6) 镇墩、座垫的型式及选择。在倒虹吸管的变坡及转弯处都应设置镇墩，其主要作用是：连接和固定管道。在斜坡管段若坡度陡，长度大，为防止管身下滑，保证管道稳定，也应在斜坡段设置镇墩，一般每隔 20～30m 要设一个，其设置位置视地形、地质条件而定。

1) 镇墩的材料主要为砌石、混凝土或钢筋混凝土。砌石镇墩多用于小型倒虹吸工程。在岩基上的镇墩，可加锚杆与岩基连接，以增加管身的稳定性。

镇墩承受管身传来的荷载及水流产生的荷载，以及填土压力、自身重力等，为了保持稳定，镇墩一般是重力式的。

2) 镇墩与管道的连接形式有两种：刚性连接和柔性连接，见图 8-30。

刚性连接是把管端与镇墩混凝土浇在一起，砌石镇墩是将管端砌筑在镇墩内。这种形式施工简单，但适应不均匀沉降的能力差。由于镇墩的重量远大于管身，当地基可能发生不均匀沉降时而使管身产生裂缝。所以一般多用于斜管坡度大，地基承载力较大的情况。

柔性连接是用伸缩缝将管身与镇墩分开，缝内设止水，预防漏水。柔性连接施工比较复杂，但适应不均匀沉降能力好，常用于斜坡较缓的土基上。

斜坡段上的中间镇墩，其上部与管道多为刚性连接，下部多为柔性连接。

3）镇墩的形式和各部分尺寸，可参考下列经验数据：镇墩的长度约为管道内径的1.5～2.0倍；底部最小厚度为管壁厚度的2～3倍；镇墩顶部及侧墙最小厚度为管壁厚度的1.5～2.0倍；管身与镇墩的连接长度为30～50cm。为减小水头损失，前后管在镇墩内用圆弧管段连接，圆弧外半径R_1一般为管内径的2.5～4.0倍，弯段圆心角α与前后管段的中心线夹角相等。见图8-30。

砌石镇墩在砌筑时，可在管道周围包一层混凝土，其尺寸应考虑施工及构造要求。

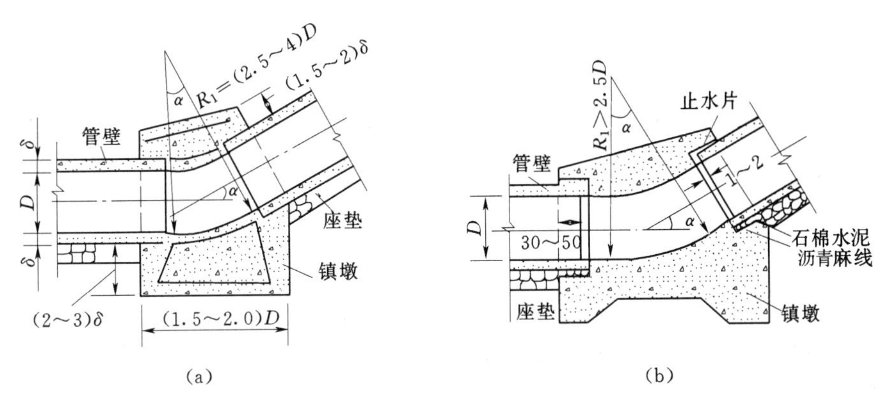

图8-30 镇墩与管端的连接

(a) 刚性连接；(b) 柔性连接

4）敷设圆形管道时一般都设座垫，座垫有连续式（即沿管长都有）和间隔支墩式（即沿管长每隔一定距离设支墩一个），后者只有在管外垂直荷载很小，沿管长的纵向弯曲应力许可的条件下才允许采用，它一般适用于铸铁管或钢管，连续式座垫，它一般适用于混凝土管。座垫的作用是使管道在垂直压力作用下减少管底单位面积上的反力和地基的应力，减少不均匀沉陷。对于管外填土高度小，垂直压力小的倒虹吸管座垫可以用三合土或分层夯实的碎石座垫，甚至不专设座垫，而在原地基上挖出一条弧形槽铺管，对于管外填土较高，垂直压力较大的倒虹吸管，可以作成浆砌石座垫。见图8-31。

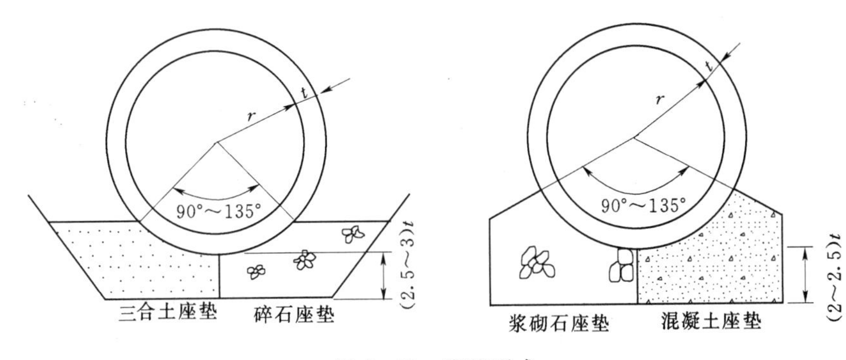

图8-31 座垫型式

箱形基础的倒虹吸管，常常在底部铺一层8～10cm厚的素混凝土或20～30cm厚的三合土。如果土基软弱也有用夯实的碎石层做垫层的。

二、倒虹吸管的水力计算

倒虹吸管的水力计算具体有以下三种情况，见图 8-32。

第一种情况：上游渠道已建成，它的高程和需要通过的流量已知，选定倒虹吸管后，管径已知，需要确定倒虹吸进出口的高差，从而定出下游渠道的高程。

第二种情况：渠道已建成，通过的流量已知，因受地形条件的限制或浇筑要求，上下游渠底高程已定，也就是倒虹吸管进出口的高差已知，需要确定管径，从而选择管子。

第三种情况：倒虹吸管设计后，管子大小和进出口高差已知，需要校核一下能否通过渠道的流量。

在这几种情况下，主要是第一种情况，即确定倒虹吸管的落差。落差的大小，决定于通过倒虹吸管的水头损失。

$$h_f = \frac{\lambda l}{d \frac{v^2}{2g}} \tag{8-11}$$

管内流速应根据技术经济比较和管道不淤条件选定。

当通过设计流量时，管内流速通常为 1.5～3.0m/s，最大流速一般按允许水头损失值控制，在允许水头损失值范围内应尽量选择较大的流速，以减小管径。

当倒虹吸管的断面尺寸和下游渠道底部高程确定后，应核算小流量时管内流速是否满足不淤要求，即不小于管内挟沙流速。若计算出的管身断面尺寸较大或通过小流量时管内流速过小，可考虑双管或多管布置。

当通过加大流量时，进口水面可能壅高，应核算其壅水高度是否超过挡水墙顶和上游渠顶，以及有无一定的超高值。

当通过小流量时，应验算上下游渠道水位差值 z_1 是否大于管道通过小流量时计算得出的水头损失值 z_2，当 $z_1 > z_2$ 时，进口水面将会产生跌落而在管道内产生水跃衔接，这将引起脉动掺气，影响管道正常输水，严重时会导致管身破坏。为避免这种现象发生，可根据倒虹吸管总水头的大小，采取不同的进口结构布置型式。当 $z_1 - z_2$ 值较大时，可适当降低进口高程，在进口前设置消力池，池中的水跃为进口处水面所淹没，见图 8-33。

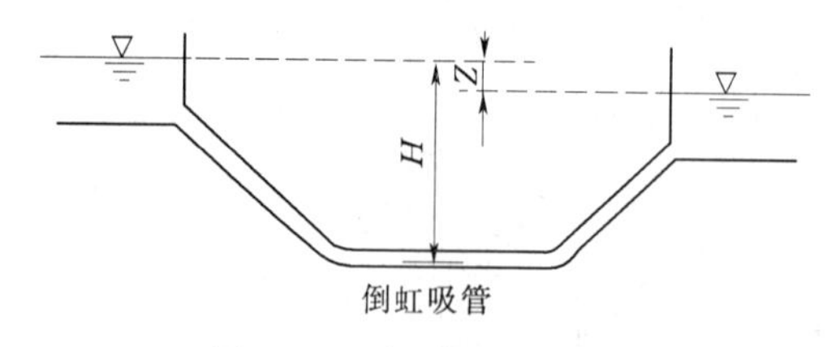

图 8-32　倒虹吸管水力计算

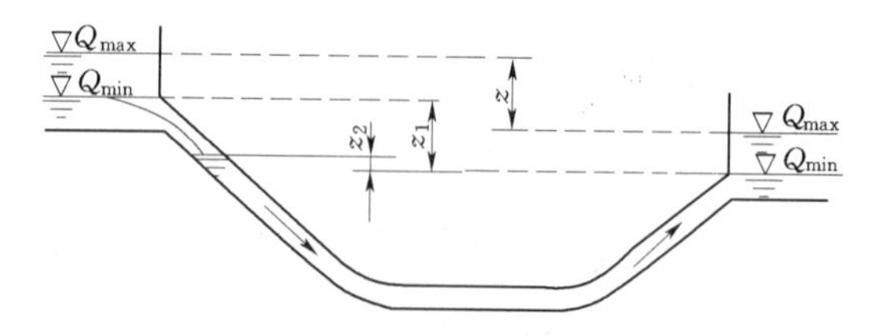

图 8-33　倒虹吸管水力计算图

当 $z_1 - z_2$ 值不大时，可降低进口高程，在管道口前设斜坡段或曲线段。见图 8-34。

当 $z_1 - z_2$ 值很大时，在进口设置消力池不便于布置或不经济时，可考虑在出口处设置闸门，以抬高出口水位，使倒虹吸管进口淹没，消除管内水跃现象。此时应加强运行管理，以保证倒虹吸管正常工作。

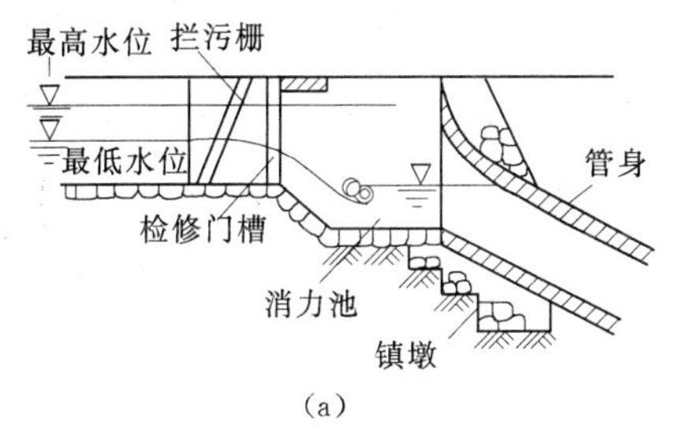

(a)

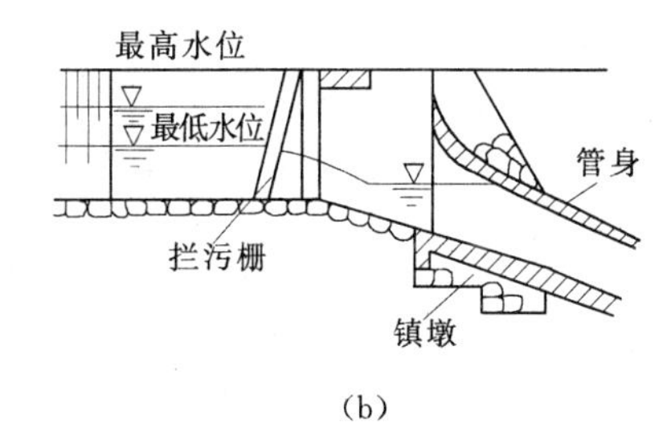

(b)

图 8-34 倒虹吸管进口水面衔接

当通过加大流量时，上下游渠道水位差值 z 小于倒虹吸管通过加大流量时所需的水位差值时，应通过计算，适当加高挡水墙及上游渠道堤顶的高度，增加超高值。

8.3.3 涵洞

填土下过水的管道称涵洞。当渠道穿过填方公路或渠道，且高程较低时，可修涵洞从填方下通过。当渠道穿过小溪或洪沟，渠底高程比沟底高时，可修填方渠道，让涵洞宣泄溪沟中的来水量。见图 8-35、图 8-36。

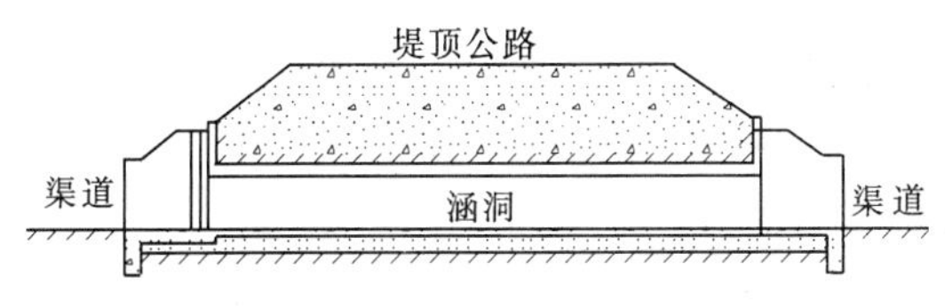

图 8-35 填方公路下的过水涵洞

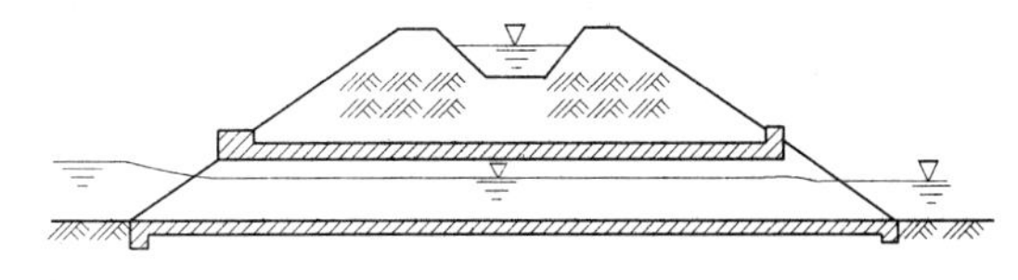
图 8-36 填方渠道下的涵洞

涵洞的走向一般应与渠堤或道路正交，以缩短洞身的长度，并尽量与原沟溪渠道水流方向一致，以保证水流顺畅，为防止冲刷或淤积，洞底高程应等于或接近于原渠道水底高程，坡度稍大于原水道坡度。

一、工作特征及类型

涵洞按水流通过时的形态可以分为：无压涵洞、半有压涵洞、有压涵洞。见图8-37。

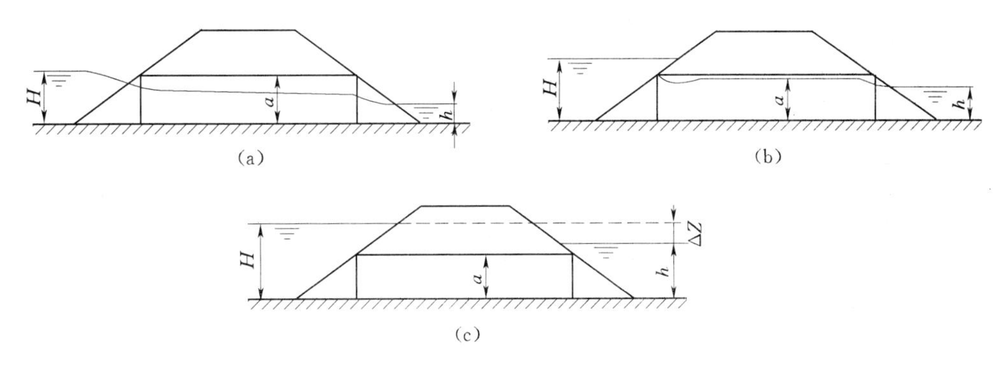

图 8-37 涵洞的流态

(a) 无压涵洞；(b) 半有压涵洞；(c) 有压涵洞

无压明流涵洞水头损失较少，一般适用于平原渠道。高填方土堤下的涵洞可用压力流。半有压流的状态不稳定，周期性作用时对洞壁产生不利影响，一般情况下设计时应避免这种流态。

涵洞由进口、洞身和出口部分组成。进出口是洞身与填土边坡相连接的部分，其结构形式和布置应保证水流平顺、工程量小，见图8-38。

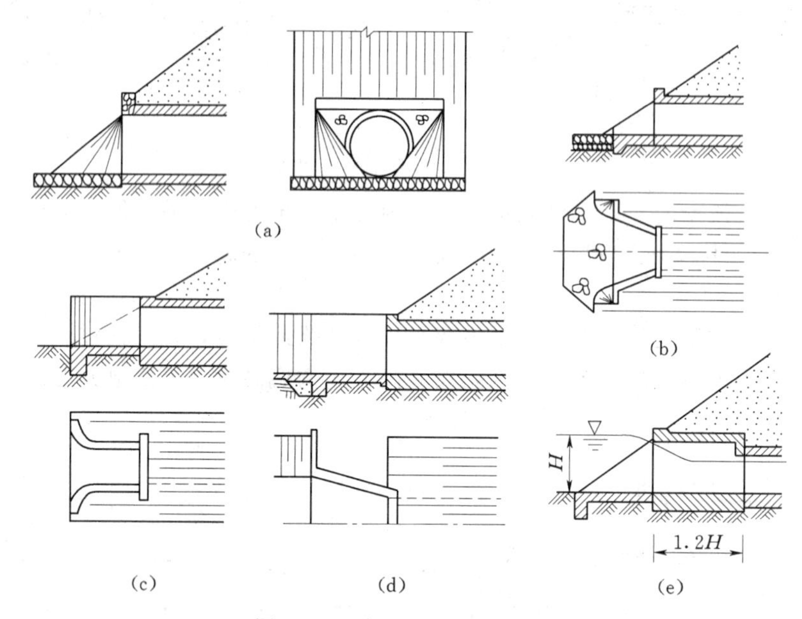

图8-38　涵洞的进出口型式

(a) 圆锥护坡式；(b) 八字斜降墙式；(c) 反翼墙走廊式；
(d) 八字墙伸出填土坡外式；(e) 进口抬高式

洞身断面型式可分为圆形、方形及拱形。圆形适用于顶部垂直荷载大的情况，可以是无压，也可以是有压。见图8-39。拱形适用于洞顶垂直荷载较大，跨径大于1.57m的无压涵洞；方形适用于洞顶垂直荷载小，跨径小于1m的无压明流涵洞。

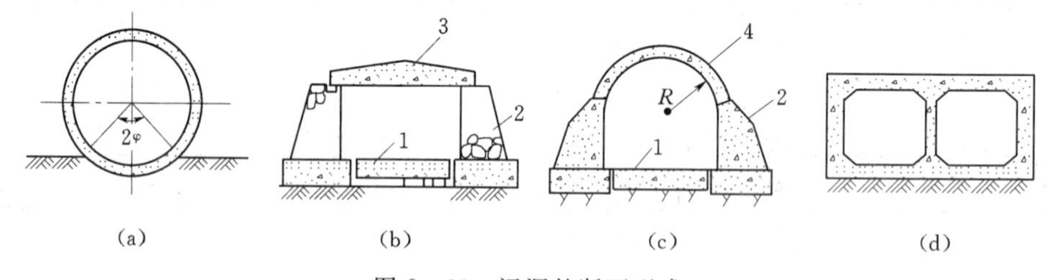

图8-39　涵洞的断面型式

(a) 圆管涵；(b) 盖板涵；(c) 拱涵；(d) 箱涵

1—底板；2—侧墙；3—盖板；4—拱圈

涵洞的材料一般为浆砌石，混凝土及钢筋混凝土。

二、涵洞的水力计算及结构计算

涵洞的水力计算的主要目的是确定横截面尺寸、上游水位及洞身纵坡。计算时先要判别涵洞内的水流流态，然后进行水力计算。

涵洞的结构计算应考虑的荷载有填土压力、自重、外水压力、洞内外水压力、洞内水重，填土上的车辆行人荷载。

涵洞的进出口结构计算与其型式有关，一般按挡土墙设计。

8.3.4 跌水

当渠线通过陡坎或坡度较陡的地段时，为防止渠道受冲，在陡坎处或适宜地点将渠道底突然降低，利用消力池来消除水流的多余能量，这种建筑物称为跌水。如图 8-40、图 8-41 所示。

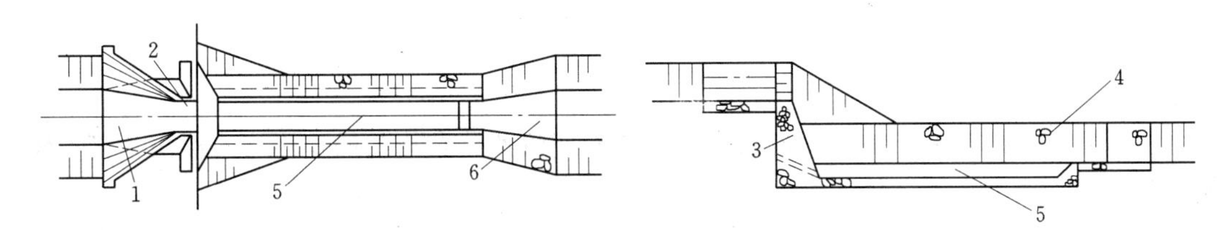

图 8-40 单级跌水

1—进口连接段；2—跌水口；3—跌水墙；4—侧墙；5—消力池；6—出口连接段

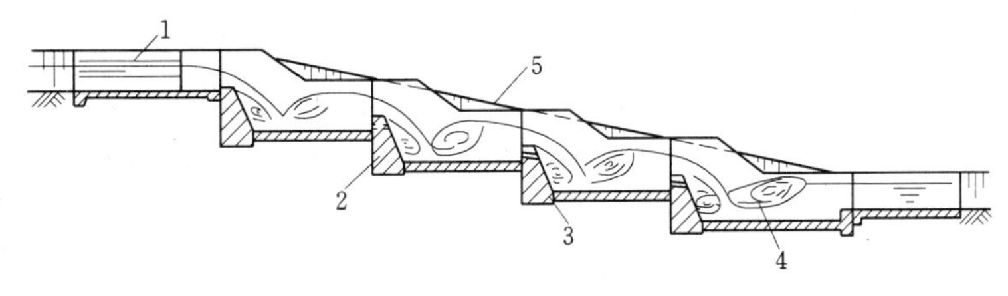

图 8-41 多级跌水

1—进口连接段；2—跌水墙；3—沉降缝；4—消力池；5—原地面

一、布置

跌水可单独布置，也可与制节闸、分水闸或泄水闸布置在一起。该方式结构紧凑，管理方便，在条件许可下应尽量采用这种布置方式。

跌水可分为单级跌水和多级跌水，单级常用在跌差较小处，多级在跌差较大处。均可用砌石、砖、混凝土和钢筋混凝土做成。

二、组成

跌水主要由进口、跌水口、跌水墙、消力池、海漫、出口等部分组成。

(1) 进、出口。进、出口连接段须以渐变段连接。以保持良好的水力条件，如扭曲面、八字墙、圆锥形等。连接段常用片石和混凝土组砌。

(2) 跌水口。由底板和边墙组成，构造与闸室相似，一般不设闸门，是一个自由泄流的堰。是设计跌水的关键，跌水口型式有矩形、梯形和底部抬堰式，见图 8-42。

(3) 跌水墙。是跌水口和消力池间的连接。属挡土墙型式，但断面比一般挡土墙小。一般有直立式和倾斜式，实际中多采用重力式挡土墙。侧墙间常设沉降缝，并设排水设施。

(4) 消力池。通常宽度比跌水口宽一些，但不宜宽太多。以免引起回流，降低消能效果。横断面一般为矩形、梯形和折线形，底板厚可取 0.4～0.8m。结构设计同闸后消力池。

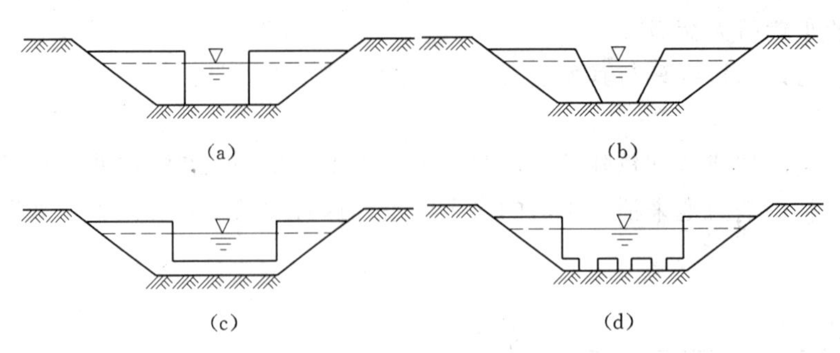

图 8-42　跌水口型式

(5) 海漫。起着消除消力池出口余能和使断面流速分布均匀的作用。一般用干砌石做成。其护砌长度不小于三倍下游水深。

(6) 分缝与排水。为避免跌水各部分不均匀沉降而产生裂缝，在各部分之间应设沉陷缝、缝内填塞沥青、油毡或沥青麻丝止水。

当跌水下游水位高于消力池底板时，应在侧墙背面设排水措施。如埋管、做反滤层等。

(7) 多级跌水，(跌差大于 3m) 的组成和构造与单级跌水相同。只是将消力池作成若干个阶梯，多级落差和消力池长度均相同。池长不大于 20m，可设消力槛或不设。

多级跌水的分级数目和多级落差大小，应根据地形、地质、工程量大小等具体情况综合分析。

8.3.5　陡坡

修建跌水情况还可由修建陡坡来代替。陡坡有在渠道上单独修建的，也有和节制闸、分水闸修建在一起的，实际中应尽量采用后一种方式。见图 8-43。

(1) 陡坡由进口段、溢洪段、陡槽、消力池和出口段等组成。其构造与跌水相似。不同的是以陡槽代替跌水墙，陡坡底可做成等宽的底宽扩散形和菱形等。

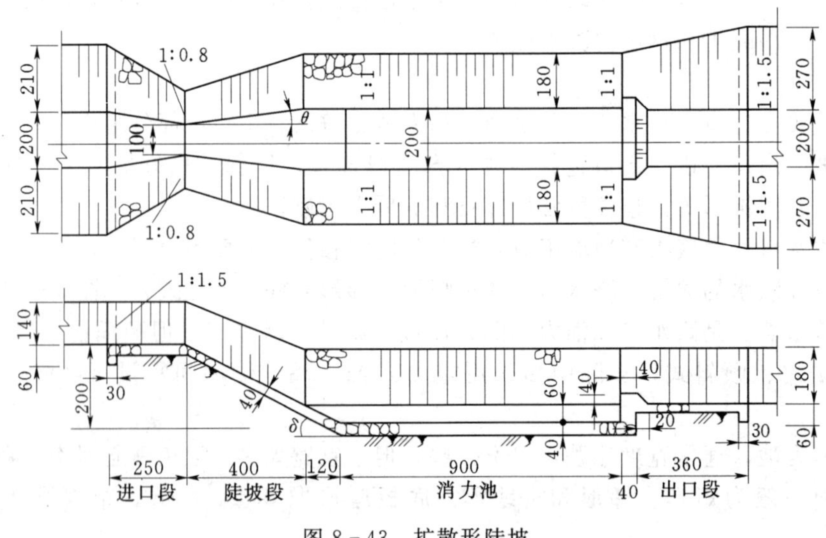

图 8-43　扩散形陡坡

(2) 陡槽一般由浆砌石或混凝土做成，纵坡 1∶3～1∶5，过水断面可以是矩形或梯形。陡槽底板下应分缝并设反滤或排水设备。

(3) 选择跌水或陡坡连接时，应视具体情况具体而定，通常坡度较陡而落差较小（1.0～1.5m）地段，宜用跌水，落差超过 3m 时，以陡坡较为经济合理，落差更大时，可做多级跌水或陡坡。多级陡坡常建在落差较大且存在变坡或台阶地形的渠段上。

第9章 水利枢纽布置

9.1 水利枢纽设计的任务和内容

水利枢纽是指以控制和利用水流为主要任务，由挡水建筑物、泄水建筑物、引水系统及发电厂房等组成的综合体。水利枢纽设计的任务与内容包括河流开发规划，环境影响评价，水文与气象研究，工程地质研究，建筑材料研究，经济评价分析，研究报告的编写。

对江河进行综合开发和治理，必须先根据国家（或区域、行业）经济发展的需要确定优先开发治理的河流。再按照综合利用、综合治理的原则，对所选定的河流进行全流域规划，确定河流的梯级开发方案，提出应分期兴建的若干个水利枢纽工程，尤其是提出第一期工程。经批准后，就可以对拟建的水利枢纽进行设计了。

9.2 水利枢纽设计的阶段

水利工程项目的基本建设的全过程，可分为设计前期工作、编制设计文件、工程施工和竣工验收等阶段。水利枢纽设计则贯穿在设计前期工作和编制设计文件的两个阶段中。在设计前期工作阶段，有关建设单位根据经济发展的需要，参照流域规划的建议，对拟建的水利枢纽工程提出基本建设项目建议书，经审查批准后，可委托设计单位进行可行性研究，并编制出可行性研究报告。报告经审查批准后，即可编制设计任务书，并作为编制设计文件的依据。因而可行性研究是水利枢纽设计的前期工作。在编制设计文件阶段，设计文件的编制工作是在设计任务下达后进行的。根据任务要求和工作深度，在我国，一般水利工程的设计又可分为两个阶段，即初步设计和施工详图设计。对较重要的大中型水利工程，因技术条件复杂，常采用三个设计阶段，即初步设计、技术设计和施工详图设计。上述各设计阶段的设计任务和内容如下。

1. 项目建议书的提出

在江河流域（区域）综合利用规划或专业规划的基础上编制的要求建设某一项目的建议性设计文件，其主要作用是对一个拟进行建设的项目的初步说明，供国家选择并决定是否列入下一步工作。项目建议书的主要内容为：概述项目建设的依据，提出开发目标和任务，对水文、地质及项目所在地区和附近有关地区的生态、社会、人文、环境等建设条件进行调查分析和必要的勘测工作，论证工程项目建设的必要性，初步分析项目建设的可行性和合理性，初选建设项目的建设规模、建设方案、建设地点、建设时间和主要建筑物布置，初步估算项目的总投资额。

2. 可行性研究阶段

在项目建议书的基础上，对拟建工程项目进行全面技术经济分析论证的设计文件，其主要作用是通过对工程在近期建设上的必要性、技术上的可行性和经济上的合理性的综合论证，为投资决策提供科学依据。可行性研究报告的主要内容为：明确拟建项目的任务和主要效益；确定主要水文参数，查清主要地质问题，选定工程场址；确定工程等级，初选工程布置方案；提出主要工程量、工期；初步确定淹没、用地范围和补偿措施；对环境影响进行评价；估算工程投资，进行经济、财务分析评价等；在此基础上提出项目是否可行的结论性意见。

3. 初步设计阶段

在可行性研究报告的基础上，根据必要而准确的设计资料所进行的最基本的设计阶段，同时也是项目建设前期工作的最后一个阶段。初步设计的主要内容为：取得气象、水文、地形、地质建筑材料、经济、综合利用要求等更多、更详实的基本资料，进行更为详细的调查、勘测和实验研究工作，确定或选定拟建项目的综合开发目标、工程及主要建筑物等级、总体布置、主要建筑物形式和轮廓尺寸、主要机电设备形式和布置等，确定总工程量、施工方法、施工总进度和总概算，论证在指定地点和规定期限内进行建设的可行性和合理性。

4. 招标设计阶段

随着招投标制在中国水利建设领域中的广泛推行，1994 年水利部规定，对需进行施工招标且尚未开工的项目，均应在完成初步设计之后进行招标设计。招标设计是制定编制施工招标文件和施工规划的基础，根据上述规定，其工作内容暂按原技术设计要求进行设计工作，即在初步设计的基础上，进一步完善设计，确定或优化设计方案，并据此对概算进行修正，满足施工招标工作的需要。招标设计的项目内容同初步设计，只是更为深入详尽。审批后的招标设计文件和修正概算是建设工程拨款和施工详图设计的依据。

5. 施工详图设计阶段

在初步设计和招标设计的基础上，绘制具体施工图的设计阶段。施工图设计的主要内容为：建筑物地基开挖图、地基处理图、建筑物体形图、钢筋图，金属结构的结构图和大样图，机电设备、埋件、管道、线路的布置安装图等。图中应说明选用材料的型号规格、施工方法或加工工艺、质量要求和其他注意事项。施工图是现场建筑物施工、设备制作、选用、埋设和安装的依据。施工图是施工的依据；施工图预算是工程承包或工程结算的依据。

水利枢纽工程的兴建必须遵循先勘测、再设计、最后施工的建设程序。在规划、设计工作之前应进行必须的调查和勘测，以便为设计提供准确、可靠的依据，确保设计和施工的顺利进行。勘测调查工作的内容、范围和精度与工程规模、自然条件的复杂程度以及设计阶段相对应，随着设计阶段的深入，勘测工作也应紧密配合，逐步深入，使所得勘测资料的精度及范围均能满足不同阶段的要求。

做好设计前期工作能对缩短工程项目的建设工期、节约工程投资、提高经济效益起主导作用。前期工作落后或不够扎实，往往会造成工程不能如期开工，或在施工过程中因发现问题，不得不修改设计而影响工程进度，甚至会出现开工后又要更换坝址，迫使中途停

工等被动局面。在设计前期工作中，如能搞好坝址、坝型和枢纽布置方案等几个方面的优选工作，将能收到事半功倍的效果。

9.3 水利枢纽布置

水利枢纽布置是水利工程设计首先研究的主要内容。水利枢纽的布置研究要因地制宜、扬长避短、协调紧凑，既要满足枢纽的各项任务和功能的要求，又要适应枢纽工程区的自然条件，便于施工布置，有利于节省投资和缩短工期。

9.3.1 水利枢纽布置的原则

1. 满足枢纽运用管理的要求

枢纽布置应首先满足各个建筑物在布置上的要求，各建筑物之间应能够协调地、无干扰地进行工作，保证在任何工作条件下，都能最好地完成其本身的任务。

2. 缩短工期提前受益

进行枢纽布置时，应与导流方式和主要建筑物的施工方法相结合，使工期尽量缩短，促使工程早日投入运转或部分建筑物提前投产。集中布置同工种建筑物或发挥一个建筑物的多方面作用，不仅便于建筑物之间的连接，而且可以实现同工种集中作业，这无疑将会降低造价和缩短工期。在建筑物还未完成的情况下，也可以设法部分地拦蓄洪水或使枢纽中水电站及其他建筑物分期投入运行，提早发挥效益。在枢纽布置中，若能在汛期不间断地施工是使工程提前竣工的重要条件。

3. 总造价小，年运转费用低

枢纽中的建筑物，在满足稳定、强度和运用管理要求的条件下，还要使枢纽的总造价小，年运转费用低，具有优越的经济指标。尽量采用当地材料，节约钢筋、木材、水泥等基建用料，是减低工程造价的主要措施之一。因地制宜地采用新技术、新设备，可以提高劳动生产率，缩短工期，从而降低工程造价。

4. 注意建筑艺术

水利工程是人类征服自然的标志，反映人类向前发展的进程。因此，在可能的条件下，注意建筑物的美观，使枢纽的外观与周围环境相协调。但是，建筑物的外观应通过正确地选择结构型式、合理的布局来实现，而不应该单纯去追求美观而额外地增加工程造价。

9.3.2 水利枢纽布置方案的选择

从若干个具有代表性的枢纽布置方案中选出一个最好的方案，是一个复杂而繁重的工作。原则上说，一个最好的方案，应该是在技术上先进可行、经济上合理、运用安全、施工期短、管理维修方便。但实际上，完美的方案是很少的，每个方案总是有各自的优缺点，这就需要对各个方案进行具体分析，全面论证，综合比较，谨慎选择。

在进行方案比较时，主要从以下几个方面进行比较。

（1）工程量。如土石方、混凝土和钢筋混凝土、金属结构、机电安装、帷幕灌浆、砌石等各项工程量。

（2）主要建筑物材料。如钢筋、木材、水泥、砂石、炸药等材料的用量。

（3）施工条件。包括施工工期、发电日期、施工难度、机械化和劳动力要求等。

(4) 运用管理条件。发电、通航、泄洪等是否互相干扰，建筑物和设备的检查、维修、操作是否方便，对外交通是否方便等。

(5) 建筑物位置与自然条件的适应情况。如地基是否可靠，河床抗冲能力与消能方式是否适应，地形对泄水建筑物的进、出口是否有利等。

(6) 经济指标。包括总投资、总造价、淹没损失、年运转费、电站单位千瓦投资、电能成本、灌溉单位面积投资以及航运能力等综合利用效益。

(7) 其他。根据枢纽特定条件还需要专门进行比较的项目。

以上比较项目中，有些是可以定量计算的，如工程量、造价等，有些则难以定量计算，这就增加了方案选择的复杂性。因此，应该充分掌握资料，坚持实事求是的科学态度进行方案选择。

9.4 蓄水枢纽设计

蓄水枢纽设计的主要内容有坝址、坝型选择和枢纽布置等。坝址、坝型选择和枢纽布置共同受所在河流（区域）的社会经济和自然条件的制约。这些工作本是互相关联的一个整体，难于分而论之，但为了叙述方便起见，暂按各自的侧重点分别阐述。

9.4.1 坝址与坝型选择

坝址和坝型的选择工作是贯穿在各设计阶段中，并且是逐步深入的。在可行性研究阶段，一般是根据开发任务的要求和地形、地质及施工等条件，初选几个可能筑坝的地段（坝段）和若干条有代表性的坝轴线。再对初步拟定的几条坝轴线，从地质地形条件及河谷宽度；下游消能条件；枢纽建筑物布置；运行管理；施工场地布置；建筑材料的开采、运输等方面进行综合技术经济比较后确定一条适当坝轴线，据以提出并推荐坝址。并在推荐坝址上进行枢纽布置，通过方案比较，初选基本坝型（重力坝、拱坝、土石坝）和初选枢纽布置方式。在初步设计阶段，进一步通过技术经济比较，选定最合理的坝轴线，确定坝型及其他建筑物的型式和主要尺寸，并进行枢纽布置。在施工详图阶段，随着地质资料和试验资料的进一步深入和完善，对已确定的坝轴线、坝型和枢纽布置做最后的修改和定案。

混凝土坝枢纽的特点是，坝身可布置泄水、发电进水口、冲沙孔等建筑物。枢纽中泄水建筑物和发电厂房的位置和型式有各种不同的组合。土石坝枢纽按照所处河段位置分为顺直河段上的枢纽和弯曲河段上的枢纽，前者泄水建筑物和发电厂房等沿岸顺河布置，一般导流、泄水、引水系统等建筑物线路较长，枢纽建筑物布置比较拥挤，在地质条件允许时多采用地下厂房；后者可以利用河弯形成的河间地块布置引水发电或泄水、导流建筑物，枢纽建筑物布置相对容易些。

坝址、坝型选择和枢纽布置关系密切，不同的坝轴线可选用不同的坝型和枢纽布置；对同一条坝轴线，也可采用几种坝型和枢纽布置方案。方案的组合情况较多，需要全面深入研究，搞好优选。在选择坝址、坝型时应考虑以下因素。

1. 地质条件

地质条件是建库建坝的基础；是衡量坝址优劣的重要条件之一，在某种程度上决定着兴建枢纽工程的难易。在选择坝址、坝型阶段，应摸清各个比较方案的区域、库区和建筑

物区的地质情况。坚硬完整、无构造缺陷的岩石是最理想的坝基。但如此理想的地质条件很少见，天然地基总会存在这样或那样的地质缺陷，可通过妥善的地基处理措施使其达到筑坝的要求。在该阶段作为宏观决策，重要的是：①不能疏漏重大地质问题；②对重大地质问题要有正确的定性判断，以便决定坝址的取舍或定出防护处理的措施，或在坝型选择和枢纽布置上设法适应坝址的地质条件。

一般说，拱坝对两岸坝基地质条件要求较高，重力坝或支墩坝次之，土石坝要求较低；高坝要求较高，低坝要求低。

坝址选择还必须对区域地质稳定性和地质构造复杂性问题以及水库区的渗漏、库岸塌滑、岸坡及山体稳定等地质条件作出评价和论证。

2. 地形条件

坝址地形条件必须满足开发任务对枢纽布置的要求。一般说，坝址河谷狭窄，坝轴线较短，坝体工程量较小，但河谷太窄则不利于泄水建筑物、发电建筑物、施工导流及施工场地的布置，是否经济需根据枢纽总造价来衡量；通常，河谷两岸有适宜的高度和必需的挡水前缘宽度时，则对枢纽布置有利；对于多泥沙河流及有漂木要求的河道，应注意坝址位置对取水防沙及漂木是否有利；对于通航河道，还应注意通航建筑的布置，上河及下河的条件是否有利；对坝址上游，希望河谷开阔，争取在淹没损失较小的情况下获得较大库容。

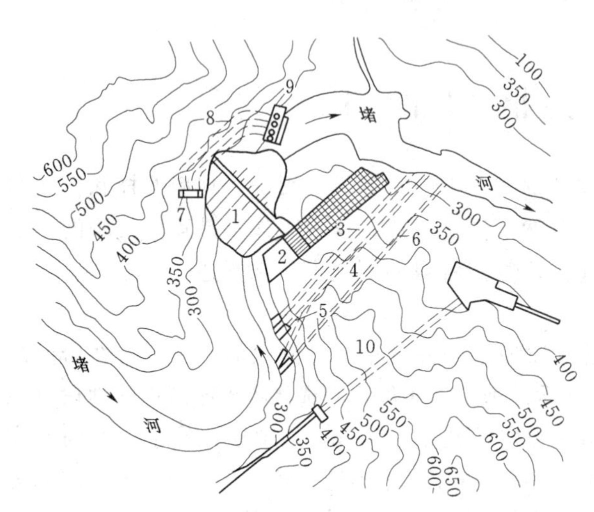

图9-1　潘口水电站枢纽布置示意图
1—钢筋混凝土面板堆石坝；2—河岸式溢洪道；3、4—二级和一级泄洪洞；5、6—导流隧洞；7—发电进水口；8—发电引水隧洞；9—发电站厂房；10—升船机隧洞

坝址地形条件还必须与坝型相互适应，拱坝要求河谷狭窄；土石坝要求河谷宽阔、岸坡平缓、坝址附近或库区内有高程合适的天然垭口，可供布置河岸式溢洪道，以及坝址附近有开阔的地形，便于布置施工场地。图9-1为湖北潘口水电站枢纽，采用高123m的钢筋混凝土面板堆石坝，坝址选在河弯处，利用右岸凸岸布置泄洪、导流及过坝建筑物，左岸凹岸布置发电系统，结果使各建筑物相得益彰，是坝型与河谷地形相适应的较好范例。

3. 建筑材料

坝址附近应有数量足够、质量能符合要求的建筑材料，应便于开采、运输，且施工期间料场不会被淹没。

4. 施工条件

坝址和坝型选择要易于施工导流，便于布置施工场地和内外交通。

5. 综合效益及环境影响

对不同坝址要综合考虑防洪、灌溉、发电、通航、过木、城市和工业用水、渔业以及旅游等各部门的经济效益，还应考虑上游淹没损失以及蓄水枢纽对上、下游环境各方面的影响：兴建蓄水枢纽将形成水库，使大片原来的陆相地表和河流型水域变为湖泊型水域，改变了地区自然景观，对自然生态和社会经济产生多方面的环境影响。其有利影响是发展了水电、灌溉、供水、养殖、旅游等水利事业和解除洪水灾害、改善气候条件等。但是，也会给人类带来诸如淹没损失、浸没损失、土壤盐碱化或沼泽化、水库淤积、库区塌岸或滑坡、诱发地震、使水温、水质及卫生条件恶化、生态平衡受到破坏以及造成下游冲刷、河床演变等不利影响。虽然水库对环境的不利影响与水库带给人类的社会经济效益相比，一般来说居次要地位，但处理不当也能造成严重的危害，故在进行水利规划和坝型选择时，必须对环境影响问题进行认真研究，并作为方案比较的因素之一加以考虑。

9.4.2 枢纽布置

拦河筑坝以形成水库是蓄水枢纽的主要特征。其组成建筑物除拦河坝和泄水建筑物外，根据枢纽任务还可能包括输水建筑物、水电站建筑物和过坝建筑物等。枢纽布置主要是研究和确定枢纽中各个水工建筑物的相互位置。该项工作涉及泄洪、发电、通航、导流等各项任务，并与坝址、坝型密切相关，需统筹兼顾，全面安排，认真分析，全面论证，最后通过综合比较，从若干个比较方案中选出最优的枢纽布置方案。枢纽布置的一般原则如前所述。

9.4.3 枢纽布置方案的选定

水利枢纽设计最后需通过论证比较，从若干个枢纽布置方案中选出一个最优方案。最优方案应该是技术上先进和可能、经济上合理、施工期短、运行可靠以及管理维修方便的方案。

9.4.4 蓄水枢纽布置实例

一、中低水头水利枢纽

修建在河流中、下游的丘陵、盆地或平原地区的水利枢纽一般是位于河床坡度平缓、河谷宽阔的河段上，枢纽中的主要建筑物是较低的拦河闸或坝，由于壅水不高，可称作中、低水头水利枢纽。其库容较小，调节能力不大，电站多为径流式。挡水建筑物可建在岩基或软基上。由于地形开阔，这类枢纽比较容易布置。通常的布置型式是过坝建筑物、泄水建筑物和电站厂房一字摆开。枢纽布置的关键问题是选好过坝建筑物的位置，妥善处理好泄洪消能及防淤排沙问题。

图 9-2 为长江葛洲坝水利枢纽布置图，是我国万里长江上建设的第一个大坝，位于湖北省宜昌市三峡出口南津关下游约 3km 处，下距宜昌市约 6km。长江出三峡峡谷后，水流由东急转向南，江面由 390m 突然扩宽到坝址处的 2200m。枢纽主要任务是对三峡电站进行反调节，解决未来三峡电站日调节不稳定流对下游航道和宜昌港的不利影响以及发电。

葛洲坝水利枢纽工程由船闸、电站厂房、泄水闸、冲沙闸及挡水建筑物组成。船闸为单级船闸，一号、二号两座船闸闸室有效长度为 280m，净宽 34m，一次可通过载重为 1.2 万～1.6 万 t 的船队。每次过闸时间约 50～57min，其中充水或泄水约 8～12min。三号船闸闸室的有效长度为 120m，净宽为 18m，可通过 3000t 以下的客货轮。每次过闸时间约 40min，其中充水或泄水约 5～8min。上、下闸首工作门均采用人字门，其中一号、二号船闸下闸首人字门每扇宽 9.7m、高 34m、厚 2.7m，质量约 600t。为解决过船与坝顶过车的矛盾，在二号和三号船闸桥墩段建有铁路、公路、活动提升桥，大江船闸下闸首建有公路桥。两座电站的厂房，分设在二江和大江。二江电站设 2 台 17 万 kW 和 5 台 12.5 万

kW的水轮发电机组，装机容量为96.5万kW。大江电站设14台125万kW的水轮发电机组，总装机容量为175万kW。电站总装机容量为271.5万kW。二江电站的17万kW水轮发电机组的水轮机，直径11.3m，发电机定子外径17.6m，是当前世界上最大的低水头转桨式水轮发电机组之一。二江泄水闸共27孔，是主要的泄洪建筑物，最大泄洪量为83900m³/s。三江和大江分别建有6孔、9孔冲沙闸，最大泄水量分别为10500m³/s和20000m³/s，主要功能是引流冲沙，以保持船闸和航道畅通；同时在防汛期参加泄洪。挡水大坝全长2595m，最大坝高47m，水库库容约为15.8亿m³。

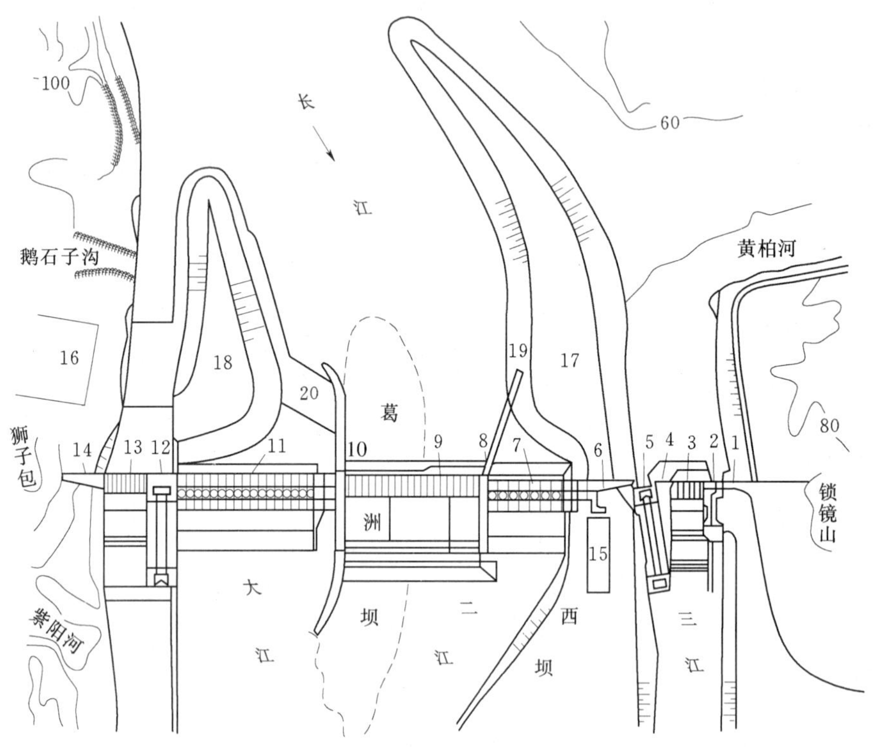

图9-2 葛洲坝水利枢纽工程布置图　（单位：m）

1—土石坝；2—3号船闸；3—三江冲沙闸；4—三江混凝土坝；5—2号船闸；6—混凝土坝；7—二江电站；8—左导墙；9—泄水闸；10—右导墙；11—大江电站；12—1号船闸；13—大江冲沙闸；14—右岸土石坝；15、16—开关站；17、18—防淤堤；19、20—导沙坎

葛洲坝工程坝址的主要工程地质问题是坝基存在着粘土岩类软弱夹层，其抗剪强度低，且产状和倾角对抗滑和抗渗透均不利。因而，沿夹层的深层滑动是闸室抗滑稳定的控制条件。此外，地层中还存在着规模较大的缓倾角断层所构成的强透水带，亦需处理。对抗滑稳定的加固措施，曾研究过多种方案，并对泥化夹层进行了野外大型抗力体试验，经分析比较，最后采用防渗板、混凝土齿墙、尾岩抗力（部分抗力体还加设钢筋混凝土加固桩）和加强防渗排水等综合性阻滑措施。

对于溯河洄流性鱼类中珍稀的中华鲟鱼的保护问题，经长期的调查、研究和试验，证明中华鲟鱼已适应了环境的变化，在坝下进行了有效的自然繁殖，同时，辅以人工繁殖放流后，可取得良好效果。

虽然葛洲坝工程坝址的地形、水文和地质条件比较复杂，并有重大地质缺陷，但由于能用相应的优化设计方案去适应，最后取得了枢纽布置设计的成功。

二、高水头水利枢纽

高水头水利枢纽一般修建在河流上游的高山峡谷之中，通常可形成具有一定调节能力的水库，坝基多为岩基，地形陡峻，施工场地布置困难。当枢纽兼有防洪、发电和通航等多项综合任务时，尤其是洪峰高、装机规模大和过船设施吨位大的情况，枢纽布置设计必须妥善处理好泄洪、发电、导流和通航等建筑物之间的相互关系，以免互相干扰。高水头水利枢纽布置的关键问题是坝址河谷地形的选择。优选河谷两岸应有适宜的高度和必需的挡水前缘宽度，以满足开发任务对枢纽布置的要求，同时要与坝型选择相适应。泄洪和发电建筑物的布置通常有两者分散布置和两者重叠布置两大类。一般说，分散布置可能更有利于施工和运行，但重叠布置使枢纽布置紧凑并可能节省投资。如在峡谷高边坡下修建地面厂房，需持慎重态度，高边坡稳定处理任务往往十分艰巨。

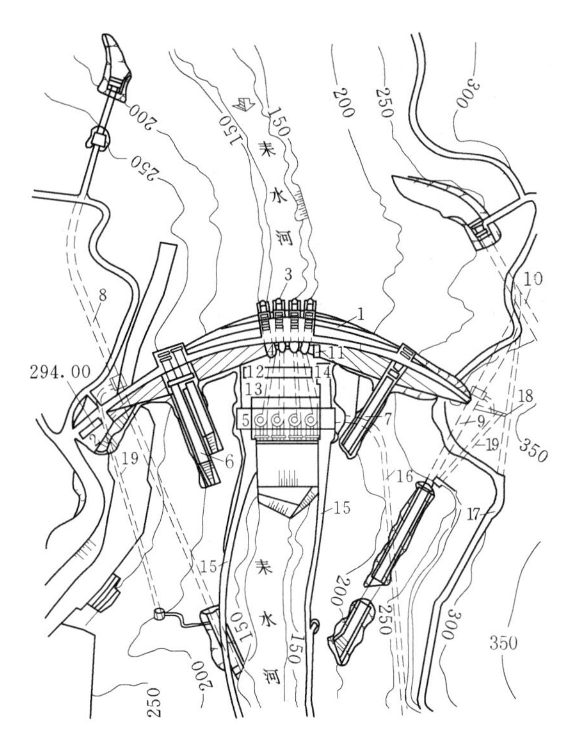

图 9-3　东江水电站枢纽工程布置图（单位：m）

1—混凝土双曲拱坝；2—重力墩；3—电站进水口；4—坝后背管；5—主厂房；6—右滑雪道式溢洪道；7—左滑雪道式溢洪道；8—二级放空洞；9——级放空洞；10—扩机引水洞；11—电梯井；12—开关站；13—变压器场；14—副厂房坝；15—进厂公路；16—进厂交通洞；17—土坝公路；18—交通洞；19—交通通风洞

图 9-3 为湖南东江水电站枢纽工程布置图。

电站枢纽任务以发电为主，兼有防洪、航运、工业用水和养殖等综合效益。东江水电站位于湖南省湘江支流耒水的中上游，为耒水流域梯级开发第六级，控制流域面积 4719km²，为耒水总流域面积的 40%。水库正常蓄水位以下库容 81.2 亿 m³，死水位以下库容 2.45 亿 m³，有效库容 5.7 亿 m³ 水库正常蓄水具有库容大、水头高、有效蓄能多、一般水文年不弃水的特点，是国内已建和建水电工程中调节性能较优越的水库之一。它能有效地对梯级及系统进行径流电力补偿调节，为提高系统的保证出力和改善系统运行条件发挥主导作用。因而，东江水电站是优梯级的一个好例子。

东江坝址河谷呈 V 形，两岸对称，岸坡 40°～50°，基岩裸露，常水位时水面宽 20～40m，水深 1～3m，河床沙卵石覆盖层仅厚 3～5m。坝基为单一块状花岗岩，岩性致密，新鲜完整，强度高，无较大断层、岩脉通过，坝址区地震基本烈度为 6°。是一处难得的、得天独厚的优良坝址。东江坝址也是优选坝址的一个范例。

东江坝型采用变圆心、变半径、混凝土双曲拱坝，最大坝高157m，底厚35m，顶厚7m，厚高比0.223，最大中心角为95°7′18″，坝顶中心弧长438m，中心半径305.8m，倒悬度控制在0.25∶1以内。在坝型方案比较时，不少专家考虑到东江工程的重要性及顾虑当时的技术和管理水平，曾主张采用重力坝或重力拱坝，以求稳妥。而后通过综合分析、全面论证，并对设计施工条件进行了充分的估量，最后审定为较薄的混凝土双曲高拱坝。经过精心设计、施工，东江双曲拱坝已耸立在湘江耒水之上，工程质量达到了优良水平。东江拱坝的建设经验为我国双曲拱坝的大发展开拓了光明的前景。

初设阶段，东江拱坝枢纽的布置方案主要有两种。

(1) 厂、坝集中布置的坝后式厂房方案。

(2) 厂、坝分散布置的左岸地下式厂房或左岸长隧洞引水的河岸式厂房方案。

两种枢纽布置方案各有利弊，经综合分析，全面比较，由于坝后式厂房方案比地下式厂房方案可减少55%～70%的洞挖量；比河岸式厂房方案减少40%～60%的洞挖量，考虑到施工开挖的实际条件和其他因素，最后审定为图9-3所示的坝后式厂房方案。

枢纽建筑物有：混凝土双曲拱坝；坝后式厂房，装机容量4×12.5万kW；发电引水管道，采用单管引水式，它由斜面式进水口、坝内埋管、坝后背管和坝后平管段四部分组成，坝后背管是新技术，具有减少厂坝施工干扰，加快拱坝施工进度的优点，东江电站在国内率先采用；泄洪布置经多种方案试验、分析比较，采用左、右岸滑雪道式溢洪道，其消能工选用左岸为扭曲式挑坎和右岸为窄缝式挑坎的挑流形式，窄缝式消能工也是东江电站在国内率先采用的新技术。两岸还分别布置有一级和二级放空隧洞，右岸二级放空隧洞，除用于水库二级放空任务外，兼作导流和向下游供水用，左岸一级放空隧洞除用于水库一级放空任务外，兼作辅助泄洪和扩大装机容量时地下厂房的引水隧洞；此外，在库区内设有木材转运设施。

第10章 水利工程管理

水利工程管理的目的是保持建筑物和设备经常处于良好的技术状态，正确使用工程设施，调度水资源，充分发挥工程效益，防止工程事故。

水利工程管理的工作内容包括：

(1) 检查、观测及资料积累。管理人员通过现场观察、仪器的测验，掌握建筑物变形、渗流、应力、温度、水流、冰情、泥沙、崩塌、库区浸没等的变化规律，为工程的正确运用提供科学依据；及时发现异常迹象，确保工程安全；根据观测数据和规律，验证原设计的正确性；对水质变化动态做好预报；积累、分析及应用技术资料，建立相应的技术档案。

(2) 养护修理。为保持建筑物、机电设备、管理设施及其他附属工程的完整状态和正常运用，要对它们进行日常维护和定期修理。养护与修理之间没有严格界限，建筑物及机电设备的某些轻微缺陷和损害，养护维修不及时，会发展成严重的破坏。

(3) 调度运用和自动化管理系统。正常的调度运用是根据已批准的调度运用计划和运用指标，结合工程实际情况和管理经验，参照近期气象水文预报等资料进行的。水库大坝的自动化管理系统包括大坝安全自动监控系统、防洪调度自动化系统、调度通信和警报系统及供水调度自动化系统等。自动化管理系统是科学规范化管理，防汛抢险，保障大坝安全，充分发挥工程效益及降低运行管理费用的重要技术保障。

(4) 实验研究及应用。已投入运行的水利工程，为保证安全，提高工程的社会经济效益，延长工程设施的使用年限，降低运行成本，必须对工程中采用的新技术、新材料和新工艺进行试验研究，并应用试验成果指导水利工程的管理。

10.1 水工建筑物的监测

水工建筑物经常受到各种荷载和水的作用，内部状态不断变化，而且变化常常是隐蔽的，比较缓慢且不易察觉的。因此，需要预埋一定的观测设备和仪器，在施工及正常运用期进行经常的、系统的观察和量测，对水工建筑物的性态进行监测。对水工建筑物进行原型观测和运行安全状态的监测主要应达到以下三个方面的效果。

(1) 对有隐患的水工建筑物的严密监视，能及时发现和预报其异常现象，使工程缺陷得到及时处理，避免事故的发生。

(2) 竣工运行初期，依靠原型观测资料全面了解大坝的实际状态，检验设计的假定和方法，并为后期正常运用和管理提供主要依据。

(3) 原型观测是控制施工质量（如温度控制、接缝灌浆）的主要手段。

水工建筑物的监测包括现场检查和仪器监测两个部分。

10.1.1　现场检查

现场检查（观察）是用直觉或简单的工具，从建筑物外观显示出的不正常现象中判断建筑物内部可能发生的问题。

现场检查或观察分为三种：经常性检查、定期检查和特别检查。经常性检查是一种制度式检查，一般一个月1～2次；定期检查则是较全面的检查，如每年汛前的检查、汛后的检查或用水期前后的检查；特别检查指发现建筑物有安全隐患时专门的、有针对性的检查。

对于土石建筑物，如土石坝、堤防等，现场检查观察内容有：土石建筑物的边坡和坝（堤）脚的裂缝、渗水、塌陷等现象。对于堤防工程，还应观察护坡草皮和防浪林的生长情况，护坡和护岸是否完好，堤身是否有挖坑、取土等现象。对于混凝土建筑物的检查内容包括：坝顶、坝面、廊道、消能设施等的裂缝，两岸接头处的渗漏，表面脱落，松软和侵蚀等现象。对于金属结构，应注意观察其有无裂缝以及是否出现焊缝开焊、铆钉松动、生锈等现象。

对于中、小型工程，经常性的观察和检查尤其重要，应发现问题及时，处理问题得当。

10.1.2　仪器监测

仪器观测的项目包括变形观测、裂缝观测、应力及温度观测、渗流观测和水流观测等。观测方法已从单点施测向集中遥测、遥感、自动记录和数据处理、自动显示和闭路电视全观的、全面自动化方向发展。

一、变形观测

变形观测包括土石及混凝土建筑物的变形（水平和铅直位移）观测。变形观测可以掌握变形的变化规律，研究有无裂缝、渗漏、滑坡等趋势，是判断水工建筑物正常工作的一项重要的观测项目。

1. 水平位移观测

对于测点在坝体表面上的土坝和混凝土坝，可用视准线法或三角网法施测。视准线法适用于坝顶长度不大于600m的直线形坝（如土石坝、重力坝）；三角网法适用于任何坝型。图10-1是土坝视准线法水平位移观测布置，图10-2是拱坝的水平位移三角网法的观测平面布置。

位移标点的布置应根据建筑物的重要性、规模、施工条件以及所采用的观测方法来确定。对土坝要在有代表性、能控制主要变形的地段上选择观测断面，全坝不得少于3个断面，断面间距50～100m。每个断面上的标点数应不少于4个（上游正常蓄水位以上至少1个）。对混凝土重力坝而言，可在平行坝轴线的坝顶下游坝肩及坝趾各设一个标点（每个坝段中间布置一个）。对于拱坝，一般用三角网法，应在坝顶上每隔40～50m埋设一个标点，至少在拱冠、1/4拱圈及两岸接头处各埋设一个标点。观测工作基点应置于不受任何破坏而又便于观测的岩石或坚实的土基上。用视准线法观测的工作基点，常将其布置在建筑物两岸每一纵排标点延长线上，在坝顶和坝坡上布置测点，利用工作基点间的视准线来测量各测点的水平位移。而用三角网法进行水平位移观测，则利用2～3个已知坐标的点作为工作基点，通过对测点交会算出其坐标变化，从而确定其位移值。

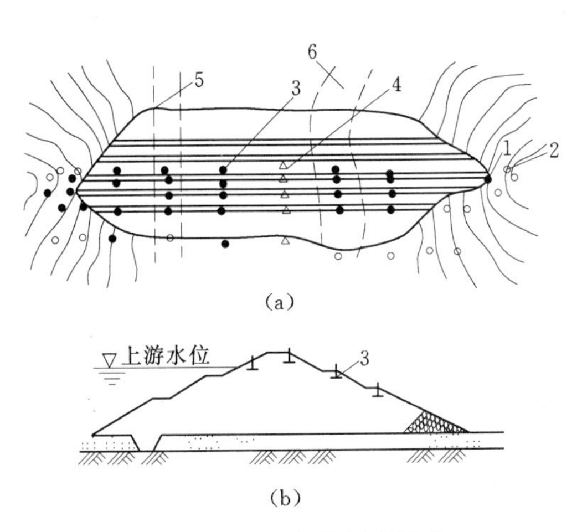

图 10-1 土坝的视准线法

(a) 平面图；(b) 横断面

1—工作基点；2—校核基点；3—位移标点；

4—增设工作基点；5—合拢段；6—原河

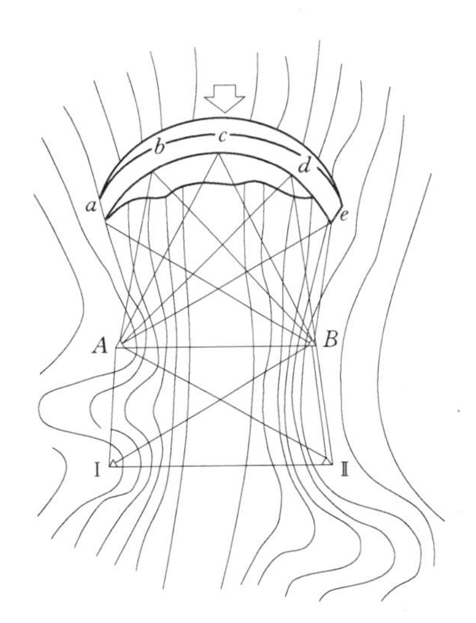

图 10-2 拱坝的水平位移三角网法

Ⅰ，Ⅱ—校核标点

A，B—三角网工作基点

a，b，c，d，e—标点或增设工作基点

2. 铅直位移（沉陷）观测

土石坝沉陷及其他坝型外部的铅直位移，都可用精密水准仪测定。混凝土坝内的铅直位移由于比较小，除用精密水准仪测定外，还可用精密连通管法量测。

土石坝固结观测的目的是为了了解土石坝在施工及正常运用期坝体内的固结和沉降（垂直位移）的情况。它是在坝体具有代表性的断面，即观测断面内，逐层埋设横梁式沉降仪、电磁式沉降仪、干簧管式沉降仪、深式标点、水管式沉降仪等，以测量各测点的高程变化，从而计算出坝体内的固结度和沉降量。固结管一般埋设在原河床、最大坝高、合拢段以及进行过固结计算的剖面内。沉降观测应与坝体其他位移观测、坝体内孔隙水压力变化的观测配合进行，以了解固结、沉降和孔隙水压力分布及消长情况，便于合理安排施工进度，核算坝坡的稳定性。观测的次数，施工期间随坝体的填筑升高，每安装一节套管或细管、标杆、沉降环，和已埋设的各测点进行一次观测；停工期每隔 10d 观测一次；竣工后，与其他位移、孔隙水压力等项目的测次相同。

二、裂缝观测

混凝土建筑物的伸缩缝是永久性的，是随着外部荷载环境（如水库水位、水温、气温）及混凝土温度的变化而开合的。其观测方法是在测点处埋设金属标点或用测缝计进行。一般可在最大坝高、地质情况复杂或进行应力应变观测的坝段的伸缩缝上布置测点。测点的位置，一般可安设在坝顶、坝面和廊道内，一条伸缩缝上的测点不得少于 2 个。测缝计可选用差动电阻式、电位器式测缝计。需要观测空间变化的，亦可埋设“三向标点”，即三点式金属标点，它由大致在同一水平面上的三个金属标点组成，其中两个标点埋设在伸缩缝的一侧，其连接线平行于伸缩缝，并与在缝的另一侧的一个标点构成三边大致相等的三角形，见图 10-3。

混凝土建筑物的非正常情况所产生的裂缝，其长度、宽度和深度的测量根据不同情况

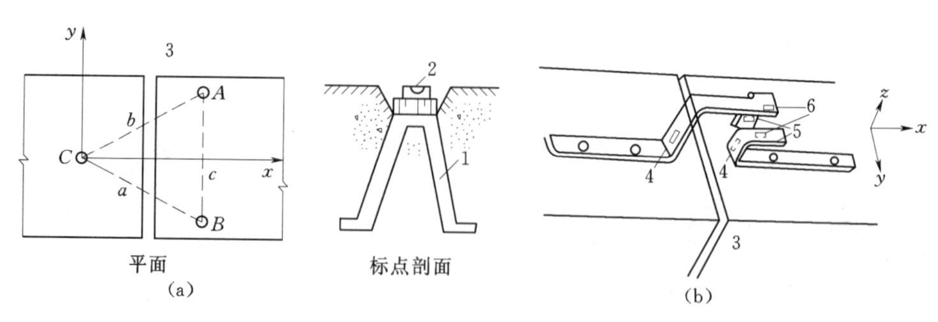

图10-3　三向测缝计

(a) 三点式金属标点结构图；(b) 型板式三向标点结构安装图

A、B、C—标点；1—埋件；2—卡尺测针卡着的小坑；3—伸缩缝；4，5，6—分别为x，y，z方向的标点

采用测缝计（埋设方式如图10-4所示）、设标点、千分表、探伤仪以及坑探、槽探或钻孔等仪器或方法。对于重要裂缝的宽度的变化与发展，一般采用在裂缝两侧的混凝土表面各埋设一个金属标点进行观测，金属标点的结构形式如图10-5所示。

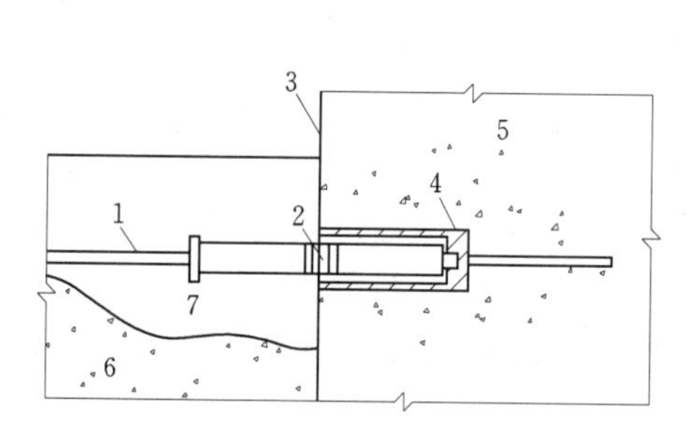

图10-4　测缝计埋设示意图

1—电缆；2—波形管；3—接缝；4—套管；5—高浇筑块；6—低高浇筑块；7—挖去部分

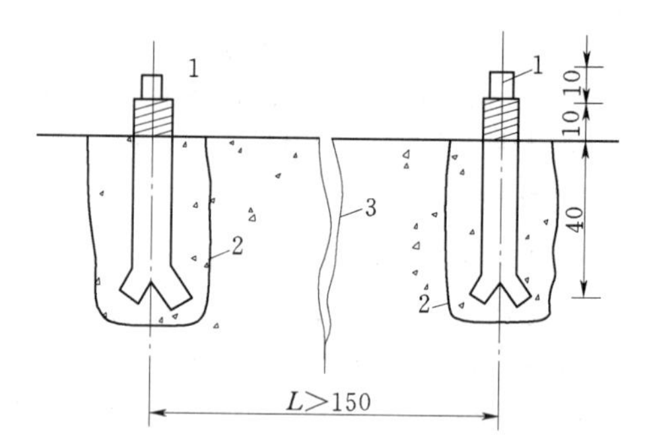

图10-5　金属标点的结构示意图

1—游标卡尺卡着处；2—钻孔线；3—裂缝

对于混凝土面板堆石坝的周边缝，其测点的布置，可根据大坝的级别、地形和地质、面板的规模与尺寸等情况确定，一般布置在正常水位以下的周边缝上。周边缝的测量，常用单向大量程位移计构成的测缝计组，测缝计可用国产的TSJ型电位器式（线位移）、3DM—200型旋转电位器式测缝计等。其具体的构造及安装方法等可参考专门文献。

三、应力和温度观测

1. 混凝土坝的应力和温度观测

应力观测，可根据工程的重要性、建筑物的类型、受力情况和地基条件，选择一些具有代表性的坝段进行。如对重力坝，一般选择一个溢流坝段和一个非溢流坝段作为观测坝段，在观测坝段上除靠近地基（距地基不小于5m）布置一个观测截面外，还可根据坝高、结构形式等条件布置几个截面，每个截面上最少布置5个测点。对于拱坝一般选择拱冠梁和拱座断面作为观测面。

混凝土坝的内部温度观测，可采用电阻式温度计等，测点分布应该是越接近坝体表面越密。在钢管、廊道、宽缝和伸缩缝附近，测点还应适当加密。坝体内部温度的观测应与坝体周围的水温、气温、基岩温度等外界因素的观测相配合。

2. 混凝土面板堆石坝的面板应力和温度观测

混凝土面板堆石坝的面板应力和温度观测包括混凝土的应力观测及钢筋应力观测两部分，对于一、二级工程须同时观测混凝土的温度。应力观测应与坝的上下游水位、气温、挠度和接缝位移等观测配合进行，同步测量，以便对观测结果进行比较分析。

面板的混凝土应力观测须在面板内埋设应变计（或应变计组），同时另外埋设无应力计并作混凝土的徐变试验。应变计（或应变计组）用以观测混凝土的应力应变及非应力应变两者之和；无应力计用以观测混凝土的非应力应变。非应力应变包括由温度、湿度及化学因素共同作用产生的总变形。钢筋应力，用在钢筋的设定部位焊接的钢筋计观测。

面板应力观测的测点应选择在有代表性的板条上（观测板条），所有应变计要埋设在观测板的中性平面（即在板厚度的中间位置），并与板的迎水面平行。所有测点在观测板中性平面上的位置应沿水平向和坡向按规定的网格状排列。钢筋计布置在钢筋网上。应变计及钢筋计还同时应具有测温功能。

3. 土压力观测

土压力的观测常用土压力计，土压力计有边界式（接触式）和埋入式（土中式）两类，前者用于测量土与混凝土建筑物表面接触处的接触压力；后者用于测量坝体（土坝）填土的内部土压力。

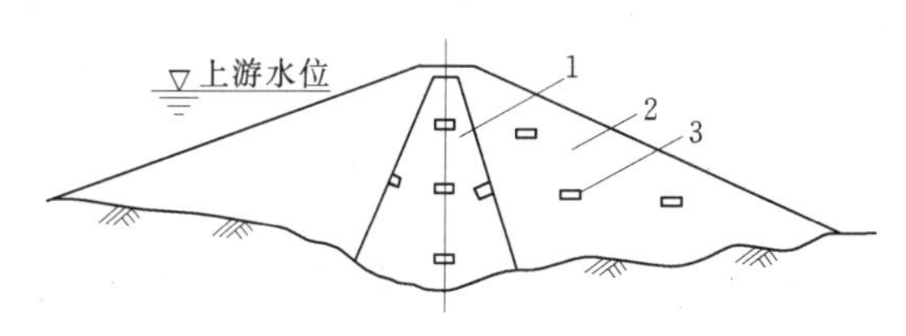

图 10-6 土坝坝体内土压力测点布置示意图
1—心墙；2—坝壳；3—测点

土坝土压力的观测断面可选取 1～2 个横剖面，在每个断面上按不同高程布置 2～3 排测点。对于心墙坝，每排测点可分别布置在心墙中心线、心墙与坝壳接触面上，以及下游坝壳内，见图 10-6。

为计算大小主应力、剪应力，仪器应成组埋设（每组 2～3 个）。如与孔隙水压力计配合埋设，则可求得总应力。

适用于土石坝压力观测的土压力计（埋入式）有钢弦式和差动电阻式。钢弦式仪器长期稳定性好，结构牢固，操作方便，易自动化，分为立式和卧式，它是利用钢弦伸长或缩短而引起自振频率的变化来反应应力的变化，经常采用。

接触面处的土压力观测，在承受填土侧压力的建筑物部位，如岸墙、与土石坝连接的溢洪道等建筑物的边墙，选择受力最大的 1～2 个断面布置测点，测点在挡土建筑物 1/2 墙高度以下布置应密一些，上部可稀一些。

土压力计的埋设，应在混凝土建筑物施工的同时进行，观测后应绘制出断面上的土压力分布图和接触压力过程线。

4. 土坝孔隙水压力观测

土坝孔隙水压力观测的目的是了解土石坝坝身或坝基产生的孔隙水压力大小及其分布与消散情况，以及其对施工阶段的质量、进度的影响，大坝运用期间的渗流状态与坝身稳定状况，以确保大坝安全。孔隙水压力观测应与变形观测、土压力观测配合进行，并应同时观测上下游水位、降雨量和地下水位（包括坝两岸山体内的水位）。

观测设备的布置，一般应在原河床、最大坝高处、合拢段、地基状况较差的横断面布

设。观测断面至少应有2个（包括最大坝断面），并尽可能与沉降和土压力观测设在同一横断面上，测点应尽量靠近。孔隙水压力观测仪器设备分为水管式、测压管式、钢弦式、差动电阻式和电阻应变片式等，不同结构形式应采用不同的埋设方法。

对孔隙水压力观测资料，应及时整理分析，绘成成果曲线和计算值对比论证，结合施工运用，分析孔隙水压力变化速率、范围和趋势，提出对设计、施工和运用的意见和建议。成果曲线包括：①土坝孔隙水压力过程线；②孔隙水压力与荷载的关系曲线；③孔隙水压力等值线；④库水位与孔隙水压力水头过程线；⑤沉降量与孔隙水压力关系曲线等。

四、渗流观测

水工建筑物渗流观测的目的是以水工建筑物中的渗流规律来监视其施工期和运行期的性态和安全，检验理论计算结果。渗流观测的主要内容包括渗流量、扬压力、浸润线、绕坝渗流及孔隙水压力等。

1. 土石坝的渗流观测

土石坝渗流观测的主要项目包括：坝体浸润线的位置变化；坝基的渗流动水压力及导渗减压的效能；绕坝渗流情况；渗流量及渗水温度等。

（1）浸润线观测。通过测压管可以观测坝体内浸润线的位置变化。观测断面一般布置在最重要、最有代表性，而且能够控制主要渗流情况和估计可能发生问题的地方，例如河床段最大坝高断面、合拢断面和可能产生裂缝的断面等。对大中型工程，观测断面不少于3个。测点的布置，在每一个断面内，位置和数目应根据影响浸润线位置的因素和能绘出等水位线或等势线的分布而定。

测压管水位常用测深锤、电测水位计等测量。测压管有金属管、塑料管和无砂混凝土管等几种，其构造大体由进水管段、导管和管口保护等3部分组成。

测压管是在土坝竣工后蓄水之前钻孔埋设的，埋设后应及时进行注水试验，检查其灵敏度是否合乎要求。检查合格后应在管口加盖上锁并编号。观测的次数根据坝的稳定情况而定。初次蓄水期，应每3d观测一次；投入正常运行期，上游水位低于设计水位时，观测次数可以减少，但至少每10d观测一次；在汛期，上游水位超过正常水位或上涨较快时，应每天一次。观测时应同时进行上、下游水位观测。

（2）渗流量观测。渗流量观测的目的是了解渗流量的变化及水库渗漏水量损失，据此分析土石坝的安全性。坝的渗流量包括坝体渗流量、坝基渗流量和绕渗或两岸地下水补给的渗流量，应尽量做到分区观测，以监测各种渗流量大小的变化及渗透稳定性。

渗流量的观测方法，根据渗流量的大小和汇集条件，一般可采用容积法（适用于渗流量小于1L/s的情形）、量水堰法（一般要求渗流量小于300L/s）和测流速法（渗水能引入具有较规则的平直段的排水沟内时采用）。最常用的是量水堰法。量水堰又分为三种形式，即三角堰（适用于渗流量为1～70L/s时）、梯形堰（适用于渗流量为10～300L/s时）和矩形堰（适用于渗流量大于50L/s时）。

渗流量量测位置布置，一种是一直沿用的下游坝脚附近设堰量测总渗流量；另一种采用分区观测渗流量布置，即不同渗透部位设堰量测局部渗流量。前者易受降雨、发电尾水和人为破坏因素影响，但设备简单，能掌握总渗流量的长期变化情况。

（3）绕渗观测。绕渗观测也是浸润面（线）的观测，可用水管式孔隙水压力仪等观测。其观测测点布置，应根据坝型、两岸山体的地质构成情况、防渗与排水措施的形式、坝体与两岸或混凝土建筑物的连接形式等特点而定。图 10－7 是两岸山体的透水性相差不大的均质坝的测点布置，每岸一般要求设 3～4 个观测断面，每个断面上设 3～4 个钻孔，每个钻孔设 2～3 个观测点，且不同钻孔内设的测点最好位于同一高程。

2. 混凝土建筑物的渗流观测

混凝土建筑物的渗流观测包括地基扬压力观测、建筑物内部渗透压力观测、渗流量和绕坝渗流观测、外水压力观测等。

地基扬压力观测，常采用的是测压管或差动电阻式渗压计，测点沿建筑与地基接触面布置。对大中型混凝土建筑物，测压断面不少于 3 个，每个断面测点也不少于 3 个。图 10－8 是重力坝坝基扬压力测点布置图。渗透流量及绕坝渗流的观测方法与土坝相同。混凝土建筑物其他的几种渗流观测可参考专门文献。

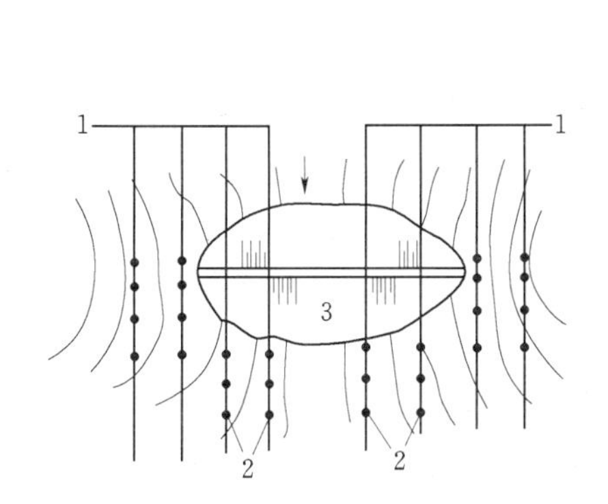

图 10－7　绕坝渗漏测点布置平面图

1—观测断面；2—钻孔；3—均质坝（平面）

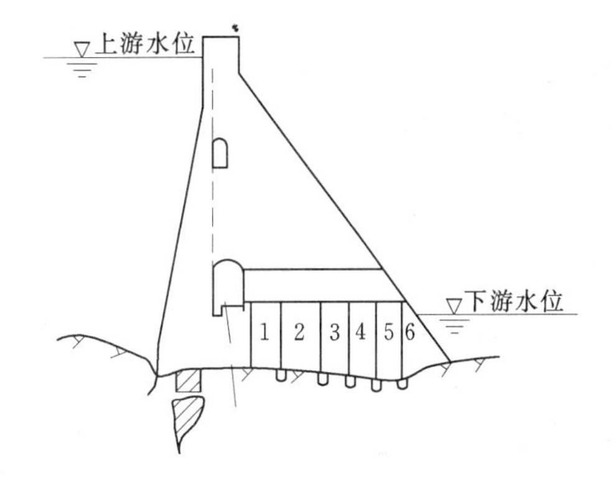

图 10－8　坝基扬压力测点布置图

1，2，3，4，5，6—测压管

五、水流观测

1. 水流形态的观测

水流形态观测包括水流平面形态、水跃、水面线以及挑射水流的观测等。观测是不定期的，观测时应同时记录上、下游水位，流量，闸门开度，风力和风向等。水流形态观测一般是用水文观测的方法进行，辅以摄影、录像、目测、描绘和描述等。

2. 高速水流的观测

水工建筑物的高速水流会引起建筑物的振动、空蚀等现象，因此要对其产生的振动、空蚀、进气量、过水面压力（脉动压力和负压等）进行观测，其观测部位、方法和设备等，参见《高速水流原型观测手册》。

10.2　水工建筑物的养护和维修

水工建筑物长期与水接触，在复杂的外界自然条件影响和各种外力作用下，其状态随时都在变化。有的遭受侵蚀、腐蚀等化学作用，泄流时的水流还可能产生冲刷、空蚀和磨损等；有的存在设计不周，施工不完善或运行管理不当的问题；还有的曾遭遇特大洪水、

地震等破坏，所造成的缺陷必将逐渐发展，影响建筑物的安全运用，严重的还会导致失事。因此，需要对水工建筑物采取积极的经常性的养护和及时维修，以确保工程的安全和完整，充分发挥并扩大工程效益，延长工程使用寿命。

水工建筑物的养护和维修，必须以防为主，防重于抢，首先做好防护，防止缺陷的发生和发展。

10.2.1 水工建筑物的养护

水工建筑物的养护是指保持水工建筑物完整状态和正常运用所进行的日常维护工作，还包括一般的小修小补，是经常的、定期的、有计划和有次序地进行的管理工作。

水工建筑物的养护，按其结构的材料性质，有以下几个方面的主要内容。

一、土坝的养护

土坝最容易产生的问题是土坝的裂缝、滑坡、漏水，排水设施堵塞和破坏，护坡的裂缝、松动、风化和崩塌等。土坝的损坏有一个从小到大、从轻到重、由量变到质变的发展过程。因此，对轻微缺陷要及时处理，防止其扩展。

土坝经常性的养护工作包括：

(1) 土坝的表面，如坝顶、防浪墙、坝坡、平台等要经常检查，保持完整。如有塌陷、散浸、隆起、裂缝、兽穴隐患、护坡松动、垫层流失和架空损坏现象，应分析原因，采取措施，并及时修补。

(2) 保持土坝坝面纵横向排水沟及岸坡排水沟的清洁完整，及时清除沟内的障碍和淤积物，保证排水畅通，避免坝后坡积水而形成沉降。

(3) 保护好各种观测仪器和埋设的设备，以保证观测工作的准确进行。

(4) 结合日常工作，检查所采取的修补措施是否起到预期作用；按安全管理的规定，禁止在坝身上堆放大量物料，禁止在土坝附近取土、爆破等。

二、混凝土、砌石和钢筋混凝土建筑物的养护

(1) 建筑物表面应经常保持清洁完整，有磨损、冲刷、剥蚀、风化、裂缝等缺陷，应及时修补，防止其继续发展。

(2) 建筑物的排水孔及周围的排水沟、排水管、集水井等各种排水系统，均应畅通，如有淤积、堵塞或破坏时，应加以修复、疏通或增设新的排水设施。

(3) 预留伸缩缝的建筑物要定期检查，观察伸缩缝的变化，防止杂物卡塞、堵料流失或止水破坏。

(4) 对各种观测设备都要做好保护，如有损坏或失效，应及时处理。

(5) 对专门的建筑物应有专门的规章制度。如泄洪建筑物泄洪前后的检查，渡槽、倒虹吸管过水前后的检查，混凝土和砌石坝的安全运行规则，厂房、隧洞、涵管、跌水与陡坡、船闸、鱼道等建筑物的检查等均需有专门而又详尽的规定。

三、钢、木结构的养护

钢结构应定期除锈、涂漆，并检查铆钉、螺栓是否松动，焊缝是否变形。对露天式压力钢管，应检查钢板及焊缝（尤其是叉管段）有无裂纹、渗水现象，铆钉孔及铆接缝处是否有渗漏现象，铆钉头有无损坏，支墩或镇墩混凝土有无裂缝，伸缩节有无漏水等。对于坝内式或隧洞式压力钢管，主要检查钢管与混凝土衬砌段接头处的淘刷、磨损情况，钢管

内壁防腐保护层是否完好，管壁锈蚀程度和发展，焊缝及钢板有无裂纹和漏水等现象。对于闸门，应定期启动，以防止泥沙淤积卡死，检查橡皮止水的老化程度，拦污栅清污是否正常，以及闸门的门叶变形、杆件弯曲或断裂、焊缝开裂、铆钉和螺栓松动与脱落、保护涂料剥落等情况。

对于木结构，应尽量保持干燥，定期涂油漆或沥青进行防腐处理，对个别损坏构件应及时更换。

四、启闭与动力设备的养护

启闭设备包括动力部分、传动部分、制动器、悬吊装置及附属设备。应保持设备的清洁，防止灰尘、潮湿，并定期检修；传动部分的轴承、联轴器、齿轮、滑轮等，应定期加润滑油，定期清洗，发现问题及时处理。

10.2.2 水工建筑物的维修

一、土坝的维修

土坝常见的破坏主要是土坝的裂缝、渗漏、滑坡等，由于产生的原理和危害程度不同，所采取的处理方法也不同。

土坝的裂缝，按其部位可分为表面裂缝、内部裂缝；按产生的原因可分为干缩裂缝、冻融裂缝、横向裂缝和纵向裂缝。一般的处理方法是：①对于细小的干裂缝（龟裂缝）可只进行翻松夯实处理；②将发生裂缝部分的土料全部挖出重新回填处理，适用于缝深度在2m之内而且已停止发展的裂缝；③裂缝部位较深的非滑坡性裂缝，可采取充填灌浆处理。

土坝渗漏，在允许的正常范围是难以避免的。对于可能引起土体渗透破坏和正常蓄水的异常渗漏应及时处理。按渗漏的部位，可分为坝体渗漏、坝基渗漏、接触渗漏和绕坝渗漏；按渗漏的现象，可分为坝体散浸和集中渗漏两种。在查出渗漏的原因后，可按“上截、下排”的原则进行处理。“上截”是指在上游（坝轴线以上）封堵渗漏入口，截断渗漏途径，防止渗入，主要采取抛土和放淤，重做粘土铺盖、粘土斜墙或截水墙、灌浆等垂直和水平防渗措施；“下排”是指在下游采用导渗和滤水措施，使渗水在不带走土颗粒的前提下，迅速排出，以达到渗透稳定的目的。

土坝的滑坡是指坝坡局部失去稳定，发生滑动，上部坍塌，下部隆起外移。土坝滑坡，有些是突然发生的，有的则是由裂缝开始。滑坡多是由于滑动体的滑动力超过了滑裂面上的抗滑力所致，或由于坝基上的抗剪强度不足因而连同坝基一起滑动。滑坡的产生有勘测设计、施工和运行管理等方面的原因。在管理工作中，首先应预防和消除形成滑坡的因素，防止滑坡发生；当发现有滑坡先兆时，应及时抢护和处理，防止险情恶化；一旦发生滑坡，则应采取可靠措施，恢复并补强坝坡，提高抗滑能力。滑坡的彻底处理方法有开挖回填、放缓坝坡、增设防滑体（如抛石压脚、砌石固脚、设镇压台）等。

二、混凝土、砌石及钢筋混凝土建筑物的维修

1. 表面损坏的维修

水工混凝土、砌石及钢筋混凝土建筑物表面，由于设计考虑不周，施工质量差或管理运用不善和其他因素的影响，会引起不同的损坏，如混凝土表面出现蜂窝、麻面、接缝不平、磨损，冰融和风化引起疏松脱壳（脱落），砌石表面出现的缺损、破裂，以及灰缝和

勾缝开裂与剥落等。

表面损坏的原因是多方面的，处理措施也不完全一样。对于因水流边界条件不好引起的表面损坏，主要应采取改善水流边界条件的措施补救，并对已损坏部位进行修补。

对于钢筋混凝土或混凝土建筑物表面损坏，清除损坏部分后，根据不同情况采用不同的修补方法。①当修补面积较大，深度大于20cm时，可用普通混凝土、喷混凝土、压浆混凝土或真空作业混凝土回填；深度为5～20cm，可用喷混凝土或普通混凝土回填；深度为5～10cm，可用普通砂浆、喷浆或挂网喷浆填补；深度小于5cm，用预缩砂浆、环氧砂浆或喷浆填补；②当修补面积较小，深度大于10cm，也可用普通混凝土回填；深度小于10cm，可用预缩砂浆或环氧砂浆填补；深度在5mm左右的小缺陷，可用环氧石膏填补。修补的混凝土强度不得低于原混凝土的强度，水灰比应尽量小。对于砌石表面勾缝剥落，可清除缝内松动的原砂浆体，用水冲洗干净，使之露出砌石，再用高标号水泥砂浆填塞压实，表面抹光。

2. 裂缝的处理

裂缝产生的原因很多，对于表面裂缝，采取的处理方法有：

（1）表面涂抹。即用水泥浆、水泥砂浆、防水快凝砂浆、环氧基液及环氧砂浆等涂抹在裂缝部位的混凝土（砌石）表面。表面涂抹处理只能用于非溢流表面的堵缝截漏。

（2）表面粘补。即用胶粘剂把橡皮或其他材料粘贴在裂缝部位的混凝土（砌石）表面上，达到封闭裂缝、防渗堵漏的目的。表面粘补主要用于修理裂缝尚未稳定，且对建筑物强度没有影响，尤其用在修补伸缩缝及温度缝时。

（3）凿槽嵌补。即沿裂缝凿一条深槽，槽内嵌填各种防水材料，如环氧砂浆及沥青油膏、干硬性砂浆、聚氯乙烯胶泥、预缩砂浆等，以防止内水外渗或外水内渗。凿槽嵌补主要用于对结构强度没有影响的裂缝。

（4）喷浆修补。即在裂缝部位并已凿毛处理的混凝土表面，喷射一层密实且强度高的水泥砂浆保护层，达到封闭裂缝，防渗堵漏或提高混凝土表面抗冲耐蚀能力的目的。根据裂缝的部位、性质和修理要求等，可采用无筋素喷浆、挂网喷浆、挂网喷浆与凿槽嵌补结合的方法。对于裂缝的内部处理，一般采用钻孔灌浆方法。对于浅缝和某些仅需防渗堵漏的裂缝，可采用骑缝灌浆方法。灌浆材料常用的有水泥和化学材料，视裂缝的性质、开度和施工条件等具体情况而定。对开度大于0.3mm的裂缝，一般用水泥灌浆；开度小于0.3mm的裂缝，宜采用化学灌浆；渗透流速较大（大于600m/d）的裂缝或受温度变化影响的裂缝（如伸缩缝），无论开度如何，都宜采用化学灌浆。化学灌浆的材料，视裂缝的性质、开度和干燥情况，有水玻璃、铬木素、丙凝、甲凝、环氧树脂等。其中甲凝多用于较干燥或经处理后无渗水的裂缝补强，能灌细微裂缝，并可在低温下进行灌浆；环氧树脂也多用于较干燥或处理后无渗水裂缝的补强，能灌注0.3mm左右的细裂缝。其他材料用于渗水裂缝的堵水止漏。

三、堤防的维修

堤防是挡水的土工建筑物，它的安全条件与土坝一样，一般的养护和修理的方法也与土坝大致相同。但堤防工程主要是防御流动的洪水，且江、湖、河的水位涨落不易控制，堤身很长，所以堤防的维修有其特殊的一面。

堤防的隐患主要是渗漏（堤身渗漏、接触渗漏和堤基渗漏）及其引起的管涌、岸坡崩塌、堤坡损坏、蚁穴和兽洞等。近年来，在处理堤防的隐患方面应用了许多新的技术和新的材料。堤防的堤基管涌处理方法有垂直防渗技术（包括薄抓斗成槽造墙技术、射水法成槽造墙技术、锯槽造墙技术等）、“后压法（即在堤后用吹填技术设盖重）”、“导渗”等。堤防崩岸的治理主要有抛石护脚、铰链混凝土块防护、土工膜袋防护、土工织物软体排防护、四面六边透水框架防护等技术。堤身除险加固方法有垂直铺塑（用土工防渗膜作为防渗材料）和劈裂灌浆等。

参 考 文 献

1 中华人民共和国行业标准．DL5077—1997 水工建筑物荷载设计规范．北京：中国电力出版社，1998

2 中华人民共和国行业标准．SL252—2000 水利水电工程等级划分及洪水标准．北京：中国水利水电出版社，2000

3 中华人民共和国行业标准．SL203—97 水工建筑物抗震设计规范．北京：中国水利水电出版社，1997

4 中华人民共和国行业标准．DL5108—1999 混凝土重力坝设计规范．北京：中国电力出版社，2000

5 中华人民共和国行业标准．SL25—91 浆砌石坝设计规范．北京：水利电力出版社，1991

6 中华人民共和国行业标准．SL282—2003 混凝土拱坝设计规范．北京：中国水利水电出版社，2003

7 中华人民共和国行业标准．SL/T225—98 水利水电工程土工合成材料应用技术规范．北京：中国水利水电出版社，1998

8 中华人民共和国行业标准．SL274—2001 碾压式土石坝设计规范．北京：中国水利水电出版社，2002

9 中华人民共和国行业标准．SL211—97 水工建筑物抗冰冻设计规范．北京：中国水利水电出版社，1998

10 中华人民共和国行业标准．SL228—98 混凝土面板堆石坝设计规范．北京：中国水利水电出版社，2002

11 中华人民共和国行业标准．SL253—2000 溢洪道设计规范．北京：中国水利水电出版社，2000

12 中华人民共和国行业标准．SL265—2001 水闸设计规范．北京：中国水利水电出版社，2001

13 中华人民共和国行业标准．SL279—2002 水工隧洞设计规范．北京：中国水利水电出版社，2003

14 水利电力部水利水电规划设计总院．中国拱坝．北京：水利电力出版社，1987

15 李瓒等．混凝土拱坝设计．北京：中国电力出版社，2000

16 王世夏．水工设计的理论和方法．北京：中国水利水电出版社，2000

17 华东水利学院主编．水工设计手册．北京：水利电力出版社，1984

18 祁庆和主编．水工建筑物．北京：中国水利水电出版社，1998

19 胡荣辉，张五禄．水工建筑物．北京：中国水利水电出版社，1999

20 郭宗闵主编．水工建筑物．北京：中国水利水电出版社，1998

21 黎展眉．拱坝．北京：水利电力出版社，1982

22 王毓泰等．拱坝坝肩岩体稳定分析．贵阳：贵州人民出版社，1982

23 王宏硕，翁情达．水工建筑物（基本部分）．北京：水利电力出版社，1991

24 吴媚玲．水工建筑物．北京：清华大学出版社，1991

25 张世儒，夏维城．水闸．北京：水利电力出版社，1979

26 谈松曦．水闸设计．北京：水利电力出版社，1986

27 林益才主编．水工建筑物．北京：中国水利水电出版社，1996

28 郑万勇，杨振华．水工建筑物．郑州：黄河水利出版社，2003